2025 시대에듀

지게차운전기능사 필기 가장 빠른 합격

Always with you

사람이 길에서 우연하게 만나거나 함께 살아가는 것만이
인연은 아니라고 생각합니다.
책을 펴내는 출판사와 그 책을 읽는 독자의 만남도 소중한 인연입니다.
시대에듀는 항상 독자의 마음을 헤아리기 위해 노력하고 있습니다.
늘 독자와 함께하겠습니다.

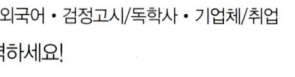
자격증 • 공무원 • 금융/보험 • 면허증 • 언어/외국어 • 검정고시/독학사 • 기업체/취업
이 시대의 모든 합격! 시대에듀에서 합격하세요!
www.youtube.com ➔ 시대에듀 ➔ 구독

PREFACE

건설 및 유통구조가 대형화, 기계화됨에 따라 최근 산업현장에서는 화물의 상하차와 이동에 지게차를 필수적으로 사용하고 있습니다. 지게차 1대의 업무 효율성은 다수의 인력을 합한 것보다 크기 때문에 물류 담당 직원의 지게차운전기능사 자격증 취득은 필수 조건이 되고 있습니다. 최근 국가기술자격통계연보에 따르면 산업현장에서 중추적 역할을 담당하는 50, 60대 남성들이 취득하는 자격증 1위가 지게차운전기능사임이 이러한 사실을 증명한다고 볼 수 있습니다.

본 교재는 지게차운전기능사 시험에 완벽하게 대비할 수 있도록 기출유형을 철저히 분석한 핵심이론과 상시복원문제로 구성하였습니다.

첫째, 시험에 꼭 나오는 **필수이론**과 함께 실제 기출선지를 활용하여 **괄호문제와 OX문제**를 구성하였습니다. 이론과 기출풀이 학습을 동시에 다잡을 수 있습니다.

둘째, 시험장에서 진짜 통째로 외워온 **진통제 문제를 수록**하였습니다. 어느 책에서도 보지 못한 **신유형 문제학습**으로 고득점 합격까지 한 번에 가능합니다.

셋째, 적중률 높은 **상시복원문제 10회분**을 수록하였습니다. 명쾌한 풀이와 관련 이론까지 꼼꼼하게 정리한 **상세한 해설**을 통해 문제의 핵심을 파악할 수 있습니다.

이 책이 지게차운전기능사를 준비하는 수험생들에게 합격의 안내자로서 많은 도움이 되기를 바라면서 수험생 모두에게 합격의 영광이 함께하기를 바랍니다.

편저자 올림

시험안내

개요

건설 및 유통구조가 대형화되고 기계화됨에 따라 각종 건설공사, 항만 또는 생산작업 현장에서 지게차 등 운반용 건설기계가 많이 사용되고 있다. 이에 따라 고성능기종의 운반용 건설기계의 개발과 더불어 지게차의 안전운행과 기계수명 연장 및 작업능률 제고를 위해 숙련기능인력 양성이 요구된다.

시행처

한국산업인력공단(www.q-net.or.kr)

자격 취득 절차

필기 원서접수
- 접수방법 : 큐넷 홈페이지(www.q-net.or.kr) 인터넷 접수
- 시험은 상시로 치러지며, 월별 세부 시행계획은 전월에 큐넷 홈페이지를 통해 공고
- 응시 수수료 : 14,500원
- 응시자격 : 제한 없음

필기시험
- 시험과목 : 지게차 주행, 화물 적재, 운반, 하역, 안전관리
- 검정방법 : 객관식 4지 택일형, 60문항(60분)

필기 합격자 발표
- CBT 필기시험은 시험 종료 즉시 합격 여부 확인 가능
- 합격기준 : 100점 만점에 60점 이상

실기 원서접수
- 접수방법 : 큐넷 홈페이지 인터넷 접수
- 응시 수수료 : 25,200원
- 응시자격 : 필기시험 합격자

실기시험
- 시험과목 : 지게차운전 작업 및 도로주행
- 검정방법 : 작업형(10~30분 정도)

최종 합격자 발표
- 발표일자 : 회별 발표일 별도 지정
- 발표방법 : 큐넷 홈페이지 또는 전화 ARS(1666-0100)를 통해 확인

자격증 발급
- 상장형 자격증 : 수험자가 직접 인터넷을 통해 발급ㆍ출력
- 수첩형 자격증 : 인터넷 신청 후 우편배송만 가능
  ※ 방문 발급 및 인터넷 신청 후 방문 수령 불가

검정현황

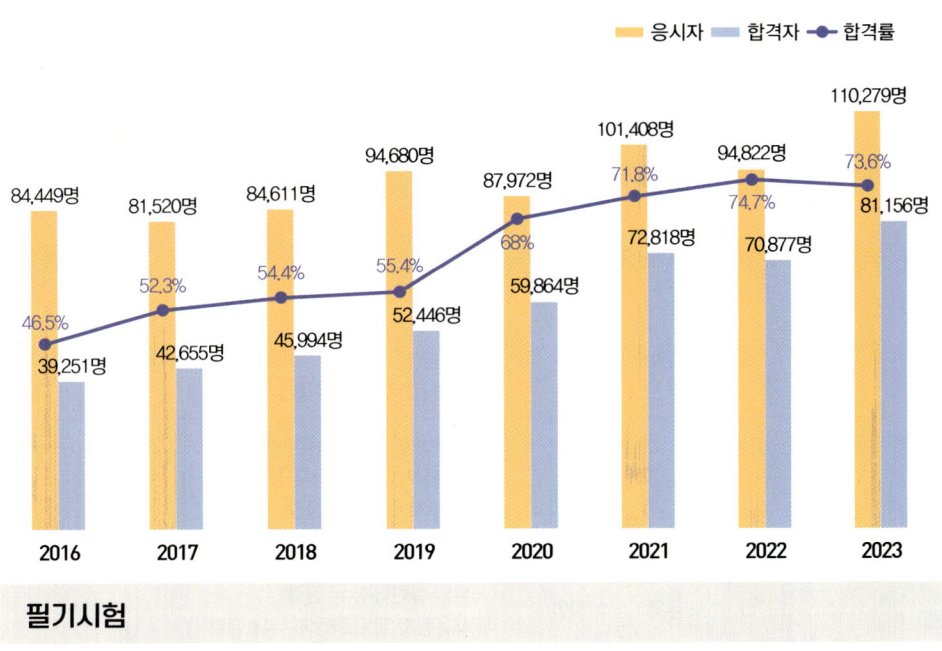

필기시험

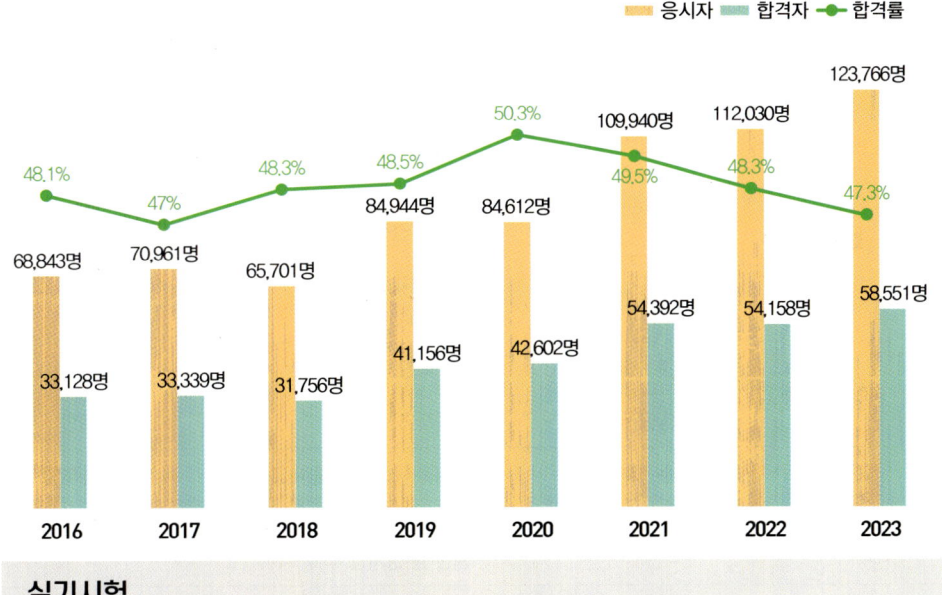

실기시험

시험안내

출제기준(필기)

필기과목명	주요항목	세부항목	세세항목	
지게차 주행, 화물 적재, 운반, 하역, 안전관리	안전관리	안전보호구 착용 및 안전장치 확인	• 안전보호구 • 안전장치	
		위험요소 확인	• 안전표시 • 위험요소	• 안전수칙
		안전운반 작업	• 장비사용설명서 • 작업안전 및 기타 안전사항	• 안전운반
		장비 안전관리	• 장비 안전관리 • 작업요청서 • 기계 · 기구 및 공구에 관한 사항	• 일상 점검표 • 장비 안전관리 교육
	작업 전 점검	외관점검	• 타이어 공기압 및 손상 점검 • 조향장치 및 제동장치 점검 • 엔진 시동 전 · 후 점검	
		누유 · 누수 확인	• 엔진 누유 점검 • 유압 실린더 누유 점검 • 제동장치 및 조향장치 누유 점검 • 냉각수 점검	
		계기판 점검	• 게이지 및 경고등, 방향지시등, 전조등 점검	
		마스트 · 체인 점검	• 체인 연결부위 점검	• 마스트 및 베어링 점검
		엔진시동 상태 점검	• 축전지 점검 • 시동장치 점검	• 예열장치 점검 • 연료계통 점검
	화물 적재 및 하역작업	화물의 무게중심 확인	• 화물의 종류 및 무게중심 • 화물의 결착	• 작업장치 상태 점검 • 포크 삽입 확인
		화물 하역작업	• 화물 적재상태 확인 • 하역작업	• 마스트 각도 조절
	화물 운반작업	전 · 후진 주행	• 전 · 후진 주행방법	• 주행 시 포크의 위치
		화물 운반작업	• 유도자의 수신호	• 출입구 확인
	운전시야 확보	운전시야 확보	• 적재물 낙하 및 충돌사고 예방	• 접촉사고 예방
		장비 및 주변상태 확인	• 운전 중 작업장치 성능 확인 • 운전 중 장치별 누유 · 누수	• 이상 소음

필기과목명	주요항목	세부항목	세세항목	
지게차 주행, 화물 적재, 운반, 하역, 안전관리	작업 후 점검	안전주차	• 주기장 선정 • 주차 시 안전조치	• 주차 제동장치 체결
		연료 상태 점검	• 연료량 및 누유 점검	
		외관점검	• 휠 볼트, 너트 상태 점검 • 윤활유 및 냉각수 점검	• 그리스 주입 점검
		작업 및 관리일지 작성	• 작업일지	• 장비관리일지
	도로주행	교통법규 준수	• 도로주행 관련 도로교통법 • 도로교통법 관련 벌칙	• 도로표지판(신호, 교통표지)
		안전운전 준수	• 도로주행 시 안전운전	
		건설기계관리법	• 건설기계 등록 및 검사	• 면허 · 벌칙 · 사업
	응급대처	고장 시 응급처치	• 고장표시판 설치 • 고장유형별 응급조치	• 고장내용 점검
		교통사고 시 대처	• 교통사고 유형별 대처 • 교통사고 응급조치 및 긴급구호	
	장비구조	엔진구조	• 엔진 본체 구조와 기능 • 연료장치 구조와 기능 • 냉각장치 구조와 기능	• 윤활장치 구조와 기능 • 흡배기장치 구조와 기능
		전기장치	• 시동장치 구조와 기능 • 등화장치 구조와 기능	• 충전장치 구조와 기능 • 퓨즈 및 계기장치 구조와 기능
		전 · 후진 주행장치	• 조향장치의 구조와 기능 • 동력전달장치 구조와 기능 • 주행장치 구조와 기능	• 변속장치의 구조와 기능 • 제동장치 구조와 기능
		유압장치	• 유압펌프 구조와 기능 • 컨트롤 밸브 구조와 기능 • 유압유	• 유압 실린더 및 모터 구조와 기능 • 유압탱크 구조와 기능 • 기타 부속장치
		작업장치	• 마스트 구조와 기능 • 포크 구조와 기능 • 조작레버 구조와 기능	• 체인 구조와 기능 • 가이드 구조와 기능 • 기타 지게차의 구조와 기능

구성과 특징

핵심이론
시행처에서 가장 최근에 발표한 출제기준에 맞게 이론을 빠짐없이 구성하였습니다.

기출 키워드
빈출 핵심 키워드를 통해 최근 출제경향을 파악할 수 있습니다. 각 키워드와 연계된 중요이론을 놓치지 않고 학습할 수 있도록 하였습니다.

괄호문제
방금 학습한 이론에서 꼭 알아야 할 내용을 기반으로 괄호문제를 구성하였습니다. 이론의 핵심 포인트를 알고 중요 개념을 확실히 학습할 수 있도록 하였습니다.

진통제(진짜 통째로 외워온 문제)
비공개로 진행되는 CBT 필기시험! 시험에 직접 응시하여 시험문제를 진짜 통째로 외워왔습니다. 최신 경향까지 철저하게 대비하여 한 번에 합격할 수 있습니다.

확인 OX문제
그동안 출제되었던 기출문제의 선지를 활용하여 OX문제를 구성하였습니다. 시험에서 자주 오답으로 출제되는 선지를 풀어보며 오답의 함정에서 벗어나는 연습을 할 수 있습니다.

CHAPTER 01. 안전보호구 착용 및 안전장치 확인

출제비중 3%

출제포인트
- 안전보호구의 정의 및 종류
- 안전보호구의 착용 및 관리
- 지게차의 안전장치

기출 키워드
안전보호구, 안전모, 안전띠, 안전장치, 안전벨트, 경광등

＋ 괄호문제
다음 괄호 안에 알맞은 내용을 쓰시오.
① 다음의 안전표지가 나타내는 것은 ( )이다.

| 정답 |
① 방진마스크 착용
② 비상구

제1절 안전보호구

1. 안전보호구의 정의 및 종류

(4) 안내표지
바탕은 흰색, 기본모형 및 관련 부호는 녹색으로 나타내거나 바탕은 녹색, 관련 부호 및 그림은 흰색으로 나타낸다.

| 녹십자표지 | 응급구호표지 | 들 것 | 세안장치 |
| 비상용기구 | 비상구 | 좌측비상구 | 우측비상구 |

진짜 통째로 외워온 문제

산업안전보건표지 중 금지표지가 ○
① 화기금지
③ 금연

해설
산업안전보건표지 중 금지표지에는 출입금지, 화기금지, 물체이동금지가 있다(산업안전…

3. 안전보건표지의 색채 및 용도(산업안전보건법 시행규칙 [별표 8])

색채	용도	사례
빨간색 (7.5R 4/14)	금지	정지신호, 소화설비 및 그 장소, 유해 행위의 금지
	경고	화학물질 취급 장소에서의 유해·위험 경고
노란색 (5Y 8.5/12)	경고	화학물질 취급 장소에서의 유해·위험 경고 이외의 위험 경고, 주의표지 또는 기계 방호물
파란색 (2.5PB 4/10)	지시	특정 행위의 지시 및 사실의 고지
녹색 (2.5G 4/10)	안내	비상구 및 피난소, 사람 또는 차량의 통행 표시
흰색(N9.5)		파란색이나 녹색에 대한 보조색
검은색(N0.5)		문자 및 빨간색 또는 노란색에 대한 보조색

확인! OX
안전보건표지의 색채 및 용도에 대한 설명과 그림이다. 옳으면 "O", 틀리면 "X"로 표시하시오.
1. 산업안전보건법령상 안전보건표지 중 금지의 의미를 나타내는 색채는 노란색이다. ( )

정답 1. X 2. O

해설
1. 금지의 의미를 나타내는 색채는 빨간색이다.

01 | 상시복원문제

상시복원문제
풍부한 문제풀이는 합격으로 가는 지름길입니다.
특별부록으로 기출복원문제 10회분을 준비하였습니다.

01 안전을 위한 작업복의 구비조건으로 틀린 것은?
① 반팔, 반바지처럼 신체가 많이 드러나야 한다.
② 신체에 맞고 가벼워야 한다.
③ 소매나 바지자락이 너풀거리지 않아야 한다.
④ 활동에 방해되지 않는 간편한 모양이어야 한다.

03 엔진오일량 점검 중 오일 게이지에 상한선(Full)과 하한선(Low) 표시가 되어 있을 때 가장 적합한 것은?
① Low 표시에 있어야 한다.
② Low와 Full 표시 사이에서 Low에 가까이 있으…

33 압력식 라디에이터 캡에 대한 설명으로 옳은 것은?
① 냉각장치 내부압력이 규정보다 낮을 때 공기밸브는 열린다.
② 냉각장치 내부압력이 규정보다 높을 때 진공밸브는 열린다.
③ 냉각장치 내부압력이 부압이 되면 진공밸브는 열린다.
④ 냉각장치 내부압력이 부압이 되면 공기밸브는 열린다.

[해설] ③ 냉각장치 내부압력이 부압이 되면 진공밸브는 열린다.
[정답] ③

● 확인 Check!
○, △, ×로 풀이 난이도를 체크해 보세요. 처음 학습할 때는 모든 문제를 풀어보고, 복습 시에는 △, × 표시문제 위주로 풀어보는 것을 추천합니다.

동기의 전기자코일과 계자코일의 연결 방…
…로 연결한다.
…로 연결한다.
…자코일은 직렬로 연결하고, 계자코일은 병…연결한다.
…과 병렬로 혼합 연결한다.

[해설]
전동기의 종류와 특성
• 직권전동기 : 전기자코일과 계자코일이 직렬로 결선된 전동기
• 분권전동기 : 전기자코일과 계자코일이 병렬로 결선된 전동기
• 복권전동기 : 전기자코일과 계자코일이 직·병렬로 결선된 전동기
[정답] ①

34 수온조절기의 종류가 아닌 것은?
① 벨로즈 형식   ② 펠릿 형식
③ 바이메탈 형식   ④ 마몬 형식

[해설] 수온조절기의 종류에는 벨로즈 형식, 펠릿 형식, 바이메탈 형식이 있으며, 펠릿형이 많이 사용된다.
[정답] ④

● 해설
제대로 한 번 익힌 해설, 열 이론 부럽지 않다! 모든 문제에 친절하고 똑똑한 해설을 담았습니다. 앞에서 표시한 △, × 문제를 정확히 잡고 가세요!

35 전조등의 구성품으로 틀린 것은?
① 전구   ② 렌즈
③ 반사경   ④ 플래셔 유닛

[해설] 플래셔 유닛은 전류를 일정한 주기로 단속(斷續)하여 빛을 ON, OFF하고 일정하게 점멸하도록 하는 장치이다.
[정답] ④

37 지게차의 … ✓신유형
…인 조향방식은?
① 앞바퀴…
② 뒷바퀴…식이다.
③ 허리꺾…식이다.
④ 작업조…방식이다.

[해설] 지게차는 일반…표시로 우측, 뒷바퀴 조향방식이다.
[정답] ②

● 신유형
출제기준 변경으로 새로운 유형의 문제가 출제되고 있습니다. 시대에듀는 신유형 문제를 복원하여 새롭게 출제된 문제의 유형을 익혀 시험장에서 처음 보는 문제들도 모두 맞힐 수 있도록 하였습니다.

목차

최근 출제경향을 반영한
출 / 제 / 비 / 율

가장 빠른 합격을 위해 출제비율이 높은 부분을 중점적으로 학습하시길 바랍니다.

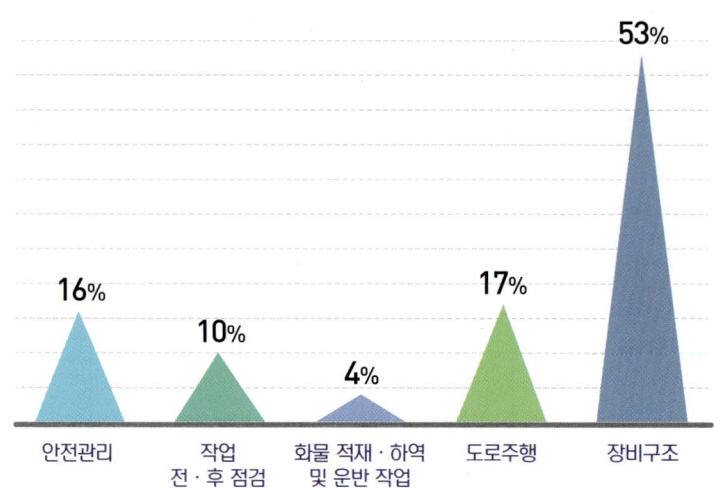

- 안전관리 16%
- 작업 전·후 점검 10%
- 화물 적재·하역 및 운반 작업 4%
- 도로주행 17%
- 장비구조 53%

PART 01 안전관리
- CHAPTER 01 안전보호구 착용 및 안전장치 확인 ········· 2
- CHAPTER 02 위험요소 확인 ········· 6
- CHAPTER 03 안전운반 작업 ········· 13
- CHAPTER 04 장비 안전관리 ········· 18

PART 02 작업 전·후 점검
- CHAPTER 01 작업 전 외관 점검 ········· 28
- CHAPTER 02 누유·누수 확인 및 계기판 점검 ········· 35
- CHAPTER 03 마스트·체인 및 엔진 시동 상태 점검 ········· 38
- CHAPTER 04 작업 후 점검 ········· 43

PART 03 화물 적재·하역 및 운반 작업
- CHAPTER 01 화물의 무게중심 확인 및 적재·하역 작업 ········· 52
- CHAPTER 02 화물 운반 작업 ········· 58

PART 04 도로주행

- CHAPTER 01 교통법규 준수(도로교통법) · 68
- CHAPTER 02 건설기계관리법 · 81
- CHAPTER 03 안전운전 준수와 응급대처 · 95

PART 05 장비구조

- CHAPTER 01 엔진구조 · 104
- CHAPTER 02 전기장치 · 123
- CHAPTER 03 전·후진 주행장치 · 132
- CHAPTER 04 유압장치 · 142
- CHAPTER 05 작업장치 · 158

Add+ 특별부록 상시복원문제

- 01회 상시복원문제 · 182
- 02회 상시복원문제 · 195
- 03회 상시복원문제 · 209
- 04회 상시복원문제 · 223
- 05회 상시복원문제 · 237
- 06회 상시복원문제 · 250
- 07회 상시복원문제 · 264
- 08회 상시복원문제 · 278
- 09회 상시복원문제 · 292
- 10회 상시복원문제 · 305

D-15 스터디 플래너

보름, 합격에 충분한 시간입니다.
시대에듀와 함께 가장 빠른 합격에 도전하세요.

D-15	D-14	D-13	D-12
PART 01 안전관리	PART 02 작업 전·후 점검	PART 03 화물 적재·하역 및 운반 작업	PART 04 도로주행
D-11	**D-10**	**D-9**	**D-8**
PART 05 장비구조 CHAPTER 01~02	PART 05 장비구조 CHAPTER 03~04	PART 05 장비구조 CHAPTER 05	상시복원문제 01~02회 풀이 및 오답노트 정리
D-7	**D-6**	**D-5**	**D-4**
상시복원문제 03~04회 풀이 및 오답노트 정리	상시복원문제 05~06회 풀이 및 오답노트 정리	상시복원문제 07~08회 풀이 및 오답노트 정리	상시복원문제 09~10회 풀이 및 오답노트 정리
D-3	**D-2**	**D-1**	**D-day**
상시복원문제 01~05회 풀이 2회독	상시복원문제 06~10회 풀이 2회독	오답노트 확인 & 핵심이론 총복습	당신의 합격을 응원합니다.

PART 1

안전관리

CHAPTER 01	안전보호구 착용 및 안전장치 확인
CHAPTER 02	위험요소 확인
CHAPTER 03	안전운반 작업
CHAPTER 04	장비 안전관리

PART 1. 안전관리

CHAPTER 01. 안전보호구 착용 및 안전장치 확인

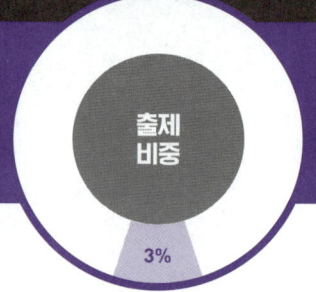
출제 비중 3%

출제포인트
- 안전보호구의 정의 및 종류
- 안전보호구의 착용 및 관리
- 지게차의 안전장치

기출 키워드
안전보호구, 안전모, 안전띠, 안전장치, 안전벨트, 경광등

제1절 안전보호구

1. 안전보호구의 정의 및 종류

(1) 안전보호구란?

작업자가 산업재해 예방을 위해 작업 전 반드시 착용해야 하는 기구나 장치로, 산업현장에서 발생하는 어떤 위험 요인으로부터 작업자의 안전을 보호하는 안전용품이다.

(2) 안전보호구의 구비조건

① 품질이 좋아야 한다.
② 마감 처리가 좋으며, 외관도 보기 편해야 한다.
③ 위험으로부터 작업자를 충분히 보호할 성능을 가져야 한다.
④ 착용이 간단하고, 착용 후 작업하는 데 불편함을 주지 않아야 한다.

(3) 안전보호구의 종류

① 안전모　　　　　　　② 안전화
③ 보안면　　　　　　　④ 보안경
⑤ 마스크　　　　　　　⑥ 방열복
⑦ 안전조끼(동절기/하절기)　⑧ 무릎보호대
⑨ 안전보호복　　　　　⑩ 방한덮개
⑪ 신발 덮개용 각반　　⑫ 격리형 방호장치 등

※ 격리형 방호장치는 V벨트나 평면벨트 등에 직접 사람이 접촉하여 말려들거나 마찰의 위험이 있는 작업장에 설치한다.

진짜 통째로 외워온 문제

안전을 위한 작업복의 구비조건으로 틀린 것은?
① 반팔, 반바지처럼 신체가 많이 드러나야 한다.
② 신체에 맞고 가벼워야 한다.
③ 소매나 바지자락이 말려들어가지 않도록 너풀거리지 않아야 한다.
④ 활동에 방해되지 않는 간편한 모양이어야 한다.

[해설]
작업복은 재해로부터 작업자의 몸의 보호하기 위한 것이므로 신체가 많이 드러나는 것은 알맞지 않다.

정답 ①

+ 괄호문제

다음 괄호 안에 알맞은 내용을 쓰시오.
① 물체가 떨어지거나 근로자가 추락할 위험이 있는 작업 시 ( )를 착용한다.
② 자외선 등 유해 광선으로부터 눈을 보호하기 위해서는 ( )을 착용한다.

| 정답 |
① 안전모
② 차광용 보안경

2. 안전보호구의 착용 및 관리   중요도 ★★☆

(1) 주요 안전보호구의 착용
① 안전모 : 물체가 떨어지거나 근로자가 추락할 위험이 있는 작업 시 착용한다.
② 안전화 : 물체의 낙하, 물체에 끼임, 감전 등의 위험이 있는 작업 시 착용한다.
③ 보안면 : 용접 중 불꽃이나 가루가 날릴 위험이 있는 작업 시 착용한다.
④ 보안경
  ㉠ 일반 보안경 : 가루가 흩날릴 위험이 있거나 분진이 많이 작업 시 착용한다.
  ㉡ 차광용 보안경 : 자외선 등 유해 광선으로부터 눈을 보호하기 위해 착용한다.
⑤ 마스크
  ㉠ 방독 마스크 : 유독 가스가 발생하는 장소에서 착용한다.
  ㉡ 방진 마스크 : 분진이 많이 발생하는 장소에서 착용한다.
  ㉢ 공기 마스크(송기 마스크) : 산소 결핍이 우려되는 장소에서 착용한다.
⑥ 방열복 : 고열에 의한 화상 등의 위험이 있는 작업 시 착용한다.

(2) 안전보호구를 선택할 때 유의사항
① 작업 행동에 방해되지 않아야 한다.
② 사용 목적에 맞는 것으로 해야 한다.
③ 보호구 성능기준에 적합하고 보호 성능이 보장되어야 한다.
④ 착용이 용이하고 크기 등 사용자에게 편리해야 한다.

(3) 안전보호구의 관리
① 방진 마스크의 경우, 필터를 주기적으로 교체한다.
② 안전보호구를 사용한 후에는 습기가 없고 청결한 장소에 보관한다.
③ 수시로 점검하여 이상이 있는 것은 수리하거나 다른 것으로 교체해 놓아야 한다.

확인! OX

안전보호구를 선택할 때 유의사항에 대한 설명이다. 옳으면 "O", 틀리면 "X"로 표시하시오.

1. 보호구 성능기준에 적합하고 스타일이 보장되어야 한다. ( )
2. 착용이 용이하고 크기 등 사용자에게 편리해야 한다. ( )

정답 1. X 2. O

| 해설 |
1. 보호구 성능기준에 적합하고 보호 성능이 보장되어야 한다.

+ 괄호문제

다음 괄호 안에 알맞은 내용을 쓰시오.
① 산업현장에서 작업자를 보호하고 기계의 손상을 방지하기 위해 설치하는 장치 및 구조물로, 방호장치라고도 하는 것은 ( )이다.
② 지게차 작업 시, 지게차 전후방의 조명을 확보하여 안전한 작업이 되도록 전조등과 ( )을 갖춰야 한다.

| 정답 |
① 안전장치
② 후미등

확인! OX

지게차의 안전장치에 대한 설명이다. 옳으면 "O", 틀리면 "X"로 표시하시오.
1. 착용 시에만 전·후진할 수 있도록 인터록 시스템을 구축하고, 전복·충돌 시 운전자가 운전석에서 튕겨나가는 것을 방지하는 지게차 안전장치는 주행연동 안전벨트이다. ( )
2. 운전자의 윗부분에서 떨어지는 낙하물을 막기 위한 프레임은 백레스트이다. ( )

정답 1. O 2. X

| 해설 |
2. 운전자의 윗부분에서 떨어지는 낙하물을 막기 위한 프레임은 헤드가드이다.

제2절 안전장치

1. 안전장치의 정의

(1) 안전장치란?

산업현장에서 작업자를 보호하고 기계의 손상을 방지하기 위해 설치하는 장치 및 구조물로, 방호장치라고도 한다.

(2) 안전장치의 필요성

① 지게차의 경우 일반차량과 무게중심이 다르기 때문에 커브길 등에서 전복 사고 등이 자주 일어난다.
② 적재물의 과적으로 인한 시야 미확보로 인해 충돌이 쉽게 일어난다.
③ 따라서 물량의 과적 방지, 시야 확보 보조장치 등 위험 사고를 줄일 수 있는 안전장치가 필요하다.

2. 지게차의 안전장치 중요도 ★★☆

(1) 지게차의 주요 안전장치(방호장치)

① 전조등 및 후미등 : 지게차 작업 시 지게차 전후방의 조명을 확보하여 안전한 작업이 되도록 전조등과 후미등을 갖춰야 한다.
② 헤드가드 : 운전자의 윗부분에서 떨어지는 낙하물을 막거나, 지게차의 전도·전복 사고 시 작업자를 보호하는 프레임의 일종이다.
③ 주행연동 안전벨트 : 지게차 전·후진 레버의 접점과 안전벨트를 연결하여 안전벨트 착용 시에만 전·후진할 수 있도록 인터록 시스템을 구축하고, 전복·충돌 시 운전자가 운전석에서 튕겨나가는 것을 방지한다.
④ 백레스트 : 지게차로 상자, 포대 등이 적재된 팰릿을 싣거나 옮기기 위해 마스트를 뒤로 기울일 때 화물이 마스트 방향으로 떨어지는 것을 방지하기 위한 짐받이 틀을 말한다.

(2) 그 밖의 지게차 안전장치(방호장치)

① 경광등 : 지게차의 운행 상태를 알 수 있도록 경광등을 설치한다(경광등이 작동하면서 스피커에서 경고음이 발생).
② 포크 급강하 방지 장치
③ OPSS(Operator Presence Sensing System, 운전자 안전 센싱 시스템) : 시트에서 작업자 하차 시 모든 기능을 정지시키는 장치이다.

④ 포크 받침대 : 정비 시 급강하를 막는다.
  ㉠ 포크 위치 표시 장치
  ㉡ 레이저 위치 표시기(블루라이트)
⑤ 전방 및 후방 경보장치 : 전·후진 시 물체와 충돌을 방지하기 위한 장치이다.
  ㉠ 대형 후사경 : 후진 작업 시 지게차 후면의 시야를 확보한다.
  ㉡ 룸미러 : 대형 후사경 외에도 지게차 뒷면의 사각지역 해소를 위해 룸미러를 장치한다.
  ㉢ 형광표시장치(형광 테이프) : 조명이 어두운 작업장에서 지게차의 위치 및 움직임을 식별할 수 있도록 지게차의 테두리 등에 부착한다.
⑥ 지게차 전도방지 안전장치

진짜 통째로 외워온 문제

지게차의 장치 중 운전자를 보호하는 목적으로 설치되는 것이 아닌 것은?
① 아우트리거
② 헤드가드
③ 백레스트
④ 주행연동 안전벨트

[해설]
아우트리거는 작업의 안정을 위하여 프레임 등에 길게 부착한 장치이다.

정답 ①

+ 괄호문제

다음 괄호 안에 알맞은 내용을 쓰시오.
① 후진 작업 시 지게차 후면의 시야를 확보하기 위한 안전장치는 ( )이다.
② 화물이 마스트 방향으로 떨어지는 것을 방지하기 위한 짐받이 틀은 ( )이다.

| 정답 |
① 대형 후사경
② 백레스트

확인! OX

지게차의 안전장치에 대한 설명이다. 옳으면 "O", 틀리면 "X"로 표시하시오.
1. 지게차 정비 시 포크의 급강하를 막기 위해 포크 받침대가 필요하다. ( )
2. 조명이 어두운 작업장에서 지게차의 위치 및 움직임을 식별할 수 있도록 지게차의 테두리 등에 부착하는 것은 경광등이다. ( )

정답 1. O 2. X

| 해설 |
2. 형광표시장치(형광 테이프)에 대한 설명이다.

PART 1. 안전관리

CHAPTER 02· 위험요소 확인

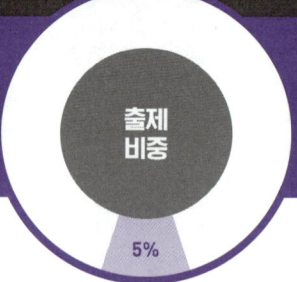

출제포인트
- 안전보건표지의 종류와 형태
- 화재의 분류 및 소화설비
- 위험요소의 확인

기출 키워드

안전표지, 안전보건표지의 색채, A급~D급 화재, 안전수칙, 위험요소

제1절 안전표지

1. 안전표지의 정의 및 특징

(1) 안전표지의 정의

작업장에서 작업자의 행동 판단이 잘못되기 쉬운 곳이나 중대 재해를 일으킬 우려가 있는 장소의 안전을 위해 표시하는 것이다.

(2) 안전표지의 특징

① 안전표지의 종류에는 금지표지, 경고표지, 지시표지, 안내표지가 있다.
② 「산업안전보건법」상 안전표지는 색채, 내용, 모양으로 구성된다.

2. 안전보건표지의 종류와 형태(산업안전보건법 시행규칙 [별표 6])

중요도 ★★★

(1) 금지표지

바탕은 흰색, 기본모형은 빨간색, 관련 부호 및 그림은 검은색으로 나타낸다.

출입금지	보행금지	차량통행금지	사용금지
탑승금지	금연	화기금지	물체이동금지

(2) 경고표지

바탕은 노란색, 기본모형과 관련 부호 및 그림은 검은색으로 나타낸다. 다만, 인화성물질 경고, 산화성물질 경고, 폭발성물질 경고, 급성독성물질 경고, 부식성물질 경고 및 발암성·변이원성·생식독성·전신독성·호흡기과민성물질 경고의 경우 바탕은 무색, 기본모형은 빨간색(검은색도 가능)으로 나타낸다.

인화성물질 경고	산화성물질 경고	폭발성물질 경고	급성독성물질 경고
부식성물질 경고	발암성·변이원성·생식독성·전신독성·호흡기 과민성 물질 경고	방사성물질 경고	고압전기 경고
매달린 물체 경고	낙하물 경고	고온 경고	저온 경고
몸균형 상실 경고	레이저광선 경고	위험장소 경고	

(3) 지시표지

바탕은 파란색, 관련 그림은 흰색으로 나타낸다.

보안경 착용	방독마스크 착용	방진마스크 착용	보안면 착용	안전모 착용
귀마개 착용	안전화 착용	안전장갑 착용	안전복 착용	

+ 괄호문제

다음 괄호 안에 알맞은 내용을 쓰시오.
① 산업안전보건법상 안전표지는 ( ), 내용, 모양으로 구성된다.
② 금지표지는 바탕은 흰색, 기본모형은 ( )색, 관련 부호 및 그림은 검은색으로 나타낸다.

| 정답 |
① 색채
② 빨간

확인! OX

안전표지에 대한 설명과 그림이다. 옳으면 "O", 틀리면 "X"로 표시하시오.

1. 다음 안전표지가 나타내는 것은 차량통행금지이다. ( )

2. 아래의 안전표지가 나타내는 것은 인화성물질 경고이다. ( )

| 정답 | 1. O 2. X

| 해설 |
2. 산화성물질 경고이다.

+ 괄호문제

다음 괄호 안에 알맞은 내용을 쓰시오.

① 다음의 안전표지가 나타내는 것은 ( )이다.

② 다음의 안전표지가 나타내는 것은 ( )이다.

|정답|
① 방진마스크 착용
② 비상구

(4) 안내표지

바탕은 흰색, 기본모형 및 관련 부호는 녹색으로 나타내거나 바탕은 녹색, 관련 부호 및 그림은 흰색으로 나타낸다.

녹십자표지	응급구호표지	들 것	세안장치
비상용기구	비상구	좌측비상구	우측비상구

진짜 통째로 외워온 문제

산업안전보건표지 중 금지표지가 아닌 것은?
① 화기금지　　② 탑승금지
③ 금연　　　　④ 방독마스크 금지

[해설]
산업안전보건표지 중 금지표지에는 출입금지, 보행금지, 차량통행금지, 사용금지, 탑승금지, 금연, 화기금지, 물체이동금지가 있다(산업안전보건법 시행규칙 [별표 6]).

정답 ④

확인! OX

안전보건표지의 색채 및 용도에 대한 설명과 그림이다. 옳으면 "O", 틀리면 "X"로 표시하시오.

1. 산업안전보건법령상 안전보건표지 중 금지의 의미를 나타내는 색채는 노란색이다.
( )
2. 산업안전보건법령상 안전보건표지의 색채 중 녹색은 안내의 용도로 사용된다.
( )

정답 1. X 2. O

|해설|
1. 금지의 의미를 나타내는 색채는 빨간색이다.

3. 안전보건표지의 색채 및 용도(산업안전보건법 시행규칙 [별표 8])

색채	용도	사례
빨간색 (7.5R 4/14)	금지	정지신호, 소화설비 및 그 장소, 유해 행위의 금지
	경고	화학물질 취급 장소에서의 유해·위험 경고
노란색 (5Y 8.5/12)	경고	화학물질 취급 장소에서의 유해·위험 경고 이외의 위험 경고, 주의표지 또는 기계 방호물
파란색 (2.5PB 4/10)	지시	특정 행위의 지시 및 사실의 고지
녹색 (2.5G 4/10)	안내	비상구 및 피난소, 사람 또는 차량의 통행 표시
흰색(N9.5)		파란색이나 녹색에 대한 보조색
검은색(N0.5)		문자 및 빨간색 또는 노란색에 대한 보조색

제2절 안전수칙

1. 안전수칙 및 산업재해의 분류

(1) 작업장의 안전수칙
① 작업복과 안전보호구는 반드시 착용한다.
② 작업 시 작업의 목적, 규격에 알맞은 공구를 선택한다.
③ 지게차의 식별을 위해 형광 테이프를 부착한다.
④ 기계의 청소나 손질은 운전을 정지시킨 후 실시한다.

(2) 산업재해의 분류

분류	종류	내용
통계적 분류	사망	업무로 인해서 목숨을 잃게 되는 경우
	중경상	부상으로 인하여 2주 이상의 노동 상실을 가져온 상해 정도
	경상해	부상으로 1일 이상 7일 이하의 노동 상실을 가져온 상해 정도
	무상해 사고	응급처치 이하의 상처로 작업에 종사하면서 치료를 받는 상해 정도
ILO의 상해 정도별 분류	사망, 영구 전부 노동불능	장해등급 제1급~제3급
	영구 일부 노동불능	장해등급 제4급~제14급
	일시적 노동불능	장해판정을 받지 않은 자로서 휴업 및 비휴업 손실이 발생된 자

※ 국제노동기구(ILO ; International Labour Organization)의 노동불능은 근로불능과 같다.

[출처 : KOSHA GUIDE]

(3) 사고의 원인

직접 원인	물적 원인	불안전한 상태(1차 원인)
	인적 원인	
	천재지변	불가항력
간접 원인	교육적 원인	개인적 결함(2차 원인)
	기술적 원인	
	관리적 원인	사회적 환경, 유전적 요인

(4) 기계설비의 위험점의 종류
① 협착점 : 왕복 운동하는 요소와 움직임이 없는 고정부 사이의 위험점
  예 프레스, 전단기, 절곡기 등
② 끼임점 : 고정부와 회전하는 요소 사이의 위험점
  예 연삭숫돌과 숫돌덮개, 하우징과 선풍기 날개 등
③ 물림점 : 회전하는 요소와 회전하는 요소 사이의 위험점
  예 기어, 마찰차 등
④ 절단점 : 회전 또는 왕복운동을 하는 절삭날 등 돌출부의 위험점

+ 괄호문제

다음 괄호 안에 알맞은 내용을 쓰시오.
① 작업 시 작업복과 ( )는 반드시 착용한다.
② 작업 시 작업의 목적, ( )에 맞는 공구를 선택한다.

| 정답 |
① 안전보호구
② 규격

확인! OX

기계설비의 위험점에 대한 설명이다. 옳으면 "O", 틀리면 "X"로 표시하시오.
1. 왕복 운동하는 요소와 움직임이 없는 고정부 사이의 위험점은 끼임점이다. ( )
2. 회전하는 요소에 작업복, 장갑 등이 말려 들어갈 수 있는 위험점은 회전말림점이다. ( )

정답 1. X 2. O

| 해설 |
1. 왕복 운동하는 요소와 움직임이 없는 고정부 사이의 위험점은 협착점이다.

> **+ 괄호문제**
>
> 다음 괄호 안에 알맞은 내용을 쓰시오.
> ① 화재의 분류기준에서 종이, 섬유 등에 인해 발생한 화재는 ( )급 화재에 해당한다.
> ② D급 화재에 사용 가능한 소화기는 ( )이다.
>
> | 정답 |
> ① A
> ② 건조된 모래(건조사)

⑤ 접선물림점 : 회전부의 접선 방향으로 물려 들어갈 위험이 있는 곳
⑥ 회전말림점 : 회전하는 요소에 작업복, 장갑 등이 말려 들어가는 곳

2. 화재의 분류 및 소화설비 중요도 ★★★

(1) 화재의 분류

① A급 화재(일반 화재)
  ㉠ 가연 물질 : 나무, 종이, 섬유 등의 고체 물질
  ㉡ 소화 효과 : 냉각 효과
  ㉢ 표현 색상 : 백색
  ㉣ 소화기 : 물, 분말소화기, 포(포말)소화기, 이산화탄소 소화기, 강화액 소화기, 산/알칼리 소화기

② B급 화재(유류 및 가스 화재)
  ㉠ 가연 물질 : 기름, 윤활유, 페인트 등의 액체 물질
  ㉡ 소화 효과 : 질식 효과
  ㉢ 표현 색상 : 황색
  ㉣ 소화기 : 분말소화기, 포(포말)소화기, 이산화탄소 소화기

③ C급 화재(전기 화재)
  ㉠ 가연 물질 : 전기설비, 기계, 전선 등의 물질
  ㉡ 소화 효과 : 질식 및 냉각 효과
  ㉢ 표현 색상 : 청색
  ㉣ 소화기 : 분말소화기, 유기성소화기, 이산화탄소 소화기, 무상강화액 소화기, 할로겐화합물 소화기
  ㉤ 사용 불가능 소화기 : 포(포말)소화기

④ D급 화재(금속 화재)
  ㉠ 가연 물질 : 가연성 금속(Al분말, Mg분말)
  ㉡ 소화 효과 : 질식 효과
  ㉢ 소화기 : 건조된 모래(건조사)
  ㉣ 사용 불가능 소화기 : 물(금속가루는 물과 반응하여 폭발의 위험성이 있음)

(2) 소화설비의 분류

① 물 분무 소화설비 : 인화점 이하로 연소물의 온도를 낮춰 냉각한다.
② 분말 소화설비 : 미세한 분말 소화제가 방사되어 질식 소화한다.
③ 이산화탄소 소화설비 : 공기 중 산소 농도를 낮춰 질식 소화하는 방식으로, 유류 화재 및 전기 화재에 주로 사용한다.
※ ABC소화기 : A급, B급, C급 화재에 적합한 소화기로, 주로 냉각 및 질식 소화하며 대부분의 가정용 소화기가 이에 해당한다.

> **확인! OX**
>
> 화재의 소화방법에 대한 설명이다. 옳으면 "O", 틀리면 "X"로 표시하시오.
> 1. 유류 화재 시 다량의 물을 부어 소화한다. ( )
> 2. 소화설비 선택 시 화재의 성질, 작업장의 환경, 작업자의 성격 등을 고려한다. ( )
>
> | 정답 | 1. X 2. X
>
> | 해설 |
> 1. 유류 화재에 물을 사용할 경우, 기름이 물을 타고 떠다니며 화재를 확산시키므로 사용을 금지한다.
> 2. 소화설비 선택 시 작업자의 성격은 고려 대상이 아니다.

(3) 소화방식의 분류

① 냉각 소화방식 : 연소물의 온도를 인화점 이하를 낮춰 냉각시킴으로써 소화한다.

② 질식 소화방식 : 연소의 3요소 중 산소를 차단하여 소화한다.

※ 연소의 3요소 : 가연물, 산소, 점화원(열, 불꽃 등)

진짜 통째로 외워온 문제

01 화재의 분류에서 유류 화재에 해당되는 것은?
① A급 화재   ② B급 화재
③ C급 화재   ④ D급 화재

[해설]
① A급 화재는 일반(나무, 종이, 섬유 등의 고체 물질) 화재이다.
③ C급 화재는 전기 화재(전기설비, 기계, 전선 등의 물질)이다.
④ D급 화재는 금속 화재(가연성 금속, 즉 Al분말이나 Mg분말)이다.

02 다음 중 화재 시 화염을 피하는 방법을 모두 고른 것은?

> a. 머리카락, 얼굴, 발, 손 등을 불과 닿지 않게 한다.
> b. 물수건으로 입을 막고 통과한다.
> c. 몸을 낮게 엎드려서 통과한다.
> d. 옷을 물에 적시고 통과한다.

① a, b, c, d   ② a, b, c
③ b, d   ④ b, c

[해설]
화재 발생 시 대피방법
- 불이 나면 큰소리로 다른 사람에게 알리고 화재경보 비상벨을 누른다.
- 계단을 이용하되 아래층 이동이 불가능할 때는 옥상으로 대피한다.
- 불길 속을 통과할 때는 물에 적신 담요나 수건으로 몸과 얼굴을 싸맨다.
- 물수건을 이용하여 코와 입을 막고 낮은 자세로 이동한다.
- 손잡이 등이 뜨겁지 않은지 확인하면서 밖으로 이동한다.
- 출구가 없을 때는 문틈을 젖은 옷이나 이불로 막고 구조를 기다린다.

[정답] 01 ② 02 ①

+ 괄호문제

다음 괄호 안에 알맞은 내용을 쓰시오.
① 화재의 분류에서 C급 화재는 ( ) 화재에 해당한다.
② 연소의 3요소는 가연물, 산소, ( )이다.

|정답|
① 전기
② 점화원

확인! OX

소화설비 및 방식에 대한 설명이다. 옳으면 "O", 틀리면 "X"로 표시하시오.

1. 물 분무는 인화점 이하로 연소물의 온도를 낮춰 냉각한다. ( )
2. 소화방식 중 산소를 차단하여 소화하는 것은 냉각 소화방식이다. ( )

[정답] 1. O 2. X

|해설|
2. 질식 소화방식이다.

+ 괄호문제

다음 괄호 안에 알맞은 내용을 쓰시오.

① 지게차의 위험요소를 줄이기 위해서는 지게차 운전자의 ( ) 확보가 중요하다.
② 지게차 작업 시 사각지역에 ( )을 설치하도록 한다.

| 정답 |
① 시야
② 반사경

제3절 위험요소

1. 위험요소의 확인

중요도 ★★☆

(1) 운전자에 의한 위험요소
① 운전자의 시야 불량
② 운전자의 운전 미숙
③ 과속에 의한 충돌
④ 과속에 의한 전복
⑤ 경사면에서의 전도

(2) 위험요소에 따른 발생 사고
① 충돌
② 추락
③ 낙하
④ 차량 전도
⑤ 고소작업 시 포크에서 떨어짐

(3) 작업자가 확인해야 할 위험요소
① 지게차는 운전자만 탑승해야 한다.
② 작업장에서 차량의 위치를 주변에 알려 위험을 경고한다.
③ 작업장치와 주행장치의 정상 작동 여부를 사전에 확인해야 한다.
④ 장비 사용설명서에 따라 운전자가 정위치에 있을 때만 작업장치를 작동할 수 있다.
⑤ 지게차가 주변 사람들에게 잘 인식되도록 형광색의 안전부착물을 부착해야 한다.
⑥ 작업장치의 오작동 방지를 위해 운전자의 복장, 손, 안전화, 운전석 바닥 오염 여부를 확인하고 청결히 한다.

2. 위험요소 안전대책

(1) 지게차의 위험요소에 대한 안전대책
① 지게차 작업 시 안전통로 확보
② 지게차 안전장치 설치
③ 작업구간에 보행자의 출입금지
④ 작업구역 내 장애물 제거
⑤ 안전표지판을 설치하고, 안전표지 부착
⑥ 사각지역에 반사경 설치
⑦ 지게차 운전자의 시야 확보
⑧ 유자격자만 지게차 운전

(2) 정리정돈 작업 방법
① 필요 없는 화물은 치운다.
② 정해진 장소에 화물을 보관한다.
③ 적재물이 흐트러지지 않도록 보관한다.
④ 무너지기 쉬운 화물에는 고임대를 받친다.

확인! OX

작업자가 확인해야 할 위험요소에 대한 설명이다. 옳으면 "O", 틀리면 "X"로 표시하시오.

1. 작업장치와 주행장치의 정상 작동 여부를 작업 후에 확인해야 한다. ( )
2. 지게차가 주변 사람들에게 잘 인식되도록 형광, 야광색의 안전부착물을 부착해야 한다. ( )

정답 1. X 2. O

| 해설 |
1. 작업장치와 주행장치의 정상 작동 여부를 사전에 확인해야 한다.

PART 1. 안전관리

CHAPTER 03 · 안전운반 작업

출제비중 3%

출제포인트
- 안전운반 작업하기
- 작업안전 사항
- 기타 안전 사항

제1절 안전운반

1. 안전작업 절차

작업계획 수립 → 안전교육 실시 → 개인 안전보호구와 안전사고 관련 내용 숙지 → 지게차 정상 작동 여부 확인 → 안전장치 및 보조장치 이상 여부 확인 → 작업장 주변 상태 및 신호수와 배치 상태 확인 → 안전작업 → 작업 후 장비 이상 여부 확인

기출 키워드
안전작업, 안전운반, 작업 안전경사도, 주행 시 유의사항, 작업 안전대책

2. 안전운반 작업하기 중요도 ★☆☆

(1) 작업 형태에 따른 안전사항

작업 형태	안전사항
화물을 들어 올려 이동할 때	• 화물에 천천히 접근하여 포크를 팰릿의 넓이에 맞추고, 포크는 완전히 직각이 되게 한다. • 포크의 길이는 화물의 2/3 이상으로 한다.
화물을 높게 쌓을 때	화물의 낙하 방지를 위해 마스트를 뒤로 충분히 기울여 서서히 접근하여 쌓는다.
중량물을 들어 올릴 때	체인블록을 이용하여 들어 올린다.

(2) 적재물 상차 후 안전운반할 때 유의사항

① 적재물의 낙하방지를 위하여 포크 간격을 조절한 후 균형을 유지하면서 서행 운전한다.
② 안전운반 작업을 위하여 상부 장애물 접촉에 주의해야 하며, 리프트 실린더를 조작하여 마스트의 상하 높이를 조절한다.

(3) 지게차의 작업 경사안정도

① 주행 시 전후안정도 : 18%
② 주행 시 좌우안정도 : 15 + (1.1 × 주행 속도)
③ 하역 작업 시 전후안정도 : 4%(단, 5ton 이상의 지게차는 3.5%)
④ 하역 작업 시 좌우안정도 : 6%

+ 괄호문제

다음 괄호 안에 알맞은 내용을 쓰시오.
① 화물을 들어 올리려 할 때 포크의 길이는 화물의 (   ) 이상으로 한다.
② 중량물을 들어 올릴 때 (   )을 이용하여 들어 올린다.

| 정답
① 2/3
② 체인블록

(4) 지게차 주행 시 유의사항

① 사업주는 주행 제한속도를 설정한다.
② 급출발, 급정지, 급선회를 하지 않는다.
③ 좌식 지게차는 반드시 안전벨트를 착용한다.
④ 도로 주행 시 포크의 선단에 표식을 부착한다.
⑤ 운전자는 제한속도를 초과하여 운행하지 않는다.
⑥ 실내 등 어두운 곳에서는 전조등을 켜고 주행한다.
⑦ 운전자 외에는 사람을 지게차에 탑승시키지 않는다.
⑧ 적재화물이 운전자의 시야를 방해할 경우 유도자를 배치하거나 후진한다.
⑨ 마스트를 충분히 뒤로 기울이고, 포크는 지면에서 20~30cm 띄우고 주행한다.
⑩ 주정차 시 반드시 주차 브레이크를 고정시킨다.
⑪ 전·후진 변속 시 지게차가 완전히 정지된 상태에서 행한다.
⑫ 화물을 하역할 때에는 마스트를 앞으로 약 4° 경사시킨다.
⑬ 리프트 레버 사용 시 눈의 초점은 마스트를 주시한다.
⑭ 창고 또는 공장에 출입할 때 지게차의 폭과 출입구의 폭을 확인하고, 부득이 포크를 올려 출입하는 경우 출입구 높이에 주의한다.
⑮ 화물을 싣고 경사지에서 주행하여 내려갈 때에는 저속으로 후진한다.

진짜 통째로 외워온 문제

지게차로 화물 운반 시 안전상 적절하지 않은 것은?
① 제한속도를 초과하여 운행하지 않는다.
② 마스트를 앞으로 당겨서 이동한다.
③ 지게차의 허용 중량에 맞게 화물을 싣는다.
④ 화물로 전방 시야가 가릴 때는 후진으로 주행한다.

[해설]
화물 운반 작업 시 마스트를 뒤로 기울여서 이동한다.

정답 ②

확인! OX

지게차 주행 시 유의사항에 대한 설명이다. 옳으면 "O", 틀리면 "X"로 표시하시오.
1. 도로 주행 시 포크의 선단에 표식을 부착한다. (   )
2. 운전자 외에는 사람을 지게차에 탑승시키지 않는다. (   )

정답 1. O 2. O

제2절 작업 안전 및 기타 안전사항

1. 작업 안전사항

(1) 작업 안전대책
① 안전운행
② 반사경 설치
③ 안전장치 설치
④ 안전벨트 착용
⑤ 고소작업 금지
⑥ 제한속도 표지판 설치
⑦ 화물적재의 안전성 확보
⑧ 전담 지게차 관리자 지정
⑨ 시야를 확보한 후 지게차 이동
⑩ 지게차 전용도로와 보행자 통로 구분
⑪ 지게차를 이용한 고소작업 시 안전난간이 설치된 전담 운반구 사용
⑫ 경사로 작업 시 전·후진의 작업방법을 판단하여 포크를 수평으로 유지하고, 지면과의 안전높이로 조절

(2) 물품을 운반할 때 주의사항
① 화물은 규정에 맞게 적재한다.
② 안전사고 예방에 가장 유의한다.
③ 정밀한 물품을 쌓을 때는 상자에 넣도록 한다.
④ 약하고 가벼운 것을 위에, 무거운 것을 밑에 쌓는다.
⑤ 인력으로 운반 시 무리한 자세로 장시간 취급하지 않도록 한다.

2. 기타 안전사항

중요도 ★★☆

(1) 가연성가스 저장실에서의 안전사항
① 휴대용 전등을 사용한다.
② 불 등의 점화 요소를 두지 않는다.
③ 기름이 묻은 걸레 등을 사용하지 않는다.

+ 괄호문제

다음 괄호 안에 알맞은 내용을 쓰시오.
① 작업 안전을 위해 지게차 (   )와 보행자 통로를 구분한다.
② 지게차를 이용한 고소작업 시 (   )이 설치된 전담 운반구를 사용한다.

| 정답 |
① 전용도로
② 안전난간

확인! OX

가연성 가스 저장실에서의 안전사항에 대한 설명이다. 옳으면 "O", 틀리면 "X"로 표시하시오.

1. 불 등의 점화 요소를 두지 않는다. (   )
2. 기름 묻은 걸레로 저장실을 청소한다. (   )

정답 1. O 2. X

| 해설 |
2. 기름 묻은 걸레 등은 가연성 가스 저장실에서 사용하지 않는다.

+ 괄호문제

다음 괄호 안에 알맞은 내용을 쓰시오.
① 벨트의 이음쇠는 돌기가 (　) 는 구조로 한다.
② 로프의 경우 내열성, 내마모성, 인장강도가 (　)아야 한다.

| 정답 |
① 없
② 높

(2) 가스 용접 작업 시 안전 사항
① 산소용기(봄베)는 화기로부터 지정된 거리에 둔다.
② 40°C 이하의 온도에서 산소용기를 보관한다.
③ 가스 용접 시 사용되는 산소용기 및 호스는 녹색이다.
④ 산소용기 운반 시 충격을 주지 않도록 주의한다.
⑤ 산소용기는 반드시 세워서 보관한다.
⑥ 용접기에서의 가스 누설 여부는 비눗물을 사용해 점검한다.
⑦ 용기 몸통에 그리스를 바르지 않는다.
※ 가스용기의 색상
　　산소 : 녹색, 수소 : 주황색, 아세틸렌 : 황색(노란색), 질소 : 회색

(3) 귀마개가 갖추어야 할 조건
① 내습·내유성을 가져야 한다.
② 적당한 세척 및 소독에 견딜 수 있어야 한다.
③ 가벼운 귓병이 있어도 착용할 수 있어야 한다.
④ 안경이나 안전모와 함께 착용할 수 있어야 한다.

(4) 벨트 취급에 대한 안전사항
① 벨트는 적당한 장력이 유지되도록 한다.
② 벨트에 적당한 유격이 유지되도록 한다.
③ 고무벨트에는 기름이 묻지 않도록 한다.
④ 벨트의 이음쇠는 돌기가 없는 구조로 한다.
⑤ 벨트 교환 시 회전이 완전히 멈춘 상태에서 한다.
⑥ 벨트가 풀리에 감겨 돌아가는 부분은 커버나 덮개를 설치한다.
⑦ 벨트를 걸 때나 벗길 때에는 기계를 정지한 상태에서 실시한다.

(5) 로프의 구비조건
① 충격에 강해야 한다.
② 내열성이 높아야 한다.
③ 내마모성이 높아야 한다.
④ 인장강도가 높아야 한다.

(6) 작업장의 사다리식 통로 설치방법
① 견고한 구조로 설치한다.
② 발판의 간격은 일정하게 한다.
③ 사다리가 넘어지거나 미끄러지지 않도록 조치한다.

확인! OX

안전사항에 대한 설명이다. 옳으면 "O", 틀리면 "X"로 표시하시오.
1. 가스 용접 시 사용되는 산소용기 및 호스는 회색이다. (　)
2. 작업장의 사다리식 통로의 설치 시 발판의 간격은 일정하게 한다. (　)

정답 1. X　2. O

| 해설 |
1. 녹색이다.

(7) 기계공장 근무 시 안전수칙
   ① 기계운전 중에는 자리를 지킨다.
   ② 기계운전 중 정지 시에는 즉시 주스위치를 끈다.
   ③ 기계공장에서는 반드시 작업복과 안전화를 착용한다.

(8) 전기 작업의 안전수칙
   ① 전기기기에 의한 감전사고를 막기 위해 접지설비를 한다.
   ② 전기설비에 물기가 닿지 않도록 한다.
   ③ 전기기기에 위험표시를 한다.
   ④ 작업자에게 사전 안전교육을 실시하고, 안전보호구를 착용시킨다.

(9) 작업장에서 갑자기 정전에 되었을 때 기계의 조치방법
   ① 즉시 스위치를 끈다.
   ② 퓨즈의 단선 유무를 검사한다.
   ③ 안전을 위해 작업장을 정리해 놓는다

(10) 전기용접 아크 광선에 대한 유의사항
   ① 전기용접 아크에는 다량의 자외선이 포함되어 있다.
   ② 전기용접 아크를 볼 때에는 헬멧이나 쉴드를 사용한다.
   ③ 전기용접 아크 빛이 직접 눈으로 들어오면 전광성 안염 등의 눈병이 발생한다.

진짜 통째로 외워온 문제

벨트를 풀리에 걸 때는 어떤 상태에서 걸어야 하는가?
① 회전을 중지시킨 후 건다.
② 저속으로 회전시키면서 건다.
③ 중속으로 회전시키면서 건다.
④ 고속으로 회전시키면서 건다.

[해설]
벨트를 풀리에 걸려면 풀리의 회전을 중지시킨 후 정지 상태에서 건다.

정답

+ 괄호문제

다음 괄호 안에 알맞은 내용을 쓰시오.
① 용접기에서의 가스 누설 여부는 ( )을 사용해 점검한다.
② 벨트는 적당한 ( ) 및 유격이 유지되도록 한다.

| 정답 |
① 비눗물
② 장력

확인! OX

작업장에서의 안전수칙에 대한 설명이다. 옳으면 "O", 틀리면 "X"로 표시하시오.
1. 전기기기에 의한 감전사고를 막기 위해 접지설비를 한다. ( )
2. 전기용접 아크를 볼 때는 헬멧이나 쉴드를 사용한다. ( )

정답 1. O 2. O

PART 1. 안전관리

CHAPTER 04 · 장비 안전관리

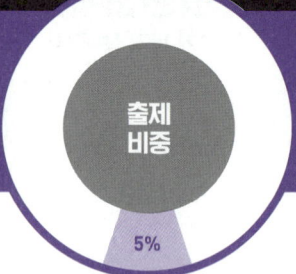

출제포인트
- 지게차의 안전관리
- 장비 안전관리 교육
- 공구의 안전취급 사항

기출 키워드

안전점검, 장비 안전관리, 위험성 평가, 하인리히의 도미노 이론, 해머·드릴·연삭기 사용 시 안전수칙, 스패너(렌치) 사용 시 안전수칙

제1절 장비 안전관리 및 교육

1. 지게차의 안전관리 중요도 ★☆☆

(1) 지게차 안전점검 항목

① 전·후진 작동 상태 : 전·후진 레버를 조작하여 레버가 부드럽게 작동하는시 점검한다.
② 제동장치 작동 상태 : 브레이크페달을 밟아 페달 유격이 정상인지 점검한다.
③ 주차브레이크 작동 상태 : 주차브레이크가 원활하게 해제되고 확실히 제동되는지 점검한다.
④ 리프트 실린더의 작동 상태
　㉠ 리프트 실린더 작동 레버를 조작하여 리프트 실린더의 누유 여부, 실린더 로드의 손상 여부를 점검한다.
　㉡ 리프트 실린더 내벽의 마모 정도를 점검한다. 마모가 심하면 실린더 로드의 내부 섭동으로 포크가 자연적으로 하강하게 된다.
⑤ 핸들의 작동 상태
　㉠ 조향 핸들 조작 시 핸들에 이상 진동이 느껴지는지 점검한다.
　㉡ 조향 핸들의 유격 상태를 점검한다.
⑥ 연료 누유 및 각종 오일의 누유 상태
　㉠ 유압호스 및 파이프 연결 부위의 누유 상태를 점검한다.
　㉡ 작업 전 주기된 지게차의 지면을 확인하여 연료 및 각종 오일의 누유 흔적을 점검한다.

(2) 안전점검의 종류

① 수시점검　　　　　② 정기점검
③ 특별점검　　　　　④ 정밀안전점검
⑤ 정밀안전진단　　　⑥ 긴급안전점검

2. 지게차의 안전사고

(1) 지게차 작업 중 주요 위험 요인
① 전도
② 충돌
③ 낙하
④ 추락

(2) 사고 유형별 발생 원인

사고 유형	발생 원인
지게차 바퀴에 작업자 협착	운전자 전방 주시 미확보
크레인 레일을 지날 때 크레인과 충돌(지게차 전도의 경우)	• 운전자 전방 주시 미확보 • 작업 지휘자 및 유도자 미배치
지게차 포크로 상차한 팰릿 위로 작업자와 둥근 배관 이동 중 작업자와 물체 낙하	무게중심 이동

(3) 안전관리 담당자의 가장 중요한 업무
사고 발생 가능성의 제거

3. 장비 안전관리 교육

(1) 사업장에서의 안전교육 주기
① 정기교육
② 특별교육
③ 채용 시 교육
④ 작업 내용 변경 시 교육

(2) 전담 직원의 안전 관련 교육사항
① 안전관리자 교육
② 보건관리자 교육
③ 안전보건 관리책임자 교육

(3) 위험성 평가
사업장의 유해 위험 요인을 파악한 후 해당 요인에 의한 부상, 질병의 발생 가능성과 중대성을 추정하여 결정하고, 그에 대한 감소대책을 수립하는 일련의 과정을 지속적으로 실행하여 사고를 미연에 방지하기 위한 체계를 말한다.

+ 괄호문제

다음 괄호 안에 알맞은 내용을 쓰시오.
① 지게차 작업의 주요 위험 요인에는 (　　), 충돌, 낙하 등이 있다.
② 사업장의 유해 위험 요인을 파악한 후 그에 대한 감소대책을 수립하는 일련의 과정을 지속적으로 실행하여 사고를 미연에 방지하기 위한 체계를 (　　)라고 한다.

| 정답 |
① 전도
② 위험성 평가

확인! OX

안전점검 및 안전관리에 대한 설명이다. 옳으면 "O", 틀리면 "X"로 표시하시오.
1. 안전점검의 종류에는 수시점검, 정기점검, 특별점검, 정밀안전점검 등이 있다. (　　)
2. 안전관리 담당자의 가장 중요한 업무는 사고 발생 가능성의 제거이다. (　　)

정답 1. O 2. O

> **+ 괄호문제**
>
> 다음 괄호 안에 알맞은 내용을 쓰시오.
> ① 하인리히의 도미노 이론에서 불안전한 행동 및 불안전한 상태의 단계로, 사고예방을 위해 제거가 필요한 단계는 ( )단계이다.
> ② 하인리히의 사고예방 기본원리 5단계 중 2단계는 ( )이다.
>
> | 정답 |
> ① 3
> ② 사실의 발견(현상 파악)

(4) 하인리히의 도미노 이론
① 1단계 : 사회적 환경과 유전적 요소(선천적 결함)
② 2단계 : 개인적 결함
③ 3단계 : 불안전한 행동 및 불안전한 상태
④ 4단계 : 사고 발생
⑤ 5단계 : 재해

(5) 하인리히의 사고예방 기본원리 5단계
① 1단계 : 조직(안전관리 조직)
② 2단계 : 사실의 발견(현상 파악)
③ 3단계 : 평가분석(원인 분석)
④ 4단계 : 시정책의 선정(대책 수립)
⑤ 5단계 : 시정책의 적용(실시)

제2절 기계·기구 및 공구에 관한 사항

1. 공구의 안전취급 사항   중요도 ★★★

(1) 공구를 안전하게 취급하는 방법
① 공구는 사용 후 공구함에 보관한다.
② 공구는 기계나 재료 위에 올려놓지 않는다.
③ 모든 공구는 작업에 적합한 공구를 사용한다.
④ 불량 공구는 반납하고, 함부로 수리해서 사용하지 않는다.

(2) 수공구 사용 시의 안전수칙
① 안전한 자세와 동작으로 작업에 임한다.
② 정리정돈 및 청결 유지 등 안전수칙을 준수한다.
③ 작업의 목적, 규격에 맞는 공구를 선택한다.
④ 결함이 없는 안전한 공구를 사용하며, 사용 후 일정한 장소에 보관한다.
⑤ 무리한 힘과 충격을 가하지 않고, 손에 묻은 물이나 기름을 잘 닦아야 한다.
⑥ 끝이 예리한 공구는 주머니에 넣지 않도록 유의한다.

> **확인! OX**
>
> 공구의 안전취급 사항에 대한 설명이다. 옳으면 "O", 틀리면 "X"로 표시하시오.
> 1. 공구는 사용 후 공구함에 보관한다. ( )
> 2. 끝이 예리한 공구는 안전을 위해 주머니에 넣어둔다. ( )
>
> | 정답 | 1. O 2. X
>
> | 해설 |
> 2. 끝이 예리한 공구는 주머니에 넣지 않도록 유의한다.

(3) 해머 작업 시 안전수칙
① 자기 체중에 비례해서 선택한다.
② 공동으로 해머 작업 시 호흡을 맞춘다.
③ 해머를 사용할 때 자루 부분의 상태를 확인한다.
④ 열처리된 재료는 해머로 때리지 않도록 주의한다.
⑤ 장갑이나 기름이 묻은 손으로 자루를 잡지 않는다.
⑥ 녹이 있는 재료를 작업할 때는 보호안경을 착용한다.
⑦ 자루가 불안정한 것(쐐기가 없는 것 등)은 사용하지 않는다.
⑧ 해머의 타격면이 넓어진 것은 변형된 것이므로 사용하지 않는다.

(4) 드라이버 사용 시 안전수칙
① (-)드라이버 날 끝은 평평한 것이어야 한다.
② 이가 빠지거나 둥글게 된 것은 사용하지 않는다.
③ 크기가 작은 공작물은 바이스로 고정 후 사용한다.
④ 드라이버 날 끝이 홈의 폭과 길이가 같은 것을 사용한다.
⑤ 드라이버 날 끝이 나사 홈의 너비와 길이에 맞는 것을 사용한다.
⑥ 드라이버 날 끝이 수평이어야 하며, 둥글거나 빠진 것을 사용하지 않는다.

(5) 연삭기 작업 시 안전수칙
① 숫돌 덮개를 설치한다.
② 숫돌을 정확히 고정한다.
③ 보안경을 반드시 착용한다.
④ 가공 중 정면에 서지 않는다.
⑤ 사용 전 3분 이상 공회전한다.
⑥ 연삭숫돌 측면에 연삭하지 않는다.
⑦ 양쪽 숫돌의 입도는 다른 것을 설치해도 된다.
⑧ 숫돌을 나무 해머로 가볍게 두들겨 음향검사를 한다.
⑨ 받침대와 숫돌의 간격은 3mm 이내로 적절하게 유지한다.

(6) 드릴 작업 시 안전수칙
① 장갑을 끼고 작업하지 않는다.
② 가공물을 손으로 잡고 드릴링하지 않는다.
③ 드릴은 흔들리지 않게 정확하게 고정한다.
④ 얇은 판의 구멍 뚫기에는 나무 보조판을 사용한다.
⑤ 드릴 작업은 시작할 때보다 끝날 때 이송속도를 느리게 한다.
⑥ 지름이 큰 드릴을 사용할 때는 바이스를 테이블에 고정시킨다.
⑦ 드릴은 사용 전에 점검하고, 마모나 균열이 있는 것은 사용하지 않는다.

+ 괄호문제

다음 괄호 안에 알맞은 내용을 쓰시오.
① 해머를 사용할 때 ( ) 부분의 상태를 확인한다.
② 연삭기 작업 시 ( )를 반드시 착용한다.

| 정답 |
① 자루
② 보안경

확인! OX

공구 작업 시 안전수칙에 대한 설명이다. 옳으면 "O", 틀리면 "X"로 표시하시오.
1. 해머는 자기 체중에 비례해서 선택한다. ( )
2. 드릴 작업 시 장갑을 반드시 착용한다. ( )

정답 1. O 2. X

| 해설 |
2. 드릴 작업 시 장갑을 끼면 드릴 날에 손이 말려들어가 위험할 수 있다.

+ 괄호문제

다음 괄호 안에 알맞은 내용을 쓰시오.
① (-)드라이버 날 끝은 (   )한 것이어야 한다.
② 받침대와 연삭숫돌의 간격은 (   )mm 이내를 유지한다.

| 정답 |
① 평평(수평)
② 3

⑧ 드릴은 칩의 배출이 어려워서 드릴의 지름이 커질수록 속도는 느리게 해야 한다.
⑨ 드릴 작업 시 나오는 칩을 제거할 때는 드릴 회전을 정지시키고, 솔로 제거한다.
⑩ 드릴이나 드릴 소켓을 뽑을 때는 드릴 뽑기와 같은 전용공구를 사용하고, 해머 등으로 두드리지 않는다.
⑪ 드릴 작업이 끝나면 드릴을 척에서 빼놓는다.

진짜 통째로 외워온 문제

01 해머 사용 시 주의사항으로 옳지 않은 것은?
① 해머를 사용할 때 자루 부분을 확인한다.
② 위험하므로 장갑을 끼고 해머 작업을 한다.
③ 공동으로 해머 작업 시는 흐름을 맞춘다.
④ 열처리된 재료는 해머로 때리지 않도록 주의한다.

해설
② 해머 작업 시 장갑을 착용하면 손이 자루에서 미끄러질 수 있으므로 장갑을 끼지 않는다.

02 다음 중 연삭기 보호장치의 명칭으로 옳은 것은?
① 보호덮개   ② 테이블
③ 베드   ④ 공작물 고정장치

해설
① 회전 중인 연삭숫돌이 근로자에게 위험을 미칠 우려가 있는 경우에 연삭기 연삭숫돌 부위에 덮개를 설치하여야 한다.

03 드릴 작업 시 유의사항으로 옳지 않은 것은?
① 장갑을 끼고 작업하지 않는다.
② 얇은 판의 구멍 뚫기에는 나무 보조판을 사용한다.
③ 척 렌치는 사용 후에 그대로 둔다.
④ 지름이 큰 드릴을 사용할 때는 바이스를 테이블에 고정시킨다.

해설
③ 척 렌치는 사용 후 반드시 빼둔다.

정답 01 ② 02 ① 03 ③

확인! OX

드릴 사용 시 안전수칙에 대한 설명이다. 옳으면 "O", 틀리면 "X"로 표시하시오.

1. 드릴 작업 중 발생한 칩은 손으로 제거한다.   (   )
2. 드릴의 지름이 커질수록 회전속도를 빠르게 해야 한다.   (   )

정답 1. X 2. X

| 해설 |
1. 솔로 제거한다.
2. 느리게 해야 한다.

2. 렌치(스패너)의 종류 및 안전수칙

중요도 ★★☆

(1) 렌치의 종류

종류	기능	모양
조정렌치 (멍키렌치)	턱의 간격을 조절할 수 있는 렌치이다. 어떠한 규격의 너트나 볼트에도 사용이 가능하다.	
복스렌치	볼트나 너트의 머리를 감쌀 수 있어 미끄러지지 않는다.	
오픈엔드렌치	한쪽 또는 양쪽이 벌어진 렌치로, 연료 파이프의 피팅을 풀거나 조일 때 사용한다.	
조합렌치 (콤비네이션렌치)	한쪽은 오픈형, 다른 한쪽은 복스렌치로 이루어진 렌치이다.	
파이프렌치	배관의 접속 작업 시 배관을 나사 이음하는 데 사용한다.	
소켓렌치	복스렌치의 일종으로, 래칫핸들 등에 소켓을 끼워 사용한다.	
토크렌치	규정된 토크에 맞추어 볼트나 너트를 조이는 렌치이다.	
엘(L) 렌치 (육각렌치)	6각형 봉을 L자 모양으로 구부려 만든 렌치로, 좁은 공간이나 각이 진 곳의 작업 시 사용한다.	

(2) 조정렌치(Monkey Wrench, 몽키렌치, 멍키렌치) 사용 시 안전수칙

① 잡아당기며 작업한다.
② 볼트 머리나 너트에 꼭 끼워서 작업한다.
③ 나사부인 조정조에는 잡아당기는 힘이 가해져서는 안 된다.
④ 조정렌치 자루에 파이프와 같은 별도의 물체를 끼워서 작업하면 안 된다.
⑤ 아래턱(가동조) 방향으로 돌려 위턱(고정조)에 힘이 걸리도록 한다.

(3) 토크렌치 사용 시 안전수칙

① 핸들을 잡고 몸 안쪽으로 잡아당긴다.
② 손잡이나 파이프를 끼우고 돌리지 않는다.
③ 오른손은 렌치 끝을 잡고 돌리며, 왼손은 지지점을 누르고 게이지 눈금을 확인한다.

+ 괄호문제

다음 괄호 안에 알맞은 내용을 쓰시오.

① ( )는 멍키렌치라고도 하며, 턱의 간격을 조절할 수 있다.
② ( )는 한쪽 또는 양쪽이 벌어진 렌치로, 연료 파이프의 피팅을 풀거나 조일 때 사용한다.

| 정답 |
① 조정렌치
② 오픈엔드렌치

확인! OX

토크렌치 사용 시 안전수칙에 대한 설명이다. 옳으면 "O", 틀리면 "X"로 표시하시오.

1. 핸들을 잡고 몸 바깥쪽으로 밀어낸다. ( )
2. 손잡이나 파이프를 끼우고 돌리지 않는다. ( )

정답 1. X 2. O

| 해설 |
1. 핸들을 잡고 몸 안쪽으로 잡아당긴다.

+ 괄호문제

다음 괄호 안에 알맞은 내용을 쓰시오.
① 래칫핸들 등에 소켓을 끼워 사용하는 렌치는 ( )이다.
② 좁은 공간이나 각이 진 곳의 작업 시 주로 사용하는 렌치는 ( )이다.

| 정답 |
① 소켓렌치
② 엘(L) 렌치(육각렌치)

(4) 렌치(스패너) 작업 시 일반적 안전수칙

① 스패너의 자루에 파이프를 이어서 사용해서는 안 된다.
② 스패너의 입이 너트의 치수에 맞는 것을 사용해야 한다.
③ 스패너와 너트는 직접 접촉시켜 유격이 없도록 작업한다.
④ 스패너와 너트 사이에서 쐐기 등을 넣고 사용하지 않는다.
⑤ 너트에 스패너를 깊이 물리도록 하여 조금씩 앞으로 당기는 식으로 풀고 조인다.
⑥ 스패너(렌치)를 사용할 때는 자기 쪽으로 당겨서 사용하도록 한다.

진짜 통째로 외워온 문제

01 공구의 끝부분이 볼트나 너트를 완전히 감싸게 되어있는 형태의 렌치는?
① 오픈엔드렌치 ② 복스렌치
③ 조정렌치 ④ 파이프렌치

[해설]
복스렌치는 공구의 끝부분이 볼트나 너트를 완전히 감싸게 되어 있는 형태의 렌치로, 볼트 머리를 단단히 잡아주므로 확실하게 돌릴 수 있는 장점이 있다.

02 렌치(스패너) 작업 시 유의할 사항으로 틀린 것은?
① 스패너의 입이 너트의 치수에 맞는 것을 사용해야 한다.
② 스패너의 자루에 파이프를 이어서 사용해서는 안 된다.
③ 스패너와 너트 사이에서 쐐기를 넣고 사용해서는 안 된다.
④ 너트에 스패너를 깊이 물리도록 하여 조금씩 앞으로 밀어서 풀고 조인다.

[해설]
너트에 스패너를 깊이 물리도록 하여 조금씩 앞으로 당기는 식으로 풀고 조인다.

정답 01 ② 02 ④

확인! OX

스패너(렌치) 작업에 대한 설명이다. 옳으면 "O", 틀리면 "X"로 표시하시오.

1. 스패너(렌치)를 사용할 때는 자기 쪽으로 당겨서 사용하도록 한다. ( )
2. 스패너와 너트 사이에는 유격이 생기도록 작업한다. ( )

정답 1. O 2. X

| 해설 |
2. 스패너와 너트는 직접 접촉시켜 유격이 없도록 작업한다.

교육이란 사람이 학교에서 배운 것을
잊어버린 후에 남은 것을 말한다.

-알버트 아인슈타인-

CHAPTER 01	작업 전 외관 점검
CHAPTER 02	누유・누수 확인 및 계기판 점검
CHAPTER 03	마스트・체인 및 엔진 시동 상태 점검
CHAPTER 04	작업 후 점검

PART 2

작업 전·후 점검

CHAPTER 01 · 작업 전 외관 점검

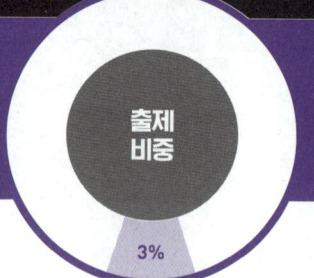

출제포인트
- 지게차의 외관 점검
- 엔진 지게차의 오일류 점검
- 조향장치 및 제동장치 점검

기출 키워드

작업 전·중·후 점검, 타이어 점검, 오일류 점검, 조향장치 점검, 제동장치 점검

제1절 지게차 점검

1. 지게차의 외관 점검항목

- 타이어
- 그리스 주입 점검
- 윤활유 및 냉각수 점검
- 포크의 휨, 균열, 마모 상태
- 헤드가드의 균열 및 변형 상태
- 각부 장치의 휨이나 변형, 균열, 손상 여부
- 제동장치
- 핑거보드 상태
- 휠 볼트, 너트 상태
- 백레스트의 균열 및 변형 상태

2. 작업 시점에 따른 점검사항

(1) 작업 전 점검사항

① 냉각수 양
② 브레이크액
③ 엔진오일량
④ 유압오일 상태
⑤ 램프 상태
⑥ 누유 및 누수 확인
⑦ 타이어 공기압 상태
⑧ 전해액 부족 상태
⑨ 팬벨트의 장력
⑩ 계기판의 게이지 상태
⑪ 주차브레이크 및 경음기 상태

(2) 작업 중 점검사항

① 충전 상태
② 냉각수 온도
③ 엔진오일 압력
④ 이상 소음 확인
⑤ 운전 중 작업장치 성능 확인

(3) 작업 후 점검사항

① 지게차 청결 상태 확인
② 주행일지 기록 상태 확인
③ 각 회전부의 급유 상태 확인
④ 연료, 윤활유, 냉각수의 충전 상태 확인
⑤ 겨울에 냉각수를 전부를 빼두었는지 여부 확인(단, 부동액이 첨가된 경우 제외)

(4) 시동 전후 점검사항

① 배기가스의 상태 확인
② 기계의 작동 상황 확인
③ 시동 후 저속회전인지 확인
④ 각 작동 레버의 작동 상태 확인
⑤ 핸드브레이크가 당겨져 있는지 확인
⑥ 기어와 각 작동 레버가 중립에 있는지 확인
⑦ 엔진의 회전음, 연소 폭발음을 확인하여 엔진의 이상 유무 확인

3. 지게차 유지관리   중요도 ★☆☆

(1) 지게차의 유지보수 시 점검사항

① 경보장치의 작동 여부
② 헤드가드의 손상 여부
③ 페달이 잘 밟아지는지 여부
④ 브레이크의 정상 작동 여부
⑤ 체인의 장력이 적절한지 여부
⑥ 핸들 유격이 너무 크지 않은지 여부
⑦ 타이어의 손상 및 공기압 적절 여부
⑧ 포크가 화물의 운반에 적당한지 여부
⑨ 연결 부위가 잘 고정되어 있는지 여부
⑩ 포크 부분에 손상된 부분이 있는지의 여부
⑪ 지게차의 램프 상태가 적절한지 여부
⑫ 지게차의 전·후, 회전 이동이 정상적으로 작동하는지 여부
⑬ 포크를 들거나 내림, 기울임 등이 정상적으로 작동하는지 여부

(2) 지게차 유지보수를 할 때 유의사항

포크를 높이 들고 작업할 때 포크가 내려오지 않도록 안전블록 등 지지대로 안전조치를 한 후 작업한다.

+ 괄호문제

다음 괄호 안에 알맞은 내용을 쓰시오.
① 작업 전 냉각수 양 및 (　) 오일량 등을 점검한다.
② 작업 전 계기판의 (　) 상태를 점검한다.

| 정답 |
① 엔진
② 게이지

확인! OX

지게차 유지보수에 대한 설명이다. 옳으면 "O", 틀리면 "X"로 표시하시오.
1. 지게차 유지보수 점검 시, 핸들 유격이 너무 크지 않은지 점검한다. (　)
2. 지게차 유지 보수 시, 포크를 높이 들고 작업할 때는 포크가 내려오지 않도록 안전블록 등 지지대로 안전조치를 한 후 작업한다. (　)

정답 1. O 2. O

+ 괄호문제

다음 괄호 안에 알맞은 내용을 쓰시오.

① 전후 주행이 되지 않을 시 ( ) 및 유니버설 조인트, 주차 브레이크 잠김 여부 등을 점검한다.
② 작동유 탱크의 오일 게이지 수준면 표시가 "L" 이하이면 ( ) 표시 사이까지 보충한다.

| 정답 |
① 변속장치
② "L~H"

확인! OX

엔진 지게차의 점검항목에 대한 설명이다. 옳으면 "O", 틀리면 "X"로 표시하시오.

1. 먼지나 흙이 많은 곳에서 작업 시 에어클리너를 일주일에 한 번 청소한다. ( )
2. 미션오일 게이지의 "MAX ↔ MIN" 사이를 체크하여 MINI-MUM에 가깝게 배출한다. ( )

| 정답 | 1. O 2. X

| 해설 |
2. MAXIMUM에 가깝게 보충한다.

---

(3) 타이어식 건설기계에서 전·후 주행이 되지 않을 때 점검하여야 할 곳

① 변속장치를 점검한다.
② 유니버설 조인트를 점검한다.
③ 주차브레이크 잠김 여부를 점검한다.

(4) 작동유를 보충하는 방법

① 작동유 탱크의 오일 게이지 수준면 표시가 "L" 이하이면 "L~H" 표시 사이까지 보충한다.
② 작동유 탱크의 오일 게이지 수준면 표시가 "H" 이상이면 드레인콕을 풀어서 "L~H" 사이까지 배출한다.

(5) 엔진 지게차의 오일류 점검항목

① 엔진오일 체크 : 엔진오일 게이지의 "F ↔ L" 사이 체크
② 에어클리너 체크 : 먼지나 흙이 많은 곳은 일주일에 한 번 청소하며, 심한 오염 시 교체
③ 유압오일 체크 : 유압오일 게이지 "F ↔ L" 사이 체크
④ 냉각수 체크 : 냉각수 보조탱크 "F ↔ L" 사이 체크
⑤ 미션오일 체크 : 미션오일 게이지의 "MAX ↔ MIN" 사이 체크, MAXIMUM에 가깝게 보충
⑥ 엑슬오일 체크 : 앞바퀴 쪽 엑슬오일 게이지 체크, "상한선 ↔ 하한선" 사이 체크

진짜 통째로 외워온 문제

엔진오일량 점검 중 오일 게이지에 상한선(Full)과 하한선(Low) 표시가 되어 있을 때 가장 적합한 것은?

① Low 표시에 있어야 한다.
② Low와 Full 표시 사이에서 Low에 가까이 있으면 좋다.
③ Low와 Full 표시 사이에서 Full에 가까이 있으면 좋다.
④ Full 표시 이상이 되어야 한다.

| 해설 |
엔진오일량은 오일 게이지의 Low와 Full 표시 사이에서 Full에 가까이 있을수록 좋다.

| 정답 | ③

제2절　타이어 점검

1. 타이어 점검하기

(1) 타이어의 주요 점검항목
① 최대 하중
② 하중 지수
③ 사용 공기압
④ 타이어 마모 한계선
⑤ 림의 변형 여부 확인
⑥ 타이어의 편마모 확인
⑦ 트레드 고무의 갈라짐 상태
⑧ 트레드의 과도한 마모 상태
⑨ 숄더 한쪽의 과도한 마모 상태
⑩ 타이어 공기압이 적정한지 확인
⑪ 휠의 볼트나 너트가 풀렸는지 확인

(2) 타이어 적정 공기압 점검방법
① 타이어 공기 주입구의 밸브에 공기압 측정기를 연결한다.
② 공기압 측정기와 지게차에 부착된 제원표의 공기압을 비교한다.
③ 제원표의 공기압보다 높은 경우, 주입구 밸브와 연결된 측정기의 공기 빼기 버튼을 눌러 공기압을 맞춘다.
④ 제원표의 공기압보다 낮은 경우, 주입구 밸브와 연결된 측정기에 공기펌프를 연결하여 공기압을 맞춘다.

(3) 사용압력에 따른 타이어의 분류
고압 타이어, 저압 타이어, 초저압 타이어

(4) 타이어 앞바퀴를 정렬하는 이유
① 진행방향의 안정성을 준다.
② 타이어 마모를 최소로 한다.
③ 조향 핸들의 조작을 작은 힘으로 쉽게 할 수 있다.

2. 타이어의 마모 상태 점검   중요도 ★★☆

(1) 작업 전 타이어 손상 점검
① 타이어의 마모 한계 : 소형차 1.6mm, 중형차 2.4mm, 대형차 3.2mm
② 타이어의 마모 한계선을 초과하여 사용할 때 발생하는 현상
　㉠ 제동력 저하로 제동거리가 길어진다.
　㉡ 우천 시 배수가 잘되지 않아 수막현상이 발생한다.
　㉢ 도로 주행 시 작은 이물질에도 타이어 트레드에 상처가 발생한다.

+ 괄호문제

다음 괄호 안에 알맞은 내용을 쓰시오.
① 타이어는 허용압력에 따라 (　　), 저압, 초저압 타이어로 분류된다.
② 타이어의 마모 한계선을 초과하여 사용할 경우, 제동력 저하로 제동거리가 (　　)진다.

| 정답 |
① 고압
② 길어

확인! OX

타이어 마모에 대한 설명이다. 옳으면 "O", 틀리면 "X"로 표시하시오.
1. 소형차의 경우 타이어 마모의 한계가 1.6mm이다. (　　)
2. 마모 한계선을 초과하여 사용할 경우, 우천 시 수막현상이 발생한다. (　　)

정답 1. O　2. O

> **+ 괄호문제**
>
> 다음 괄호 안에 알맞은 내용을 쓰시오.
> ① 앞바퀴 베어링의 과대 마모 시, 조향 핸들의 유격이 (　) 진다.
> ② 슬라이드 가이드 및 슬라이드 레일에는 (　)를 전체적으로 고르게 펴서 바른다.
>
> | 정답 |
> ① 커
> ② 그리스

(2) 타이어 트레드의 특징
　① 트레드가 마모되면 열 발산이 불량하게 된다.
　② 트레드가 마모되면 구동력과 선회능력이 저하한다.
　③ 타이어의 공기압이 높을 때, 트레드의 양단부보다 중앙부의 마모가 커진다.

제3절　조향장치 및 제동장치 점검

1. 조향장치 점검　　중요도 ★☆☆

(1) 조향 핸들의 유격이 커지는 원인
　① 피트먼 암의 헐거움
　② 앞바퀴 베어링의 과대 마모
　③ 조향 기어, 조향 링키지 조정 불량
　④ 타이로드 엔드 볼 조인트 마모

(2) 조향 및 작업장치의 그리스 주입개소 및 주입방법
　① 주입개소
　　㉠ 킹 핀의 주입개소 : 4개소
　　㉡ 마스트 서포트의 주입개소 : 2개소
　　㉢ 틸트 실린더 핀의 주입개소 : 4개소
　　㉣ 조향 실린더 링크의 주입개소 : 4개소
　② 그리스 주입방법
　　㉠ 마스트 가이드 레일 롤러의 작동 부위 주변 : 그리스 주입
　　㉡ 리프트 체인 : SAE 30~40 정도의 오일로 세척한 후 그리스를 바른다.
　　㉢ 내·외측 마스트 사이의 미끄럼 부분 : 그리스를 전체적으로 고르게 펴서 바른다.
　　㉣ 슬라이드 가이드 및 슬라이드 레일 : 그리스를 전체적으로 고르게 펴서 바른다.

(3) 파워스티어링 핸들이 무거워 조작하기 힘든 원인
　① 조향 기어의 오일 누유 등에 따른 오일 부족
　② 타이어의 공기압 부족
　③ 휠 얼라인먼트 불량
　④ 조향 기어의 백래시가 작은 경우

> **확인! OX**
>
> 타이어 트레드에 대한 설명이다. 옳으면 "O", 틀리면 "X"로 표시하시오.
> 1. 타이어 트레드가 마모되면 구동력과 선회능력이 저하한다. (　)
> 2. 타이어의 공기압이 높을 때, 트레드의 중앙부보다 양단부의 마모가 커진다. (　)
>
> | 정답 | 1. O　2. X
>
> | 해설 |
> 2. 타이어의 공기압이 높을 때, 트레드의 양단부보다 중앙부의 마모가 커진다.

(4) 앞바퀴 정렬 요소 중 캠버의 필요성
   ① 앞차축의 힘을 작게 한다.
   ② 토(Toe)와 관련성이 있다.
   ③ 조향 휠의 조작을 가볍게 한다.

> **진짜 통째로 외워온 문제**
>
> 파워스티어링에서 핸들이 무거워 조향하기 힘든 상태일 때의 원인으로 맞는 것은?
> ① 바퀴가 습지에 있다.
> ② 조향 펌프에 오일이 부족하다.
> ③ 볼 조인트의 교환시기가 되었다.
> ④ 핸들 유격이 크다.
>
> [해설]
> 파워스티어링은 오일의 유압에 의해서 작동되므로 오일이 누설되는 등 부족해지면 스티어링 휠을 돌리는 힘이 많이 들고, 심하면 오일펌프가 손상되므로 주기적인 점검이 필요하다.
>
> [정답] ②

+ 괄호문제

다음 괄호 안에 알맞은 내용을 쓰시오.
① 조향 기어에 오일이 부족하면 파워스티어링 핸들이 ( )워진다.
② 캠버는 앞바퀴 정렬 시 앞차축의 힘을 ( )게 한다.

| 정답 |
① 무거
② 작

2. 제동장치 점검   중요도 ★☆☆

(1) 브레이크 제동이 불량한 원인
   ① 드럼의 편마모가 클 때
   ② 라이닝의 편마모가 클 때
   ③ 드럼과 라이닝의 간극이 너무 클 때
   ④ 라이닝에 기름, 물 등 이물질이 묻었을 때
   ⑤ 브레이크 회로 내부에 오일이 누설될 때
   ⑥ 브레이크 회로 내부에 공기가 혼입될 때
   ⑦ 브레이크페달의 자유간극이 너무 클 때

(2) 브레이크오일의 구비조건
   ① 윤활성이 있을 것
   ② 화학적으로 안정적일 것
   ③ 침전물의 발생이 없을 것
   ④ 빙점은 낮고, 비등점은 높을 것
   ⑤ 점도가 적당하고, 점도지수가 클 것
   ⑥ 금속이나 고무 등 접촉 부품을 부식시키지 않을 것

확인! OX

브레이크오일에 대한 설명이다. 옳으면 "O", 틀리면 "X"로 표시하시오.
1. 브레이크오일은 빙점은 높고, 비등점은 낮아야 한다. ( )
2. 브레이크오일은 침전물의 발생이 없어야 한다. ( )

[정답] 1. X 2. O

| 해설 |
1. 빙점은 낮고, 비등점은 높아야 한다.

+ 괄호문제

다음 괄호 안에 알맞은 내용을 쓰시오.
① 브레이크페달을 밟았을 때 마스터 실린더 유압이 브레이크 라이닝을 밀어서 드럼에 닿을 때까지의 간격을 브레이크페달의 ( )이라고 한다.
② 대형차의 경우 브레이크페달의 자유 유격은 ( )mm가 적당하다.

| 정답 |
① 자유 유격
② 15~30

(3) 브레이크페달의 자유유격

브레이크페달을 밟았을 때 마스터 실린더의 유압이 브레이크의 라이닝을 이동시켜 드럼에 닿을 때까지의 간격

(4) 브레이크 라이닝과 드럼과의 관계

브레이크 라이닝과 드럼과의 간극이 클 때	브레이크 라이닝과 드럼과의 간극이 작을 때
• 브레이크의 작동이 늦다. • 브레이크페달의 행정이 길어진다. • 브레이크페달이 발판에 닿아 제동 작용이 불량해진다.	• 베이퍼록(베이퍼로크)의 원인이 된다. • 라이닝과 드럼의 마모가 촉진된다.

(5) 브레이크페달의 자유간극(유격)

대형 15~30mm, 중형 10~15mm, 소형 5~10mm

(6) 브레이크 작동 시 조향 핸들이 한쪽으로 쏠리는 원인

① 휠 얼라인먼트 조정이 불량하다.
② 좌우 타이어의 공기압이 다르다.
③ 브레이크 라이닝의 좌우 간극이 불량하다.

확인! OX

브레이크 라이닝과 드럼과의 간극에 대한 설명이다. 옳으면 "O", 틀리면 "X"로 표시하시오.
1. 브레이크 라이닝과 드럼과의 간극이 클 때, 브레이크의 작동이 늦다. ( )
2. 브레이크 라이닝과 드럼과의 간극이 작을 때, 라이닝과 드럼의 마모가 억제된다. ( )

| 정답 | 1. O 2. X

| 해설 |
2. 브레이크 라이닝과 드럼과의 간극이 작을 때 라이닝과 드럼의 마모가 촉진된다.

진짜 통째로 외워온 문제

브레이크 파이프 내에 베이퍼록이 발생하는 원인과 가장 거리가 먼 것은?
① 드럼의 과열
② 지나친 브레이크 조작
③ 잔압의 저하
④ 라이닝과 드럼의 간극 과대

[해설]
브레이크 라이닝과 드럼과의 간극이 작을 때 베이퍼록의 원인이 된다.
브레이크 장치 내부 파이프에 베이퍼록이 발생하는 원인
• 드럼의 과열
• 잔압의 저하
• 오일의 변질에 의한 비등점 저하
• 드럼과 라이닝의 끌림에 의한 가열
• 긴 내리막길에서 과도한 브레이크 사용

| 정답 | ④

CHAPTER 02. 누유 · 누수 확인 및 계기판 점검

출제 비중 2%

출제포인트
- 엔진오일 및 부동액 확인
- 조향장치 및 제동장치 누유 점검
- 계기판 주요 게이지 점검

제1절 각부 누유 · 누수 확인

기출 키워드

엔진오일 누유 및 색 변화 확인, 부동액 잔량 확인, 연료 게이지, 냉각수 온도 게이지

1. 엔진오일 및 부동액 확인

(1) 지게차의 누유 점검항목
① 연료 누유 상태
② 엔진오일 누유 상태
③ 유압오일 누유 상태
④ 제동계통 누유 상태 : 브레이크오일
⑤ 조향계통 누유 상태
⑥ 변속장치 누유 상태
⑦ 유압실린더 및 유압호스 누유 상태
⑧ 냉각계통 누수 상태 : 냉각수(물, 부동액)

(2) 엔진오일의 누유 확인 및 보충
① 누유 확인방법
  ㉠ 육안으로 확인한다.
  ㉡ 주기된 지게차의 하단부 지면을 확인한다.
② 엔진오일의 양 점검 순서 및 보충방법

| 엔진오일 유면표시기를 빼내서 유면표시기에 묻은 오일을 깨끗이 닦는다. |

| 엔진오일 유면표시기를 다시 꽂았다가 뺀다. |

| 유면표시기의 상한선과 하한선의 중간에 오일의 흔적이 있으면 정상이다. |

| 부족 시 유면표시기의 상한선과 하한선의 중간까지 보충한다. |

+ 괄호문제

다음 괄호 안에 알맞은 내용을 쓰시오.
① 엔진오일이 우유색인 경우 (   )가 혼입된 경우이다.
② 부동액의 어는점을 측정하여 (   ) 이상이면 부동액을 추가로 혼합한다.

| 정답 |
① 냉각수
② -30℃

(3) 엔진오일 색의 변화 및 원인
  ① 검은색인 경우 : 엔진오일이 심하게 오염된 경우로, 점도를 점검하고 교환해야 한다.
  ② 우유색인 경우 : 냉각수가 혼입된 경우이다.

(4) 부동액 잔량 확인 및 보충방법
  ① 리저브 탱크의 뚜껑을 열고 냉각수 양을 확인한다.
  ② 부동액 농도 측정기로 어는점(빙점)을 측정하여 어는점이 -30℃ 이하인지 확인한다. 만일 어는점이 -30℃ 이상이면 부동액을 추가로 혼합한다.
  ③ 부동액과 물을 1 : 1의 비율로 맞춘다.
  ④ 리저브 탱크에 냉각수 양이 Full과 Low 사이에 올 때까지 부동액을 보충한다.
  ⑤ 부동액 측정기로 부동액의 어는점(빙점)을 확인한다.
  ⑥ 리저브 탱크의 뚜껑을 닫는다.

2. 조향장치 및 제동장치 누유 점검

(1) **조향장치 누유 점검**
  조향계통 파이프의 연결 부위 누유를 점검한다.

(2) **제동장치 누유 점검방법**
  ① 마스터 실린더의 연결 부위 누유를 점검한다.
  ② 제동계통 파이프의 연결 부위 누유를 점검한다.

(3) **방향제어 밸브에서 내부 누유에 영향을 미치는 요소**
  ① 유압유의 점도
  ② 밸브 간극의 크기
  ③ 밸브 양단의 압력 차

확인! OX

누유 점검에 대한 설명이다. 옳으면 "O", 틀리면 "X"로 표시하시오.
1. 제동장치 누유 점검 시, 마스터 실린더의 연결 부위 및 제동계통 파이프 연결 부위의 누유를 점검한다. (   )
2. 방향제어 밸브에서 내부 누유에 영향을 미치는 요소에는 유압유의 점도, 밸브 간극의 크기, 밸브 양단의 압력 차가 있다. (   )

| 정답 | 1. O 2. O

제2절 계기판 점검

1. 계기판의 주요 게이지   중요도 ★★☆

(1) **연료 게이지** : 연료탱크 안 연료량을 표시하며, 연료가 비었을 경우 "E"를 가리킨다.

(2) **냉각수 온도 게이지** : 엔진의 냉각수 온도를 표시한다.

2. 경고등 점검

(1) 엔진오일 압력 경고등 점검
① 윤활장치 안 오일의 압력이 규정압력 이하로 떨어질 경우 점등된다.
② 키 ON 시 점등되며, 엔진 시동 후 발전기가 작동하면 소등된다.

(2) 냉각수 온도 경고등 점검
경고등이 점등된 경우는 주로 엔진이 과열된 경우이므로 즉시 작업을 중단하고 냉각계통을 점검해야 한다.

(3) 충전 경고등 점검
① 발전기나 전압조정기 고장으로 충전이 되지 않을 때 점등된다.
② 충전 경고등이 점등되면 즉시 작업을 중단하고 팬벨트 장력 및 발전기를 점검한다.

[엔진오일 압력 경고등]

[냉각수 온도 경고등]

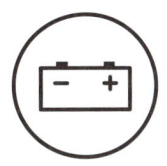
[충전 경고등]

진짜 통째로 외워온 문제

다음 그림과 같은 경고등이 들어왔을 때, 이 게이지는?

① 엔진오일 게이지
② 연료 게이지
③ 냉각수 온도 게이지
④ 미션 온도 게이지

[해설]
냉각수 온도가 높을 경우 냉각수 온도 게이지에 경고등이 점등된다.

정답 ③

+ 괄호문제

다음 괄호 안에 알맞은 내용을 쓰시오.
① 윤활장치 안 오일의 압력이 규정압력 이하로 떨어질 경우 점등되는 것은 ( )이다.
② 발전기나 전압조정기 고장으로 충전이 되지 않을 때 점등되는 것은 ( )이다.

| 정답 |
① 엔진오일 압력 경고등
② 충전 경고등

확인! OX

계기판 점검에 대한 설명이다. 옳으면 "O", 틀리면 "X"로 표시하시오.

1. 냉각수 온도 경고등이 점등되면, 작업이 모두 끝난 후 곧바로 냉각수를 보충한다. ( )
2. 충전 경고등이 점등되면 즉시 작업을 중단하고 팬벨트 장력 및 발전기를 점검한다. ( )

정답 1. X 2. O

| 해설 |
1. 즉시 작업을 중단하고 냉각계통을 점검한다.

CHAPTER 03. 마스트·체인 및 엔진 시동 상태 점검

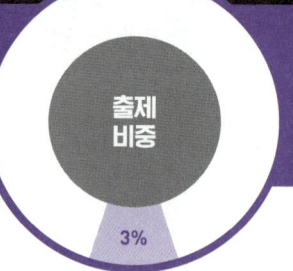

출제비중 3%

출제포인트
- 마스트·체인 연결 부위 점검
- 엔진 시동 상태 점검
- 엔진오일, 유압 작동유, 필터 점검

기출 키워드

포크, 리프트 체인, 마스트 및 베어링 점검, 체인 장력 조정방법, 엔진 시동, 유압오일, 필터

제1절 마스트·체인 점검

1. 체인 연결 부위 점검

(1) 포크와 리프트 체인의 연결 부위 균열 상태 점검
① 포크와 핑거보드와의 연결 상태를 점검한다.
② 포크의 휨이나 마모 정도, 균열 상태를 점검한다.
③ 포크와 리프트 체인의 연결 부위에 균열이 있는지를 점검한다.

(2) 좌우 리프트 체인의 유격 상태 점검방법
① 리프트 체인의 좌우 길이가 같은지 점검한다.
② 리프트 체인의 양쪽 중간 부분을 손으로 동시에 눌러봐서 처짐량을 점검한다.
③ 리프트 체인의 양쪽 처짐량이 다르면 처진 쪽의 마스트 상단에 있는 조정너트를 조여서 맞춘다.

(3) 지게차의 체인 장력 조정방법
① 조정 후 록너트를 고정(Lock)시킨다.
② 좌우 체인이 동시에 평행한가를 확인한다.
③ 포크를 지상에서 10~15cm 올린 후 조정한다.
④ 손으로 체인을 눌러 보아 양쪽이 다르면 조정너트로 조정한다.

(4) 지게차의 리프트 체인에 주유하는 가장 적합한 오일
리프트 체인에는 엔진오일과 같은 기계유를 주유하여 이동부의 윤활작용을 돕는다.

2. 마스트 및 베어링 점검

중요도 ★☆☆

(1) 짐을 실을 때, 마스트 작업 상태 점검방법
① 틸트 레버를 앞뒤로 밀거나 당기면서 마스트를 앞뒤로 움직인다(틸트 레버를 앞으로 밀면 마스트가 앞으로 기울어지면서 포크도 앞으로 기운다).
② 짐을 싣기 위해 마스트를 약간 앞쪽으로 경사시키고 포크를 끼워 물건을 싣는다.
③ 대형 지게차의 마스트를 기울일 때 갑자기 시동이 정지되면 틸트록 밸브가 작동하여 그 상태를 유지한다.

(2) 마스트 상하 높이 작동 상태 점검방법
① 마스트 조작 레버를 위아래로 움직이면 리프트 실린더에 유압이 가해지거나 빠지면서 마스트가 상하로 움직인다.
② 마스트의 상하 움직임 이상 여부를 육안으로 파악한다.
③ 마스트를 조작하면서 이상마모, 휨, 변형을 확인한다.
④ 대형 지게차의 마스트를 기울일 경우 갑자기 시동이 정지될 때의 해결책은 틸트록 밸브를 작동시키면 된다.
※ 틸트록 밸브 : 지게차의 엔진(시동)이 정지될 때 마스트가 갑자기 기울어지는 틸트 현상을 방지해주는 밸브이다.

(3) 리프트 체인 및 마스트 베어링 상태 점검방법
① 마스트 롤러 베어링의 작동 상태가 정상인지 점검한다.
② 리프트 레버를 조작하여 리프트 체인 고정 핀의 마모, 헐거움을 점검한다.

(4) 마스트, 사이드롤러 작동부의 윤활 상태 점검방법
① 지게차를 평평한 장소에 주차한 후 포크를 지면으로 내린다.
② 마스트를 지면에서 위쪽 끝까지 2~3회 동작시켜 이상 소음이 발생하는지 점검한다.
③ 이상 소음이 들리면 마스트 롤러부나 사이드 롤러에 그리스를 주입한다.

+ 괄호문제

다음 괄호 안에 알맞은 내용을 쓰시오.
① 지게차의 리프트 체인에 주유하는 가장 적합한 오일은 (   )이다.
② 마스트 롤러부나 사이드 롤러에 이상 소음이 들리면 (   )를 주입한다.

| 정답 |
① 엔진오일
② 그리스

확인! OX

마스트 및 체인 점검에 대한 설명이다. 옳으면 "O", 틀리면 "X"로 표시하시오.
1. 체인의 장력 조정 후, 록너트를 고정(Lock)시키지 않는다. (   )
2. 틸트록 밸브는 엔진 정지 시 마스트가 갑자기 기우는 것을 방지하는 밸브이다. (   )

정답 1. X 2. O

| 해설 |
1. 체인 장력 조정 후 록너트를 고정(Lock)시킨다.

제2절 엔진 시동 상태 점검

1. 엔진 시동 점검

(1) 엔진 시동 전에 해야 할 가장 중요한 점검항목
 ① 엔진오일량
 ② 냉각수 양

(2) 엔진 시동 상태 점검항목
 ① 연료계통 작동 상태 점검
 ② 축전지의 충전 상태 점검
 ③ 시동전동기 작동 상태 점검
 ④ 축전지 단자 및 결선 상태 점검
 ⑤ 예열플러그 작동 상태 및 예열시간 등 예열장치 점검
 ⑥ 축전지 단자의 파손 상태 점검
 ⑦ 축전지 배선의 결선 상태 점검
 ⑧ 축전지 단자 보호를 위해 고무커버 덮기
 ⑨ 축전지 점검 : 점검창으로 축전지의 충전 상태를 확인하고, 방전 시 충전한다.

(3) 엔진 공회전 시 이상 소음이 발생할 때의 점검항목
 ① 배기계통 점검
 ② 발전기 구동벨트 점검
 ③ 엔진 내·외부의 각종 베어링 점검
 ④ 물 펌프(워터펌프) 구동벨트 점검
 ⑤ 흡·배기밸브 간극 및 밸브 기구 점검

2. 시동전동기 작동 상태 점검

(1) 시동이 안 걸릴 때 시동전동기의 작동 상태 점검항목
 ① 마그넷 스위치 점검
 ② 기동전동기의 고장 여부 점검
 ③ 축전지의 (+)선 접촉 상태 점검

(2) 시동전동기가 회전하지 않을 때 점검항목
 ① 축전지의 방전 여부
 ② 배터리 단자의 접촉 여부
 ③ 배선의 단선 여부

+ 괄호문제

다음 괄호 안에 알맞은 내용을 쓰시오.
① 엔진을 시동하기 전에 해야 할 가장 중요한 일반적인 점검사항은 엔진오일량 및 ( ) 점검이다.
② 축전지 점검 시, 점검창으로 축전지의 ( ) 상태를 확인하고, 방전 시 충전한다.

| 정답 |
① 냉각수 양
② 충전

확인! OX

엔진 시동 상태 점검에 대한 설명이다. 옳으면 "O", 틀리면 "X"로 표시하시오.
1. 축전지 점검 시, 충전 상태 및 단자의 파손, 배선의 결선 상태 등을 점검한다. ( )
2. 시동전동기가 회전하지 않을 경우 축전지 방전 여부, 배터리 단자의 접촉 및 단선 여부를 확인한다. ( )

정답 1. O 2. O

(3) 시동전동기가 회전하지 않는 원인

① 브러시 스프링이 강하다.
② 전기자 코일이 단락되었다.
③ 축전지가 과방전되었다.
④ 배터리의 출력이 낮다.
⑤ 배선과 스위치 손상으로 접촉 불량이다.
⑥ 정류자와 브러시의 접촉 불량이다.
⑦ 엔진 내부의 피스톤이 고착되었다.

+ 괄호문제

다음 괄호 안에 알맞은 내용을 쓰시오.
① 배터리의 출력이 ( )을 경우 시동전동기 회전이 안 될 수 있다.
② 배선과 스위치 손상으로 ( )이 불량할 경우 시동전동기 회전이 안 될 수 있다.

| 정답 |
① 낮
② 접촉

진짜 통째로 외워온 문제

엔진의 피스톤이 고착되는 원인으로 틀린 것은?
① 냉각수 양이 부족할 때
② 엔진오일이 부족하였을 때
③ 엔진이 과열되었을 때
④ 압축압력이 너무 높았을 때

[해설]
피스톤의 고착은 엔진오일의 부족, 냉각수 양 부족에 의해 엔진이 과열되었을 때 등 피스톤이 제대로 냉각되지 않기 때문이다. 그런데 ④의 경우 압축압력이 너무 높았다고 하더라도 연소할 때의 온도에 미치지 못하므로 ④는 원인이 될 수 없다.

[정답] ④

제3절 엔진오일, 유압 작동유, 필터 점검

1. 엔진오일 및 유압 작동유 점검   중요도 ★☆☆

(1) 엔진오일 점검

① 엔진오일이 많이 소비되는 원인
  ㉠ 실린더 마모가 심할 때
  ㉡ 피스톤링 마모가 심할 때
  ㉢ 밸브가이드 마모가 심할 때
② 엔진오일량 점검 방법 : 오일 게이지의 상한선(Full)과 하한선(Low) 표시 사이를 유지하도록 한다.

확인! OX

엔진오일 점검에 대한 설명이다. 옳으면 "O", 틀리면 "X"로 표시하시오.

1. 실린더 마모가 심하면 엔진오일을 적게 소비한다. ( )
2. 피스톤링 마모가 심하면 엔진오일을 많이 소비한다. ( )

[정답] 1. X 2. O

| 해설 |
1. 실린더 마모가 심하면 엔진오일을 많이 소비한다.

+ 괄호문제

다음 괄호 안에 알맞은 내용을 쓰시오.
① 오일탱크에 오일량이 적을 경우 유압이 (　　)진다.
② 기어와 펌프 내벽 사이의 간격이 (　　) 때 유압이 낮아진다.

| 정답 |
① 낮아
② 클

(2) 오일펌프에서 펌프량이 적거나 유압이 낮을 때의 원인
　① 오일탱크에 오일이 부족할 때
　② 펌프 흡입라인(여과망)이 막혔을 때
　③ 기어와 펌프 내벽 사이의 간격이 클 때
　④ 유압조절 밸브 스프링 장력이 약하거나 스프링이 파손됐을 때

(3) 유압 작동유(유압오일) 점검

유압 작동유의 점도가 너무 높을 때 발생하는 현상	유압 작동유의 점도가 너무 낮을 때 발생하는 현상
• 동력 손실 증가로 기계효율의 저하 • 소음이나 공동현상 발생 • 시동 저항의 증가로 인한 압력손실의 증대 • 내부마찰의 증대에 의한 온도의 상승 • 유압기기 작동의 불활발	• 내부 오일 누설의 증대 • 압력 유지의 곤란 • 유압펌프, 모터 등의 용적효율 저하 • 기기 마모의 증대 • 압력 발생 저하로 정확한 작동 불가

2. 필터 점검

(1) 필터의 종류
　엔진오일필터, 연료필터, 공기필터(에어클리너)

(2) 필터의 교환주기
　① 엔진오일필터의 교환주기 : 최초 200시간 후 3개월 또는 600시간마다
　② 연료필터의 교환주기 : 6개월 또는 1,200시간마다
　③ 공기필터(에어클리너)의 교환주기 : 3개월 또는 600시간마다

진짜 통째로 외워온 문제

유압회로 내의 유압유 점도가 너무 낮을 때 생기는 현상이 아닌 것은?
① 회로 압력이 떨어진다.
② 펌프 효율이 떨어진다.
③ 시동 저항이 커진다.
④ 오일 누설에 영향이 있다.

| 해설 |
시동 저항이 커지는 것은 점도가 높을 경우 발생하는 문제이다. 점도가 높으면 시동 저항이 증가하기 때문에 압력손실이 커진다.

| 정답 | ③

확인! OX

유압유 점검에 대한 설명이다. 옳으면 "O", 틀리면 "X"로 표시하시오.

1. 유압유 점도가 너무 높을 때 동력 손실 증가로 기계효율이 저하된다. (　　)
2. 유압유 점도가 너무 높을 때 압력 발생의 저하로 정확한 작동이 불가하다. (　　)

| 정답 | 1. O　2. X

| 해설 |
2. 유압 작동유의 점도가 너무 낮을 때 압력 발생의 저하로 정확한 작동이 불가하다.

CHAPTER 04. 작업 후 점검

출제포인트
- 지게차의 안전주차
- 연료 및 충전 상태 점검
- 작업 및 관리일지 작성

출제비중 2%

제1절 안전주차

기출 키워드
주기장, 지게차의 안전주차, 주차 시 주의사항, 동절기 연료계통의 결로현상, 축전지 점검, 작업일지 작성, 관리일지 작성

1. 주기장의 정의

지게차나 굴착기, 덤프트럭, 불도저와 같은 건설기계를 주차해 놓는 장소로, 「건설기계관리법 시행규칙」에 따라 주기장을 선정한다.

2. 지게차의 안전주차

(1) 지게차의 안전주차 방법
① 포크를 지면에 완전히 내린다.
② 핸드브레이크를 완전히 걸어 놓는다.
③ 주기장에 주차한 후 주차 제동장치를 체결한다.
④ 포크 선단이 지면에 닿도록 마스트를 전방으로 경사시킨다.
⑤ 주차 후 잠시 자리를 비울 때는 운전자가 키를 가지고 다녀야 한다.

(2) 주차 시 주의사항
① 주차브레이크를 체결한다.
② 경사지에 임시주차 시 바퀴를 고임대로 지지한다.
③ 경사면에서는 주차하지 않는다.
④ 방향전환 레버는 중립 위치에 놓는다.
⑤ 주차 시 운전자 신체의 일부를 차체 밖으로 나오지 않게 한다.
⑥ 지게차에서 뛰어내리지 않는다.

+ 괄호문제

다음 괄호 안에 알맞은 내용을 쓰시오.
① ( )은 지게차나 굴착기, 덤프트럭, 불도저와 같은 건설기계를 주차해 놓는 장소이다.
② 지게차 주차 시 방향전환 레버는 ( ) 위치에 놓는다.

| 정답 |
① 주기장
② 중립

진짜 통째로 외워온 문제

01 지게차 주차 시 포크의 높이로 가장 적절한 것은?
① 10~20cm
② 20~30cm
③ 40~50cm
④ 지면에 딱 붙인다.

[해설]
주차 시에는 포크를 바닥까지 완전히 내리고 마스트는 포크가 바닥에 닿을 때까지 앞으로 기울인다.

02 지게차의 주차 방법으로 바르지 못한 것은?
① 포크를 지면에 완전히 내린다.
② 핸드브레이크를 완전히 걸어 놓는다.
③ 포크 선단이 지면에 닿도록 마스트를 전방으로 경사시킨다.
④ 잠시 자리를 비울 때는 키를 그대로 둔다.

[해설]
주차 후 잠시 자리를 비울 때는 운전자가 키를 가지고 다녀야 한다.

정답 01 ④ 02 ④

제2절 연료 및 충전 상태 점검

1. 연료 상태 점검 중요도 ★☆☆

(1) 연료 상태 점검방법
① 연료 게이지를 수시로 확인한다.
② 연료를 완전히 소진시키지 않는다.
③ 비정상적으로 소모되었다면 누유 여부를 점검한다.

(2) 연료 주입 시 주의사항
① 실내보다 실외에서 주입한다.
② 연료 레벨이 너무 낮게 내려가지 않도록 한다.
③ 연료를 주입하는 동안 엔진을 정지하고 지게차에서 하차한다.
④ 연료탱크 내 침전물이나 불순물이 들어가지 않도록 주의해서 주입한다.

확인! OX

연료 주입 시 주의사항에 대한 설명이다. 옳으면 "O", 틀리면 "X"로 표시하시오.

1. 연료는 실외보다 실내에서 주입한다. ( )
2. 연료를 주입하는 동안 엔진을 정지하고 지게차에서 하차한다. ( )

정답 1. X 2. O

| 해설 |
1. 연료는 실내보다 실외에서 주입한다.

(3) 연료 주입방법

> 지게차를 안전한 장소에 주차 → 변속기 중립 → 포크를 지면으로 내리기 → 주차브레이크 체결 → 엔진 정지 → 필러캡 오픈 → 연료를 연료탱크에 주입 → 필러캡을 닫고 연료가 흘렀다면 흡수제로 정리

(4) 동절기 연료계통의 결로현상
  ① 동절기 온도차에 의해 발생한 결로에 의한 피해
    ㉠ 응축된 수분이 동결되어 시동이 어려워진다.
    ㉡ 동절기에는 수분이 응축되므로 연료계통에 녹을 발생시킬 수 있다.
  ② 동절기 온도차에 따른 결로현상을 방지하기 위한 방법
    ㉠ 작업 완료 후 연료를 적절하게 채운다.
    ㉡ 수시로 축전지의 충전 상태를 확인한다.
    ㉢ 매일 운전이 끝난 후에는 연료를 보충하고 습기를 함유한 공기를 탱크에서 제거하여 응축이 안 되게 한다.

진짜 통째로 외워온 문제

겨울철에 연료탱크를 가득 채우는 가장 주된 이유는?
① 연료가 적으면 증발하여 손실되므로
② 연료가 적으면 출렁거리기 때문에
③ 공기 중의 수분이 응축되어 물이 생기기 때문에
④ 연료 게이지에 고장이 발생하기 때문에

[해설]
겨울철에는 탱크 내부의 습기가 응축되어 물방울이 생길 수 있으므로 연료탱크를 가득 채워 공간을 줄여야 한다.

정답 ③

2. 충전 상태 점검 중요도 ★★☆

(1) 충전식 지게차의 전해액 비중 측정
  ① 전체 셀의 전해액 온도를 측정한다.
  ② 20℃로 환산한 비중이 전체 셀의 비중과 거의 같으면 양호하다.
  ③ 셀의 평균치보다 0.05 이상 낮은 셀이 있다면 이상이 있으므로 제조사에 문의해야 한다.

+ 괄호문제

다음 괄호 안에 알맞은 내용을 쓰시오.
① 연료가 비정상적으로 소모되었다면 (   ) 여부를 점검한다.
② 연료 주입 후 필러캡을 닫고 연료가 흘렀다면 (   )로 정리한다.

| 정답 |
① 누유
② 흡수제

확인! OX

동절기 연료계통의 결로현상에 대한 설명이다. 옳으면 "O", 틀리면 "X"로 표시하시오.
1. 동절기 연료탱크 내부의 수분이 응축되면 시동이 쉬워진다.   (   )
2. 연료계통의 결로현상을 방지하기 위해 작업 완료 후 연료를 보충해준다.   (   )

정답 1. X 2. O

| 해설 |
1. 시동이 어려워진다.

> **+ 괄호문제**
>
> 다음 괄호 안에 알맞은 내용을 쓰시오.
> ① 축전지 점검창의 창이 ( ) 색이면 정상이다.
> ② 보조 축전지를 사용할 경우, 방전된 배터리의 (+)단자를 보조 축전지의 ( )단자와 연결한다.
>
> | 정답 |
> ① 초록
> ② (+)

(2) 충전식 지게차의 전해액 점검 순서

① 지게차에서 축전지를 Open시킨다.
② 전해액의 보충 점검 시 먼저 플라스틱 플로트를 육안으로 확인한다.
③ 플로트가 아래로 내려가 있으면 즉시 전해액을 보충한다.
④ 전해액의 보충 시 커버를 완전히 열고, 플로트가 완전히 상승될 때까지 전해액을 보충한다.
⑤ 보충이 끝나면 뚜껑을 완전히 닫는다.

(3) 축전지 점검창을 통해 충전 상태를 확인

① 창이 초록색이면 정상이다.
② 창에 초록색이 안 보이면 충전한다.
③ 충전해도 창에 초록색이 안 보이면 교체한다.

(4) 축전지 급속충전 시 주의사항

① 통풍이 잘되는 곳에서 한다.
② 전해액 온도가 45℃를 넘지 않도록 한다.
③ 충전 중인 축전지에 충격을 가하지 않는다.
④ 충전시간은 짧게 하며, 가급적 급속충전을 자주 하지 않는다.

(5) 축전지 방전 시 보조 축전지를 사용한 시동방법

① 지게차의 시동장치 및 전기장치들을 OFF시킨다.
② 방전된 배터리의 (+)단자를 보조 축전지의 (+)단자와 연결한다.
③ 보조 축전지의 (−)단자는 방전된 지게차의 차체(엔진 몸체)에 연결한다.
④ 지게차의 차체에는 (−)전원이 흐르기 때문에 (−)전원을 접지하며, (+)전원을 연결할 때 잘못해서 차체(−)에 닿을 경우 스파크가 튀고 배터리에도 무리를 준다.
⑤ 전원 연결은 반드시 (+)단자를 먼저 연결한다.

> **확인! OX**
>
> 축전지 충전에 대한 설명이다. 옳으면 "O", 틀리면 "X"로 표시하시오.
> 1. 축전지 급속충전 시 충전시간을 길게 한다. ( )
> 2. 레귤레이터의 고장 시 축전지가 충전되지 않는다. ( )
>
> 정답 1. X 2. O
>
> | 해설 |
> 1. 축전지 급속충전 시 충전시간은 짧게 하며, 가급적 급속충전을 자주 하지 않는다.

(6) 축전지 이상 현상

이상 현상	원인
축전지가 충전되지 않을 때	레귤레이터의 고장
납산 축전지에 증류수를 자주 보충시켜야 할 때	잦은 과충전
납산 축전지를 오랫동안 방전 상태로 두어 사용할 수 없을 때	극판이 영구 황산납이 되기 때문에

제3절 작업 및 관리일지 작성

1. 작업 및 관리일지 양식

(1) 지게차 작업일지 양식

지게차 작업일지

결제	담당	검토	승인

작업일시: 년 월 일

작업자	소속		지게차 정보	차량번호		
	성명			최대하중		톤
작업시간	시작시간		작업할 물건			
	종료시간					
작업장소						
작업지형	• 경사 정도: • 단차 정도:					
작업내용						

구분		양호	불량
작업 전			
작업 후			
안전 및 보완사항			

(2) 지게차 장비 관리일지 양식

지게차 장비 관리일지

지게차 번호 :

제조사		구입일		구입단가	
관리항목					
				관리자 서명	
				관리자	확인자
정비이력					
정비일자	정비내용				비고

> **+ 괄호문제**
>
> **다음 괄호 안에 알맞은 내용을 쓰시오.**
> ① 지게차 운전 중 발생하는 특이사항을 관찰하여 ( )에 기록한다.
> ② 장비의 안전관리를 위해 장비에 대한 정비개소 및 사용부품 등을 장비 ( )에 기록한다.
>
> | 정답 |
> ① 작업일지
> ② 관리일지

> **확인! OX**
>
> **지게차 작업일지 및 관리일지 작성에 대한 설명이다. 옳으면 "O", 틀리면 "X"로 표시하시오.**
> 1. 지게차 작업일지에는 작업자, 작업시간, 작업장소 및 지형, 지게차 구입가격 등을 기록한다. ( )
> 2. 지게차 장비의 관리일지에는 구입일, 구입금액, 정비일자, 작업지형 등을 기록한다. ( )
>
> 정답 1. X 2. X
>
> | 해설 |
> 1. 지게차 구입가격은 작업일지에 기록하지 않아도 된다.
> 2. 작업지형은 작업일지에 기록하는 것이 더 적합하다.

2. 작업 및 관리일지 작성

(1) 작업 및 관리일지 시 유의사항

① 운전 중 발생하는 특이사항을 관찰하여 작업일지에 기록한다.
② 연료 게이지를 확인하여 연료를 주입하고 작업일지에 기록한다.
③ 장비의 안전관리를 위해 정비개소 및 사용부품 등을 장비 관리일지에 기록한다.
④ 장비의 효율적 관리를 위해 사용자 성명과 작업의 종류, 가동시간 등을 작업일지에 기록한다.

(2) 지게차 운전작업 점검표

지게차 운전작업 점검표

점검시기: 작업 전 점검   점검자: 점검일자:

구분	번호	점검내용	점검결과	조치사항
전용통로 확보여부	1	전용통로 확보 및 운행 여부 (지게차 운행 통로에 근로자 출입통제 여부)		
	2	사각지대 반사경 설치상태		
안전장치 설치 및 사용상태	3	안전벨트 설치 및 착용 상태		
	4	전조등 및 후미등 점등상태		
	5	헤드가드 및 백레스트 설치상태		
운전목적외 사용금지	6	고소작업 시 사용금지 (추락 등의 위험을 방지하기 위한 조치를 한 경우 예외)		
화물적재 및 운행의 안전성	7	운전자의 시야 확보 (화물 과다적재 후 시야를 확보하기 위해 포크를 과다 상승 시킨 상태로 운행 금지)		
	8	포크에 화물을 매단 상태에서 운행(급선회) 금지		
	9	핸들 노브(knob) 제거		
	10	화물 과다적재 및 편하중 적재 금지		
안전운행을 위한 준수사항	11	무자격자 운전 금지		
	12	사업장내 제한속도 준수		
	13	포크, 팔레트 등 승차석 외 탑승금지		
	14	운전 중 휴대폰 사용금지		
	15	후진 시 협착위험 예방대책을 포함한 작업계획서 작성		

지게차 안전벨트 착용!! 당신의 생명을 지킵니다!

[출처 : 고용노동부, 한국산업안전보건공단]

+ 괄호문제

다음 괄호 안에 알맞은 내용을 쓰시오.
① 지게차 작업 전 ( ) 확보 여부를 점검한다.
② 지게차 작업 전 사각지대 ( ) 설치 상태를 점검한다.

| 정답 |
① 전용통로
② 반사경

확인! OX

지게차 운전작업 점검표에 대한 설명이다. 옳으면 "O", 틀리면 "X"로 표시하시오.
1. 점검표에는 안전장치 설치 및 사용 상태, 화물적재 및 운행의 안전성 상태 등을 점검하여 표시하도록 되어 있다. ( )
2. 점검표 작성 시, 점검에 따른 조치사항은 따로 작성하지 않아도 된다. ( )

| 정답 | 1. O 2. X

| 해설 |
2. 점검에 따른 조치사항도 작성하도록 한다.

교육은 우리 자신의 무지를 점차 발견해 가는 과정이다.

– 월 듀란트 –

합격의 공식 SD에듀 www.**sdedu**.co.kr

CHAPTER 01 　화물의 무게중심 확인 및 적재·하역 작업

CHAPTER 02 　화물 운반 작업

PART 3

화물 적재·하역 및 운반 작업

PART 3. 화물 적재·하역 및 운반 작업

CHAPTER 01. 화물의 무게중심 확인 및 적재·하역 작업

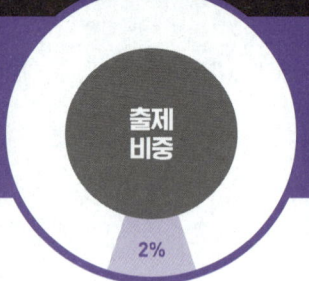

출제비중 2%

출제포인트
- 화물의 무게중심
- 화물의 적재
- 화물의 하역

기출 키워드

카운터웨이트, 포크 간격, 포크와 지면과의 거리, 체인블록, 기준무부하 상태, 후경각

제1절 화물의 무게중심 확인

1. 화물의 무게중심 확인

(1) 무게중심의 정의

질량중심이라고도 하며 물체의 각 부분에 작용하는 중력을 합한 합력의 작용점이다.

(2) 화물의 종류별 무게중심

대칭 구조	중심
비대칭 구조	중심 – 임의의 점에 줄을 매달아 축으로부터 아래로 수직선을 긋고, 다시 다른 임의의 점에 줄을 매달아서 아래로 수직선을 그었을 때 두 수직선의 교차점

2. 적재 및 하역 시 확인해야 할 사항   중요도 ★☆☆

화물의 종류 및 무게에 따라 무게중심을 가장 먼저 확인

발생한 모멘트 상쇄
• 화물의 무게중심 위치에 따라 발생하는 모멘트가 다르므로 화물을 취급할 때에는 무게중심을 고려해서 포크에 적재한다. • 지게차의 포크에 화물을 실으면 지게차의 앞바퀴를 중심으로 앞으로 회전하려는 모멘트가 발생하므로 지게차의 뒷부분에 카운터웨이트(무게중심추 : 지게차가 들 수 있는 최대하중에 영향을 미치는 요소)를 장착시켜서 발생한 모멘트를 상쇄시킨다. • 카운터웨이트를 추가할 수 있게 설계된 지게차 외에는 카운터웨이트 중량을 높여 작업하지 않는다.

작업장치 상태를 확인한 뒤 화물을 결착

진짜 통째로 외워온 문제

화물을 들어 올릴 때 무게중심이 앞으로 쏠리지 않도록 균형 유지를 위해 지게차의 뒷부분에 장착하는 것은?

① 카운터웨이트 ② 마스트
③ 포크 ④ 헤드가드

해설

화물을 들어 올릴 때 무게중심이 앞으로 쏠려서 앞바퀴를 중심으로 앞으로 회전하려는 모멘트가 발생하므로 지게차의 뒷부분에 카운터웨이트(무게중심추)를 장착시켜서 발생한 모멘트를 상쇄시킨다.

정답 ①

+ 괄호문제

다음 괄호 안에 알맞은 내용을 쓰시오.

① 틸트 레버를 조작하여 마스트는 지면과 ( ), 포크는 수평으로 하고 포크 간격을 맞춘 뒤 적재할 팰릿 위치까지 상승시킨다.
② 포크의 간격은 팰릿 너비의 ( ) 이상, 3/4 이하 정도로 조정한다.

| 정답 |
1. 수직
2. 1/2

제2절 화물 적재 및 하역

1. 화물 적재 중요도 ★★★

(1) 화물 적재 방법

① 화물에 가까이 접근하였을 때는 지게차 속도를 감속한다.
② 화물 바로 앞에서는 일단 정지한다.
③ 틸트 레버를 조작하여 마스트는 지면과 수직, 포크는 수평으로 하고 포크 간격을 맞춘 뒤 적재할 팰릿 위치까지 상승시킨다.

포크 간격	팰릿(Pallet) 너비의 1/2 이상, 3/4 이하 정도로 조정
포크 길이	화물의 2/3 이상

④ 포크를 꽂을 위치를 확인한 후 정면으로 천천히 꽂는다.
⑤ 포크를 꽂은 후 5~10cm 들어 올려 편하중이 없는지 확인한다.
⑥ 화물이 불안정할 경우 슬링 와이어나 로프 등으로 지게차와 결착한다.
⑦ 이상이 없을 시, 마스트를 충분히 뒤로 기울여 적재물이 백레스트에 완전히 닿도록 한 후, 포크와 지면과의 거리를 20~30cm 정도의 높이로 유지하며 목적지까지 운반한다.

(2) 화물 적재 시의 조치(산업안전보건기준에 관한 규칙 제173조)

① 사업주 준수사항
  ㉠ 하중이 한쪽으로 치우치지 않도록 적재할 것
  ㉡ 운전자의 시야를 가리지 않도록 화물을 적재할 것
② 적재 시 유의사항
  ㉠ 화물을 적재하는 경우에는 최대적재량을 초과해서는 안 된다.
  ㉡ 화물 앞에서 일단 정지하여 화물 파손 등의 위험성 여부를 확인한다.

확인! OX

화물의 적재방법에 대한 설명이다. 옳으면 "O", 틀리면 "X"로 표시하시오.

1. 화물이 불안정할 경우 슬링 와이어나 로프 등으로 지게차와 결착한다. ( )
2. 마스트를 충분히 앞으로 기울여 적재물이 백레스트에 완전히 닿도록 한다. ( )

정답 1. O 2. X

| 해설 |
2. 마스트를 충분히 뒤로 기울여 적재물이 백레스트에 완전히 닿도록 한다.

+ 괄호문제

다음 괄호 안에 알맞은 내용을 쓰시오.

① 화물을 올릴 때는 포크를 ( )으로 하며 가속페달을 밟는 동시에 레버를 조작한다.
② 적재중량 및 적재용량에 관해 대통령령으로 정하는 운행상의 안전기준을 넘어서 승차하거나 적재한 상태에서 운전하기 위해서는 출발지를 관할하는 ( )의 운행허가를 받아야 한다.

| 정답 |
1. 수평
2. 경찰서장

ⓒ 화물을 높게 쌓을 때는 화물이 떨어지는 것을 방지하기 위해 마스트를 충분히 뒤로 기울여서 천천히 접근한다.
ⓔ 화물에 따라 포크의 길이와 각도가 알맞게 삽입되어 있는지 확인한다.
ⓜ 포크로 물건을 찌르거나 물건을 끌어서 올리지 않는다.
ⓗ 화물을 올릴 때는 포크를 수평으로 하며 가속페달을 밟는 동시에 레버를 조작하고, 화물을 부릴 때는 가속페달 조작은 필요 없다.
ⓢ 약하고 가벼운 것을 위에, 무거운 것을 밑에 쌓는다.

(3) 승차 및 적재의 방법과 제한(도로교통법 제39조, 규칙 제26조 제3항)

중요도 ★★☆

① 모든 차의 운전자는 승차 인원, 적재중량 및 적재용량에 관해 대통령령으로 정하는 운행상의 안전기준을 넘어서 승차하거나 적재한 상태에서 운전하기 위해서는 출발지를 관할하는 경찰서장의 운행허가를 받아야 한다.
② 모든 차의 운전자는 운전 중 타고 있는 사람 또는 타고 내리는 사람이 떨어지지 않도록 문을 정확히 여닫는 등 필요한 조치를 하여야 한다.
③ 모든 차의 운전자는 운전 중 실은 화물이 떨어지지 아니하도록 덮개를 씌우거나 묶는 등 확실하게 고정될 수 있도록 필요한 조치를 하여야 한다.
④ 안전기준을 넘는 화물의 적재허가를 받은 사람은 그 길이 또는 폭의 양 끝에 너비 30cm, 길이 50cm 이상의 빨간 헝겊으로 된 표지를 달아야 한다.
⑤ 안전기준을 넘는 화물의 적재허가를 받은 사람이 밤에 운행하는 경우에는 반사체로 된 표지를 달아야 한다.

확인! OX

화물 적재 시의 조치에 대한 설명이다. 옳으면 "O", 틀리면 "X"로 표시하시오.

1. 화물을 부릴 때 가속페달 조작이 필요하다. ( )
2. 무거운 것은 밑에, 약하고 가벼운 것은 위에 쌓는다. ( )

| 정답 | 1. X 2. O

| 해설 |
1. 화물을 부릴 때는 가속페달 조작은 필요 없다.

진짜 통째로 외워온 문제

도로교통법상 안전기준을 넘는 화물의 적재허가를 받은 사람은 그 길이 또는 폭의 양 끝에 빨간 헝겊으로 된 표지를 달아야 하는데, 표지 크기의 기준은?

① 너비 60cm, 길이 80cm 이상
② 너비 50cm, 길이 70cm 이상
③ 너비 40cm, 길이 60cm 이상
④ 너비 30cm, 길이 50cm 이상

| 해설 |
안전기준을 넘는 화물의 적재허가를 받은 사람은 그 길이 또는 폭의 양 끝에 너비 30cm, 길이 50cm 이상의 빨간 헝겊으로 된 표지를 달아야 한다. 다만, 밤에 운행하는 경우에는 반사체로 된 표지를 달아야 한다(도로교통법 시행규칙 제26조 제3항).

| 정답 | ④

(4) 중량물을 들어 올리는 안전상 올바른 방법 중요도 ★☆☆

① 체인블록(Chain Block)
- ㉠ 정의 : 훅에 걸린 큰 하중을 도르래와 감속 기어 장치에 의해 체인을 통해 인력과 같은 작은 인장력으로 감아올려 체인에서 손을 떼도 감아올린 하중이 그대로 유지되는 장치이다.
- ㉡ 주의사항 : 체인은 팽팽한 상태에서 서서히 잡아당겨야 한다. 만약 체인이 느슨한 상태에서 급격히 잡아당기게 되면 체인이 받는 충격이 커져서 파손되며, 이로 인한 재해가 발생할 수 있다.

② 호이스트(Hoist) : 비교적 소형의 화물을 들어 옮기는 장치로 체인블록과 함께 중량물을 들어 올리는 방법 중 안전상 가장 올바르다.

진짜 통째로 외워온 문제

작업장에서 중량물을 들어 올리는 방법 중 안전상 가장 올바른 것은?
① 지렛대를 이용한다.
② 로프로 묶고 잡아당긴다.
③ 최대한 사람의 힘을 모아들어 올린다.
④ 체인블록과 호이스트를 이용하여 들어 올린다.

해설
중량물은 체인블록이나 호이스트를 사용해서 들어 올려야 안전하게 들어 올릴 수 있다.

정답 ④

(5) 마스트 경사각(하중 10t 이하) 중요도 ★★☆

① 정의
- ㉠ 마스트 경사각(Mast Tilting Angle) : 마스트 전체를 수직에서 전방 또는 후방으로 기울이는 각도로, 최대 15° 정도 앞뒤로 기울일 수 있다.
- ㉡ 기준무부하 상태 : 지면으로부터의 높이가 300mm인 수평 상태(주행 시에는 마스트를 가장 안쪽으로 기울인 상태)의 지게차 쇠스랑 윗면에 하중이 가해지지 아니한 상태를 말한다(건설기계 안전기준에 관한 규칙 제18조 제2항).
- ㉢ 전경각 : 지게차의 기준무부하 상태에서 지게차의 마스트를 쇠스랑 쪽으로 가장 기울인 경우 마스트가 수직면에 대하여 이루는 기울기를 말한다(건설기계 안전기준에 관한 규칙 제20조 제1항).
- ㉣ 후경각 : 지게차의 기준무부하 상태에서 수직면을 기준으로 마스트를 조종실 쪽으로 최대로 기울인 경사각으로, 일반적으로 전경각에 비해 크다(건설기계 안전기준에 관한 규칙 제20조 제2항 참조).

+ 괄호문제

다음 괄호 안에 알맞은 내용을 쓰시오.
① 마스트 경사각은 마스트 전체를 수직에서 전방 또는 후방으로 기울이는 각도로, 최대 ( ) 정도 앞뒤로 기울일 수 있다.
② ( )란 지면으로부터의 높이가 300mm인 수평 상태에 있는 지게차의 쇠스랑 윗면에 하중이 가해지지 아니한 상태를 말한다.

| 정답 |
1. 15°
2. 기준무부하 상태

확인! OX

체인블록과 마스트 경사각에 대한 설명이다. 옳으면 "O", 틀리면 "X"로 표시하시오.

1. 체인은 느슨한 상태에서 서서히 잡아당겨야 한다. ( )
2. 후경각은 지게차의 기준무부하 상태에서 수직면을 기준으로 마스트를 조종실 쪽으로 최대로 기울인 경사각으로, 일반적으로 전경각에 비해 작다. ( )

정답 1. X 2. X

| 해설 |
1. 체인은 팽팽한 상태에서 서서히 잡아당겨야 한다.
2. 후경각은 일반적으로 전경각에 비해 크다.

+ 괄호문제

다음 괄호 안에 알맞은 내용을 쓰시오.

카운터밸런스 지게차의 전경각은 (　　) 이하, 후경각은 12° 이하이어야 한다.

| 정답 |
6°

② 건설기계 안전기준상에 관한 규칙상 지게차 종류에 따른 마스트 각도

구분	카운터밸런스형	리치형	사이드 포크형
전경각	5~6°	3°	3~5°
후경각	10~12°	5°	5°

진짜 통째로 외워온 문제

01 건설기계 안전기준에 관한 규칙상 (　　) 안에 들어갈 용어로 옳은 것은?

> 지게차의 (　　)란 지면으로부터의 높이가 300mm인 수평 상태(주행 시에는 마스트를 가장 안쪽으로 기울인 상태를 말한다)의 지게차의 쇠스랑 윗면에 하중이 가해지지 아니한 상태를 말한다.

① 기준부하 상태
② 기준무부하 상태
③ 최대부하 상태
④ 최대하중 상태

해설

지게차의 기준무부하 상태
지면으로부터의 높이가 300mm인 수평 상태(주행 시에는 마스트를 가장 안쪽으로 기울인 상태)의 지게차의 쇠스랑 윗면에 하중이 가해지지 아니한 상태를 말한다(건설기계 안전기준에 관한 규칙 제18조 제2항).

02 다음 빈칸에 들어갈 말로 알맞은 것은?

> 건설기계 안전기준에 관한 규칙상 마스트의 (　　)이란 지게차의 기준무부하 상태에서 지게차의 마스트를 조종실 쪽으로 가장 기울인 경우 마스트가 수직면에 대하여 이루는 기울기를 말한다.

① 후경각
② 기울기
③ 최대하중
④ 부피

해설

마스트의 후경각
지게차의 기준무부하 상태에서 지게차의 마스트를 조종실 쪽으로 가장 기울인 경우 마스트가 수직면에 대하여 이루는 기울기를 말한다(건설기계 안전기준에 관한 규칙 제20조 제2항).

03 건설기계 안전기준상에 관한 규칙상 사이드 포크형 지게차의 후경각 기준으로 옳은 것은?

① 5°도 이하일 것
② 10°도 이하일 것
③ 1°도 이하일 것
④ 20도° 이하일 것

해설
사이드 포크형 지게차의 전경각 및 후경각은 각각 5°도 이하이어야 하고, 카운터밸런스 지게차의 전경각은 6°도 이하, 후경각은 12도° 이하이어야 한다(건설기계 안전기준에 관한 규칙 제20조 제3항).

정답 01 ② 02 ① 03 ①

2. 화물 하역

(1) 화물의 하역 순서

① 화물에 가까이 접근하였을 때는 지게차 속도를 감속한다.
② 화물 바로 앞에서는 일단 정지한다.
③ 적재된 화물의 붕괴나 다른 위험이 없는지 확인한다.
④ 마스트는 수직, 포크는 수평으로 하고 리프트 레버를 사용하여 내려놓을 위치보다 약간 높은 위치까지 상승시킨다.
⑤ 포크 꽂을 위치를 확인한 후 정면으로 향하여 천천히 꽂는다.
⑥ 포크를 꽂은 후 5~10cm 들어 올리고, 팰릿과 스키드를 10~20cm 정도 앞으로 당겨서 내린다.
⑦ 다시 한번 포크를 끝까지 깊숙이 꽂아 넣고, 화물이 포크의 수직 전면 또는 백레스트에 가볍게 접촉하면 상승시킨다.
⑧ 화물을 상승시킨 후 포크를 안전하게 내릴 수 있는 위치로 이동하고 포크를 내린다.
⑨ 지상으로부터 5~10cm의 높이까지 내리고, 마스트를 충분히 뒤로 기울인 후 포크를 바닥에서 약 15~20cm의 위치에 놓고 목적하는 장소로 운반한다.

(2) 화물 하역 작업 시 주의사항

① 유도자의 수신호를 준수한다.
② 화물 위에 사람이 탑승하지 않도록 한다.
③ 굴러갈 우려가 있는 화물은 고임목으로 고인다.
④ 적재된 화물의 형태에 따라서 마스트 각도를 조절해야 한다.
⑤ 하역 시 절대로 차에서 내리거나 이탈해서는 안 된다.
⑥ 지정된 장소로 이동한 후 낙하에 주의하여 하역한다.

+ 괄호문제

다음 괄호 안에 알맞은 내용을 쓰시오.

화물을 높게 쌓을 때는 화물이 떨어지는 것을 방지하기 위해 마스트를 충분히 ( )로 기울여서 천천히 접근한다.

| 정답 |
뒤

확인 OX

화물의 하역 작업에 대한 설명이다. 옳으면 "O", 틀리면 "X"로 표시하시오.

1. 하역 시 절대로 차에서 내리거나 이탈해서는 안 된다. ( )
2. 화물의 적재나 하역 시 가장 먼저 확인할 사항은 화물의 가격이다. ( )

정답 1. O 2. X

| 해설 |
2. 화물의 적재나 하역 시 가장 먼저 확인할 사항은 화물의 무게중심이다.

02. 화물 운반 작업

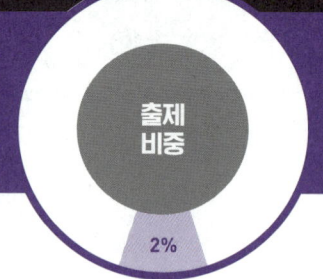

출제포인트
- 전·후진 주행
- 운전 시야 확보
- 화물 운반

기출 키워드

포크의 끝, 유도자의 수신호, 출입구 확인

제1절 전·후진 주행 및 운전 시야 확보

1. 주행 시 유의사항

(1) 전진 및 후진할 때 유의사항
① 전진에서 후진 변속 시에는 장비가 정지된 상태에서 해야 한다.
② 노면과 주변 상황에 따라 후진 작업 시 후사경과 후진 경고음을 확인하며, 주행해야 한다.
③ 내리막길에서는 급회전을 삼가며 기어의 변속을 저속 상태로 놓고 후진으로 진행한다.

(2) 도로 주행 시 지게차 준수사항 　　　　　　　　중요도 ★★★
① 지게차 운전은 면허를 가진 지정된 근로자가 한다.
② 주행 시 안전벨트를 착용한다.
③ 작업 진행 시 적재된 화물의 낙하에 주의하며 제한속도를 준수하여 주행해야 한다.
④ 노면의 상태에 주의하고 노면이 고르지 않은 곳에서는 천천히 운행한다.
⑤ 선회하는 경우에는 후륜이 크게 회전하므로 천천히 선회한다.
⑥ 모서리에서 회전할 때는 일단정지 후 서행한다.
⑦ 포크, 팰릿, 스키드, 밸런스웨이트 등에 사람을 탑승시켜 주행해서는 안 된다.
⑧ 포크의 끝을 올려서 안으로 경사지게 한다.
⑨ 주행 시 포크 높이는 지면으로부터 약 20cm 정도 들어 올린다.
⑩ 틸트는 적재물이 백레스트에 완전히 닿도록 한 후 운행한다.
⑪ 옥내 주행 시는 전조등을 켜고 주행한다.
⑫ 도로상을 주행하는 경우에는 팰릿, 스키드를 꽂거나 포크의 선단에 표식을 부착하여 주행한다.
⑬ 후륜 조향에 유의하며 후륜이 뜬 상태로 주행하지 않는다.
⑭ 경사로에서는 적재물이 경사로의 위쪽을 향하도록 주행하고, 경사로를 내려올 때는 엔진 브레이크 및 풋(발) 브레이크를 걸고 천천히 주행한다.

2. 운전 시야 확보

(1) 운전 시야 확보의 필요성
지게차의 충돌사고나 화물의 낙하사고 등을 예방할 수 있다.

(2) 운전 시야를 확보하는 방법
① 작업장의 위험요소를 미리 파악한다.
② 보조자의 도움으로 운행 동선을 확인할 수 있다.
③ 주행 중 작업자와 보행자의 안전거리를 확보하여 접촉사고를 예방한다.
④ 운전 중 주행 방향이 보이지 않을 때는 정지하고 확인한다.
⑤ 화물로 전방 시야가 가릴 때는 후진으로 주행하거나 유도자를 배치한다.

(3) 장비 및 주변 상태 확인
① 운전 중 돌발 상황 발생 시 대처할 수 있도록 한다.
② 지게차 운전 중 누유·누수 상태를 확인하고 조치한다.
③ 작업요청서에 따른 운전 중 작업 장치 성능을 확인한다.
④ 작업요청서에 따른 이동 경로의 장애물을 확인하고 대처한다.
⑤ 지게차의 정상운전 상태 확인을 위하여 이상 소음 여부를 확인하여 조치한다.

진짜 통째로 외워온 문제

다음 중 경사로에서 지게차 운전방법으로 틀린 것은?
① 경사로를 올라갈 때는 적재물이 경사로의 위쪽을 향하도록 주행한다.
② 경사로에서는 후륜이 뜬 상태로 주행하여야 한다.
③ 경사로에서는 포크 간격을 화물에 맞추어 조정한다.
④ 경사로를 내려오는 경우 엔진 브레이크나 풋 브레이크를 걸고 천천히 운행한다.

[해설]
② 경사로에서는 후륜이 뜬 상태로 주행해서는 안 된다.

정답 ②

+ 괄호문제

다음 괄호 안에 알맞은 내용을 쓰시오.
① 선회하는 경우에는 (　)이 크게 회전하므로 천천히 선회한다.
② 틸트는 적재물이 (　)에 완전히 닿도록 한 후 운행한다.

| 정답 |
① 후륜
② 백레스트

확인! OX

지게차의 주행과 운전 시야 확보에 대한 설명이다. 옳으면 "O", 틀리면 "X"로 표시하시오.

1. 내리막길에서는 기어의 변속을 저속 상태로 놓고 전진으로 진행한다. (　)
2. 화물로 전방 시야가 가릴 때는 후진으로 주행한다. (　)

정답 1. X 2. O

| 해설 |
1. 내리막길에서는 기어의 변속을 저속 상태로 놓고 후진으로 진행한다.

+ 괄호문제

다음 괄호 안에 알맞은 내용을 쓰시오.
① ( ) 신호는 어떤 팔을 사용해도 수용되어야 한다.
② 작업 시작을 알리는 수신호는 두 팔을 수평으로 뻗고 손바닥은 펴서 ( )을 향하게 한다.

| 정답 |
① 한 팔
② 정면

제2절 화물 운반작업

1. 유도자의 수신호

(1) 수신호의 요구조건
① 수신호는 지게차 운전자에게 충분히 이해되어야 한다.
② 수신호는 오해를 피해 명확하고, 간결하여야 한다.
③ 한 팔 신호는 어떤 팔을 사용해도 수용되어야 한다.
④ 수신호는 지게차 운전 작업자가 완전히 숙지하여야 한다.

(2) 신호수가 지켜야 할 사항
① 안전한 위치에서 실시하여야 하며, 지게차 운전자를 명확히 볼 수 있어야 한다.
② 화물 또는 장비를 명확히 볼 수 있어야 한다.
③ 지게차 운전자에게 수신호를 보내는 신호수는 한 사람이어야 한다. 다만, 비상정지(비상·긴급 멈춤) 신호는 예외로 한다.
④ 적용이 가능한 경우, 신호를 조합하여 사용할 수 있다.

(3) 지게차 수신호
현재 지게차 작업을 위한 수신호 체계에 대하여 명문화된 것이 없으므로 '크레인 수신호(KS B ISO 16715)'에 준용할 것을 안전보건공단에서 권고하고 있다.

(4) 수신호 방법(KS B ISO 16715)
① 일반수신호

수행작업	그림	설명
작업 시작		두 팔을 수평으로 뻗고 손바닥은 펴서 정면을 향하게 한다.
멈춤 (보통 멈춤)		한 팔을 수평으로 뻗고서 손바닥은 바닥을 향하게 하고, 팔은 수평을 유지하며, 앞뒤로 움직인다.

확인! OX

유도자의 수신호에 대한 설명이다. 옳으면 "O", 틀리면 "X"로 표시하시오.

1. 지게차 운전자에게 수신호를 보내는 신호수는 한 사람이어야 한다. ( )
2. 수신호 방법 중 멈춤을 알리는 동작은 양 팔을 수평으로 뻗고서 손바닥은 바닥을 향하게 하고, 팔은 수평을 유지하며, 앞뒤로 움직이는 것이다. ( )

정답 1. O 2. X

| 해설 |
2. 한 팔을 수평으로 뻗고서 손바닥은 바닥을 향하게 하고, 팔은 수평을 유지하며, 앞뒤로 움직여 멈춤을 알린다.

수행작업	그림	설명
비상 멈춤 (긴급 멈춤)		두 팔을 수평으로 뻗고, 손바닥은 바닥을 향하게 하고, 팔은 수평을 유지하며, 앞뒤로 움직인다.
미동 혹은 최저속도		두 손바닥을 마주치며, 원을 그리듯 문지른다. 이 신호 후에 기타 해당 수신호를 적용한다.
작업 중지		양손을 신체 앞쪽 가슴 높이에서 모으고 움켜쥔다.

② 수직 동작

수행작업	그림	설명
수직거리 표시		두 팔을 몸 앞쪽으로 뻗고, 두 손바닥을 마주하여 한 손을 다른 손 위에 둔다.
화물을 일정 속도로 올리기		한 팔을 위로 올리고, 주먹을 쥔 상태에서 검지는 위쪽을 가리키며, 팔뚝으로 작은 평면 원을 그린다.
화물을 일정 속도로 내리기		한 팔을 몸과 거리를 두고서 아래로 내리고, 주먹을 쥔 상태에서 검지를 아래쪽을 가리키며, 팔뚝으로 작은 평면 원을 그린다.

+ 괄호문제

다음 괄호 안에 알맞은 내용을 쓰시오.

그림의 수신호는 ( )을 알리는 내용이다.

|정답|
비상 멈춤

확인! OX

유도자의 수신호에 대한 설명이다. 옳으면 "O", 틀리면 "X"로 표시하시오.

1. 작업 중지를 나타내는 수신호 동작은 양손을 신체 앞쪽 가슴 높이에서 모으고 움켜쥐는 것이다. ( )
2. 두 손바닥을 마주치며, 원을 그리듯 문질러서 수직거리를 표시한다. ( )

정답 1. O 2. X

|해설|
2. 두 팔을 몸 앞쪽으로 뻗고, 두 손바닥을 마주하여 한 손을 다른 손 위에 두어 수직거리를 표시한다.

+ 괄호문제

다음 괄호 안에 알맞은 내용을 쓰시오.

① 유도자의 수신호 시 두 팔을 몸 앞쪽으로 수평하게 뻗고서 두 손바닥은 마주하게 두어 ( )거리를 표시한다.
② 가까워지는 주행은 두 팔을 앞쪽으로 펴서 벌리고, 두 손은 펴서 손바닥을 ( )으로 유지한 상태에서, 두 팔뚝을 위아래로 반복하여 움직인다.

| 정답 |
① 수평
② 위쪽

수행작업	그림	설명
천천히 올리기		한 손은 올리기 신호를 하고, 다른 한 손바닥은 신호를 하는 손 위에 올려놓은 후 움직이지 않는다.
천천히 내리기		한 손은 내리기 신호를 하고, 다른 한 손바닥은 신호를 하는 손 아래에 내려놓은 후 움직이지 않는다.

③ 수평 동작

수행작업	그림	설명
수평거리 표시		두 팔을 몸 앞쪽으로 수평하게 뻗고서 두 손바닥은 마주하게 둔다.
주행/선회 방향 표시		한 팔을 수평으로 뻗으며, 손은 펴고, 손바닥은 아래로 향하게 하여 원하는 방향을 가리킨다.
멀어지는 주행		두 팔을 앞쪽으로 펴서 벌리고, 두 손은 펴서 손바닥을 아래쪽으로 유지한 상태에서, 두 팔뚝을 위아래로 반복하여 움직인다.
가까워지는 주행		두 팔을 앞쪽으로 펴서 벌리고, 두 손은 펴서 손바닥을 위쪽으로 유지한 상태에서, 두 팔뚝을 위아래로 반복하여 움직인다.

확인! OX

유도자의 수신호에 대한 설명이다. 옳으면 "O", 틀리면 "X"로 표시하시오.

그림의 수신호는 멀어지는 주행을 나타낸다. ( )

| 정답 | O

④ 장비 관련 동작

수행작업	그림	설명
포크 폭 확장		양손을 앞쪽으로 뻗고(주먹을 쥔 상태) 엄지손가락을 서로 반대 방향으로 유지한다.
포크 폭 축소		양손을 앞쪽으로 뻗고(주먹을 쥔 상태) 엄지손가락을 마주 보는 방향으로 유지한다.
포크 올리기		한 팔을 수평으로 뻗고서 엄지손가락을 위로 향하게 한다.
포크 내리기		한 팔을 수평으로 뻗고서 엄지손가락을 아래로 향하게 한다.

2. 화물 운반

중요도 ★☆☆

(1) 화물 운반방법

① 운행 경로나 지반 상태 등을 사전에 파악하여 연약한 지반에서는 받침판을 사용하며 지게차 자체의 무게와 화물의 무게를 감안하여 바닥 상태나 승강기 정격하중을 확인한다.
② 작업 전에 후사경, 경광등, 후진 경고음, 후방카메라 등을 점검하고 포크 밑으로 사람의 출입을 통제한다.
③ 내연기관을 장착한 지게차를 건물 내부에서 가동시킬 때는 환기한다.
④ 평탄하지 않은 땅, 경사로, 좁은 통로 등에서는 급주행, 급브레이크, 급회전을 금지한다.
⑤ 수동변속기를 장착한 지게차의 출발 시 클러치페달을 밟고, 변속 레버를 저단에 넣고 클러치페달을 떼며 가속페달을 밟는다.

+ 괄호문제

다음 괄호 안에 알맞은 내용을 쓰시오.
① 내연기관을 장착한 지게차를 건물 내부에서 가동시킬 때는 ( )한다.
② 수동변속기를 장착한 지게차의 출발 시 클러치페달을 밟고, 변속 레버를 저단에 넣고 클러치페달을 떼며 ( )을 밟는다.

| 정답 |
① 환기
② 가속페달

확인! OX

유도자의 수신호에 대한 설명이다. 옳으면 'O', 틀리면 'X'로 표시하시오.

1. 장비 관련 동작으로는 '천천히 올리기' 수신호가 있다. ( )
2. 주먹을 쥔 상태로 양손을 앞쪽으로 뻗고 엄지손가락을 서로 반대 방향으로 유지하는 것은 '포크 폭 확장'을 나타내는 수신호이다. ( )

정답 1. X 2. O

| 해설 |
1. '천천히 올리기'는 수직 동작에 해당한다.

+ 괄호문제

다음 괄호 안에 알맞은 내용을 쓰시오.

① 주행 시 포크 높이는 지면으로부터 약 ( ) 정도 들어 올린다.
② 화물 운반 시 속도는 ( )를 초과하지 않도록 한다.

| 정답 |
① 20cm
② 10km/h

⑥ 화물 운반 시 마스트를 충분히 뒤로 기울이고(4~6°), 포크와 지면과의 거리를 20~30cm 정도의 높이로 유지하며 10km/h를 초과하지 않도록 하여 목적지까지 운반한다.

(2) 화물 운반작업 시 주의사항

① 주행 중 출입구 진입 시, 차폭이나 출입구의 높이와 폭을 확인하여 진입 가능 여부를 판단해야 한다.
② 화물 적하 장치에 사람을 태워서는 안 된다.
③ 교통수칙을 준수하고 안전거리를 확보한다.
④ 화물을 불안정한 상태 혹은 편하중 상태로 옮겨서는 안 된다.
⑤ 화물을 포크로 들고 이동하는 높이는 가능한 한 낮춘다.
⑥ 인력으로 운반 시 무리한 자세로 장시간 취급하지 않도록 한다.

진짜 통째로 외워온 문제

지게차로 적재물을 안전하게 운반하는 방법으로 옳은 것은?

① 포크로 적재물을 찍어서 운반한다.
② 화물을 최대한 높이 들어서 운반한다.
③ 틸트 실린더를 앞으로 밀어서 마스트를 최대한 앞으로 기울여 운반한다.
④ 틸트 실린더를 당겨서 마스트의 후경각 기준에 맞게 조정하여 운반한다.

[해설]
틸트 실린더(Tilt Cylinder)는 마스트를 앞 또는 뒤로 기울이는 작용을 하는 것으로서, 틸트 레버를 앞으로 밀면 마스트는 앞으로 기울여지고 운전자 쪽으로 당기면 뒤로 기울여진다. 적재물은 틸트 실린더를 운전자 쪽으로 당겨서 마스트의 후경각 기준에 맞게 마스트를 뒤로 기울여 운반한다.

정답 ④

확인! OX

지게차의 주행에 대한 설명이다. 옳으면 "O", 틀리면 "X"로 표시하시오.

1. 시야 확보가 불가능할 때는 전진으로 주행한다. ( )
2. 지게차로 화물을 싣고 경사지에서 내려갈 때는 시동을 끄고 차력으로 주행한다. ( )

정답 1. X 2. X

| 해설 |
1. 시야 확보가 불가능할 때는 후진으로 주행한다.
2. 화물을 실은 지게차로 경사지를 내려갈 때는 저속으로 후진해야 한다.

실패하는 게 두려운 게 아니라
노력하지 않는 게 두렵다.

- 마이클 조던 -

CHAPTER 01 교통법규 준수(도로교통법)

CHAPTER 02 건설기계관리법

CHAPTER 03 안전운전 준수와 응급대처

PART 4

도로주행

CHAPTER 01 · 교통법규 준수(도로교통법)

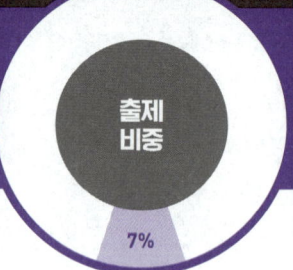
출제비중 7%

출제포인트
- 용어의 정의
- 서행과 통행방법
- 교통표지
- 운전면허 취소 및 정지처분
- 차마의 통행
- 자동차 주행 속도와 등화
- 벌칙
- 차마의 금지
- 신호 표시
- 음주운전 시 벌칙

기출 키워드

자동차전용도로, 안전거리, 긴급자동차, 주·정차 금지장소, 앞지르기 금지장소, 서행 신호 및 장소, 음주운전 기준, 야간 운행 및 주·정차 시 등화, 차로의 통행차 기준, 교통안전표지, 범칙금 및 벌점, 자동차 등의 속도, 신호종류, 철길건널목, 교차로, 도로 중앙선

제1절 도로교통법상 도로주행

1. 용어의 정의(법 제2조) 중요도 ★★☆

(1) 도로의 정의

도로	• 「도로법」에 따른 도로 • 「유료도로법」에 따른 유료도로 • 「농어촌도로 정비법」에 따른 농어촌도로 • 그 밖에 현실적으로 불특정 다수의 사람 또는 차마(車馬)가 통행할 수 있도록 공개된 장소로서 안전하고 원활한 교통을 확보할 필요가 있는 장소
자동차전용도로	자동차만 다닐 수 있도록 설치된 도로
고속도로	자동차의 고속 운행에만 사용하기 위하여 지정된 도로

(2) 긴급자동차
① 소방차
② 구급차
③ 혈액 공급차량
④ 그 밖에 대통령령(영 제2조)으로 정하는 자동차

(3) 기타
① 주차 : 운전자가 승객을 기다리거나 화물을 싣거나 차가 고장 나거나 그 밖의 사유로 차를 계속 정지 상태에 두는 것 또는 운전자가 차에서 떠나서 즉시 그 차를 운전할 수 없는 상태에 두는 것
② 정차 : 운전자가 5분을 초과하지 아니하고 차를 정지시키는 것으로서 주차 외의 정지 상태
③ 서행 : 운전자가 차 또는 노면전차를 즉시 정지시킬 수 있는 정도의 느린 속도로 진행하는 것
④ 앞지르기 : 차의 운전자가 앞서가는 다른 차의 옆을 지나서 그 차의 앞으로 나가는 것
⑤ 안전거리 : 같은 방향으로 가고 있는 앞차의 뒤를 따르는 경우에는 앞차가 갑자기 정지하게 되는 경우 그 앞차와의 충돌을 피할 수 있는 필요한 거리(법 제19조)
⑥ 정지거리 : 운전자가 위험을 느끼고 제동되기 전까지 주행한 거리(공주거리)와 제동되기 시작하여 정지될 때까지 주행한 거리(제동거리)의 합

2. 차마의 통행

중요도 ★★★

(1) 차로에 따른 통행차의 기준(규칙 [별표 9])

도로		차로 구분	통행 차종
고속도로 외의 도로		왼쪽 차로	승용자동차 및 경형·소형·중형 승합자동차
		오른쪽 차로	대형승합자동차, 화물자동차, 특수자동차, 건설기계, 이륜자동차, 원동기장치자전거
고속도로	편도 2차로	1차로	• 앞지르기를 하려는 모든 자동차 • 차량통행량 증가 등 도로상황으로 인하여 시속 80km/h 미만으로 통행할 수밖에 없는 경우에는 앞지르기를 하는 경우가 아니라도 통행 가능
		2차로	모든 자동차(건설기계 포함)
	편도 3차로 이상	1차로	• 앞지르기를 하려는 승용자동차 및 앞지르기를 하려는 경형·소형·중형 승합자동차 • 차량통행량 증가 등 도로상황으로 인하여 시속 80km/h 미만으로 통행할 수밖에 없는 경우에는 앞지르기를 하는 경우가 아니라도 통행 가능
		왼쪽 차로	승용자동차 및 경형·소형·중형 승합자동차
		오른쪽 차로	대형승합자동차, 화물자동차, 특수자동차, 건설기계

(2) 긴급자동차의 우선 통행(법 제29조)

① 교차로나 그 부근에서 긴급자동차가 접근하면 차마와 노면전차의 운전자는 교차로를 피하여 일시정지한다.

② 모든 차와 노면전차의 운전자는 ①에 따른 곳 외의 곳에서 긴급자동차가 접근한 경우에는 긴급자동차가 우선통행할 수 있도록 진로를 양보한다.

③ 고속도로 진입 시의 우선순위(법 제65조) : 자동차(긴급자동차는 제외)의 운전자는 고속도로에 들어가려고 하는 경우에는 그 고속도로를 통행하고 있는 다른 자동차의 통행을 방해하여서는 아니 되며, 긴급자동차 외의 자동차 운전자는 긴급자동차가 고속도로에 들어가는 경우에는 그 진입을 방해하여서는 안 된다.

(3) 신호 또는 지시에 따를 의무(법 제5조)

① 도로를 통행하는 보행자, 차마 또는 노면전차의 운전자는 교통안전시설이 표시하는 신호 또는 지시와 다음에 해당하는 사람이 하는 신호 또는 지시를 따른다.
  ㉠ 교통정리를 하는 경찰공무원(의무경찰을 포함) 및 제주특별자치도의 자치경찰공무원(자치경찰공무원)
  ㉡ 경찰공무원(자치경찰공무원을 포함)을 보조하는 사람으로서 대통령령으로 정하는 사람(경찰보조자)

② 도로를 통행하는 보행자, 차마 또는 노면전차의 운전자는 교통안전시설이 표시하는 신호 또는 지시와 교통정리를 하는 경찰공무원 또는 경찰보조자(경찰공무원 등)의 신호 또는 지시가 서로 다른 경우에는 경찰공무원 등의 신호 또는 지시에 따른다.

+ 괄호문제

다음 괄호 안에 알맞은 내용을 쓰시오.

① 편도 2차로 일반도로에서 건설기계는 ( )로 통행해야 한다.

② 긴급자동차는 그 본래의 긴급한 용도로 사용되고 있는 자동차로 소방차, ( ), 혈액 공급차량, 그 밖에 대통령령으로 정하는 자동차가 있다.

| 정답 |
① 2차로(오른쪽 차로)
② 구급차

확인! OX

차마의 통행에 대한 설명이다. 옳으면 "O", 틀리면 "X"로 표시하시오.

1. 안전거리는 운전자가 위험을 느끼고 제동되기 전까지 주행한 거리를 말한다. ( )
2. 자동차전용 편도 4차로 도로에서 지게차의 주행차로는 오른쪽 차로이다. ( )

정답 1. X 2. O

| 해설 |
1. 안전거리는 앞차와의 충돌을 피하기 위해 필요한 거리를 확보한 거리이다. 운전자가 위험을 느끼고 제동되기 전까지의 주행한 거리는 공주거리이다.

+ 괄호문제

다음 괄호 안에 알맞은 내용을 쓰시오.

① 도로를 통행하는 자동차는 교통안전시설의 신호 또는 지시와 경찰공무원 등의 신호 또는 지시가 다른 경우에는 ( )의 신호 또는 지시에 따른다.
② 시장 등이 지정한 어린이 보호구역으로부터 ( ) 이내의 곳은 주정차 금지구역이다.

| 정답 |
① 경찰공무원 등
② 5m

(4) 신호등의 녹색등화 시 차마의 통행방법(규칙 [별표 2])
   ① 차마는 직진 또는 우회전할 수 있다.
   ② 비보호좌회전표지 또는 비보호좌회전표시가 있는 곳에서는 좌회전할 수 있다.

진짜 통째로 외워온 문제

자동차전용 편도 4차로 도로에서 지게차의 주행차로는?
① 1차로   ② 2차로
③ 왼쪽 차로   ④ 오른쪽 차로

[해설]
자동차전용 편도 3차로 이상의 도로에서 지게차는 오른쪽 차로를 이용해야 한다(도로교통법 시행규칙 [별표 9]).

정답 ④

확인! OX

차마의 통행방법 및 금지에 대한 설명이다. 옳으면 "O", 틀리면 "X"로 표시하시오.

1. 안전지대가 설치된 도로에서는 그 안전지대의 사방으로부터 각각 5m 이내의 곳이 주정차 금지구역이다. ( )
2. 지게차는 녹색등화 시 직진 또는 우회전할 수 있다. ( )

정답 1. X 2. O

| 해설 |
1. 안전지대의 사방으로부터 각각 10m 이내의 곳이 주정차 금지구역이다.

3. 차마의 금지   중요도 ★★★

(1) 주·정차 금지(법 제32조)
   ① 교차로·횡단보도·건널목이나 보도와 차도가 구분된 도로의 보도(「주차장법」에 따라 차도와 보도에 걸쳐서 설치된 노상주차장은 제외)
   ② 교차로의 가장자리나 도로의 모퉁이로부터 5m 이내인 곳
   ③ 안전지대가 설치된 도로에서는 그 안전지대의 사방으로부터 각각 10m 이내인 곳
   ④ 버스여객자동차의 정류지임을 표시하는 기둥이나 표지판 또는 선이 설치된 곳으로부터 10m 이내인 곳. 다만, 버스여객자동차의 운전자가 그 버스여객자동차의 운행시간 중에 운행노선에 따르는 정류장에서 승객을 태우거나 내리기 위하여 차를 정차하거나 주차하는 경우에는 제외
   ⑤ 건널목의 가장자리 또는 횡단보도로부터 10m 이내인 곳
   ⑥ 다음의 곳으로부터 5m 이내인 곳
      ㉠ 「소방기본법」에 따른 소방용수시설 또는 비상소화장치가 설치된 곳
      ㉡ 「소방시설 설치 및 관리에 관한 법률」에 따른 소방시설로서 대통령령으로 정하는 시설이 설치된 곳
   ⑦ 시·도경찰청장이 도로에서의 위험을 방지하고 교통의 안전과 원활한 소통을 확보하기 위하여 필요하다고 인정하여 지정한 곳
   ⑧ 시장 등이 지정한 어린이 보호구역

(2) 주차금지의 장소(법 제33조)

① 터널 안 및 다리 위
② 다음의 곳으로부터 5m 이내인 곳
    ㉠ 도로공사를 하고 있는 경우에는 그 공사 구역의 양쪽 가장자리
    ㉡ 「다중이용업소의 안전관리에 관한 특별법」에 따른 다중이용업소의 영업장이 속한 건축물로 소방본부장의 요청에 의하여 시·도경찰청장이 지정한 곳
③ 시·도경찰청장이 도로에서의 위험을 방지하고 교통의 안전과 원활한 소통을 확보하기 위하여 필요하다고 인정하여 지정한 곳

(3) 앞지르기 금지장소(법 제22조 제3항)

① 교차로, 터널 안, 다리 위
② 도로의 구부러진 곳, 비탈길의 고갯마루 부근 또는 가파른 비탈길의 내리막 등 시·도경찰청장이 도로에서의 위험을 방지하고 교통의 안전과 원활한 소통을 확보하기 위하여 필요하다고 인정하는 곳으로서 안전표지로 지정한 곳

+ 괄호문제

다음 괄호 안에 알맞은 내용을 쓰시오.
① 건널목의 가장자리로부터 ( ) 이내의 곳은 주차금지이다.
② 교차로의 가장자리나 ( )로부터 5m 이내는 주·정차 금지구역이다.

| 정답 |
① 10m
② 도로의 모퉁이

진짜 통째로 외워온 문제

01 도로교통법상 주차금지의 장소가 아닌 것은?

① 다리 위
② 터널 안
③ 비상소화장치가 설치된 곳으로부터 15m 이내인 곳
④ 도로공사 구역의 양쪽 가장자리로부터 5m 이내인 곳

해설
주차금지의 장소(도로교통법 제33조)
터널 안, 다리 위, 도로공사를 하고 있는 경우에는 그 공사 구역의 양쪽 가장자리로부터 5m 이내, 다중이용업소의 영업장이 속한 건축물로 소방본부장의 요청에 의하여 시·도경찰청장이 지정한 곳으로부터 5m 이내, 시·도경찰청장이 도로에서의 위험을 방지하고 교통의 안전과 원활한 소통을 확보하기 위하여 필요하다고 인정하여 지정한 곳

02 다음 중 교차로에서 금지되는 행위는?

① 좌회전
② 앞지르기
③ 경음기 작동
④ 비상등 점멸

해설
교차로에서는 다른 차를 앞지르지 못한다(도로교통법 제22조 제3항).

정답 01 ③ 02 ②

확인! OX

차마의 금지에 대한 설명이다. 옳으면 "O", 틀리면 "X"로 표시하시오.

1. 앞차의 좌측에 다른 차가 나란히 진행할 때 앞지르기를 할 수 없다. ( )
2. 경사로의 정상 부근에서는 주·정차가 금지된다. ( )

정답 1. O 2. X

| 해설 |
2. 경사로의 정상 부근은 횡단보도나 교차로가 아니라면 주·정차를 할 수 있다.

> **+ 괄호문제**
>
> 다음 괄호 안에 알맞은 내용을 쓰시오.
> ① 철길건널목 앞에서 (　　)하여 안전한지 확인한 후에 통과하여야 한다.
> ② 교차로에서 좌·우회전하기 위해서는 (　　) 등으로 신호를 하여야 한다.
>
> | 정답 |
> ① 일시정지
> ② 방향지시기, 손, 등화

4. 서행과 통행방법

(1) 서행 장소(법 제31조 제1항)
① 교통정리를 하고 있지 아니하는 교차로
② 도로가 구부러진 부근
③ 비탈길의 고갯마루 부근
④ 가파른 비탈길의 내리막
⑤ 시·도 경찰청장이 도로에서의 위험을 방지하고 교통의 안전과 원활한 소통을 확보하기 위하여 필요하다고 인정하여 안전표지로 지정한 곳

(2) 철길건널목 통과(법 제24조)
① 건널목 앞에서 일시정지하여 안전한지 확인한 후에 통과하여야 한다.
② 신호기 등이 표시하는 신호에 따르는 경우에는 정지하지 아니하고 통과할 수 있다.
③ 건널목의 차단기가 내려져 있거나 내려지려고 하는 경우 또는 건널목의 경보기가 울리고 있는 동안에는 그 건널목으로 들어가서는 안 된다.

(3) 교차로 통행방법
① 교차로에서는 다른 차를 앞지르지 못한다(법 제22조 제3항 제1호).
② 교차로에서는 우회전할 때 서행해야 한다(법 제25조 제1항).
③ 좌회전할 때는 교차로의 중심 안쪽으로 서행한다(법 제25조 제2항).
④ 교통정리를 하고 있지 아니하는 교차로에서 좌회전하려고 하는 차의 운전자는 그 교차로에서 직진하거나 우회전하려는 다른 차가 있을 때에는 그 차에 진로를 양보하여야 한다(법 제26조 제4항).
⑤ 교차로에서는 정차하거나 주차하여서는 아니 된다(법 제32조 제1호).
⑥ 좌·우회전할 때 방향지시기 등으로 신호해야 한다(영 [별표 2]).
⑦ 교차로에서 황색등화 시 운전조치(규칙 [별표 2])
　㉠ 차마는 정지선이 있거나 횡단보도가 있을 때에는 그 직전이나 교차로의 직전에 정지하여야 하며, 이미 교차로에 차마의 일부라도 진입한 경우에는 신속히 교차로 밖으로 진행하여야 한다.
　㉡ 차마는 우회전할 수 있고, 우회전하는 경우에는 보행자의 횡단을 방해하지 못한다.

> **확인! OX**
>
> 서행 방법에 대한 설명이다. 옳으면 "O", 틀리면 "X"로 표시하시오.
>
> 1. 지게차는 교차로에서 좌회전할 때는 미리 도로의 중심 바깥쪽으로 돌며 서행한다. (　　)
> 2. 도로교통법상 비탈길의 고갯마루 부근은 반드시 서행해야 한다. (　　)
>
> 정답 1. X 2. O
>
> | 해설 |
> 1. 좌회전할 때는 교차로의 중심 안쪽으로 서행한다. 다만, 시·도경찰청장이 교차로의 상황에 따라 특히 필요하다고 인정하여 지정한 곳에서는 교차로의 중심 바깥쪽을 통과할 수 있다.

진짜 통째로 외워온 문제

좌회전을 하기 위하여 교차로에 진입되어 있을 때 황색등화로 바뀌면 어떻게 하여야 하는가?

① 정지하여 정지선으로 후진한다.
② 그 자리에 정지하여야 한다.
③ 신속히 좌회전하여 교차로 밖으로 진행한다.
④ 좌회전을 중단하고 횡단보도 앞 정지선까지 후진하여야 한다.

[해설]
차마는 정지선이 있거나 횡단보도가 있을 때에는 그 직전이나 교차로의 직전에 정지하여야 하며, 이미 교차로에 차마의 일부라도 진입한 경우에는 신속히 교차로 밖으로 진행하여야 한다(도로교통법 시행규칙 [별표 2]).

[정답] ③

+ 괄호문제

다음 괄호 안에 알맞은 내용을 쓰시오.

① 4차선 고속도로에서 건설기계의 최저속도는 ( )이다.
② 밤에 도로에서 견인되는 차가 켜야 하는 등화는 ( )이다.

| 정답 |
① 50km/h
② 미등, 차폭등, 번호등

5. 자동차 주행 속도와 등화   중요도 ★★★

(1) 자동차 주행 속도(규칙 제19조)

고속도로에서의 주행 속도	① 편도 2차로 이상 고속도로에서 건설기계의 최고속도는 매시 80km/h, 최저속도는 매시 50km/h이다. ② 편도 2차로 이상의 고속도로로서 경찰청장이 고속도로의 원활한 소통을 위하여 특히 필요하다고 인정하여 지정·고시한 건설기계의 최고속도는 매시 90km/h 이내, 최저속도는 매시 50km/h이다.
비·안개·눈으로 인한 도로의 주행 속도	① 최고속도의 100분의 20을 줄인 감속 운행 : 비가 내려 노면이 젖은 경우, 눈이 20mm 미만 쌓인 경우 ② 최고속도의 100분의 50을 줄인 감속 운행 : 폭우·폭설·안개 등으로 가시거리가 100m 이내, 노면이 얼어붙은 경우, 눈이 20mm 이상 쌓인 경우
견인 시의 속도 (규칙 제20조)	① 총중량 2,000kg 미만인 자동차를 총중량이 그의 3배 이상인 자동차로 견인하는 경우 : 매시 30km/h 이내 ② ① 외의 경우 및 이륜자동차가 견인하는 경우 : 매시 25km/h 이내

(2) 자동차의 등화

① 밤에 도로를 운행할 때의 등화(영 제19조 제1항)
  ㉠ 자동차 : 전조등(前照燈), 차폭등(車幅燈), 미등(尾燈), 번호등, 실내조명등(실내조명등은 승합자동차와 여객자동차운송사업용 승용자동차만 해당)
  ㉡ 원동기장치자전거 : 전조등, 미등
  ㉢ 견인되는 차 : 미등, 차폭등, 번호등
  ㉣ 노면전차: 전조등, 차폭등, 미등, 실내조명등
  ㉤ 위의 규정 외의 차 : 시·도경찰청장이 정하여 고시하는 등화
② 밤에 자동차를 주·정차할 때의 등화(영 제19조 제2항) : 미등 및 차폭등
③ 밤, 안개가 끼거나 눈·비가 올 때의 도로 주행, 터널 안을 운행하거나 고장, 그 밖의 부득이한 사유로 차를 주·정차하는 경우 : 전조등, 차폭등, 미등, 그 밖의 등화(법 제37조 제1항)

확인! OX

차마의 속도와 등화에 대한 설명이다. 옳으면 "O", 틀리면 "X"로 표시하시오.

1. 노면이 얼어붙은 경우 자동차 최고속도의 감속은 100분의 20이다. ( )
2. 도로교통법상 야간 도로에서 자동차를 주·정차할 때의 필수 등화는 미등 및 차폭등을 켜야 한다. ( )

[정답] 1. X 2. O

| 해설 |
1. 최고속도의 100분의 50을 줄인 속도로 운행 : 폭우·폭설·안개 등으로 가시거리가 100m 이내인 경우, 노면이 얼어붙은 경우, 눈이 20mm 이상 쌓인 경우

+ 괄호문제

다음 괄호 안에 알맞은 내용을 쓰시오.

① 황색등화에서 지게차가 횡단보도에 있을 때에는 그 (   )이나 교차로의 직전에 정지하여야 한다.
② (   )에서 자동차는 X표가 있는 차로로 진행할 수 없다.

| 정답 |
① 직전
② 적색 X표 표시 등화(적색 X표 등화)

제2절 도로표지판(신호, 교통표지)

1. 신호 표시 중요도 ★★★

(1) 신호기가 표시하는 등화의 의미(규칙 [별표 2])

원형 등화	녹색등화	• 차마는 직진 또는 우회전할 수 있다. • 비보호좌회전표지 또는 비보호좌회전표시가 있는 곳에서는 좌회전할 수 있다.
	황색등화	• 차마는 정지선이 있거나 횡단보도가 있을 때에는 그 직전이나 교차로의 직전에 정지하여야 하며, 이미 교차로에 차마의 일부라도 진입한 경우에는 신속히 교차로 밖으로 진행하여야 한다. • 차마는 우회전할 수 있고 우회전하는 경우에는 보행자의 횡단을 방해하지 못한다.
	적색등화	• 차마는 정지선, 횡단보도 및 교차로의 직전에서 정지해야 한다. • 차마는 우회전하려는 경우 정지선, 횡단보도 및 교차로의 직전에서 정지한 후 신호에 따라 진행하는 다른 차마의 교통을 방해하지 않고 우회전할 수 있다. • 위의 우회전하려는 경우에도 불구하고 차마는 우회전 삼색등이 적색의 등화인 경우 우회전할 수 없다.
화살표 등화	녹색화살표 등화	차마는 화살표시 방향으로 진행할 수 있다.
사각형 등화	녹색화살표 등화(하향)	차마는 화살표로 지정한 차로로 진행할 수 있다.
	적색 ×표 표시의 등화	차마는 ×표가 있는 차로로 진행할 수 없다.

(2) 신호등의 신호 순서(규칙 [별표 5])

① 4색 등화(적색・황색・녹색화살표・녹색) : 녹색 → 황색 → 적색 및 녹색화살표 → 적색 및 황색 → 적색
② 3색 등화[적색・황색・녹색(녹색화살표)] : 녹색(적색 및 녹색화살표) → 황색 → 적색
③ 2색 등화(적색・녹색) : 녹색 → 녹색 점멸 → 적색

확인! OX

신호기 표시에 대한 설명이다. 옳으면 "O", 틀리면 "X"로 표시하시오.

1. 지게차는 우회전 삼색등이 적색등화인 경우 우회전할 수 있다.   (   )
2. 3색 등화의 신호 순서는 녹색 → 황색 → 적색으로만 표시된다.   (   )

정답 1. X 2. X

| 해설 |
1. 차마는 우회전 삼색등이 적색 등화인 경우 우회전을 할 수 없다.
2. 3색 등화의 신호 순서는 녹색(적색 및 녹색화살표) → 황색 → 적색으로 표시된다.

2. 교통표지 중요도 ★★★

(1) 안전표지(규칙 [별표 6])

① 주의표지 : 도로 상태가 위험하거나 도로 또는 그 부근에 위험물이 있는 경우에 필요한 안전조치를 할 수 있도록 이를 도로사용자에게 알리는 표지

회전형교차로표지

2방향통행표지

노면고르지못함표지

위험표지

② 규제표지 : 도로교통의 안전을 위하여 각종 제한·금지 등의 규제를 하는 경우에 이를 도로사용자에게 알리는 표지

③ 지시표지 : 도로의 통행방법·통행구분 등 도로교통의 안전을 위하여 필요한 지시를 하는 경우에 도로사용자가 이에 따르도록 알리는 표지

④ 보조표지 : 주의표지·규제표지 또는 지시표지의 주기능을 보충하여 도로사용자에게 알리는 표지

+ 괄호문제

다음 괄호 안에 알맞은 내용을 쓰시오.
① 주의표지는 도로 상태가 위험한 경우에 필요한 (   )를 할 수 있도록 이를 도로사용자에게 알리는 표지이다.
② (   )는 도로교통의 안전을 위해 각종 제한·금지 등의 규제를 알리는 표지이다.

| 정답 |
① 안전조치
② 규제표지

확인! OX

교통안전표지에 대한 설명이다. 옳으면 "O", 틀리면 "X"로 표시하시오.

1. ⬆은 진입금지표지이다.
 (   )
2. 통행금지표지는 주의표지이다. (   )

정답 1. X 2. X

| 해설 |
1. 직진금지표지이다.
2. 통행금지표지는 규제표지이다.

+ 괄호문제

다음 괄호 안에 알맞은 내용을 쓰시오.
① 도로교통법상에서 교통안전표지의 종류는 주의표지, 규제표지, 지시표지, 보조표지, ( ) 등이 있다.
② 비보호좌회전표시가 있는 교차로에서 좌회전은 ( ) 시에 할 수 있다.

| 정답 |
① 노면표시
② 녹색등화

⑤ 노면표지 : 도로교통의 안전을 위하여 각종 주의·규제·지시 등의 내용을 노면에 기호·문자 또는 선으로 도로사용자에게 알리는 표지

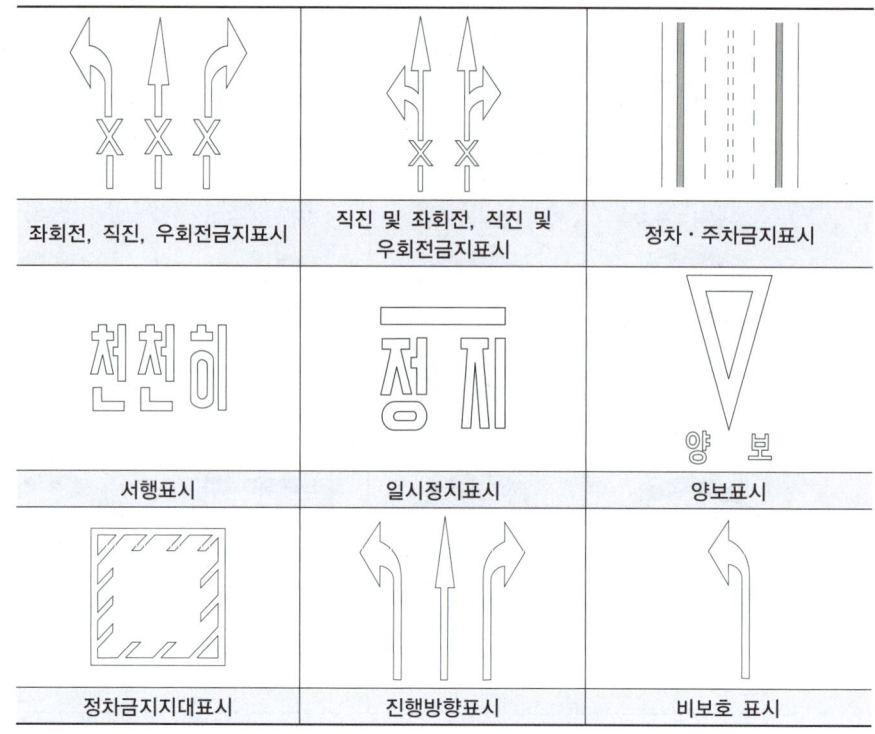

(2) 도로표지판

구간 시작 표지	규제표지 또는 지시표지가 표시하는 교통의 규제·지시가 행하여지는 구간의 시작을 표시하는 것	구간시작 ← 200m
구간 끝 표지	규제표지 또는 지시표지가 표시하는 교통의 규제·지시가 행하여지는 구간의 끝을 표시하는 것	구 간 끝 → 600m

확인! OX

교통안전표지에 대한 설명이다. 옳으면 "O", 틀리면 "X"로 표시하시오.

1. ㉚ 은 최고시속 30km/h 제한표지이다. ( )

2. △ 은 회전형 교차로 표지이다. ( )

정답 1. X 2. O

| 해설 |
1. 최저시속 30km/h 제한표지이다.

(3) 도로명판 표지

시작지점 도로명판	
강남대로 1→699 Gangnam-daero	• 강남대로 • 1 → : 이 위치가 도로 시작점 • 1 → 699 : 강남대로는 6.99km(699×10m) • 우측 한 방향용 도로명판
끝지점 도로명판	
1→65 대정로23번길 Daejeong-ro 23beon-gil	• 대정로23번길 : 대정로에서 분기된 길 • → 65 : 이 위치는 도로 끝지점 • 1 → 65 : 이 도로는 650m(65×10m)
양방향 도로명판(교차지점)	
60 세종로 64 Sejong-ro(St)	• 앞 교차도로 : 세종로 • 60 : 좌측으로 60번 이하 건물 • 64 : 우측으로 64번 이상 건물
진행방향 도로명판	
산 종 로 999 Sanjong-ro ↑ 369	• 산종로의 중간지점 • 369 → : 이 위치는 도로상의 369지점 • 369 → 999 : 남은 거리는 6.3km[(999−369)×10m]

(4) 건물번호판

일반용 건물번호판	문화재·관광용 건물번호판	관공서용 건물번호판
중앙로 35 Jungang-ro 평촌길 Pyungchon-gil 60	24 보성길 Bosung-gil	6 문연로 Munyeon-ro

진짜 통째로 외워온 문제 ★

남쪽에서 북쪽으로 진행 중일 때, 다음 3방향 도로명표지에 대한 설명으로 알맞지 않은 것은?

① 차량을 계속 직진하면 연신내역 방향으로 갈 수 있다.
② 차량을 우회전하면 새문안길의 끝지점에 진입한다.
③ 차량을 좌회전하면 충정로의 끝지점에 진입한다.
④ 차량을 우회전하면 새문안길로 갈 수 있다.

[해설]
차량을 좌회전하면 충정로의 시작지점에 진입하며, 이 방향으로 계속 주행하면 충정로의 끝지점으로 갈 수 있다.

[정답] ③

+ 괄호문제

다음 괄호 안에 알맞은 내용을 쓰시오.

① 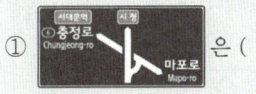 은 ( )을 나타내는 3방향 도로명표지이다.

② 강남대로 1→699 Gangnam-daero 에서 1은 ( )의 도로번호를 나타낸다.

[정답]
① 고가차도 교차로
② 도로 시작점(현재 위치)

확인! OX

건물번호판과 도로명판 표지에 대한 설명이다. 옳으면 "O", 틀리면 "X"로 표시하시오.

1.  은 관공서용 건물번호판이다. ( )

2. 60 세종로 64 Sejong-ro(St) 의 현재 위치는 왼쪽, 오른쪽 번호의 중간인 62이다. ( )

[정답] 1. X 2. O

[해설]

1.  은 문화재·관광용 건물번호판이고, 관공서용 건물번호판은  이다.

+ 괄호문제

다음 괄호 안에 알맞은 내용을 쓰시오.

① 교통사고 발생 시의 조치를 하지 아니한 사람은 (　) 이하의 징역에 처한다.
② 0.2% 이상 술을 마시고 운전한 운전자는 2년 이상 5년 이하의 징역이나 (　)의 벌금에 처한다.

| 정답 |
① 5년
② 1천만원 이상 2천만원 이하

제3절 도로교통법 관련 벌칙

1. 벌칙

5년 이하의 징역이나 1천 500만원 이하의 벌금	교통사고 발생 시의 조치를 하지 아니한 사람(주·정차된 차만 손괴한 것이 분명한 경우에 피해자에게 인적 사항을 제공하지 아니한 사람은 제외)
3년 이하의 징역이나 1천만원 이하 벌금	법 제45조(과로한 때 등의 운전금지)를 위반하여 약물로 인하여 정상적으로 운전하지 못할 우려가 있는 상태에서 자동차 등 또는 노면전차를 운전한 사람
2년 이하의 금고나 500만원 이하의 벌금	차 또는 노면전차의 운전자가 업무상 필요한 주의를 게을리하거나 중대한 과실로 다른 사람의 건조물이나 그 밖의 재물을 손괴한 경우
1년 이하의 징역이나 500만원 이하의 벌금	• 자동차 등을 난폭운전한 사람 • 최고속도보다 시속 100km/h를 초과한 속도로 3회 이상 자동차 등을 운전한 사람

2. 음주운전 시 벌칙(법 제148조의2) 　중요도 ★★★

위반		기준
1회 위반	0.03% 이상 0.08% 미만	1년 이하의 징역이나 500만원 이하의 벌금
	0.08% 이상 0.2% 미만	1년 이상 2년 이하의 징역이나 500만원 이상 1천만원 이하의 벌금
	0.2% 이상	2년 이상 5년 이하의 징역이나 1천만원 이상 2천만원 이하의 벌금
	측정거부	1년 이상 5년 이하의 징역이나 500만원 이상 2천만원 이하의 벌금
2회 이상 위반	0.2% 이상	2년 이상 6년 이하 징역이나 1천만원 이상 3천만원 이하 벌금
	0.03% 이상 0.2% 미만	1년 이상 5년 이하의 징역이나 500만원 이상 2천만원 이하의 벌금
	호흡조사 측정거부	1년 이상 6년 이하의 징역이나 500만원 이상 3천만원 이하의 벌금

확인! OX

도로교통법 벌칙에 대한 설명이다. 옳으면 "O", 틀리면 "X"로 표시하시오.

1. 약물로 인하여 정상적으로 운전하지 못할 우려가 있는 상태에서 자동차를 운전한 사람은 3년 이하의 징역이나 1천만원 이하 벌금에 처한다. (　)
2. 자동차 등을 난폭운전한 사람은 2년 이하의 금고나 500만원 이하의 벌금에 처한다. (　)

정답 1. O 2. X

| 해설 |
2. 1년 이하의 징역이나 500만원 이하의 벌금에 처한다.

3. 운전면허 취소 및 정지처분 　중요도 ★☆☆

(1) 벌점 등의 초과로 인한 면허취소(규칙 [별표28])

① 기간별 벌점·누산점수 초과 시 운전면허 취소

기간	1년간	2년간	3년간
벌점 또는 누산점수	121점 이상	201점 이상	271점 이상

② 1회 위반·사고로 인한 벌점 또는 연간 누산점수가 표의 벌점 또는 누산점수에 도달한 때에 그 운전면허를 취소한다.

(2) 운전면허 취소처분(개별기준)
   ① 교통사고를 일으키고 구호조치를 하지 아니한 때
   ② 술에 취한 상태에서 운전한 때, 술에 취한 상태의 측정에 불응한 때
   ③ 다른 사람에게 운전면허증 대여(도난, 분실 제외)
   ④ 결격사유
   ⑤ 약물을 사용한 상태에서 자동차 등을 운전한 때
   ⑥ 공동위험행위, 난폭운전, 속도위반
   ⑦ 정기적성검사 불합격 또는 정기적성검사 기간 1년 경과
   ⑧ 수시적성검사 불합격 또는 수시적성검사 기간 경과
   ⑨ 운전면허 행정처분기간 중 운전행위
   ⑩ 허위 또는 부정한 수단으로 운전면허를 받은 경우
   ⑪ 등록 또는 임시운행 허가를 받지 아니한 자동차를 운전한 때
   ⑫ 자동차 등을 이용하여 「형법」상 특수상해 등을 행한 때(보복운전)
   ⑬ 운전자가 단속 경찰공무원 등에 대한 폭행
   ⑭ 다른 사람을 위하여 운전면허시험에 응시한 때
   ⑮ 연습면허 취소 사유가 있었던 경우

(3) 운전면허 정지처분(개별기준)
   ① 도로교통법령을 위반한 때
   ② 자동차 등의 운전 중 교통사고를 일으킨 때
      ㉠ 사고결과에 따른 벌점기준

구분		벌점	내용
인적 피해 교통사고	사망 1명마다	90	사고 발생 시부터 72시간 이내에 사망한 때
	중상 1명마다	15	3주 이상의 치료를 요하는 의사의 진단이 있는 사고
	경상 1명마다	5	3주 미만 5일 이상의 치료를 요하는 의사의 진단이 있는 사고
	부상신고 1명마다	2	5일 미만의 치료를 요하는 의사의 진단이 있는 사고

㉡ 조치 등 불이행에 따른 벌점기준

불이행사항	벌점	내용
교통사고 야기 시 조치 불이행	15	1. 물적 피해가 발생한 교통사고를 일으킨 후 도주한 때
	30	2. 교통사고를 일으킨 즉시(그때, 그 자리에서 곧) 사상자를 구호하는 등의 조치를 하지 아니하였으나 그 후 자진신고를 한 때 가. 고속도로, 특별시·광역시 및 시의 관할구역과 군(광역시의 군을 제외)의 관할구역 중 경찰관서가 위치하는 리 또는 동 지역에서 3시간(그 밖의 지역에서는 12시간) 이내에 자진신고를 한 때
	60	나. 가목에 따른 시간 후 48시간 이내에 자진신고를 한 때

+ 괄호문제

다음 괄호 안에 알맞은 내용을 쓰시오.
① 운전이 금지되는 술에 취한 상태의 기준은 혈중알코올농도가 (   )% 이상이다.
② 운전자가 업무상 필요한 주의를 게을리하여 다른 사람의 건조물을 손괴한 경우의 벌칙은 (   )이다.

| 정답 |
① 0.03
② 2년 이하의 금고나 500만원 이하의 벌금

확인! OX

도로교통법 벌칙에 대한 설명이다. 옳으면 "O", 틀리면 "X"로 표시하시오.
1. 도로교통법상 1년간 벌점 또는 누산점수가 121점 이상이 되면 면허가 취소된다. (   )
2. 최고속도보다 시속 100km/h를 초과한 속도로 3회 이상 자동차 등을 운전한 사람은 1년 이하의 징역이나 500만원 이하의 벌금에 처한다. (   )

정답 1. O 2. O

+ 괄호문제

다음 괄호 안에 알맞은 내용을 쓰시오.

① 도로교통법 또는 도로교통법 시행령을 위반하여 공동위험행위로 형사입건된 때에는 운전면허가 (　　)된다.
② 인적 피해 교통사고에서 (　　)은 3주 미만 5일 이상의 치료를 요하는 의사의 진단이 있는 사고이다.

| 정답 |
① 정지
② 경상

확인! OX

도로교통법 벌칙에 대한 설명이다. 옳으면 "O", 틀리면 "X"로 표시하시오.

1. 약물을 투약한 상태에서 자동차 등을 운전한 때는 운전면허가 취소된다. (　　)
2. 중상 1명마다의 인적 피해 교통사고 시 벌점은 5점이다. (　　)

정답 1. O 2. X

| 해설 |
2. 중상 1명마다의 인적 피해 교통사고 시 벌점은 15점이다.

진짜 통째로 외워온 문제

01 술에 취한 상태의 기준은 혈중알코올농도가 최소 몇 % 이상인 경우인가?
① 0.25　　　② 0.03
③ 0.08　　　④ 0.2

[해설] 운전이 금지되는 술에 취한 상태의 기준은 운전자의 혈중알코올농도가 0.03% 이상이다(도로교통법 제44조 제4항).

02 운전자가 업무상 필요한 주의를 게을리하거나 중대한 과실로 다른 사람의 건조물을 손괴한 경우의 벌칙으로 옳은 것은?
① 1년 이하의 징역이나 1천만원 이하의 벌금
② 1년 이하의 금고나 1천만원 이하의 벌금
③ 2년 이하의 금고나 500만원 이하의 벌금
④ 2년 이하의 징역이나 500만원 이하의 벌금

[해설] 차 또는 노면전차의 운전자가 업무상 필요한 주의를 게을리하거나 중대한 과실로 다른 사람의 건조물이나 그 밖의 재물을 손괴한 경우에는 2년 이하의 금고나 500만원 이하의 벌금에 처한다(도로교통법 제151조).

03 도로교통법상 벌점의 누산점수 초과로 인한 면허취소 기준 중 1년간 누산점수는 몇 점인가?
① 121점　　　② 190점
③ 201점　　　④ 271점

[해설] 벌점의 누산점수 초과로 인한 면허취소 기준(도로교통법 시행규칙 [별표 28])

기간	1년간	2년간	3년간
벌점 또는 누산점수	121점 이상	201점 이상	271점 이상

04 도로교통법에 의한 통고처분의 수령을 거부하거나 범칙금을 기간 안에 납부하지 못한 자는 어떻게 처리되는가?
① 면허의 효력이 정지된다.　　② 면허증이 취소된다.
③ 연기신청을 한다.　　　　　④ 즉결심판에 회부된다.

[해설] 통고처분의 수령 거부 및 범칙금을 기간 내에 미납부한 자는 즉결심판에 회부된다(도로교통법 제165조).

정답 01 ②　02 ③　03 ①　04 ④

PART 4. 도로주행

CHAPTER 02. 건설기계관리법

출제비중 7%

출제포인트
- 건설기계의 정의 및 분류
- 건설기계의 검사
- 건설기계사업
- 건설기계의 등록
- 건설기계 면허
- 벌칙

제1절 건설기계 등록 및 검사

기출 키워드

비사업용 등록번호표, 정기검사, 임시운행기간, 건설기계정비업 범위, 건설기계 말소사유, 조종사면허 등록서류, 검사의 종류, 검사통지, 정비명령기간, 출장검사, 벌칙, 과태료

1. 건설기계의 정의 및 분류 중요도 ★★☆

(1) 건설기계의 정의(법 제2조)

① 건설기계 : 건설공사에 사용할 수 있는 기계로서 지게차, 불도저, 굴착기 등을 말한다.
② 건설기계형식 : 건설기계의 구조·규격, 성능 등에 관하여 일정하게 정하는 것을 말한다.
③ 건설기계 관련 기관 및 지위

구분	업무
한국건설기계정비협회	우리나라에서 건설기계에 대한 정기검사를 실시하는 검사업무 대행기관
국토교통부장관	건설기계 형식승인
시장·군수 또는 구청장	건설기계사업을 영위하고자 하는 자의 등록기관

(2) 건설기계사업의 분류(법 제2조)

건설기계대여업	건설기계의 대여를 업(業)으로 하는 것
건설기계정비업	• 건설기계를 분해·조립 또는 수리하고 그 부분품을 가공제작·교체하는 등 건설기계를 원활하게 사용하기 위한 모든 행위(경미한 정비행위 등 제외)를 업으로 하는 것 • 제외되는 경미한 정비행위 : 오일의 보충, 에어크리너 엘리먼트 및 필터류의 교환, 배터리·전구의 교환, 타이어의 점검·정비 및 트랙의 장력 조정, 창유리의 교환(규칙 제1조의3)
건설기계매매업	중고(中古) 건설기계의 매매 또는 그 매매의 알선과 그에 따른 등록사항에 관한 변경신고의 대행을 업으로 하는 것
건설기계해체재활용업	폐기요청된 건설기계의 인수(引受), 재사용 가능한 부품의 회수, 폐기 및 그 등록말소 신청의 대행을 업으로 하는 것

+ 괄호문제

다음 괄호 안에 알맞은 내용을 쓰시오.
① 건설기계사업이란 건설기계대여업, ( ), 건설기계매매업 및 건설기계해체재활용업을 말한다.
② 건설기계의 소유자는 건설기계를 취득한 날부터 ( ) 이내에 건설기계 등록신청을 하여야 한다.

| 정답 |
① 건설기계정비업
② 2월

(3) 국토교통부령으로 정하는 소형건설기계(규칙 제73조 제2항)
　① 5ton 미만의 불도저
　② 5ton 미만의 로더
　③ 5ton 미만의 천공기(트럭적재식은 제외)
　④ 3ton 미만의 지게차
　⑤ 3ton 미만의 굴착기
　⑥ 3ton 미만의 타워크레인
　⑦ 공기압축기
　⑧ 콘크리트펌프(이동식에 한정)
　⑨ 쇄석기
　⑩ 준설선

2. 건설기계의 등록　　　　중요도 ★★★

(1) 건설기계(지게차) 등록신청(법 제3조 제2항)
　① 건설기계의 소유자가 건설기계를 등록할 때에는 특별시장·광역시장·특별자치시장·도지사 또는 특별자치도지사(시·도지사)에게 건설기계 등록신청을 하여야 한다.
　② 건설기계를 취득한 날부터 2월 이내에 하여야 한다. 다만, 전시·사변 기타 이에 준하는 국가비상사태하에 있어서는 5일 이내에 신청한다.
　③ 국내에서 제작된 건설기계 등록 시 필요서류(영 제3조 제1항)
　　㉠ 건설기계등록신청서
　　㉡ 건설기계제작증
　　㉢ 매수증서(행정기관으로부터 매수한 건설기계)
　　㉣ 건설기계의 소유자임을 증명하는 서류(단, ㉠, ㉡ 또는 ㉢의 서류가 건설기계의 소유자임을 증명할 수 있는 경우 제외)
　　㉤ 건설기계제원표
　　㉥ 「자동차손해배상 보장법」 제5조에 따른 보험 또는 공제의 가입을 증명하는 서류

확인! OX

건설기계의 분류 및 등록에 대한 설명이다. 옳으면 "O", 틀리면 "X"로 표시하시오.
1. 오일의 보충은 건설기계정비업의 범위에서 제외되는 행위에 속한다. ( )
2. 건설기계제작증은 국내에서 제작된 건설기계를 등록할 때 필요한 서류이다. ( )

| 정답 | 1. O 2. O

(2) 미등록 건설기계(법 제4조, 규칙 제6조)
　① 건설기계는 등록을 한 후가 아니면 이를 사용하거나 운행하지 못한다.
　② 등록을 하기 전에 국토교통부령으로 정하는 사유로 일시적으로 운행하는 경우에는 그러하지 아니하다.
　③ 건설기계를 임시운행하고자 하는 자는 임시번호표를 제작하여 부착하여야 한다.
　④ 임시운행기간은 15일 이내로 한다(신개발 건설기계의 경우는 3년 이내)
　⑤ 임시운행 사유
　　㉠ 등록신청을 하기 위하여 건설기계를 등록지로 운행하는 경우
　　㉡ 신규등록검사 및 확인검사를 받기 위하여 건설기계를 검사장소로 운행하는 경우

ⓒ 수출을 하기 위하여 건설기계를 선적지로 운행하는 경우
ⓔ 수출을 하기 위해 등록말소한 건설기계를 점검·정비의 목적으로 운행하는 경우
ⓜ 신개발 건설기계를 시험·연구의 목적으로 운행하는 경우
ⓗ 판매 또는 전시를 위하여 건설기계를 일시적으로 운행하는 경우

(3) 등록사항의 변경(법 제5조, 영 제5조)

① 기간 : 건설기계등록사항에 변경이 있는 때에는 그 변경이 있는 날부터 30일(상속은 상속개시일부터 6개월) 이내에 건설기계등록사항변경신고서에 서류를 첨부하여 시·도지사에게 제출하여야 한다.

② 이전 신고 : 등록한 주소지 또는 사용본거지가 변경된 경우에는 30일 이내에 새로운 등록지 관할 시·도지사에게 등록이전신고를 한다.

③ 변경신고 서류
 ㉠ 건설기계 등록사항변경 신고서
 ㉡ 변경내용을 증명하는 서류
 ㉢ 건설기계등록증
 ㉣ 건설기계검사증

(4) 건설기계의 등록말소(법 제6조)

① 소유자의 신청이나 시·도지사의 직권 등록말소
 ㉠ 건설기계가 천재지변 또는 이에 준하는 사고 등으로 사용할 수 없게 되거나 멸실된 경우
 ㉡ 건설기계의 차대(車臺)가 등록 시의 차대와 다른 경우
 ㉢ 건설기계가 건설기계안전기준에 적합하지 아니하게 된 경우
 ㉣ 건설기계를 수출하는 경우
 ㉤ 건설기계를 도난당한 경우
 ㉥ 건설기계해체재활용업을 등록한 자(건설기계해체재활용업자)에게 폐기를 요청한 경우
 ㉦ 구조적 제작 결함 등으로 건설기계를 제작자 또는 판매자에게 반품한 경우
 ㉧ 건설기계를 교육·연구 목적으로 사용하는 경우
 ㉨ 건설기계를 횡령 또는 편취당한 경우

② 직권말소
 ㉠ 거짓이나 그 밖의 부정한 방법으로 등록을 한 경우
 ㉡ 정기검사 명령, 수시검사 명령 또는 정비 명령에 따르지 아니한 경우
 ㉢ 건설기계를 폐기한 경우
 ㉣ 대통령령으로 정하는 내구연한을 초과한 건설기계. 다만, 정밀진단을 받아 연장된 경우는 그 연장기간을 초과한 건설기계

+ 괄호문제

다음 괄호 안에 알맞은 내용을 쓰시오.

① 건설기계는 도난당한 날로부터 (　) 이내에 시·도지사에게 등록말소를 신청하여야 한다.
② 신개발시험, 연구목적 운행을 제외한 미등록 건설기계의 임시운행기간은 (　)로 한다.

| 정답 |
① 2개월
② 15일

확인! OX

건설기계 등록 및 말소에 대한 설명이다. 옳으면 "O", 틀리면 "X"로 표시하시오.

1. 수출을 하기 위해 건설기계를 선적지로 운행하는 경우는 건설기계 미등록 임시운행 사유에 해당된다. (　)
2. 정기검사 명령, 수시검사 명령, 정비 명령에 따르지 않은 경우는 직권으로 등록을 말소하여야 한다. (　)

정답 1. O 2. O

+ 괄호문제

다음 괄호 안에 알맞은 내용을 쓰시오.
① ( )를 부착 및 봉인하지 아니한 건설기계는 운행하여서는 안 된다.
② 건설기계의 등록이 말소된 소유자는 ( ) 이내에 그 등록번호표를 시·도지사에게 반납하여야 한다.

| 정답 |
① 등록번호표
② 10일

③ 말소 신청 및 직권 말소의 기간
  ㉠ 도난당한 경우 : 2개월 이내
  ㉡ 그 외의 경우 : 30일 이내(① ㉠·㉥·㉦·㉧, ② ㉢)
  ㉢ 시·도지사는 등록을 말소하려는 경우에는 미리 그 뜻을 건설기계의 소유자 및 이해관계인에게 알려야 하며, 통지 후 1개월이 지난 후가 아니면 이를 말소할 수 없다.

(5) 건설기계 등록의 표식 등(법 제8조)
  ① 등록된 건설기계에는 등록번호표를 부착 및 봉인하고, 등록번호를 새겨야 한다.
  ② 등록번호표를 부착 및 봉인하지 아니한 건설기계를 운행하여서는 아니 된다(임시번호표를 붙여 일시적으로 운행하는 경우 예외).

(6) 건설기계등록번호표(규칙 제13조)
  ① 건설기계등록번호표에는 용도·기종 및 등록번호를 표시해야 한다.
  ② 규격 및 재질(규칙 [별표 2])
    ㉠ 규격 : 가로 520mm × 세로 110mm × 두께 1mm(단위 : mm)

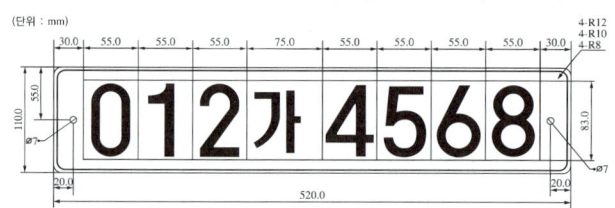

    ※ "0"은 건설기계, "12"는 기종번호, "가 4568"은 일련번호
    ㉡ 재질: 알루미늄 제판(KS D6701 A1050P "0")
  ③ 번호표의 색상
    ㉠ 비사업용(관용 또는 자가용) : 흰색 바탕에 검은색 문자
    ㉡ 대여사업용 : 주황색 바탕에 검은색 문자
    ㉢ 등록번호표에 표시되는 모든 문자 및 외곽선은 1.5mm 튀어나와야 한다.
  ④ 지게차 기종번호 : 04
  ⑤ 일련번호 : 한글(가~호), 숫자(관용 0001~0999, 자가용 1000~5999, 대여사업용 6000~9999), 한글과 용도별 숫자를 조합하되 오름차순으로 부여
  ⑥ 등록번호표의 반납(법 제9조)
    ㉠ 반납 기한 : 반납 사유에 해당하는 경우 10일 이내에 시·도지사에게 반납
    ㉡ 반납 사유
      • 건설기계의 등록이 말소된 경우
      • 건설기계의 등록사항 중 대통령령으로 정하는 사항이 변경된 경우
      • 등록번호표의 부착 및 봉인을 신청하는 경우

확인! OX

건설기계등록번호표에 대한 설명이다. 옳으면 "O", 틀리면 "X"로 표시하시오.
1. 건설기계를 폐기한 경우 소유자의 신청으로 등록을 말소해야 한다. ( )
2. 비사업용 번호판은 흰색 바탕에 검은색 문자로 한다. ( )

| 정답 | 1. X 2. O

| 해설 |
1. 직권으로 등록을 말소하여야 한다.

(7) 특별표지판(건설기계 안전기준에 관한 규칙 제168조)
　① 특별표지판의 부착 : 대형건설기계에는 기준에 적합한 특별번호판을 부착해야 한다.
　② 대형건설기계의 범위(건설기계 안전기준에 관한 규칙 제2조 제33호)
　　㉠ 길이가 16.7m를 초과하는 건설기계
　　㉡ 너비가 2.5m를 초과하는 건설기계
　　㉢ 높이가 4.0m를 초과하는 건설기계
　　㉣ 최소회전반경이 12m를 초과하는 건설기계
　　㉤ 총중량이 40ton을 초과하는 건설기계(굴착기, 로더 및 지게차는 운전중량이 40ton을 초과하는 경우)
　　㉥ 총중량 상태에서 축하중이 10ton을 초과하는 건설기계(굴착기, 로더 및 지게차는 운전중량 상태에서 축하중이 10ton을 초과하는 경우)
　③ 대형건설기계 기준에 적합한 특별표지판 부착
　　㉠ 위 ②의 요건 중 어느 하나에 해당하는 대형건설기계의 경우 특별표지판의 규격은 가로 481mm, 세로 100mm의 직사각형으로 하고, 해당되는 요건을 다음과 같이 표시할 것

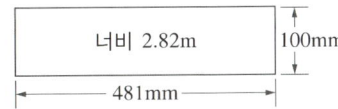

　　㉡ 위 ②의 요건 중 2가지 이상에 해당하는 대형건설기계의 경우 특별표지판의 규격은 가로 481mm, 세로 200mm의 직사각형으로 하고, 해당되는 요건을 다음과 같이 표시할 것

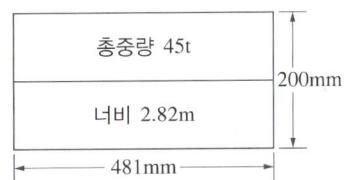

진짜 통째로 외워온 문제

등록신청을 하기 위하여 건설기계를 등록지로 운행하는 경우 임시운행기간으로 옳은 것은?
① 10일 이내
② 15일 이내
③ 1개월 이내
④ 3개월 이내

해설
등록신청을 하기 위하여 건설기계를 등록지로 운행하는 경우 임시운행기간은 15일 이내로 한다(건설기계관리법 시행규칙 제6조).

정답 ②

+ 괄호문제

다음 괄호 안에 알맞은 내용을 쓰시오.
① 건설기계에서 지게차의 기종번호는 (　)이다.
② 건설기계등록번호표에는 (　) 및 등록번호를 표시해야 한다.

| 정답 |
① 04
② 용도・기종

확인! OX

건설기계등록번호표와 특별표지판에 대한 설명이다. 옳으면 "O", 틀리면 "X"로 표시하시오.
1. 대여사업용 번호판 색상은 주황색 바탕에 검은색 문자이다. (　)
2. 특별표지판 부착 대상인 대형건설기계의 범위에 길이가 15m인 건설기계는 포함된다. (　)

정답 1. O 2. X

| 해설 |
2. 특별번호판 부착 대상이 되는 건설기계의 범위는 길이가 16.7m를 초과해야 한다.

+ 괄호문제

다음 괄호 안에 알맞은 내용을 쓰시오.
① 지게차가 1ton 이상일 경우 정기검사 유효기간을 ( )으로 한다.
② 건설기계관리법상 검사의 종류에는 신규 등록검사, 정기검사, ( ), 수시검사가 있다.

| 정답 |
① 2년
② 구조변경검사

3. 건설기계의 검사   중요도 ★★☆

(1) 건설기계의 검사(법 제13조)

① 신규 등록검사 : 건설기계를 신규로 등록할 때 실시하는 검사이다.
② 정기검사
  ㉠ 건설공사용 건설기계로서 3년의 범위에서 검사유효기간이 끝난 후에 계속하여 운행하려는 경우에 실시하는 검사와「대기환경보전법」및「소음·진동관리법」에 따른 운행차의 정기검사이다.
  ㉡ 지게차(규칙 [별표 7]) : 1ton 이상일 경우 정기검사 유효기간을 2년으로 한다. 다만, 신규등록일(수입된 중고건설기계의 경우에는 제작연도의 12월 31일)로부터 20년 초과 경과된 지게차의 검사유효기간은 1년으로 한다.
③ 구조변경검사 : 건설기계의 주요 구조를 변경하거나 개조한 경우 실시하는 검사이며, 주요 구조변경 또는 개조한 날부터 20일 이내 신청한다.
  ㉠ 구조변경 : 누구든지 등록된 건설기계의 주요 구조나 원동기, 동력전달장치, 제동장치 등 주요 장치를 변경 또는 개조하고자 하는 때에는 건설기계안전기준에 적합하게 하여야 한다.
  ㉡ 구조변경의 불가능(규칙 제42조 단서) : 건설기계의 기종변경, 육상작업용 건설기계규격의 증가 또는 적재함의 용량증가를 위한 구조변경은 이를 할 수 없다.
  ㉢ 주요 구조의 변경·개조의 범위 : 원동기 및 전동기의 형식변경, 동력전달장치의 형식변경, 제동장치의 형식변경, 주행장치의 형식변경, 유압장치의 형식변경, 조종장치의 형식변경, 조향장치의 형식변경, 작업장치의 형식변경, 건설기계의 길이·너비·높이 등의 변경, 수상작업용 건설기계 선체의 형식변경, 타워크레인 설치기초 및 전기장치의 형식변경이 있다.
④ 수시검사
  ㉠ 성능이 불량하거나 사고가 자주 발생하는 건설기계의 안전성 등을 점검하기 위하여 수시로 실시하는 검사와 건설기계 소유자의 신청을 받아 실시하는 검사이다.
  ㉡ 시·도지사는 수시검사를 명령하려는 때에는 수시검사 명령의 이행을 위한 검사의 신청기간을 31일 이내로 정하여 건설기계 소유자에게 건설기계 수시검사명령서를 서면으로 통지해야 한다(규칙 제30조의2).

(2) 정기검사의 신청(규칙 제23조)

① 정기검사를 받으려는 자는 검사유효기간의 만료일 전후 각각 31일 이내의 기간에 정기검사신청서를 시·도지사에게 제출해야 한다.
② 검사신청을 받은 시·도지사 또는 검사대행자는 신청을 받은 날부터 5일 이내에 검사일시와 검사장소를 지정하여 신청인에게 통지해야 한다.
③ 유효기간의 산정은 정기검사신청기간까지 정기검사를 신청한 경우에는 종전 검사유효기간 만료일의 다음 날부터, 그 외의 경우에는 검사를 받은 날의 다음 날부터 기산한다.

확인! OX

건설기계 검사에 대한 설명이다. 옳으면 "O", 틀리면 "X"로 표시하시오.

1. 주요 구조를 변경 또는 개조한 날부터 20일 이내에 건설기계구조변경 검사신청서 등의 서류를 첨부하여 시·도지사에게 제출해야 한다. ( )
2. 해당 건설기계 너비가 2.5m를 초과하는 경우 그 기계가 위치한 장소에서 검사할 수 있다. ( )

정답 1. O 2. O

(3) 정기검사 명령

① 시·도지사는 정기검사를 명령하려는 때에는 정기검사명령 신청기간을 31일 이내로 정하여 건설기계의 소유자에게 건설기계 정기검사명령서를 서면으로 통지해야 한다(규칙 제30조).

② 정기검사 일부 면제(규칙 제32조의2) : 시·도지사 또는 검사대행자는 부분건설기계정비업자 또는 종합건설기계정비업자로부터 이미 건설기계의 제동장치에 대하여 정기검사에 상당하는 분해정비를 받은 당해 건설기계의 소유자에게 그 제동장치에 대한 정기검사를 면제할 수 있다.

③ 시·도지사는 검사에 불합격된 건설기계에 대해서는 31일 이내의 기간을 정하여 해당 건설기계의 소유자에게 검사를 완료한 날부터 10일 이내에 정비명령을 해야 한다(규칙 제31조).

(4) 검사장소(규칙 제32조)

① 시설을 갖춘 검사장소에서 검사해야 하는 건설기계 : 덤프트럭, 콘크리트믹서트럭, 콘크리트펌프(트럭적재식), 아스팔트살포기, 트럭지게차(특수건설기계인 트럭지게차)

② 해당 건설기계가 위치한 장소에서 검사할 수 있는 건설기계
  ㉠ 도서 지역에 있는 경우
  ㉡ 자체중량이 40ton을 초과하거나 축하중이 10ton을 초과하는 경우
  ㉢ 너비가 2.5m를 초과하는 경우
  ㉣ 최고속도가 35km/h 미만인 경우

+ 괄호문제

다음 괄호 안에 알맞은 내용을 쓰시오.

① 정기검사에 불합격한 건설기계는 1개월 이내의 기간을 정해 해당 건설기계의 소유자에게 검사를 완료한 날부터 10일 이내 (   )을 해야 한다.

② (   )는 성능이 불량하거나 사고가 자주 발생하는 건설기계의 안전성 등을 점검하기 위해 실시하는 심사이다.

| 정답 |
① 정비명령
② 수시검사

진짜 통째로 외워온 문제

01 정기검사에 불합격한 건설기계의 정비명령 기간으로 옳은 것은?
① 31일 이내   ② 15일 이내
③ 2개월 이내 ④ 10일 이내

[해설]
시·도지사는 검사에 불합격된 건설기계에 대해서는 31일 이내의 기간을 정하여 해당 건설기계의 소유자에게 검사를 완료한 날(검사를 대행하게 한 경우에는 검사결과를 보고받은 날)부터 10일 이내에 정비명령을 해야 한다(건설기계관리법 시행규칙 제31조 제1항).

02 건설기계의 출장검사가 허용되는 경우가 아닌 것은?
① 도서 지역에 있는 경우   ② 너비가 2.5m를 초과하는 경우
③ 최고속도가 35km/h 미만인 경우   ④ 자체중량이 20ton을 초과하는 경우

[해설]
자체중량이 40ton을 초과하는 경우에 출장검사를 받을 수 있다(건설기계관리법 시행규칙 제32조 제2항)

정답 01 ① 02 ④

확인! OX

건설기계의 검사에 대한 설명이다. 옳으면 "O", 틀리면 "X"로 표시하시오.

1. 연식 20년 이하의 타이어식 트럭지게차의 정기검사 유효기간은 1년이다. (   )
2. 정기검사 신청을 받은 검사대행자는 5일 이내 검사일시와 검사장소를 신청인에게 통지해야 한다. (   )
3. 자체중량이 40ton을 초과하거나 축하중이 10ton을 초과하는 건설기계의 경우는 출장검사가 허용된다. (   )

정답 1. O 2. O 3. O

제2절 건설기계의 면허·사업·벌칙

1. 건설기계 면허

중요도 ★★★

(1) 건설기계조종사면허(법 제26조)

① 건설기계를 조종하려는 사람은 시장·군수 또는 구청장에게 건설기계조종사면허를 받아야 한다.

② 건설기계조종사면허는 국토교통부령으로 정하는 바에 따라 건설기계의 종류별로 받아야 한다.

③ 건설기계조종사면허를 받으려는 사람은 해당 분야의 기술자격을 취득하고 적성검사에 합격하여야 한다.

④ 건설기계조종사면허증 등록 시 첨부서류(규칙 제71조)
  ㉠ 건설기계조종사면허증 발급신청서
  ㉡ 신체검사서
  ㉢ 소형건설기계조종교육이수증(소형건설기계조종사면허증을 발급신청하는 경우에 한정)
  ㉣ 건설기계조종사면허증(건설기계조종사면허를 받은 자가 면허의 종류를 추가하고자 하는 때에 한함)
  ㉤ 신청일 전 6개월 이내에 모자 등을 쓰지 않고 촬영한 천연색 상반신 정면사진 1장

⑤ 면허증 반납 : 면허증 반납 사유가 발생한 날부터 10일 이내에 면허증을 시장·군수·구청장에게 반납해야 한다(규칙 제80조).

(2) 건설기계조종사 적성검사 기준(규칙 제76조 제1항)

① 두 눈을 동시에 뜨고 잰 시력(교정시력을 포함)이 0.7 이상이고, 두 눈의 시력이 각각 0.3 이상일 것

② 55dB(보청기 사용자는 40dB)의 소리를 들을 수 있고, 언어분별력이 80% 이상일 것

③ 시각은 150° 이상일 것

④ 다음 사유에 해당되지 아니할 것
  ㉠ 건설기계 조종상의 위험과 장해를 일으킬 수 있는 정신질환자 또는 뇌전증환자로서 국토교통부령으로 정하는 사람
  ㉡ 건설기계 조종상의 위험과 장해를 일으킬 수 있는 마약·대마·향정신성의약품 또는 알코올중독자로서 국토교통부령으로 정하는 사람

+ 괄호문제

다음 괄호 안에 알맞은 내용을 쓰시오.

① 건설기계관리법상 건설기계조종사 면허취소나 효력을 정지시킬 수 있는 사람은 (   )이다.
② 건설기계조종사는 (   )마다 시장·군수·구청장이 실시하는 적성검사를 받아야 한다.

| 정답 |
① 시장·군수·구청장
② 10년

확인! OX

건설기계의 면허에 대한 설명이다. 옳으면 "O", 틀리면 "X"로 표시하시오.

1. 건설기계조종사면허 적성검사 기준에서 청력은 10m의 거리에서 60dB을 들을 수 있어야 한다. (   )
2. 앞을 보지 못하는 사람, 듣지 못하는 사람, 그 밖에 국토교통부령으로 정하는 장애인은 건설기계조종사면허의 결격사유에 해당한다. (   )

정답 1. X 2. O

| 해설 |
1. 청력은 55dB(보청기를 사용하는 사람은 40dB)의 소리를 들을 수 있고, 언어분별력이 80% 이상이어야 한다.

(3) 건설기계조종사의 적성검사

① 정기적성검사(법 제29조) : 건설기계조종사는 10년마다 시장·군수 또는 구청장이 실시하는 적성검사를 받아야 한다.
② 수시적성검사(법 제30조) : 건설기계조종사는 안전한 조종에 장애가 되는 후천적 신체장애 등에 해당되는 경우에는 시장·군수 또는 구청장이 정하는 날부터 3개월 이내에 수시적성검사를 받아야 한다.

(4) 건설기계조종사면허의 결격사유(법 제27조)

① 18세 미만인 사람
② 건설기계 조종상의 위험과 장해를 일으킬 수 있는 정신질환자 또는 뇌전증환자로서 국토교통부령으로 정하는 사람
③ 앞을 보지 못하는 사람, 듣지 못하는 사람, 그 밖에 국토교통부령으로 정하는 장애인
④ 건설기계 조종상의 위험과 장해를 일으킬 수 있는 마약·대마·향정신성의약품 또는 알코올중독자로서 국토교통부령으로 정하는 사람
⑤ 법 제28조(건설기계조종사면허의 취소·정지) 제1호부터 제7호까지의 어느 하나에 해당하는 사유로 건설기계조종사면허가 취소된 날부터 1년(거짓이나 그 밖의 부정한 방법으로 건설기계조종사면허를 받거나 건설기계조종사면허의 효력정지기간 중 건설기계를 조종한 경우에는 2년)이 지나지 아니하였거나 건설기계조종사면허의 효력정지처분기간 중에 있는 사람

(5) 건설기계조종사면허의 취소·정지

① 시장·군수 또는 구청장은 국토교통부령으로 정하는 바에 따라 건설기계조종사면허를 취소하거나 1년 이내의 기간을 정하여 건설기계조종사면허의 효력을 정지시킬 수 있다(법 제28조).
② 건설기계조종사면허의 취소·정지처분기준(규칙 [별표 22])

위반행위	처분기준
거짓이나 그 밖의 부정한 방법으로 건설기계조종사면허를 받은 경우	취소
건설기계조종사면허의 효력정지기간 중 건설기계를 조종한 경우	취소
건설기계조종사면허의 결격사유(법 제27조 제2호부터 제4호까지) 규정 중 어느 하나에 해당하게 된 경우	취소

건설기계의 조종 중 고의 또는 과실로 중대한 사고를 일으킨 경우
① 인명피해
  ㉠ 고의로 인명피해(사망·중상·경상 등)를 입힌 경우
  ㉡ 과실로 「산업안전보건법」에 따른 중대재해가 발생한 경우
  ㉢ 그 밖의 인명피해를 입힌 경우
    • 사망 1명마다
    • 중상 1명마다
    • 경상 1명마다
② 재산피해 : 피해금액 50만원마다
③ 건설기계의 조종 중 고의 또는 과실로 「도시가스사업법」에 따른 가스공급시설을 손괴하거나 가스공급시설의 기능에 장애를 입혀 가스의 공급을 방해한 경우
	
	취소
	취소
	
	면허효력정지 45일
	면허효력정지 15일
	면허효력정지 5일
	면허효력정지 1일
	(90일을 넘지 못함)
	면허효력정지 180일

+ 괄호문제

다음 괄호 안에 알맞은 내용을 쓰시오.
① (　　)세 미만인 사람은 건설기계조종사면허의 결격사유에 해당한다.
② 3ton 미만 지게차의 소형건설기계 조종교육시간은 이론 (　　)시간, 실습 (　　)시간이다.

| 정답 |
① 18
② 6, 6

확인! OX

건설기계조종사면허에 대한 설명이다. 옳으면 "O", 틀리면 "X"로 표시하시오.

1. 면허의 효력정지기간 중 건설기계를 조종한 경우 면허취소가 된다. (　　)
2. 건설기계 운전자가 조종 중 고의로 인명피해를 입히는 사고를 일으켰을 때 면허가 취소된다. (　　)

정답 1. O 2. O

+ 괄호문제

다음 괄호 안에 알맞은 내용을 쓰시오.

① 건설기계 조종 중 과실로 인명피해를 입힌 경우 중상 1명당 면허효력정지 기간은 ( )이다.
② 술에 만취한 상태( )에서 건설기계를 조종하면 면허취소 사유에 해당한다.

| 정답 |
① 15일
② 혈중알콜농도 0.08 이상

위반행위	처분기준
「국가기술자격법」에 따른 해당 분야의 기술자격이 취소되거나 정지된 경우	「국가기술자격법」 제16조에 따라 조치
건설기계조종사면허증을 다른 사람에게 빌려준 경우	취소
건설기계종사자 및 고용주의 준수사항을 위반하여 술에 취하거나 마약 등 약물을 투여한 상태에서 조종한 경우 ① 술에 취한 상태(혈중알코올농도 0.03% 이상 0.08% 미만)에서 건설기계를 조종한 경우	면허효력정지 60일
② 술에 취한 상태에서 건설기계를 조종하다가 사고로 사람을 죽게 하거나 다치게 한 경우	취소
③ 술에 만취한 상태(혈중알코올농도 0.08% 이상)에서 건설기계를 조종한 경우	취소
④ 2회 이상 술에 취한 상태에서 건설기계를 조종하여 면허효력정지를 받은 사실이 있는 사람이 다시 술에 취한 상태에서 건설기계를 조종한 경우	취소
⑤ 약물(마약, 대마, 향정신성 의약품 및 「유해화학물질 관리법 시행령」에 따른 환각물질)을 투여한 상태에서 건설기계를 조종한 경우	취소
정기적성검사를 받지 않고 1년이 지난 경우	취소
정기적성검사 또는 수시적성검사에서 불합격한 경우	취소

③ 면허증 반납 : 건설기계조종사면허를 받은 사람은 면허가 취소된 때, 면허의 효력이 정지된 때, 면허증의 재교부를 받은 후 잃어버린 면허증을 발견한 때에는 그 사유가 발생한 날부터 10일 이내에 시장·군수 또는 구청장에게 그 면허증을 반납해야 한다(규칙 제80조).

진짜 통째로 외워온 문제

건설기계 운전자가 조종 중 고의로 인명피해를 입히는 사고를 일으켰을 때 면허처분기준은?

① 면허취소
② 면허효력정지 30일
③ 면허효력정지 20일
④ 면허효력정지 10일

해설

건설기계조종사면허의 취소·정지처분기준(건설기계관리법 시행규칙 [별표 22])
• 고의로 인명피해(사망·중상·경상 등)를 입힌 때 : 취소
• 과실로 산업안전보건법에 따른 중대재해가 발생한 경우 : 취소
• 그 밖의 인명피해를 입힌 경우
  – 사망 1명마다 : 면허효력정지 45일
  – 중상 1명마다 : 면허효력정지 15일
  – 경상 1명마다 : 면허효력정지 5일

정답 ①

확인! OX

건설기계조종사면허의 취소·정지처분기준에 대한 설명이다. 옳으면 "O", 틀리면 "X"로 표시하시오.

1. 정기적성검사를 받지 않고 1년이 지난 경우 면허취소 사유가 된다. ( )
2. 건설기계 조종 중 과실로 가스공급시설을 손괴하여 가스 공급을 방해한 경우 90일의 면허취소 처분을 받는다. ( )

정답 1. O 2. X

| 해설 |
2. 180일의 면허취소 처분을 받는다.

2. 건설기계사업

(1) 건설기계사업의 등록(법 제21조)
① 건설기계사업을 하려는 자(지방자치단체는 제외)는 대통령령으로 정하는 바에 따라 사업의 종류별로 특별자치시장·특별자치도지사·시장·군수 또는 자치구의 구청장에게 등록하여야 한다.
② 종류에는 건설기계대여업, 건설기계정비업(종합건설기계정비업, 부분건설기계정비업, 전문건설기계정비업), 건설기계매매업, 건설기계해체재활용업이 있다(영 제13조~제15조의2).

(2) 건설기계임대차 등에 관한 계약(법 제22조)
① 건설기계임대차 등에 관한 계약의 당사자는 건설기계임대차 등에 관한 계약서를 작성해야 한다.
② 공정거래위원회의 심사를 거친 표준약관을 사용하는 경우에는 건설기계임대차 등에 관한 계약으로 본다.
③ 국가, 지방자치단체 또는 대통령령으로 정하는 공공기관이 「건설산업기본법」에 따른 발주자인 경우 해당 발주자는 건설기계임대차 등에 관한 계약서 작성 여부를 확인하여야 한다.

(3) 건설기계사업자의 변경신고(법 제24조)
① 건설기계사업의 등록을 한 자(건설기계사업자)는 등록한 사항이 변경되거나 사업을 개업·휴업 또는 폐업하거나 휴업한 사업을 재개한 경우에는 국토교통부령으로 정하는 바에 따라 시장·군수 또는 구청장에게 신고를 하여야 한다.
② 시장·군수 또는 구청장은 변경신고를 받은 날부터 5일 이내에 신고수리 여부를 신고인에게 통지하여야 한다.
③ 시장·군수 또는 구청장이 5일 이내에 신고수리 여부 또는 민원 처리 관련 법령에 따른 처리기간의 연장 여부를 신고인에게 통지하지 아니하면 그 기간이 끝난 날의 다음 날에 신고를 수리한 것으로 본다.

(4) 건설기계사업자의 의무(법 제25조의3)
① 건설기계대여업자
　㉠ 건설기계 조종사를 포함하여 대여하는 경우 조종사는 해당 건설기계조종사면허를 취득한 사람이어야 한다.
　㉡ 건설기계를 대여하는 경우 자가용 또는 미등록 건설기계를 대여하여서는 안 된다.

+ 괄호문제

다음 괄호 안에 알맞은 내용을 쓰시오.
① 건설기계사업 등록자는 등록 사항이 변경되면 (　)에게 신고를 하여야 한다.
② 건설기계사업에는 건설기계대여업, (　), 건설기계매매업, 건설기계해체재활용업이 있다.

| 정답 |
① 시장·군수·구청장
② 건설기계정비업

확인! OX

건설기계사업에 대한 설명이다. 옳으면 "O", 틀리면 "X"로 표시하시오.
1. 공정거래위원회의 심사를 거친 표준약관을 사용하는 경우에는 건설기계매매업 등에 관한 계약으로 본다. (　)
2. 건설기계 여부에 따른 처리기간의 연장 여부를 신고인에게 통지하지 아니하면 그 기간이 끝난 날에 신고를 수리한 것으로 본다. (　)

정답 1. X 2. X

| 해설 |
1. 건설기계임대차 등에 관한 계약으로 본다.
2. 그 기간의 끝난 날의 다음 날에 신고를 수리한 것으로 본다.

+ 괄호문제

다음 괄호 안에 알맞은 내용을 쓰시오.
① 건설기계정비업자는 ( )와 정비내역서를 발급하고 정비에 따른 사후관리를 하여야 한다.
② ( )는 이해관계인이 저당권에 인감증명서를 첨부하여 제출한 건설기계 폐기요청을 받은 경우 폐기할 수 있다.

| 정답 |
① 정비견적서
② 건설기계해체재활용업자

② 건설기계정비업자
  ㉠ 정비의뢰자의 요구 또는 동의 없이 임의로 건설기계를 정비하여서는 안 된다.
  ㉡ 정비에 필요한 신부품(新部品), 중고품(中古品) 또는 재생품(再生品) 등을 정비의뢰자가 선택할 수 있도록 하여야 한다.
  ㉢ 정비를 의뢰한 자에게 정비견적서와 정비내역서를 발급하고 정비에 따른 사후관리를 하여야 한다.

③ 건설기계매매업자 : 건설기계를 매도 또는 매매의 알선을 하는 때에는 매매계약을 체결하기 전에 해당 건설기계의 매수인에게 압류 및 저당권의 등록 여부와 구조·규격 및 성능 등에 관한 사항을 서면으로 고지하여야 한다.

④ 건설기계해체재활용업자 : 폐기요청을 받은 경우 폐기 대상인 건설기계가 다음의 어느 하나에 해당되는 때에는 폐기를 하여서는 안 된다.
  ㉠ 저당권이 설정되었거나 압류된 때(단, 이해관계인이 저당권 또는 압류의 해지증서에 인감증명서를 첨부하여 제출한 경우에는 폐기 가능)
  ㉡ 등록사항이 건설기계등록원부의 기재 내용과 다른 때

(5) 건설기계조종사 및 고용주의 준수사항(법 제27조의2)

① 건설기계조종사면허를 받은 사람은 다음의 어느 하나에 해당하는 경우 건설기계를 조종해서는 안 된다.
  ㉠ 술에 취하거나 마약 등 약물을 투여한 상태
  ㉡ 과로 또는 질병의 영향이나 그 밖의 사유로 정상적으로 조종하지 못할 우려가 있는 상태
② 고용주는 건설기계조종사면허가 없는 자나 술에 취하거나 마약 등 약물을 투여한 상태에 따라 조종을 하여서는 아니 되는 건설기계조종사가 건설기계를 조종하는 것을 알고도 말리지 아니하거나 그러한 자가 건설기계를 조종하도록 지시해서는 안 된다.
③ 술에 취한 상태의 기준, 금지 약물의 종류 및 측정방법 등에 대하여는 「도로교통법」에서 정하는 바에 따른다.

확인! OX

건설기계사업에 대한 설명이다. 옳으면 "O", 틀리면 "X"로 표시하시오.
1. 건설기계수출업은 건설기계사업에 해당한다. ( )
2. 건설기계조종사면허를 받은 자는 과로로 인해 정상적으로 조종하지 못할 우려가 있는 상태에서 건설기계를 조정해서는 안 된다. ( )

| 정답 | 1. X   2. O

| 해설 |
1. 건설기계사업이란 건설기계대여업, 건설기계정비업, 건설기계매매업 및 건설기계해체재활용업을 말한다.

3. 벌칙   중요도 ★★★

(1) 2년 이하의 징역 또는 2천만원 이하의 벌금(법 제40조)

① 등록되지 아니한 건설기계를 사용하거나 운행한 자
② 등록이 말소된 건설기계를 사용하거나 운행한 자
③ 시·도지사의 지정을 받지 아니하고 등록번호표를 제작하거나 등록번호를 새긴 자
④ 검사대행자 또는 그 소속 직원에게 재물이나 그 밖의 이익을 제공하거나 제공 의사를 표시하고 부정한 검사를 받은 자
⑤ 건설기계의 주요 구조나 원동기, 동력전달장치, 제동장치 등 주요 장치를 변경 또는 개조한 자

⑥ 무단 해체한 건설기계를 사용·운행하거나 타인에게 유상·무상으로 양도한 자
⑦ 제작 결함 사실의 공개 또는 시정조치를 하지 아니한 제작자 등에 대한 시정명령을 이행하지 아니한 자
⑧ 등록을 하지 아니하고 건설기계사업을 하거나 거짓으로 등록을 한 자
⑨ 등록이 취소되거나 사업의 전부 또는 일부가 정지된 건설기계사업자로서 계속하여 건설기계사업을 한 자

(2) 1년 이하의 징역 또는 1천만원 이하의 벌금(법 제41조)

① 거짓이나 그 밖의 부정한 방법으로 등록을 한 자
② 등록번호를 지워 없애거나 그 식별을 곤란하게 한 자
③ 구조변경검사 또는 수시검사를 받지 아니한 자
④ 정비명령을 이행하지 아니한 자
⑤ 사용·운행 중지 명령을 위반하여 사용·운행한 자
⑥ 사업정지명령을 위반하여 사업정지기간 중에 검사를 한 자
⑦ 형식승인, 형식변경승인 또는 확인검사를 받지 아니하고 건설기계의 제작 등을 한 자
⑧ 사후관리에 관한 명령을 이행하지 아니한 자
⑨ 내구연한을 초과한 건설기계 또는 건설기계장치 및 부품을 운행하거나 사용한 자
⑩ 내구연한을 초과한 건설기계 또는 건설기계장치 및 부품의 운행 또는 사용을 알고도 말리지 아니하거나 운행 또는 사용을 지시한 고용주
⑪ 부품인증을 받지 아니한 건설기계장치 및 부품을 사용한 자
⑫ 부품인증을 받지 아니한 건설기계장치 및 부품을 건설기계에 사용하는 것을 알고도 말리지 아니하거나 사용을 지시한 고용주
⑬ 매매용 건설기계를 운행하거나 사용한 자
⑭ 폐기인수 사실을 증명하는 서류의 발급을 거부하거나 거짓으로 발급한 자
⑮ 폐기요청을 받은 건설기계를 폐기하지 아니하거나 등록번호표를 폐기하지 아니한 자
⑯ 건설기계조종사면허를 받지 아니하고 건설기계를 조종한 자
⑰ 건설기계조종사면허를 거짓이나 그 밖의 부정한 방법으로 받은 자
⑱ 소형 건설기계의 조종에 관한 교육과정의 이수에 관한 증빙서류를 거짓으로 발급한 자
⑲ 술에 취하거나 마약 등 약물을 투여한 상태에서 건설기계를 조종한 자와 그러한 자가 건설기계를 조종하는 것을 알고도 말리지 않거나 건설기계를 조종하게 지시한 고용주
⑳ 건설기계조종사면허가 취소되거나 건설기계조종사면허의 효력정지처분을 받은 후에도 건설기계를 계속하여 조종한 자
㉑ 건설기계를 도로나 타인의 토지에 버려둔 자

+ 괄호문제

다음 괄호 안에 알맞은 내용을 쓰시오.
① 건설기계관리법상 건설기계를 도로에 계속하여 방치하거나 정당한 사유 없이 타인의 토지에 방치한 자는 ( )으로 한다.
② 등록되지 아니한 건설기계를 사용하거나 운행한 자는 ( )으로 한다.

| 정답 |
① 1년 이하의 징역 또는 1천만원 이하의 벌금
② 2년 이하의 징역 또는 2천만원 이하의 벌금

확인! OX

건설기계관리법의 벌칙에 대한 설명이다. 옳으면 "O", 틀리면 "X"로 표시하시오.

1. 건설기계등록번호표를 훼손하여 알아보기 곤란하게 한 자는 100만원 이하 과태료가 부과된다. ( )
2. 등록번호표를 부착하지 아니하거나 봉인하지 아니한 건설기계를 운행한 자는 100만원 이하의 과태료를 부과한다. ( )

정답 1. O 2. X

| 해설 |
2. 등록번호표를 부착하지 아니하거나 봉인하지 아니한 건설기계를 운행한 자에게는 300만원 이하의 과태료를 부과한다(법 제44조).

+ 괄호문제

다음 괄호 안에 알맞은 내용을 쓰시오.

① ( )되지 아니한 건설기계를 사용하거나 운행한 자는 2년 이하의 징역 또는 2천만원 이하의 벌금에 처한다.
② 건설기계를 도로나 타인의 토지에 버려둔 자는 ( )에 처한다.

| 정답
① 등록
② 1년 이하의 징역 또는 1천만원 이하의 벌금

(3) 300만원 이하의 과태료(법 제44조 제1항)

① 등록번호표를 부착하지 아니하거나 봉인하지 아니한 건설기계를 운행한 자
② 정기검사를 받지 아니한 자
③ 건설기계임대차 등에 관한 계약서를 작성하지 아니한 자
④ 정기적성검사 또는 수시적성검사를 받지 아니한 자
⑤ 시설 또는 업무에 관한 보고를 하지 아니하거나 거짓으로 보고한 자
⑥ 소속 공무원의 검사·질문을 거부·방해·기피한 자
⑦ 정당한 사유 없이 직원의 출입을 거부하거나 방해한 자

(4) 100만원 이하의 과태료(법 제44조 제2항)

① 수출의 이행 여부를 신고하지 아니하거나 폐기 또는 등록을 하지 아니한 자
② 등록번호표를 부착·봉인하지 아니하거나 등록번호를 새기지 아니한 자
③ 등록번호표를 가리거나 훼손하여 알아보기 곤란하게 한 자 또는 그러한 건설기계를 운행한 자
④ 등록번호의 새김명령을 위반한 자
⑤ 건설기계안전기준에 적합하지 아니한 건설기계를 사용하거나 운행한 자 또는 사용하게 하거나 운행하게 한 자
⑥ 조사 또는 자료제출 요구를 거부·방해·기피한 자
⑦ 검사유효기간이 끝난 날부터 31일이 지난 건설기계를 사용하게 하거나 운행하게 한 자 또는 사용하거나 운행한 자
⑧ 특별한 사정 없이 건설기계임대차 등에 관한 계약과 관련된 자료를 제출하지 않은 자
⑨ 건설기계사업자의 의무를 위반한 자
⑩ 안전교육 등을 받지 아니하고 건설기계를 조종한 자

확인! OX

건설기계관리법의 벌칙에 대한 설명이다. 옳으면 "O", 틀리면 "X"로 표시하시오.

1. 건설기계조종사면허가 취소되거나 효력정지처분을 받은 후에도 건설기계를 계속 조종한 자는 1년 이하의 징역 또는 1천만원 이하의 벌금에 처한다. ( )
2. 건설기계등록번호표를 가리거나 훼손하여 알아보기 곤란하게 한 자에게는 100만원 이하의 과태료를 부과한다. ( )

정답 1. O 2. O

진짜 통째로 외워온 문제

폐기요청을 받은 건설기계를 폐기하지 아니하거나 등록번호표를 폐기하지 아니한 자에 대한 벌칙은?

① 100만원 이하의 벌금
② 100만원 이하의 과태료
③ 1년 이하의 징역 또는 1천만원 이하의 벌금
④ 2년 이하의 징역 또는 2천만원 이하의 벌금

해설
폐기요청을 받은 건설기계를 폐기하지 아니하거나 등록번호표를 폐기하지 아니한 자는 1년 이하의 징역 또는 1천만원 이하의 벌금에 처한다(건설기계관리법 제41조).

정답 ③

PART 4. 도로주행

CHAPTER 03. 안전운전 준수와 응급대처

출제비중 3%

출제포인트
- 지게차 작업 안전수칙
- 교통사고 발생 시 대처방법
- 도로 주행 시의 안전운전
- 교통사고 응급조치

제1절 안전운전 준수

기출 키워드

운전자 준수사항, 지게차 점검사항, 운행 전 안전수칙, 작업 시 안전수칙, 도로 운행 시 안전수칙, 교차로 통행 시 안전수칙, 주행 시 지게차 준수사항, 지게차 고장 대처방법, 지게차 사고 대처방법, 인명사고 시 응급조치, 사고 유형별 안전조치

1. 지게차 작업 안전수칙 중요도 ★★★

(1) 운전자 준수사항
① LPG 타입의 경우 가스밸브를 확인한다.
② 안전벨트를 착용하고 사내 규정속도를 준수한다.
③ 안전작업을 위하여 시간을 재촉하지 않으며, 무리한 작업을 하지 않는다.
④ 작업 중에는 사람의 접근을 금하고 규정된 정비점검을 실시한다.
⑤ 운전 중 급선회를 피하고, 물체를 높이 올린 상태로 주행하거나 선회하지 않는다.
⑥ 이동 중 고장을 발견하면 즉시 운전을 중단하고 관계자에게 보고한다.
⑦ 운전자 이외의 근로자를 탑승시키지 않고, 자격이 있고 지명된 자만 운전한다.
⑧ 지게차는 반드시 정해진 점검항목에 따라서 점검한다.
⑨ 연료 보급은 반드시 엔진을 중지한 후에 실시하며, 연료나 유압유가 새어나오는 경우 운전을 중지하고 관계자에게 보고한다.
⑩ 작업계획에 따라 작업지시 순서를 준수하여 작업한다.

(2) 지게차 점검사항
① 브레이크가 제대로 작동하는지 여부
② 포크는 화물의 운반에 적당한지 여부와 포크 부분에 휨, 균열, 마모 정도의 손상 여부
③ 체인이 균형 있게 당겨져 있는지 여부와 경보장치의 작동 여부
④ 전조등, 후미등 및 브레이크 등의 정상 여부와 타이어 손상 및 공기압 적당 여부
⑤ 페달 작동 여부와 핸들 유격이 너무 크지 않은지의 여부
⑥ 헤드가드 손상 여부와 연결 장비가 풀리지 않게 잘 고정되어 있는지 여부
⑦ 들어올림, 내림, 기울임, 연결기구 등의 조종기구 작동 정상 여부

+ 괄호문제

다음 괄호 안에 알맞은 내용을 쓰시오.
① 틸트는 적재물이 ( )에 완전히 닿도록 하고 운행한다.
② 주행 시 포크 높이는 지면으로부터 ( ) 정도 들어 올린다.

| 정답 |
① 백레스트
② 20~30cm

(3) 운행 전 안전수칙
① 팔이나 몸을 차체 밖으로 내밀지 않는다.
② 차폭이나 출입구의 폭은 반드시 확인한다.
③ 화물 적재공간에 사람을 태워서는 안 된다.
④ 운전석을 떠날 경우에는 기관을 정지시킨다.
⑤ 주·정차 시 반드시 주차브레이크를 고정시킨다.
⑥ 지게차의 안전을 위해 중량제한을 준수해야 한다.
⑦ 운행 조작은 시동 후 5분 정도 경과한 후에 한다.
⑧ 리프트 레버 사용 시 눈의 초점은 마스트를 주시한다.
⑨ 주위의 장애물 상태를 확인한 후 이상이 없을 때 출입한다.
⑩ 포크 높이는 지면으로부터 20~30cm 정도 끝을 올려서 안으로 경사지게 한다.

(4) 작업 시 안전수칙
① 급발진, 급브레이크, 급선회하지 않는다.
② 작업 시에는 항상 사람의 접근에 특별히 주의한다.
③ 후진하기 전에 사람이나 장애물 등을 확인해야 한다.
④ 화물을 하역할 때에는 마스트를 앞으로 약 4° 경사시킨다.
⑤ 틸트는 적재물이 백레스트에 완전히 닿도록 하고 운행한다.
⑥ 전·후진 변속 시 지게차가 완전히 정지된 상태에서 행한다.
⑦ 작업 진행 시 적재된 화물의 낙하에 주의하며 제한속도를 준수한다.
⑧ 짐을 싣고 창고나 공장을 출입할 때 짐이 출입구 높이에 닿지 않도록 주의한다.
⑨ 화물을 올릴 때에는 가속페달을 밟는 동시에 레버를 조작하고, 부릴 때에는 가속페달의 조작은 필요 없다.

진짜 통째로 외워온 문제

지게차의 운행사항으로 틀린 것은?
① 틸트는 적재물이 백레스트에 완전히 닿도록 한 후 운행한다.
② 주행 중 노면 상태에 주의하고 노면이 고르지 않은 곳에서는 천천히 운행한다.
③ 내리막길에서는 급회전을 삼간다.
④ 지게차의 중량제한은 긴급한 상황인 경우 무시할 수 있다.

[해설]
지게차를 운행할 때는 안전을 위해 중량제한을 준수해야 한다. 미준수 시 지게차가 전도될 수 있다.

| 정답 | ④

확인! OX

지게차 안전운전에 대한 설명이다. 옳으면 "O", 틀리면 "X"로 표시하시오.
1. 주·정차 시 반드시 주차브레이크를 고정시킨다. ( )
2. 운행 조작은 시동 후 바로 진행한다. ( )

| 정답 | 1. O 2. X

| 해설 |
2. 운행 조작은 시동 후 5분 정도 경과한 후에 한다.

2. 도로 주행 시의 안전운전

(1) 도로 운행 시 안전수칙
① 신호를 준수하며 운전한다.
② 안전속도를 준수하며 방어 운전한다.
③ 노면의 장애물을 확인하며, 안전 운전한다.
④ 야간 운행 시 전조등이나 경광등을 점등한다.
⑤ 차선을 준수하여 우측 끝 차선으로 운전한다.
⑥ 보행자 보호 및 타 차량에 대하여 양보 운전한다.
⑦ 지게차에 형광 및 반사판 등 안전부착물을 부착한다.
⑧ 마스트 장치로 인하여 발생하는 사각지대의 시야를 확보한다.
⑨ 안전주행을 위하여 도로 주행 시 포크의 끝부분이 보행자의 안전을 고려하도록 횡단보도 정지선을 준수하여 정지해야 한다.

(2) 교차로 통행 시 안전수칙
① 주행 시 교차로의 정지선은 흰색선이다.
② 교차로에서는 주·정차할 수 없고, 다른 차를 앞지르지 못한다.
③ 좌·우회전 시에는 방향지시기 등으로 신호를 하고 서행한다.
④ 교차로에서 좌회전 시에는 중심 안쪽을 이용하여 서행하고, 우회전 시에는 우측 가장자리로 서행한다.
⑤ 교통정리를 하고 있지 아니하고 좌우를 확인할 수 없거나 교통이 빈번한 교차로에서는 일시정지한다.
⑥ 교차로나 그 부근에서 긴급자동차가 접근하는 경우에는 교차로를 피하여 일시정지하여야 한다.
⑦ 교통정리를 하고 있지 아니하는 교차로에서 좌회전하려고 하는 차의 운전자는 그 교차로에서 직진하거나 우회전하려는 다른 차가 있을 때에는 그 차에 진로를 양보해야 한다.

+ 괄호문제

다음 괄호 안에 알맞은 내용을 쓰시오.
① 도로 주행에서 마스트 장치로 인하여 발생하는 ( )의 시야를 확보해야 한다.
② 큰 화물에 의해 전면의 시야가 방해를 받을 때에는 ( )으로 운행한다.

| 정답 |
① 사각지대
② 후진

확인! OX

지게차의 안전운전에 대한 설명이다. 옳으면 "O", 틀리면 "X"로 표시하시오.

1. 경사지를 오르거나 내려올 때에는 급회전을 하지 않는다. ( )
2. 경사지 운전 시 화물을 위쪽으로 하고 내려갈 때는 저속 후진으로 운행한다. ( )

정답 1. O 2. O

+ 괄호문제

다음 괄호 안에 알맞은 내용을 쓰시오.

① ( )에서 우회전 시에는 우측 가장자리로 서행한다.
② 교통정리를 하고 있지 않고 좌우를 확인할 수 없거나 교통이 빈번한 교차로에서는 ( )한다.

| 정답 |
① 교차로
② 일시정지

(3) 주행 시 지게차 준수사항

① 가능한 한 평탄한 지면으로 주행한다.
② 포크의 끝을 올려서 안으로 경사지게 한다.
③ 화물 적재공간에 사람을 태워서는 안 된다.
④ 짐을 싣고 주행할 때는 절대로 속도를 내서는 안 된다.
⑤ 주행방향을 바꿀 때는 완전정지 또는 저속에서 운행한다.
⑥ 경사지를 오르거나 내려올 때에는 급회전을 하지 않는다.
⑦ 큰 화물에 의해 전면의 시야가 방해를 받을 때에는 후진으로 운행한다.
⑧ 경사지 운전 시 화물을 위쪽으로 하고 내려갈 때는 저속 후진으로 운행한다.
⑨ 노면과 주변 상황에 따라 후진 작업 시, 후사경과 후진 경고음을 확인하며 주행해야 한다.

진짜 통째로 외워온 문제

01 도로 주행의 일반적인 주의시항으로 틀린 것은?
① 가시거리가 저하될 수 있으므로 터널 진입 전 헤드라이트를 켜고 주행한다.
② 고속주행 시 급핸들 조작, 급브레이크는 옆으로 미끄러지거나 전복될 수 있다.
③ 야간운전은 주간보다 주의력이 양호하며, 속도감이 민감하여 과속 우려가 없다.
④ 비 오는 날 고속주행은 수막현상이 생겨 제동효과가 감소된다.

[해설]
도로주행 시 야간운전이 주간보다 주의력이 더 필요하므로 과속해서는 안 된다.

02 지게차 주행·작업 시 주의하여야 할 사항 중 틀린 것은?
① 짐을 싣고 주행할 때는 절대로 속도를 내서는 안 된다.
② 노면의 상태에 충분한 주의를 하여야 한다.
③ 포크의 끝을 밖으로 경사지게 한다.
④ 적하장치에 사람을 태워서는 안 된다.

[해설]
포크는 이동 시 지면에서 20~30cm 정도 올려서 안으로 경사지게 한다.

정답 01 ③ 02 ③

확인! OX

지게차 운행상의 설명이다. 옳으면 "O", 틀리면 "X"로 표시하시오.

1. 주행방향을 바꿀 때는 완전정지 또는 저속에서 행한다. ( )
2. 조향륜이 지면에서 5cm 이하로 떨어졌을 때에는 밸런스카운터 중량을 높였기 때문이다. ( )

정답 1. O 2. X

| 해설 |
2. 조향륜이 지면에서 떨어지는 것은 규정 이상의 물건을 포크에 적재했기 때문이다.

제2절 응급대처

1. 교통사고 발생 시 대처방법

(1) 지게차 고장 대처방법
① 시동이 꺼졌을 때나 제동불량 시 안전주차하고 후면 안전거리에 고장표시판을 설치한 후 고장 내용을 점검한다.
② 타이어 펑크 시 안전주차하고 후면 안전거리에 고장표시판을 설치한 후 정비사에게 지원을 요청한다.
③ 전·후진 주행장치 고장 시 안전주차하고 후면 안전거리에 고장표시판을 설치한 후 견인 조치를 의뢰한다.
④ 마스트 유압라인 고장 시 안전주차하고 후면 안전거리에 고장표시판을 설치 후 포크를 마스트에 고정하여 응급 운행할 수 있다.
⑤ 계기판에서 냉각수 경고등이 점등되면 작업을 즉시 중단하고, 점검해서 고장 여부를 확인하여 수리한다.
⑥ 운전 중 갑자기 계기판에 충전 경고등이 점등되었다면 충전이 안 되었음을 알리는 것이다.

(2) 지게차 사고 대처방법
① 인명사고 시 신속한 응급조치 후 긴급구호를 요청할 수 있다.
② 지게차 화재 시 장비에 비치된 소화기로 긴급 진화할 수 있다.
③ 전도·전복사고 발생 시 안전조치하고 긴급구호를 요청할 수 있다.
④ 교통사고 시 안전주차하고 후면 안전거리에 고장표시판을 설치하여 2차 사고를 예방할 수 있다.

2. 교통사고 응급조치

(1) 인명사고 시 응급조치
① 사고 발생 즉시 피해자를 구호하기 위한 조치로 가장 먼저 부상자 등을 확인한다.
② 부상자 발생 시 119를 통해 응급처치한 후 병원으로 후송하여 치료해야 하는데, 이는 구호조치를 제대로 하지 않을 경우 부상자의 영구적인 신체장애가 남을 수도 있기 때문이다.

+ 괄호문제

다음 괄호 안에 알맞은 내용을 쓰시오.
① 시동이 꺼졌을 때에는 후면 안전거리에 (　　)을 설치한 후 고장 내용을 점검한다.
② 지게차 화재 시 장비에 비치된 (　　)로 긴급 진화할 수 있다.

| 정답 |
① 고장표시판(안전삼각대)
② 소화기

확인! OX

교통사고 발생 시 대처방법에 대한 설명이다. 옳으면 "O", 틀리면 "X"로 표시하시오.
1. 건설기계장비 작업 시 계기판에서 냉각수 경고 등이 켜지면 오일량을 점검한다. (　　)
2. 운전 중 갑자기 계기판에 충전 경고등이 점등되었다면 충전이 되지 않고 있음을 나타낸다. (　　)

정답 1. X 2. O

| 해설 |
1. 건설기계장비 작업 시 계기판에서 냉각수 경고등이 점등되면 작업을 즉시 중단하고, 점검해서 고장 여부를 확인해야 한다.

+ 괄호문제

다음 괄호 안에 알맞은 내용을 쓰시오.

① 차량을 정차한 후 ( )을 작동시켜 후속 차량의 2차 사고 발생을 예방한다.
② 보도와 차도의 구분이 없는 도로에서 아동이 있는 곳을 통행할 때에는 ( )한다.

| 정답 |
① 비상등
② 서행

(2) 사고 유형별 안전조치

① **차도와 보도가 구분되지 않은 도로의 보행자 사고** : 보행자 곁을 지날 때 속력을 줄이고 충분한 간격을 유지한다.
② **정지선을 위반 자동차** : 횡단보도에서는 반드시 일시정지하여 주변을 살핀 후 서행한다.
③ **도로에서 내릴 때 이륜차 충돌** : 동승자가 있을 시 운전자는 먼저 후방 상황을 잘 살펴 문제가 없을 때 내리게 한다.
④ **측면 추돌 가능성의 이륜차 사고** : 우회전 시 차량과 도로 가장자리의 간격을 좁히고 측면을 살피면서 운전한다.
⑤ **골목길·주차창·이면도로에서의 중앙선 침범 차량** : 도로에 진입할 시에는 항상 일시정지하고 주변을 살펴보는 습관을 지닌다.
⑥ **급차로 변경 차량** : 교차로에서 좌회전하기 위해 신호가 바뀌기 전에 급차로 변경을 시도하는 차량이 있으므로 천천히 주의하며 운전한다.
⑦ **신호변경 전 예측** : 황색 신호에 무리하게 교차로에 진입하는 행동을 삼가고, 교차로 통과 전에는 미리 속력을 조절하여 갑작스러운 신호변경에 대응한다.
⑧ **방향전환 시 보행자 주의** : 교차로나 횡단보도에서 방향전환 시에는 보행자 등에 특별한 주의를 기울여야 한다.
⑨ **방향지시등으로 진행방향 표시** : 진로 변경 시에는 방향지시등을 이용하여 진행방향을 명확히 표시해야 사고를 예방할 수 있다.
⑩ **로드킬 사고** : 국도나 산길 등에서 속력을 낮춰서 운행하며, 가급적 중앙선 쪽으로 붙여 운전하여 동물과의 충돌을 방지한다. 또한, 야생동물 발견 시 서행하면서 전조등을 끄고 경음기를 울려 도망갈 수 있게 한다.
⑪ **보도와 차도의 구분이 없는 도로에서 아동이 있는 곳을 통행할 때에 운전자가 취할 조치** : 서행하거나, 일시정지하여 안전을 확인한 뒤 진행한다.

확인! OX

교통사고 응급조치에 대한 설명이다. 옳으면 "O", 틀리면 "X"로 표시하시오.

1. 차도와 보도가 구분되지 않은 도로에서 보행자 곁을 지날 때 속력을 줄이고 충분한 간격을 유지한다. ( )
2. 야생동물 발견 시 전조등을 켜고 경음기를 울리지 말고 빨리 지나가야 한다. ( )

| 정답 | 1. O 2. X

| 해설 |
2. 야생동물 발견 시 서행하면서 전조등을 끄고 경음기를 울려 도망갈 수 있게 한다.

진짜 통째로 외워온 문제

지게차로 도로를 운전하던 중 사람을 사상했을 때 가장 먼저 해야 할 조치는?
① 즉시 피해자를 구호하기 위한 조치를 한다.
② 신고하기 위해 경찰서로 운전한다.
③ 전화로 먼저 경찰에 신고한다.
④ 중대한 일이 있다면 조치하지 않고 갈 수 있다.

| 해설 |
차 또는 노면전차의 운전 등 교통으로 인하여 사람을 사상하거나 물건을 손괴한 경우 운전자는 즉시 정차하여 다음의 조치를 하여야 한다(도로교통법 제54조 제1항).
• 사상자를 구호하는 등 필요한 조치
• 피해자에게 인적 사항(성명·전화번호·주소 등) 제공

| 정답 | ①

우리 인생의 가장 큰 영광은
결코 넘어지지 않는 데 있는 것이 아니라
넘어질 때마다 일어서는 데 있다

− 넬슨 만델라 −

합격의 공식 SD에듀 www.**sdedu**.co.kr

CHAPTER 01	엔진구조
CHAPTER 02	전기장치
CHAPTER 03	전·후진 주행장치
CHAPTER 04	유압장치
CHAPTER 05	작업장치

PART 5

장비구조

CHAPTER 01 · 엔진구조

출제비중 13%

출제포인트
- 엔진 본체 구조와 기능
- 연료장치 구조와 기능
- 냉각장치 구조와 기능
- 윤활장치 구조와 기능
- 흡·배기장치 구조와 기능

기출 키워드
엔진, 연소실, 윤활유의 기능, 오버플로밸브, 노킹, 건식 공기청정기, 펠릿형

제1절 엔진 본체 구조와 기능

1. 엔진(Engine, 기관)   중요도 ★★☆

(1) 정의

① 엔진 : 열에너지를 지속적인 기계에너지로 변화시켜 지게차가 주행하는 데 필요한 동력을 발생시키는 기계장치

② 행정체적(배기량)
  ㉠ 실린더에서 피스톤이 움직인 거리의 총부피
  ㉡ 행정체적(V_S) = 실린더 단면적(A) × 행정길이(L) = $\dfrac{\pi d^2}{4} \times L$ (d : 실린더 안지름)

③ 압축비(ε)
  ㉠ 연소실체적과 행정체적을 더한 실린더의 총부피와 연소실체적과의 비
  ㉡ $\varepsilon = \dfrac{V\text{연소실체적} + V\text{행정체적}}{V\text{연소실체적}}$

(2) 주요 구조

① 실린더블록
  ㉠ 정의 : 엔진을 구성하는 몸체로, 피스톤이나 밸브 기구 등의 여러 부품이 장착된다.
  ㉡ 설치 부품

상부 설치 부품	실린더헤드, 실린더헤드 개스킷
하부 설치 부품	오일팬
내부 설치 부품	크랭크축

  ㉢ 특징
  - 크랭크축을 지지한다.
  - 실린더를 냉각시킨다.
  - 내부에 냉각수 순환통로인 물 재킷 구멍이 만들어진다.
  - (특수)주철이나 알루미늄을 사용한 주물제품으로 만들어진다.
  - 내부에 피스톤이 왕복운동을 할 수 있는 실린더가 만들어진다.

② 실린더헤드
　㉠ 정의 : 실린더블록 위에 설치되는 실린더의 머리 부분으로 연소실과 밸브장치가 설치된다.
　㉡ 특징
　　• 내열성과 내압성에 견디기 위해 주로 알루미늄합금을 많이 쓴다.
　　• 실린더와 함께 연소실을 만든다.
　　• 냉각수 통로인 물 재킷이 있다.
　　• 흡기밸브와 배기밸브, 스파크플러그가 장착된다.
③ 크랭크케이스 : 실린더블록의 하단부에 있는 것으로 크랭크실과 오일팬으로 구성되어 있다.

(3) 그 밖의 구조

구조	내용
실린더헤드 개스킷	• 실린더블록과 실린더헤드의 접촉면 사이에 조립되어 가스나 냉각수, 엔진오일 등이 누설되지 않도록 한다. • 엔진에서 실린더헤드 개스킷 불량이나 기관 균열이 발생하면 냉각계통으로 배기가스가 누설되는 원인이 된다. • 고온, 고압에 견딜 수 있고 복원성이 크며 기밀 유지가 좋은 석면이나 동판 또는 강판으로 제작된다.
크랭크축	• 엔진 작동 중 폭발압력에 의해 휨, 비틀림, 전단력을 받으며 피스톤의 상하 왕복운동을 커넥팅로드를 통해 회전운동으로 바꾸어 클러치와 플라이휠에 전달하는 기관의 중축이다. • 크랭크축의 비틀림 진동은 재료의 강성이 클수록 작아진다. • 구성 　– 저널(Journal) 　– 크랭크핀(Crank Pin) 　– 크랭크암(Crank Arm) • 크랭크축 회전으로 동력을 얻는 장치 　– 발전기 　– 캠샤프트 　– 워터펌프
커넥팅로드	• 피스톤과 크랭크축을 연결하여 피스톤의 상하 직선운동을 크랭크축의 회전운동으로 변환시키는 역할을 한다. • 구조 　– 대단부 : 크랭크핀과 결합하여 크랭크축과 연결되는 부분 　– 생크(본체) : 가운데 뼈대로 소단부와 대단부 연결 　– 소단부 : 피스톤핀이 결합하여 피스톤과 연결되는 부분

+ 괄호문제

다음 괄호 안에 알맞은 내용을 쓰시오.
① 물 재킷이 있으며 흡기밸브와 배기밸브, 스파크플러그가 장착된 것은 (　)이다.
② 피스톤의 상하 왕복운동을 커넥팅로드를 통해 회전운동으로 바꾸어 클러치와 플라이휠에 전달하는 기관의 중축은 (　)이다.

| 정답 |
① 실린더헤드
② 크랭크축

확인! OX

엔진구조에 대한 설명이다. 옳으면 "O", 틀리면 "X"로 표시하시오.

1. 실린더헤드 개스킷이 불량하면 엔진에서 압축가스가 누설되어 압축 압력이 저하될 수 있는 원인이 된다.　(　)
2. 대단부, 본체, 소단부로 구성되어 있으며 피스톤과 크랭크축을 연결하여 피스톤의 상하 직선운동을 크랭크축의 회전운동으로 변환시키는 역할을 하는 것은 크랭크핀이다.　(　)

정답 1. O　2. X

| 해설 |
2. 커넥팅로드에 대한 설명이다.

+ 괄호문제

다음 괄호 안에 알맞은 내용을 쓰시오.

① ( )은 피스톤이 상사점이나 하사점에서 출발한 후 반대 방향 끝까지 한 번 움직인 거리이다.
② 엔진의 맥동적인 회전을 관성력을 이용하여 원활한 회전으로 바꾸어주는 역할을 하는 것은 ( )이다.

| 정답 |
① 행정(Stroke)
② 플라이휠

확인! OX

엔진구조에 대한 설명이다. 옳으면 "O", 틀리면 "X"로 표시하시오.

1. 연료 소비율이 낮으며, 연소 압력이 가장 높은 연소실 형식은 예연소실식이다. ( )
2. 엔진오일이 연소실로 올라오는 주된 이유는 피스톤핀 마모 때문이다. ( )

| 정답 | 1. X 2. X

| 해설 |
1. 연료 소비율이 낮으며, 연소 압력이 가장 높은 연소실 형식은 직접분사실식이다.
2. 피스톤링이나 실린더 벽이 마모되면 실린더 벽을 타고 엔진오일이 연소실로 올라와 연소되므로 소비가 많아진다.

구조	내용
	상사점(TDC ; Top Dead Center) : 피스톤이 실린더 내에서 상하 직선 왕복운동을 할 때 피스톤이 올라갈 수 있는 최대의 상단 지점이다.
	하사점(BDC ; Bottom Dead Center) : 피스톤이 실린더 내에서 상하 직선 왕복운동을 할 때 피스톤이 내려갈 수 있는 최저의 하단 지점이다.
	행정(Stroke) : 피스톤이 상사점이나 하사점에서 출발한 후 반대 방향 끝까지 한 번 움직인 거리이다.

	연소실(간극체적)
	• 실린더의 맨 꼭대기부터 TDC 사이에 있다.
	• 연료가 공기에 포함된 산소와 반응하여 착화하고 팽창압력이 발생하는 연소가 일어나는 공간이다.
	• 연소실의 연료는 노즐에 의해 안개처럼 분사된다.
	• 종류
	  - 직접분사실식(단실식) : 흡기가열식 예열장치를 사용하는 연소실 형식으로, 연료 소비율이 낮으며, 연소 압력이 가장 높다. 시동이 용이하고, 예열플러그가 필요 없다.
	  - 예연소실식(복실식) : 사용 연료 변화에 둔감하며 분사 개시 압력이 낮은 연소실 형식으로 진동과 소음, 디젤노크 발생이 적다.

	피스톤 • 실린더의 위아래를 왕복운동하면서 연소실에서의 폭발 힘을 커넥팅로드를 통해 크랭크축에 전달한다. • 혼합기를 흡입, 압축하고 연소가스를 배출시킨다.

	피스톤핀
	• 피스톤과 커넥팅로드를 연결하도록 고정하는 핀이다.
	• 구비조건
	  - 경량이어야 한다.
	  - 내마멸성이 좋아야 한다.
	  - 급격한 교번하중으로 기계적 강도가 높아야 한다.

	피스톤링 • 실린더 벽에 링의 탄성을 이용하여 면압을 주며 접촉하는 기능을 한다. • 피스톤링이나 실린더 벽이 마모되면 실린더 벽을 타고 엔진오일이 연소실로 올라와 연소되므로 소비가 많아진다.
	• (오토)텐셔너 : 엔진에서 캠축을 구동시키는 벨트나 체인이 헐거울 때 자동으로 조절하여 장력을 주는 장치이다. • 아이들러 : 엔진에서 벨트에 장력을 주는 장치로 텐셔너와 같은 기능을 하나 고정형이라 위치이동은 불가능하다. • 플라이휠 : 연소실의 폭발이 크랭크축이 회전할 때마다 일어나지 않으므로, 회전할 때 발생하는 불규칙한 맥동을 막으면서 엔진의 회전을 원활하도록 만들어주는 장치이다.

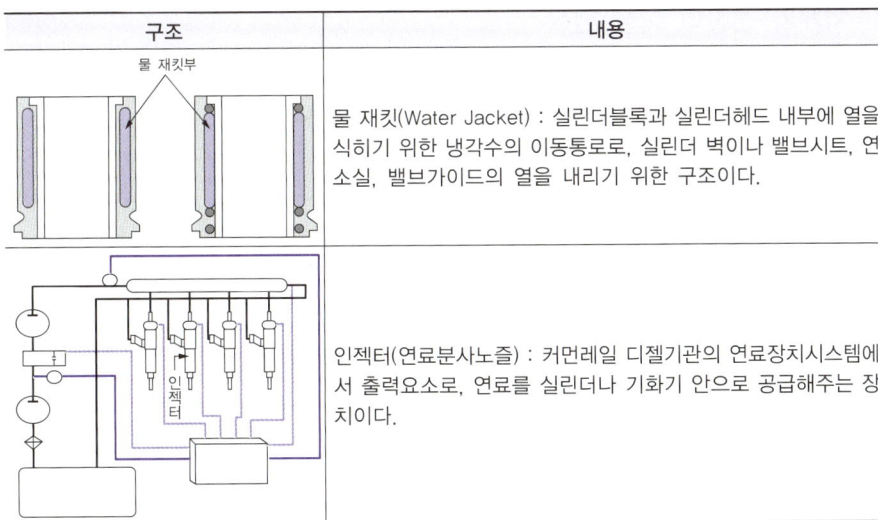

구조	내용
물 재킷부	물 재킷(Water Jacket) : 실린더블록과 실린더헤드 내부에 열을 식히기 위한 냉각수의 이동통로로, 실린더 벽이나 밸브시트, 연소실, 밸브가이드의 열을 내리기 위한 구조이다.
인젝터	인젝터(연료분사노즐) : 커먼레일 디젤기관의 연료장치시스템에서 출력요소로, 연료를 실린더나 기화기 안으로 공급해주는 장치이다.

+ 괄호문제

다음 괄호 안에 알맞은 내용을 쓰시오.

① ( )은 실린더블록과 실린더헤드 내부에 열을 식히기 위한 냉각수의 이동통로이다.
② 4행정 기관에서 1사이클을 완료할 때 크랭크축은 ( ) 회전한다.

| 정답 |
① 물 재킷
② 2

(4) 분류

기 준	종 류	내 용
연소장소	내연기관	엔진의 내부에서 연료의 연소가 이루어져서 열에너지를 기계적 에너지로 바꾸는 기계장치
	외연기관	엔진의 외부에서 연료의 연소가 이루어져서 열에너지를 기계적 에너지로 바꾸는 기계장치
점화방식	압축착화	디젤엔진
	전기점화	가솔린엔진, LPG엔진
냉각방식	공랭식	엔진에서 열을 흡수한 유체를 열교환기로 흘려보내 공기와의 접촉을 통해 방열시키는 방식
	수랭식	냉각수를 워터펌프로 순환시켜 엔진의 열을 흡수하여 방열시키는 방식
행정길이	장행정 엔진	실린더의 내경이 행정보다 작은 엔진
	단행정 엔진	실린더의 내경보다 행정이 작은 엔진
기계학적	4행정 1사이클 엔진	• 크랭크축 2회전에 1사이클을 완성하는 엔진 • 행정순서 : 흡입 → 압축 → 동력(폭발) → 배기
	2행정 1사이클 엔진	• 크랭크축 1회전에 1사이클을 완성하는 엔진 • 소기방식 : 루프 소기식, 단류 소기식, 횡단 소기식

※ 내연기관(Internal Combustion Engine)
기관 내부에 마련된 실린더와 같은 연소공간에서 연소할 때 순간적으로 발생되는 고온, 고압의 팽창에너지를 이용하여 기계적인 일을 만들어내는 동력발생장치

※ 소기
유입되는 신선한 공기로 연소 후 배기가스를 배출시키는 것

(5) 실린더의 수가 많은 엔진의 특징

① 연료 소비가 많다.
② 엔진의 진동이 크다.
③ 큰 동력을 얻을 수 있다.
④ 가속이 원활하고 신속하다.
⑤ 저속 회전이 용이하고, 큰 동력을 얻을 수 있다.

확인! OX

행정에 대한 설명이다. 옳으면 "O", 틀리면 "X"로 표시하시오.

1. 실린더의 내경이 행정보다 작은 엔진은 단행정 엔진이다. ( )
2. 4행정 1사이클 엔진의 행정 순서는 흡입 → 압축 → 동력(폭발) → 배기이다. ( )

정답 1. X 2. O

| 해설 |
1. 실린더의 내경이 행정보다 작은 엔진은 장행정 엔진이다.

2. 지게차 엔진의 이상 현상

중요도 ★☆☆

(1) 엔진 시동 전 점검사항
① 냉각수 양 : 작업 중 엔진 온도가 급상승할 때 가장 먼저 점검해야 할 사항
② 엔진오일량 : 기관이 정지한 상태에서 점검해야 한다.

(2) 엔진의 과열
① 원인
  ㉠ 헐거워진 팬벨트
  ㉡ 냉각수 양과 엔진오일량 부족
  ㉢ 물 펌프의 작동 불량
  ㉣ 냉각장치 내부의 과다한 물때
  ㉤ 라디에이터(방열기) 코어의 막힘
② 엔진 과열 시 일어날 수 있는 현상
  ㉠ 실린더 및 실린더헤드부 변형 초래
  ㉡ 예열플러그의 고장 발생

(3) 엔진의 배기 상태가 불량하여 배압이 높을 때 발생하는 현상
① 엔진이 과열된다.
② 엔진의 출력이 감소한다.
③ 피스톤 운동을 방해한다.

(4) 디젤엔진에서 발생하는 진동
① 원인 : 분사 시기, 분사 압력, 분사량의 불균형
② 엔진 운전 중 진동이 심할 때 점검해야 할 사항
  ㉠ 엔진의 점화 시기 점검
  ㉡ 엔진과 차체의 연결 마운틴 점검
  ㉢ 연료계통의 공기 누설 여부 점검

(5) 디젤엔진의 고장 원인
① 실린더 내 낮은 압력
② 실린더에 공급되는 연료량의 부족
③ 연료분사량 부족
④ 연료분사 펌프의 기능 불량
⑤ 노킹 발생
⑥ 압축 불량, 연료분사 시기, 상태 및 흡·배기밸브 불량으로 인한 불완전연소
⑦ 운동부의 마찰, 고착 및 펌프류의 동력 등의 증대
⑧ 윤활 펌프의 낮은 유압

+ 괄호문제

다음 괄호 안에 알맞은 내용을 쓰시오.
① 열에너지를 기계적 에너지로 변환시켜 주는 장치는 ( )이다.
② 작업 중 엔진 온도가 급상승할 때 가장 먼저 점검해야 할 사항은 ( )이다.

| 정답 |
① 엔진
② 냉각수 양

확인! OX

엔진의 이상 현상에 대한 설명이다. 옳으면 "O", 틀리면 "X"로 표시하시오.
1. 기관이 정지한 상태에서 점검해야 하는 사항은 엔진오일량이다. ( )
2. 디젤엔진에서 발생하는 진동의 원인은 프로펠러 샤프트의 불균형 때문이다. ( )

정답 1. O 2. X

| 해설 |
2. 프로펠러 샤프트는 동력전달장치이므로 주행 시 발생하는 진동의 원인이 되지는 않는다.

제2절 윤활장치 구조와 기능

1. 윤활장치 중요도 ★★☆

(1) 정의

엔진이 운전할 때 발생하는 마찰에 의한 베어링 등 부품의 고착을 방지하기 위해 마찰부에 오일을 공급하여 유막(Oil Film)을 형성시킴으로써 마모를 줄이고 효율을 높이기 위한 장치이다.

(2) 구성요소

오일펌프	오일팬 내부의 오일을 흡입하여 압력을 가해 윤활이 필요한 부분에 공급하는 일을 하는 기계장치이다.
오일필터(오일여과기)	오일(윤활유) 속에 들어 있는 수분이나 카본, 기타 불순물 등을 여과하여 오일을 깨끗하게 유지시켜 주는 장치이다.
오일쿨러(오일냉각기)	엔진을 순환하는 오일을 냉각시켜 오일의 산화를 방지하고 수명을 길게 만들어 주는 장치이다.
유압조절밸브	윤활장치 내부의 유체 압력이 과도하게 상승하는 것을 방지하고, 일정하게 유지시켜 주는 밸브로 릴리프밸브가 주로 사용된다.
오일팬	• 엔진에서 사용하는 오일의 저장 용기로, 오일을 냉각시키는 역할도 한다. • 내부에 격리판(배플)이, 아래쪽에는 오일 배출에 사용하는 드레인 플러그가 있다.
오일 스트레이너	윤활장치 내를 순환하는 오일의 불순물을 제거한다.
유면표시장치	• 오일팬 내의 오일량을 점검할 때 사용하는 금속막대로 Low와 Full이 표시되어 있어서 정비사는 그중 Full에 가깝도록 오일을 채운다. • 엔진을 정지한 후 게이지를 뽑아서 점검한다.

2. 윤활유

(1) 정의

기계요소들이 서로 상대운동을 할 때 접촉하는 마찰 부위에 유막을 형성시켜 마찰력 및 기계 요소부의 마멸을 줄여주는 윤활장치에 사용하는 오일로, 마찰 부위에 지속적으로 공급되며 점도가 가장 중요한 성질이다.

(2) 종류

① 엔진오일(내연기관용 윤활유)

　㉠ 엔진오일의 역할
　　• 실린더와 크랭크축 사이에서 유막을 형성하여 마찰력을 줄이고, 실린더 벽의 온도를 낮춘다.
　　• 크랭크축과 커넥팅로드 사이의 회전부 마찰력을 줄여, 기계 작동부의 성능을 유지시킨다.

+ 괄호문제

다음 괄호 안에 알맞은 내용을 쓰시오.

① ( )은 엔진에서 사용하는 오일의 저장 용기로, 내부에 격리판(배플)이, 아래쪽에는 오일 배출에 사용하는 드레인 플러그가 있다.
② 실린더와 크랭크축 사이에서 유막을 형성하여 마찰력을 줄이고, 실린더 벽의 온도를 낮추는 역할을 하는 것은 ( )이다.

| 정답 |
① 오일팬
② 엔진오일

확인! OX

윤활장치와 윤활유에 대한 설명이다. 옳으면 "O", 틀리면 "X"로 표시하시오.

1. 오일 스트레이너는 건설기계용 엔진에서 사용되는 여과장치이다. ( )
2. 윤활유의 성질 중 가장 중요한 것은 온도이다. ( )

정답 1. O 2. X

| 해설 |
2. 윤활유에서 가장 중요한 성질은 유체의 유동성에 대한 저항의 정도를 의미하는 점도이다.

+ 괄호문제

다음 괄호 안에 알맞은 내용을 쓰시오.
① 기관에 작동 중인 엔진오일에 가장 많이 포함되는 이물질은 ( )이다.
② 여름철에는 엔진 윤활유 SAE ( )을 사용한다.

| 정답 |
① 카본(Carbon, 탄소)
② 40

ⓒ 엔진오일이 갖추어야 할 성질
- 산화안정성이 클 것
- 기포 발생이 적을 것
- 부식 방지성이 좋을 것
- 적당한 점도를 가질 것

ⓒ 엔진오일의 급유가 필요한 곳
- 피스톤
- 크랭크축
- 습식 공기청정기

ⓔ 엔진오일의 일반사항
- 여름에는 점도가 높은(SAE 번호가 큰) 오일을 사용한다.
- 점도가 높은 오일로 교환하면 엔진오일 교환 후 압력이 높아진다.
- 기관에 작동 중인 엔진오일에 가장 많이 포함되는 이물질은 카본(Carbon, 탄소)이다.

ⓜ 미국 자동차기술자협회(SAE ; Society of Automotive Engineers) 엔진오일 규격 : 오일의 점도를 SAE 다음의 번호로 표시하는데 번호가 클수록 점도가 높다.

겨울용	봄·가을용	여름용
SAE 10	SAE 20~30	SAE 40

ⓑ 미국석유협회(API ; American Petroleum Institute)에서 지정한 API 엔진오일 규격

구분	가솔린기관용	디젤기관용
경부하용 오일	ML	DG
중간부하용 오일	MM	DM
고부하용 오일	MS	DS

② 미션오일
③ 기계작동유(기계유)

(3) 구비조건

① 점도지수가 커야 한다.
② 인화점 및 착화점이 높아야 한다.
③ 응고점이 낮아야 한다.
④ 비중과 점도가 적당해야 한다.
⑤ 강인한 유막을 형성해야 한다.
⑥ 기포 발생 및 카본 생성이 적어야 한다.
⑦ 열전도가 양호해야 한다.

확인! OX

엔진오일에 대한 설명이다. 옳으면 "O", 틀리면 "X"로 표시하시오.

1. SAE 다음의 번호로 표시하는데 번호가 클수록 점도가 높다. ( )
2. 여름보다 겨울에는 점도가 높은 오일을 사용한다. ( )

정답 1. O 2. X

| 해설 |
2. 대기의 온도를 고려해서 엔진오일은 겨울에 점도가 낮고, 여름에 점도가 높은 오일을 사용한다.

⑧ 산화에 대한 저항이 커야 한다.

※ 점도 : 유체의 흐름에 대한 저항력으로, 유체의 끈적임 정도로 표현하기도 한다.

※ 점도지수 : 온도변화에 따라 오일의 점도가 변화하는 정도를 나타내는 지수로, 점도지수가 작으면 점도변화는 크다.

(4) 여과 방식

분류식	• 오일펌프에서 송출된 윤활유의 일부만 오일필터로 여과시켜 오일팬으로 통과(바이패스)시키고, 나머지 여과되지 않은 윤활유는 윤활부에 직접 공급시키는 방식이다. • 베어링이 파손될 우려가 있다.
전류식	• 윤활유 전부가 오일필터를 거친 후 윤활부로 공급되는 방식으로 가장 깨끗한 엔진오일이 공급된다. • 베어링 파손의 우려는 분류식에 비해 거의 없는 편이다.
샨트식	전류식과 분류식의 단점을 보완해서 윤활유(오일)의 청정도를 높인 방식으로 디젤기관에 주로 사용된다.

+ 괄호문제

다음 괄호 안에 알맞은 내용을 쓰시오.

① ( )는 온도변화에 따라 오일의 점도가 변화하는 정도를 나타내는 지수이다.
② ( )밸브의 스프링 장력이 클 때 유압이 높아지는 원인이 된다.

| 정답 |
① 점도지수
② 유압조절

(5) 윤활유 장치의 정비

유압이 낮아지는 원인	유압이 높아지는 원인
• 크랭크축 메인 베어링의 오일 간극이 클 때 • 유압조절 밸브 스프링의 장력이 작을 때 • 윤활 회로 오일이 누출되었을 때 • 연료가 희석되어 오일의 점도가 낮을 때 • 오일펌프가 마모되었을 때 • 오일의 양이 부족할 때 • 오일 파이프가 파손되었을 때 • 오일 여과기가 막혔을 때	• 유압조절 밸브의 스프링 장력이 클 때 • 오일의 점도가 높을 때 • 오일필터가 막혔을 때 • 윤활 회로 일부가 막혔을 때

(6) 윤활 방식의 종류

압송식 (압송급유)	오일펌프(Oil Pump)로 오일을 급유하는 방식으로, 대부분의 기관에서 가장 많이 사용하는 방식
비산압송식	비산식과 압송식을 혼용한 방식
비산식	오일디퍼(Oil Dipper)로 마찰부에 오일을 비산시켜 급유하는 방식

3. 윤활장치 및 윤활유의 기능

(1) 방청작용

(2) 냉각작용

(3) 윤활작용

(4) 마찰 및 마멸 감소

(5) 응력 분산 및 완충

(6) 기밀(밀봉, 밀폐)작용

확인! OX

윤활유에 대한 설명이다. 옳으면 "O", 틀리면 "X"로 표시하시오.

1. 오일의 여과 방식에 자력식이 있다. ( )
2. 윤활 방식의 종류에는 송출식이 있다. ( )

정답 1. X 2. X

| 해설 |
1. 오일의 여과 방식에는 분류식, 전류식, 샨트식이 있다.
2. 윤활 방식의 종류에는 압송식, 비산식, 비산압송식이 있다.

+ 괄호문제

다음 괄호 안에 알맞은 내용을 쓰시오.
① 유압장치에서 금속가루나 불순물을 제거하기 위해 필요한 부품으로는 (   )와 스트레이너가 있다.
② 4행정 사이클 엔진에 주로 사용되는 오일펌프로는 기어식과 (   )이 있다.

| 정답 |
① 필터
② 로터리식

4. 오일펌프의 종류

분류		형상
기어펌프 (소형이며 구조가 간단하나 초고압에는 사용이 곤란하다)	외접기어펌프	
	내접기어펌프	
	로터식 오일펌프	저압(입구) / 고압(출구)
로터리펌프		
베인펌프		입구 → 출구, 베인, 로터, 축
플런저펌프		
피스톤펌프		

확인! OX

오일펌프에 대한 설명이다. 옳으면 "O", 틀리면 "X"로 표시하시오.

1. 기어펌프에는 외접기어펌프, 내접기어펌프, 로터식 오일펌프가 있다. (   )
2. 소형이며, 구조가 간단하나 높은 압력에 사용이 곤란한 것은 플런저펌프이다. (   )

정답 1. O 2. X

| 해설 |
2. 플런저펌프는 다른 펌프보다 상당히 높은 압력에 견딜 수 있어서 고속이나 고압의 유압장치에 적용이 가능하다.

5. 4행정 사이클 엔진에 주로 사용되고 있는 오일펌프

(1) 기어식
(2) 로터리식

6. 유압장치에서 금속가루나 불순물을 제거하기 위해 필요한 부품

(1) 필 터
(2) 스트레이너

7. 오일필터(오일여과기)의 종류

엘리먼트 교환식(엘리먼트식)   카트리지 교환식(카트리지식)

+ 괄호문제

다음 괄호 안에 알맞은 내용을 쓰시오.
① 오일필터의 종류에는 (　) 교환식과 카트리지 교환식이 있다.
② 디젤기관의 장점으로는 (　) 기관에 비해 유해가스가 적게 배출되는 것이다.

| 정답 |
① 엘리먼트
② 가솔린

제3절 연료장치 구조와 기능

1. 디젤기관의 연료장치

(1) 정의

실린더 내부에 마련된 연소실로 휘발유나 디젤, LPG 등의 연료를 공급해주는 장치이다.

(2) 구성요소

연료필터	연료 내에 있는 수분이나 먼지 등을 제거한다.
연료펌프	연료탱크에 있는 연료를 기화기로 보낼 때 연료를 흡입하기 위한 장치이다.
연료탱크	연료를 저장하는 용기이다. 화재 방지를 위해 배기 통로나 전기 단자 등 열원으로부터 일정 거리를 두고 차체에 설치된다.
연료 파이프	연료장치의 각 부분을 연결하여 연료가 운반될 수 있는 통로이다.
기화기	공기와 연료를 알맞은 비율로 혼합시키는 공간이다.
공기청정기	엔진으로 흡입되는 공기의 불순물을 여과하기 위한 장치이다.
연료 게이지	운전석 계기판에 연료의 현재 잔량을 표시하기 위한 장치이다.

(3) 장단점

① 장점
　㉠ 열효율은 높고 연료소비율은 낮다.
　㉡ 인화점이 높은 연료를 사용하므로 화재의 위험이 적다.
　㉢ 가솔린기관에 비해 유해가스가 적게 배출된다.
　㉣ 스로틀밸브가 없어 흡입행정 시 펌핑 손실을 줄일 수 있다.
　㉤ 저속에서 큰 회전력이 발생한다.

② 단점
　㉠ 폭발압력이 높아서 기관 구성품의 내구성이 커야 한다.
　㉡ 기관 작동 중 진동과 소음이 크다.
　㉢ 기관 출력당 무게가 무겁다.
　㉣ 고압 발생 연료장치가 필요하다.

확인! OX

디젤기관에 대한 설명이다. 옳으면 "O", 틀리면 "X"로 표시하시오.

1. 디젤기관의 단점으로는 연료 소비율이 적은 데 있다. (　)
2. 디젤기관은 스로틀밸브가 없어 흡입행정 시 펌핑 손실을 줄일 수 있다. (　)

정답 1. X　2. O

| 해설 |
1. 디젤기관의 장점은 열효율이 높고 연료 소비율은 낮은 것이다.

+ 괄호문제

다음 괄호 안에 알맞은 내용을 쓰시오.

① 연료분사의 3요소로는 ( ), 분포, 관통력이 있다.
② 디젤엔진의 연료장치에서 공기 빼기 순서는 ( ) → 연료필터 → 분사펌프 → 분사노즐이다.

| 정답 |
① 무화
② 공급펌프

2. 연료분사의 3요소

무화	노즐에서 분사되는 연료 입자를 미세하게 만들어서 분무시키는 정도
분포	연료 입자가 연소실의 모든 곳에 균일하게 퍼지는 정도
관통력	연료 입자가 연소실의 먼 곳까지 관통해서 도달할 힘

3. 기계식 디젤엔진 연료장치   중요도 ★★☆

(1) 연료공급 순서

① 연료탱크
② 공급펌프 : 분사펌프 내의 캠에 의해 구동되는 플런저펌프로, 연료탱크의 연료를 흡입해 분사펌프까지 공급한다.
  ㉠ 프라이밍펌프 : 연료공급 라인 내의 공기 빼기 작업 및 연료를 수동으로 공급할 때 사용하며, 분사노즐은 고압이므로 프라이밍펌프로 공기 빼기를 할 수 없다.
  ㉡ 공기 빼기 순서 : 공급펌프 → 연료필터 → 분사펌프 → 분사노즐
③ 연료필터(연료여과기) : 연료 속의 이물질, 수분 등을 여과하며 오버플로밸브가 장착되어 있다.

> ※ 오버플로밸브의 기능
> • 여과기의 각 부분 보호
> • 운전 중 공기 배출 작용
> • 연료공급펌프 소음 발생 억제
> • 연료압력 규정 이상 상승 방지

④ 분사펌프 : 공급펌프로부터 공급된 연료를 분사펌프 엘리먼트가 가압하여 분사노즐에 공급한다.
⑤ 분사노즐 : 분사펌프로부터 공급받은 고압의 연료를 연소실에 안개 모양으로 분사하는 것이다.

(2) 경유의 구비조건

① 자연발화점이 낮을 것(착화성이 좋을 것)
② 황 함유량이 적을 것
③ 점도가 적당하며, 온도변화에 따른 점도변화가 적을 것

(3) 착화성

① 정의 : 연소실 내에 분사된 연료가 착화할 때까지 걸리는 시간으로, 시간이 짧을수록 착화성이 좋은 연료이다.
② 착화 성능향상 장치 : 기온이 낮을 때 시동을 돕는 장치인 예열플러그를 사용하며, 예열플러그의 오염은 불완전연소나 노킹에 의해 발생한다.

확인! OX

연료공급 순서에 대한 설명이다. 옳으면 "O", 틀리면 "X"로 표시하시오.

1. 분사노즐은 고압이므로 프라이밍펌프로 공기 빼기를 할 수 있다. ( )
2. 공급펌프에는 오버플로밸브가 장착되어 있다. ( )

정답 1. X 2. X

| 해설 |
1. 분사노즐은 고압이므로 프라이밍펌프로 공기 빼기를 할 수 없다.
2. 연료필터에 오버플로밸브가 장착되어 있다.

③ 세탄가(CN ; Cetane Number) : 디젤엔진의 착화성을 수치상으로 표시한 것으로 착화성이 가장 좋은 세테인의 착화성을 100, 착화성이 가장 나쁜 α-메틸나프탈렌의 착화성을 0으로 하고, 이들을 표준연료로 하여 착화가 지연될 때 이 표준연료 속의 세테인 함유량을 체적 비율로 표시한 것이다.

$$CN = \frac{세테인(C_{16}H_{34})}{세테인(C_{16}H_{34}) + \alpha-메틸나프탈렌(C_{11}H_{10})} \times 100$$

(4) 노크(노킹)

① 정의 : 연소 후반부에 미연소 가스의 급격한 자기연소에 의한 충격파가 실린더 내부의 금속을 타격하면서 충격음을 발생하는 현상이다.

② 발생 원인
  ㉠ 연료분사가 불량할 때
  ㉡ 엔진이나 흡입 공기의 온도가 낮을 때
  ㉢ 엔진 회전속도가 낮을 때
  ㉣ 압축비 및 압축압력이 낮을 때
  ㉤ 세탄가가 낮은 연료를 사용할 때
  ㉥ 착화 지연기간이 길 때

③ 노킹이 엔진에 미치는 영향
  ㉠ 엔진의 과열
  ㉡ 엔진의 출력 및 회전수 저하
  ㉢ 흡기효율 저하
  ㉣ 스파크플러그나 피스톤, 실린더헤드, 크랭크축의 손상 초래

④ 방지대책
  ㉠ 압축비를 크게 한다.
  ㉡ 실린더 체적을 크게 한다.
  ㉢ 세탄가가 높은 연료를 사용한다.
  ㉣ 엔진의 회전속도와 착화온도를 낮게 한다.
  ㉤ 흡기의 온도, 압력, 실린더 외벽의 온도를 높게 한다.

⑤ 노킹 방지제 : 벤젠, 톨루엔, 아닐린, 에탄올

4. 전자제어 디젤엔진(커먼레일 시스템)

(1) 정의

① 커먼레일(연료저장축압기) : 고압펌프로부터 공급받은 고압의 연료를 저장하고 인젝터에 분배하는 장치
② 전자제어 디젤엔진 : 엔진 상태에 따라 연료분사 압력과 시간, 순서를 제어하기 위해 각종 센서와 작동기를 장착한 전자화 형식의 디젤엔진

+ 괄호문제

다음 괄호 안에 알맞은 내용을 쓰시오.
① ( )는 디젤엔진의 착화성을 수치상으로 표시한 것이다.
② ( )은 고압 펌프로부터 공급받은 고압의 연료를 저장하고 인젝터에 분배하는 장치이다.

| 정답 |
① 세탄가
② 커먼레일(연료저장축압기)

확인! OX

노킹에 대한 설명이다. 옳으면 "O", 틀리면 "X"로 표시하시오.
1. 압축비 및 압축압력이 높을 때 노킹이 발생한다. ( )
2. 세탄가가 높은 연료를 사용하여 노킹을 예방한다. ( )

정답 1. X 2. O

| 해설 |
1. 압축비 및 압축압력이 낮을 때 노킹이 발생한다.

+ 괄호문제

다음 괄호 안에 알맞은 내용을 쓰시오.

① ( )는 흡입밸브나 배기밸브를 캠축의 운동과는 관계없이 강제로 열어 실린더 내의 압축압력을 낮춤으로써 크랭크를 가볍게 회전시켜 시동을 도와주며, 디젤엔진의 작동을 정지시킬 수도 있는 장치이다.

② 예열장치는 흡입 다기관이나 연소실 내의 ( )를 미리 가열하여 기동을 쉽게 하는 장치이다.

| 정답 |
① 감압장치
② 공기

(2) 커먼레일 디젤기관의 컴퓨터 입·출력 요소

입력요소(각종 센서 및 스위치 신호)	출력요소(각종 작동기)
• 연료 압력센서(R.P.S) • 에어 플로센서(A.F.S) • 냉각 수온센서(W.T.S) • 가속 페달센서 1,2(A.P.S 1,2) • 연료 온도센서(F.T.S) • 크랭크 포지션센서(C.K.P) • T.D.C 센서 • 부스터 압력센서	• 인젝터 • 레일 압력 조절밸브(I.M.V) • 예열장치 • E.G.R 제어장치 • 냉각장치 • 보조 히터장치 • 스로틀 플랩장치

5. 디젤엔진의 시동 보조장치   중요도 ★☆☆

(1) 감압장치

흡입밸브나 배기밸브를 캠축의 운동과는 관계없이 강제로 열어 실린더 내의 압축압력을 낮춤으로써 크랭크를 가볍게 회전시켜 시동을 도와주며, 디젤엔진의 작동을 정지시킬 수도 있는 장치이다.

(2) 예열장치

① 정의 : 흡입 다기관이나 연소실 내의 공기를 미리 가열하여 기동을 쉽게 하는 장치이다.

② 종류

  ㉠ 예열플러그식 : 연소실에 설치되며 실드형을 사용한다.

  ㉡ 흡기가열식 : 실린더 내로 흡입되는 공기를 흡입 다기관에서 가열하는 방식이며, 흡기 히터와 히트 레인지가 있다.

진짜 통째로 외워온 문제

디젤엔진 연료여과기에 설치된 오버플로밸브(Overflow Valve)의 기능이 아닌 것은?

① 여과기의 각 부분 보호   ② 연료공급펌프 소음 발생 억제
③ 운전 중 공기 배출 작용   ④ 인젝터의 연료분사 시기 제어

해설
디젤엔진 연료여과기에 설치된 오버플로밸브의 역할
• 여과기 각 부분 보호
• 운전 중 공기 배출 작용
• 연료공급펌프 소음 발생 억제

정답 ④

확인! OX

노킹에 대한 설명이다. 옳으면 "O", 틀리면 "X"로 표시하시오.

1. 연료 압력센서와 부스터 압력센서는 커먼레일 디젤기관의 컴퓨터 입력요소에 해당한다. ( )
2. 흡기가열식은 연소실에 설치되며 실드형을 사용한다. ( )

정답 1. O 2. X

| 해설 |
2. 예열플러그식에 대한 설명이다.

제4절 흡·배기장치 구조와 기능

1. 흡기 및 배기장치의 정의

(1) 흡기장치

엔진으로 연소에 필요한 공기를 공급해주는 장치

(2) 배기장치

엔진에서 연소된 가스를 대기 중으로 배출시키는 장치

2. 흡기장치의 종류

(1) 흡기 다기관

① 정의 : 혼합기체나 공기를 실린더로 균일하게 공급해주는 장치
② 흡기 다기관이 갖추어야 할 조건
  ㉠ 혼합기를 여러 실린더로 균일하게 공급할 것
  ㉡ 혼합기에 난류를 형성시켜 기화를 균일하게 만들 것

(2) 공기청정기(에어클리너)

① 설치 목적
  ㉠ 공기 여과
  ㉡ 소음 감소
  ㉢ 역화 방지
② 종류
  ㉠ 건식 공기청정기
    • 정의 : 여과재를 종이나 천, 다공질의 합성재료로 주름지게 만든 여과장치이다.
    • 특징
      - 구조가 간단하다.
      - 초미세먼지도 잘 거른다.
      - 여과지 교체가 간단하다.
      - 엔진의 회전수 변동에도 여과효율이 안정적이다.
    • 효율 저하를 방지하는 방법 : 흡입구 등에 먼지가 쌓여서 입구의 면적이 축소됐을 때 효율이 저하하므로 압축공기로 먼지를 깨끗하게 청소해야 한다.
  ㉡ 습식 공기청정기
    • 2중 케이스 구조로 내부에는 오일팬이 설치되어 오일을 흡수하고, 외부에는 윤활유가 들어 있어서 외부에서 먼저 들어온 큰 입자의 먼지나 이물질을 거른다.
    • 특히 먼지가 많이 발생하는 공사장 등에서 적합한 방식이다.

+ 괄호문제

다음 괄호 안에 알맞은 내용을 쓰시오.
① ( )는 엔진에서 연소된 가스를 대기 중으로 배출시키는 장치이다.
② 혼합기를 여러 실린더로 균일하게 공급하고 혼합기에 난류를 형성시켜 기화를 균일하게 만드는 것은 ( )이 갖추어야 할 조건이다.

| 정답 |
① 배기장치
② 흡기 다기관

확인! OX

공기청정기에 대한 설명이다. 옳으면 "O", 틀리면 "X"로 표시하시오.
1. 공기청정기의 종류 중 특히 먼지가 많은 지역에 적합한 공기청정기의 방식은 습식이다. ( )
2. 건식 공기청정기는 2중 케이스 구조로 내부에는 오일팬이 설치되어 오일을 흡수하고, 외부에는 윤활유가 들어 있어서 외부에서 먼저 들어온 큰 입자의 먼지나 이물질을 거른다. ( )

정답 1. O 2. X

| 해설 |
2. 습식 공기청정기에 대한 설명이다.

+ 괄호문제

다음 괄호 안에 알맞은 내용을 쓰시오.
① ( )는 엔진에 공기를 강제적으로 밀어 넣어 연소를 돕는 시스템이다.
② ( )는 배기 압력으로 팬을 구동시켜 흡기공기를 압축하여 더 많은 공기를 실린더 안으로 공급함으로써 동일한 배기량에 비해 더 큰 출력을 만들어내는 장치이다.

| 정답 |
① 과급기
② 인터쿨러

ⓒ 원심식 공기청정기 : 여과망 주위에 원심 날개를 설치하여 흡입 공기가 유입되며 발생한 원심력에 의해 작은 이물질이 여과되고 깨끗한 공기가 유입된다.
③ 디젤엔진용 공기청정기가 막혔을 때의 현상
  ㉠ 출력이 저하된다.
  ㉡ 연소가 나빠진다.
  ㉢ 배기색은 흑색이 된다.
  ㉣ 실린더 내부로 유입되는 공기량이 적어진다.

(3) 과급기
① 정의 : 엔진에 공기를 강제적으로 밀어 넣어 연소를 돕는 시스템
② 과급기를 부착하였을 때의 이점
  ㉠ 고지대에서도 출력의 감소가 적다.
  ㉡ 회전력이 증가한다.
  ㉢ 엔진 출력이 향상된다.
  ㉣ 착화 지연시간이 짧아진다.

(4) 인터쿨러(Intercooler)
배기 압력으로 팬을 구동시켜 흡기 공기를 압축하여 더 많은 공기를 실린더 안으로 공급함으로써 동일한 배기량에 비해 더 큰 출력을 만들어내는 장치

3. 배기장치의 구성요소
(1) 배기 다기관
(2) 배기 파이프
(3) 소음기

확인! OX

흡·배기장치에 대한 설명이다. 옳으면 "O", 틀리면 "X"로 표시하시오.
1. 로커 암은 엔진부에 설치되어 밸브의 개폐를 돕는다. ( )
2. 과급기를 부착하면 회전력이 감소한다. ( )

| 정답 | 1. O 2. X

| 해설 |
2. 과급기를 부착하면 회전력이 증가하는 이점이 있다.

4. 흡·배기밸브
(1) 구비조건
① 열전도율이 높을 것
② 열팽창률이 낮을 것
③ 고온과 가스에 잘 견딜 것
④ 열에 대한 저항력이 클 것

(2) 엔진에 장착되는 밸브의 개폐를 돕는 장치
로커 암은 엔진부에 설치되어 밸브의 개폐를 돕는다.

5. 디젤엔진 운전 시 흡·배기밸브 열림 상태

중요도 ★☆☆

구분		흡기밸브	배기밸브
동력(폭발)행정	피스톤이 상사점에서 하사점으로 이동	닫힘	닫힘
압축행정	피스톤이 하사점에서 상사점으로 이동	닫힘	닫힘
배기행정	피스톤이 하사점에서 상사점으로 이동	닫힘	열림
흡입행정	피스톤이 상사점에서 하사점으로 이동	열림	닫힘

6. 배기가스 재순환장치(EGR ; Exhaust Gas Recirculation)

자동차의 배기가스 중 일부를 흡기 다기관으로 유입시켜 연소온도를 낮춤으로써 질소산화물(NO_X)의 배출을 줄여주는 친환경 장치이다. 배기가스를 재순환시키면 배기가스 중에 포함된 가스인 N_2, CO_2 등에 의해 연소온도가 낮아져서 질소산화물의 생성을 억제할 수 있다. 일반적으로 질소산화물의 배출이 많은 중속 운전영역에서 EGR 컨트롤 솔레노이드 밸브를 듀티비로 제어한다.

※ 듀티비 : 엔진 회전수와 흡입 공기량에 따른 기본 듀티와 냉각수 온도 및 배터리 전압에 의한 보정량으로 결정

7. 유압식 밸브 리프터의 장점

(1) 밸브 간극을 자동 조절
(2) 밸브 개폐 시기가 정확
(3) 밸브 기구의 내구성이 우수

+ 괄호문제

다음 괄호 안에 알맞은 내용을 쓰시오.

① ( )는 자동차의 배기가스 중 일부를 흡기 다기관으로 유입시켜 연소온도를 낮춤으로써 질소산화물의 배출을 줄여주는 친환경 장치이다.
② 밸브 간극이 자동으로 조절되며, 밸브 개폐 시기가 정확하고 밸브 기구의 내구성이 좋은 것은 ( )의 장점이다.

| 정답 |
① 배기가스 재순환장치
② 유압식 밸브 리프터

확인! OX

흡·배기장치에 대한 설명이다. 옳으면 "O", 틀리면 "X"로 표시하시오.

1. 질소산화물의 배출이 많은 중속 운전영역에서 EGR 컨트롤 솔레노이드 밸브를 듀티비로 제어한다. ( )
2. 디젤엔진에서 흡입밸브는 닫히고 배기밸브가 열린 상태는 흡입행정이다. ( )

정답 1. O 2. X

| 해설 |
2. 디젤엔진에서 흡입밸브는 닫히고 배기밸브가 열린 상태는 배기행정이다.

+ 괄호문제

다음 괄호 안에 알맞은 내용을 쓰시오.
① ( )는 연소열에 의해 엔진을 구성하는 부품들이 과열되지 않도록 열을 흡수하고, 방열기로 방출하여 엔진 내부를 적절한 온도로 유지하기 위한 장치이다.
② ( )는 엔진에서 열을 흡수한 냉각수를 코어로 흐르게 하고, 이때 유입되는 공기를 냉각팬으로 밀어붙여 냉각시키는 장치이다.

| 정답 |
① 냉각장치
② 라디에이터(방열기, 응축기)

진짜 통째로 외워온 문제

01 건식 공기청정기의 효율 저하를 방지하는 방법으로 가장 적합한 것은?
① 기름으로 닦는다.
② 마른걸레로 닦아야 한다.
③ 압축공기로 먼지 등을 털어낸다.
④ 물로 깨끗이 세척한다.

[해설]
건식 공기청정기는 흡입구 등에 먼지가 쌓여서 입구의 면적이 축소됐을 때 효율이 저하되므로 압축공기로 먼지를 깨끗하게 청소해야 한다. 건식이므로 기름이나 물로 세척해서는 안 된다.

02 유압식 밸브 리프터의 장점이 아닌 것은?
① 밸브 간극은 자동으로 조절된다.
② 밸브 개폐 시기가 정확하다.
③ 밸브 구조가 간단하다.
④ 밸브 기구의 내구성이 좋다.

[해설]
유압식 밸브 리프터는 수동식보다 구조가 복잡하다.

정답 01 ③ 02 ③

제5절 냉각장치 구조와 기능

1. 냉각장치의 정의 및 구조   중요도 ★☆☆

(1) 정의

연소열에 의해 엔진을 구성하는 부품들이 과열되지 않도록 열을 흡수하고, 방열기로 방출하여 엔진 내부를 적절한 온도로 유지하기 위한 장치이다.

(2) 구조

① 라디에이터(방열기, 응축기)
  ㉠ 정의 : 엔진에서 열을 흡수한 냉각수를 코어로 흐르게 하고, 이때 유입되는 공기를 냉각팬으로 밀어붙여 냉각시키는 장치로, 방열장치에 속한다.
  ㉡ 구성 : 코어, 냉각팬, 냉각수 주입구, 위 탱크, 아래 탱크, 오버플로 호스

확인! OX

라디에이터에 대한 설명이다. 옳으면 "O", 틀리면 "X"로 표시하시오.
1. 라디에이터는 코어, 냉각팬, 냉각수 주입구, 위 탱크, 아래 탱크, 오버플로 호스로 구성되어 있다. ( )
2. 응축기는 감압장치에 속한다. ( )

정답 1. O 2. X

| 해설 |
2. 응축기는 방열장치에 속한다.

ⓒ 구비조건
- 공기의 흐름저항이 작을 것
- 가볍고 작으며 강도가 클 것
- 단위면적당 방열량이 많을 것
- 냉각수의 흐름저항이 작을 것

ⓓ 가압식 라디에이터의 장점
- 냉각수의 손실이 적다.
- 냉각수의 비등점을 높일 수 있다.
- 방열기의 크기를 작게 할 수 있다.

② 라디에이터 캡
ⓐ 정의 : 라디에이터에 냉각수를 주입하는 주입구의 압력식 뚜껑이다.
ⓑ 특징
- 냉각효율을 높이기 위해 방열판이 설치된다.
- 라디에이터의 재료 대부분은 알루미늄합금이 사용된다.
- 라디에이터 캡의 스프링이 파손되면 냉각수 비등점이 낮아진다.
- 밀봉 압력식 라디에이터 캡은 냉각수의 비등점(비점)을 올린다.
- 압력식 라디에이터 캡에 있는 밸브는 압력밸브와 진공밸브로, 냉각장치 내부압력이 부압되면 진공밸브는 열린다.

③ 수온조절기(Thermostat)
ⓐ 정의 : 물 재킷 내부에 설치되어 냉각수의 온도를 약 80℃ 전후로 유지하는 온도조절장치이다.
ⓑ 종류
- 벨로즈 형식 : 내부에 휘발성이 큰 에테르나 알코올을 봉입하는 수온조절기
- 펠릿 형식 : 왁스 케이스 내에 왁스와 고무가 봉입되어 있는 수온조절기
- 바이메탈 형식 : 차등 팽창을 하는 바이메탈 성질을 활용한 수온조절기
ⓒ 점검
- 수온조절기가 열린 채 고장 : 충분한 시간이 지났는데도 냉각수 온도가 정상적으로 상승하지 않는 과랭의 원인
- 수온조절기가 닫힌 채 고장 : 과열의 원인

④ 물 재킷 : 엔진의 냉각수를 순환시킨다.
⑤ 팬벨트
ⓐ 정의 : 크랭크축의 회전력을 워터펌프의 풀리와 발전기의 풀리에 전달함으로써 냉각팬을 회전시키는 벨트로 일반적으로 V 벨트를 사용한다.
ⓑ 팬벨트 장력의 점검과정
- 팬벨트는 눌러(약 10kgf) 처짐이 약 13~20mm 정도로 한다.
- 팬벨트는 발전기를 움직이면서 조정한다.
- 팬벨트가 너무 헐거우면 엔진 과열의 원인이 된다.
- 팬벨트의 장력이 너무 강할 경우에는 발전기 베어링이 손상된다.
- 팬벨트가 풀리의 밑부분에 접촉되면 고착될 우려가 있어서 접촉되지 않도록 해야 한다.

+ 괄호문제

다음 괄호 안에 알맞은 내용을 쓰시오.
① ( ) 형식은 내부에 휘발성이 큰 에테르나 알코올을 봉입하는 수온조절기이다.
② ( )의 스프링이 파손되면 냉각수 비등점이 낮아진다.

| 정답 |
① 벨로즈
② 라디에이터 캡

확인! OX

라디에이터에 대한 설명이다. 옳으면 "O", 틀리면 "X"로 표시하시오.
1. 라디에이터의 구비조건으로 단위면적당 방열량이 적어야 한다. ( )
2. 팬벨트가 너무 헐거우면 엔진 과열의 원인이 된다. ( )

정답 1. X 2. O

| 해설 |
1. 단위면적당 방열량이 많아야 한다.

+ 괄호문제

다음 괄호 안에 알맞은 내용을 쓰시오.

① 엔진의 실린더 벽에서 마멸이 가장 크게 발생하는 부위는 ( ) 부근이다.
② 팬벨트의 장력이 너무 강할 경우에는 발전기 ( )이 손상된다.

| 정답 |
① 상사점
② 베어링

(3) 구조별 특징

① 동절기에 냉각수가 얼면 엔진(기관)은 동파된다.
② 엔진의 실린더 벽에서 마멸이 가장 크게 발생하는 부위는 실린더 벽의 상사점 부근에서 가장 큰 동력이 전달되므로 상사점 부근이다.
③ 냉각팬
  ㉠ 냉각팬의 유격이 너무 크면 엔진이 과열된다.
  ㉡ 냉각팬이 회전할 때 공기는 방열기(라디에이터) 방향으로 분다.
④ 엔진의 냉각방식

공랭식	수랭식
• 자연통풍식 • 강제통풍식	• 자연순환식 • 강제순환식(압력순환식, 밀봉압력식)

2. 부동액

(1) 정의

물과 혼합하여 사용하는 유체로, 라디에이터 내부에 주입되어 라디에이터 및 냉각수의 동결을 막기 위한 대체제로 쓰인다.

(2) 부동액의 주요 성분

① 글리세린 : 반영구 부동액으로 단맛이 있다.
② 메탄올 : 반영구 부동액이다.
③ 에틸렌글리콜 : 영구 부동액으로 단맛이 있다.

(3) 부동액의 구비조건

① 물과 쉽게 혼합될 것
② 부식성이 없을 것
③ 침전물의 발생이 없을 것
④ 비등점이 물보다 높을 것

확인! OX

냉각장치에 대한 설명이다. 옳으면 "O", 틀리면 "X"로 표시하시오.

1. 냉각팬의 유격이 너무 작으면 엔진이 과열된다. ( )
2. 에틸렌글리콜과 글리세린은 단맛이 있다. ( )

정답 1. X 2. O

| 해설 |
1. 냉각팬의 유격이 너무 클 때 엔진이 과열된다.

진짜 통째로 외워온 문제

왁스실에 왁스를 넣어 온도가 올라가면 팽창축이 올라가 열리는 온도조절기는?

① 벨로즈형
② 펠릿형
③ 바이패스 밸브형
④ 바이메탈형

해설
펠릿형은 왁스 케이스 내에 왁스와 고무가 봉입되어 있는 수온조절기이다. 수온의 온도가 올라가면 펠릿 안의 왁스가 팽창하여 고무를 압축함으로써 밸브가 열리고 수온이 낮아지면 팽창했던 왁스가 수축되어 압축이 제거되어 밸브가 닫힌다.

정답 ②

PART 5. 장비구조

CHAPTER 02. 전기장치

출제비중 9%

출제포인트
- 시동장치의 기능
- 충전장치의 기능
- 등화장치의 기능

제1절 시동장치의 구조와 기능

기출 키워드
전자석 스위치, 교류발전기, 계자 코일, 로터, 전조등

1. 시동장치의 구조

(1) 시동장치의 정의
스스로 회전할 수 없는 엔진에 외부 회전력을 주기 위해 스타트 모터(시동전동기, 기동전동기)를 작동시켜 이와 연결된 크랭크축이 회전하게 함으로써 엔진을 구동하는 크랭킹 작업 전기장치이다.

(2) 시동장치의 구성요소와 구성도
① 구성요소 : 스타트 모터(시동전동기, 기동전동기), 점화 스위치(이그니션 스위치, 스타터 스위치), 배터리(축전지), 전기배선
② 구성도 : 이그니션 스위치(점화 스위치, Key) → 스타트 모터(시동전동기, 기동전동기) → 피니언기어 → 크랭크축

2. 시동장치의 기능   중요도 ★★☆

(1) 스타트 모터(시동전동기, 기동전동기)
① 구성요소

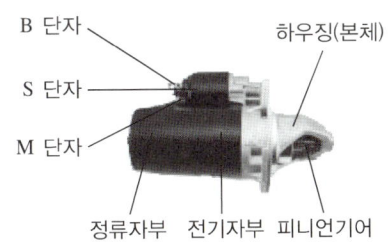

+ 괄호문제

다음 괄호 안에 알맞은 내용을 쓰시오.
① 계자코일에 전류가 흐르면 자력선이 형성되면서 ( )이 된다.
② 기동전동기에서 엔진이 기동된 후 계속해서 스위치(I/G Key)를 ST(Start) 위치에 놓으면 기동전동기의 ( )가 고속회전한다.

| 정답 |
① 전자석
② 피니언 기어

전기자	• 스타트 모터(시동전동기, 기동전동기)에 회전력을 부여하는 장치 • 요크 어셈블리 내부에 있으며, 전기자코일과 정류자로 구성된다.
요크 어셈블리	계자코일에 전류를 흐르게 하면 전자석이 되어 자장이 형성되면서 전기자를 회전 운동시킨다. ※ 요크(전동기 몸통) + 계자철심 + 계자코일
피니언기어	플라이휠과 직접 연결되어 시동 시 회전시키는 장치
오버러닝 클러치	• 시동 후 스타트 모터(시동전동기, 기동전동기)의 정류자와 전기자코일의 파손을 방지하는 기능을 한다. • 엔진의 회전력이 스타트 모터(시동전동기, 기동전동기)에 전달되지 않도록 보호하는 기능을 한다.
마그네틱 스위치 (솔레노이드 스위치)	B 단자 : 축전지의 (+) 전원과 연결된다. M 단자 : • 스타트 모터(시동전동기, 기동전동기)와 솔레노이드 스위치와 연결되어 있다. • 차체와 연결하여 (−) 전원으로 접지시킨다. S 단자 : 점화 스위치가 START 상태일 때만 (+) 전원이 인가된다.

② 부속품

정류자	스타트 모터(시동전동기, 기동전동기)의 전기자코일에 항상 일정한 방향으로 전류가 흐르도록 설치한 것이다.
그로울러 시험기	스타트 모터(시동전동기, 기동전동기)의 전기자코일을 시험하는 데 사용하는 시험기이다.
계자코일	전류가 흐르면 강력한 전자석이 되며, 자력선을 형성하는 것이다.
로터	AC 발전기에서 전류가 흐를 때 전자석이 되는 것이다.

③ 작동 방식
㉠ 공회전 상태의 엔진에서 크랭크축의 회전과 관계없이 작동한다.
㉡ 오버러닝 클러치 형식의 스타트 모터(시동전동기, 기동전동기)에서 엔진이 기동된 후 계속해서 스위치(I/G Key)를 ST(Start) 위치에 놓을 때 일어나는 현상 : 스타트 모터(시동전동기, 기동전동기)의 피니언기어가 고속회전한다.

④ 성능시험 항목 : 저항시험, 무부하시험, 회전력(토크)시험

⑤ 회전이 안 되거나 약할 때의 원인 및 점검항목
㉠ 원인
• 시동스위치 접촉 불량
• 배터리 단자와 터널의 접촉 불량
• 낮은 배터리 전압
㉡ 점검항목
• 배선의 단선 여부
• 축전지의 방전 여부
• 배터리 단자의 접촉 여부

확인! OX

스타트 모터의 회전력에 대한 설명이다. 옳으면 "O", 틀리면 "X"로 표시하시오.
1. 배터리 전압은 스타트 모터의 회전력에 영향을 끼치지 않는다. ( )
2. 스타트 모터가 회전하지 않을 때는 배선의 단선 여부 등을 확인하여야 한다. ( )

| 정답 | 1. X   2. O

| 해설 |
1. 배터리 전압이 낮으면 스타트 모터가 회전하지 않거나 약하게 회전한다.

(2) 직권전동기와 분권전동기
　① 직권전동기
　　㉠ 부하가 크면 회전속도가 낮아지면서 전류량은 커진다.
　　㉡ 회전속도의 변화가 크다.
　　㉢ 직권전동기의 전기자코일과 계자코일의 연결방식 : 직렬연결
　② 분권전동기
　　㉠ 회전속도가 거의 일정하다.
　　㉡ 회전력이 비교적 작다.

(3) 시동장치에서 스타트 릴레이의 설치 목적
　① 엔진 시동을 용이하게 한다.
　② 키 스위치(시동스위치)를 보호한다.
　③ 회로에 충분한 전류가 공급될 수 있도록 하여 크랭킹을 원활하게 한다.

(4) 예열플러그의 고장이 발생하는 경우
　① 엔진이 과열되었을 때
　② 예열시간이 길었을 때
　③ 정격이 아닌 예열플러그를 사용했을 때

진짜 통째로 외워온 문제

기동 전동기의 마그넷 스위치는?
① 기동전동기의 전자석 스위치이다.
② 기동전동기의 전류조절기이다.
③ 기동전동기의 전압조절기이다.
④ 기동전동기의 저항조절기이다.

[해설]
기동전동기의 마그넷 스위치는 솔레노이드 스위치라고도 하며, 기동전동기의 전자석 스위치이다.

정답 ①

+ 괄호문제

다음 괄호 안에 알맞은 내용을 쓰시오.
① (　　)는 키 스위치를 보호하고 크랭킹을 원활하게 한다.
② 전동기 중 (　　)는 회전속도가 거의 일정하고 회전력이 비교적 작다.

| 정답 |
① 스타트 릴레이
② 분권전동기

확인! OX

시동장치에 대한 설명이다. 옳으면 "O", 틀리면 "X"로 표시하시오.
1. 스타트 릴레이는 축전지의 충전과 관련이 있다. (　)
2. 직권전동기의 전기자코일과 계자코일의 연결방식은 병렬연결이다. (　)

정답 1. X 2. X

| 해설 |
1. 스타트 릴레이는 엔진을 초기 시동하는 작업과 관련이 있을 뿐 축전지의 충전과는 관련이 없다.
2. 직권전동기의 전기자코일과 계자코일의 연결방식은 직렬연결이다.

+ 괄호문제

다음 괄호 안에 알맞은 내용을 쓰시오.
① 충전장치는 축전지, 레귤레이터, ( ), 이그니션 스위치로 구성된다.
② 엔진형 지게차의 충전장치는 엔진의 ( )을 이용하여 배터리를 충전한다.

| 정답 |
① 제너레이터(얼터네이터)
② 회전력

제2절 충전장치 구조와 기능

1. 충전장치의 구조

(1) 충전장치의 정의
  ① 엔진형 지게차의 충전장치 : 엔진의 회전력을 이용하여 배터리를 충전시키는 장치
  ② 전동형 지게차의 충전장치 : 연료전지(Fuel Cell)를 충전시키는 장치

(2) 충전장치의 구성요소
  배터리(축전지), 레귤레이터, 제너레이터(얼터네이터), 이그니션 스위치(스타터 스위치)
  ※ 제너레이터 = 발전기, 얼터네이터 = 교류발전기

(3) 충전장치의 구비조건
  ① 내구성이 우수해야 한다.
  ② 전압에 맥동이 없어야 한다.
  ③ 정비 등의 유지보수가 쉬워야 한다.
  ④ 출력전압이 안정되고, 다른 전기회로에는 영향을 미치지 않아야 한다.

확인! OX

충전장치의 구비조건에 대한 설명이다. 옳으면 "O", 틀리면 "X"로 표시하시오.
1. 충전장치는 내구성이 우수해야 한다. ( )
2. 충전장치는 전압에 맥동이 있어야 한다. ( )

정답 1. O 2. X

| 해설 |
2. 맥동이 없어야 한다.

2. 충전장치의 기능   중요도 ★★★

(1) 제너레이터(발전기)

  ① 정의 : 전류의 자기작용을 응용한 전기 발생 장치

② 디젤엔진 가동 중에 발전기가 고장이 났을 때 발생할 수 있는 현상
  ㉠ 충전 경고등에 불이 들어온다.
  ㉡ 헤드램프를 켜면 불빛이 어두워진다.
  ㉢ 전류계의 지침이 (−) 쪽을 가리킨다.

(2) 얼터네이터(교류발전기)

① 얼터네이터(교류발전기)에서 스테이터 코일에 발생한 교류 : 실리콘 다이오드에 의해 직류로 정류시킨 뒤에 외부로 끌어낸다.
② 얼터네이터(교류발전기)의 특징
  ㉠ 전압 조정기만 필요하다.
  ㉡ 소형이며, 경량이다.
  ㉢ 브러시 수명이 길다.
  ㉣ 저속 발전 성능이 좋다.

(3) 기타

① 축전지 케이스와 커버의 세척 : 소다와 물을 섞어 사용한다.
② AC 발전기에서 다이오드의 역할
  ㉠ 교류를 직류로 정류한다.
  ㉡ 축전지 전류의 역류를 방지한다.

+ 괄호문제

다음 괄호 안에 알맞은 내용을 쓰시오.
① AC(교류) 발전기에서 전류는 ( )에서 발생된다.
② 축전지 케이스와 커버 세척 시 ( )와 물을 섞어 사용한다.
③ ( )는 축전지 전류의 역류를 방지하는 역할을 한다.

| 정답 |
① 스테이터 코일
② 소다
③ 다이오드

진짜 통째로 외워온 문제

01 교류발전기의 특징 중 틀린 것은?
① 다이오드를 사용하기 때문에 정류 특성이 좋다.
② 정류자를 사용한다.
③ 저속에서도 충전이 가능하다.
④ 속도변화에 따른 적용 범위가 넓고, 소형·경량이다.

해설
교류발전기는 정류자가 아닌 다이오드가 교류를 직류로 바꿔준다. 정류자는 직류발전기의 구성요소이다.

02 교류발전기에서 계자코일 같은 기능을 하는 것은?
① 로터   ② 브러시
③ 스테이터   ④ 실리콘 다이오드

해설
로터는 자속을 만드는 부분으로 구조는 로터철심, 로터코일, 축, 슬립링으로 구성되어 있다. 로터는 직류발전기의 계자코일에 해당되는 것으로 교류발전기에 전류가 흐를 때 전자석이 된다.

정답 01 ② 02 ①

확인! OX

충전장치에 대한 설명이다. 옳으면 "O", 틀리면 "X"로 표시하시오.
1. 교류발전기는 소형이며 경량이다. ( )
2. 디젤엔진 가동 중에 발전기가 고장 나면 전류계의 지침이 (+) 쪽을 가리킨다. ( )
3. 얼터네이터(교류발전기)는 실리콘 다이오드에 의해 교류로 정류시킨 뒤에 외부로 끌어낸다. ( )

정답 1. O 2. X 3. X

| 해설 |
2. (−) 쪽을 가리킨다.
3. 직류로 정류시킨다.

제3절 등화장치의 구조와 기능

1. 등화장치의 구조

(1) 등화(燈火)장치의 정의 및 종류
  ① 등화장치의 정의 : 지게차에서 조명, 신호, 지시, 경고용 등 여러 목적으로 빛을 밝히는 장치로 램프나 배선, 스위치, 퓨즈 등으로 구성된다.
  ② 등화장치의 종류 : 전조등, 방향지시등, 비상등, 후진등, 번호판등, 경고등

(2) 전조등의 구성요소
전구, 렌즈, 반사경

(3) 전조등 회로의 구성요소
퓨즈, 디머 스위치, 라이트 스위치

2. 등화장치의 기능 중요도 ★★☆

(1) 실드빔식 전조등
  ① 내부에 불활성가스가 들어 있다.
  ② 사용에 따른 광도의 변화가 적다(광도의 단위는 cd).
  ③ 렌즈와 반사경, 필라멘트 일체형이다.
  ④ 대기 조건에 따라 반사경이 흐려지지 않는다.
  ⑤ 고장 시 렌즈를 교환할 수 없어 전조등을 통째로 교체해야 한다.

(2) 복선식 등화장치
  ① 복선식은 큰 전류가 흐르는 회로에 주로 사용한다.
  ② 접지 쪽에도 전선을 사용하여 병렬로 연결하는 복선식을 사용한다.
  ③ 건설기계의 전조등 성능을 유지하기 위한 가장 좋은 방법이다.

(3) 등화장치의 고장 원인
  ① 헤드라이트가 한쪽만 점등되었을 때의 고장 원인
      ㉠ 전구 불량
      ㉡ 전구 접지 불량
      ㉢ 한쪽 회로의 퓨즈 단선

+ 괄호문제

다음 괄호 안에 알맞은 내용을 쓰시오.
① 광도의 단위는 ( )이다.
② 건설기계의 전조등 성능을 유지하기 위한 가장 좋은 방법은 ( )이다.

| 정답 |
① cd
② 복선식

확인! OX

등화장치에 대한 설명이다. 옳으면 "O", 틀리면 "X"로 표시하시오.
1. 접지 쪽에는 병렬로 연결하는 복선식을 사용한다. ( )
2. 실드빔식 전조등 내부에는 활성가스가 들어 있다. ( )

정답 1. O 2. X

| 해설 |
2. 불활성가스가 들어 있다.

② 운전 중 엔진오일 경고등이 점등되었을 때의 원인 : 운전 중 계기판에 충전 경고등이 점등되었다면, 충전이 되고 있지 않음을 나타낸다.
  ㉠ 윤활계통이 막혔을 때
  ㉡ 오일필터가 막혔을 때
  ㉢ 오일드레인 플러그가 열렸을 때

(4) 등화장치 고장 시 해결 방법
① 방향지시등의 한쪽 등이 빠르게 점멸하고 있을 때, 운전자는 가장 먼저 전구(램프)를 점검하여야 한다.
② 실드빔 형식의 전조등을 사용하는 건설기계장비에서 전조등 밝기가 흐려 야간운전에 어려움이 있을 때는 전조등을 교체하여야 한다.

+ 괄호문제

다음 괄호 안에 알맞은 내용을 쓰시오.
① 방향지시등의 한쪽 등이 빠르게 점멸하면, 가장 먼저 ( )를 점검하여야 한다.
② 오일필터가 막히거나 ( )이 막히면 엔진오일 경고등이 점등된다.

| 정답 |
① 전구
② 윤활계통

진짜 통째로 외워온 문제

전조등에 대한 설명이다. 다음 빈칸을 순서대로 알맞게 채운 것은?

> 전조등에는 필라멘트가 2개 있는데, 하나는 먼 곳을 비추는 역할을 하는 (a)이고, 다른 하나는 시내 주행 시나 교행 시에 대항 차량 혹은 사람에게 현혹 현상을 막기 위해 (b)를 낮추고 빔을 낮추는 (c)이다.

① a : 상향등, b : 조도, c : 하향등
② a : 조도, b : 상향등, c : 하향등
③ a : 하향등, b : 조도, c : 상향등
④ a : 상향등, b : 광도, c : 하향등

해설
전조등에는 2개의 필라멘트가 있으며, 먼 곳을 비추는 하이빔(High Beam ; 상향등)과 시내를 주행하거나 교행할 때 대항 자동차나 사람이 현혹되지 않도록 광도를 약하게 하고, 동시에 빔을 낮추는 로빔(Low Beam ; 하향등)이 있다.

 정답 ④

확인! OX

등화장치의 고장에 대한 설명이다. 옳으면 "O", 틀리면 "X"로 표시하시오.
1. 전구 접지가 불량하면 양쪽 헤드라이트가 모두 점등된다. ( )
2. 한쪽 회로의 퓨즈 단선이 있으면 헤드라이트가 한쪽만 점등된다. ( )

정답 1. X 2. O

| 해설 |
1. 한쪽만 점등된다.

제4절 퓨즈 및 계기장치의 구조와 기능

1. 퓨즈의 구조와 기능

(1) 퓨즈의 구조

퓨즈박스(커버 장착)

퓨즈박스(커버 탈거)

[출처 : 현대지게차]

① 퓨즈의 정의 : 전기장치를 구성하는 회로에 과도한 전류가 흐를 때 해당 장치의 고장이나 화재를 막기 위한 과전류 보호장치이다.

② 퓨즈의 특징 : 주로 직렬로 결선한다.

③ 퓨즈의 용량
   ㉠ 퓨즈의 용량 표시 단위 : A(Ampere, 암페어)
   ㉡ 지게차용 전기직렬회로에 사용하는 퓨즈의 용량 : 회로 내 전류의 1.5~1.7배
   ㉢ 퓨즈의 용량(A) 계산법

회로도	풀이 과정
6V30W, 6V30W, 퓨즈, 6V100Ah	회로도에서 회로는 병렬연결이므로 6V30W, 30W = 6V × I(전류)이다. 여기서 용량 A는 다음과 같다. $I = 5A \times 2 = 10A$

(2) 퓨즈의 기능

① 퓨즈의 단선과 단락
   ㉠ 단선 : 배선이 끊어지는 현상
   ㉡ 단락 : 배선이 겹쳐져서 합선되는 현상

② 전조등 회로에서 퓨즈의 접촉이 불량할 때 : 전류의 흐름이 나빠져서 퓨즈가 끊어지는 현상이 나타날 수 있다.

③ 지게차의 리프트 실린더 작동 회로에서 플로 프로텍터(벨로시티 퓨즈)를 사용하는 목적 : 컨트롤밸브와 리프트 실린더 사이에서 배관 파손 시 적재물의 급강하를 방지한다.

④ 트랜지스터(TR)의 회로작용 : 증폭작용, 발진작용, 정류작용, 검파작용, 스위칭작용

+ 괄호문제

다음 괄호 안에 알맞은 내용을 쓰시오.

① 퓨즈의 용량 표시 단위는 ( )이다.
② ( )은 배선이 겹쳐져서 합선되는 현상을 말한다.

| 정답 |
① A(Ampere, 암페어)
② 단락

확인! OX

퓨즈의 기능에 대한 설명이다. 옳으면 "O", 틀리면 "X"로 표시하시오.

1. 전조등 회로에서 퓨즈의 접촉이 불량하면 퓨즈에는 문제가 없으나 전류의 흐름이 나빠질 수 있다. ( )
2. 벨로시티 퓨즈는 컨트롤 밸브와 리프트 실린더 사이에서 배관 파손 시 적재물의 급강하를 방지한다. ( )

정답 1. X 2. O

| 해설 |
1. 퓨즈의 접촉이 불량하면 전류의 흐름이 나빠져서 퓨즈가 끊어지는 현상이 나타날 수 있다.

2. 계기장치의 구조와 기능

중요도 ★☆☆

(1) 계기장치의 구조

① 계기장치(계기판)의 정의 : 지게차 운행에 필요한 정보를 등화 및 디지털 표시기를 사용해서 표시하여 작업자에게 현재 지게차의 상태를 지시해주는 장치이다.

② 지게차의 실제 계기장치

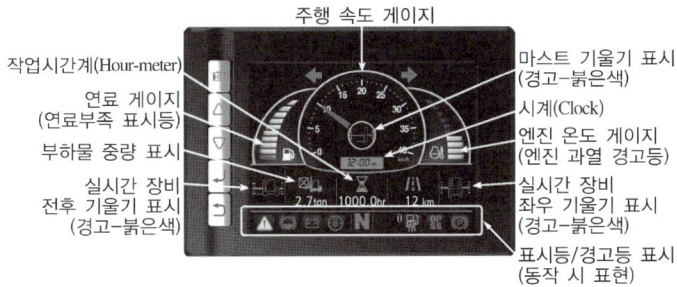

[출처 : 현대지게차, 지게차의 계기장치]

(2) 계기장치의 기능

① 계기장치의 표시내용
- ㉠ 연료 게이지
- ㉡ 속도 게이지
- ㉢ 방향지시등
- ㉣ 작업표시등
- ㉤ 엔진 점검 경고등
- ㉥ 브레이크 고장등
- ㉦ 엔진 예열 표시등
- ㉧ 연료 레벨 경고등
- ㉨ 미션오일 온도계
- ㉩ 배터리 충전 경고등
- ㉪ 엔진 냉각수 온도계
- ㉫ 주차브레이크 표시등
- ㉬ 아워미터(Hour Meter) : 지게차 엔진이 가동된 총시간

② 계기판의 충전 경고등 작동 원인과 그 조치방법

이상 현상	• 운전 중 갑자기 계기판에 충전 경고등이 점등되었고, 따라서 충전되지 않음을 확인했다. • 엔진을 정지하고 계기판 전류계의 지시침을 살펴보니 정상에서 (−) 방향을 지시하고 있다.
작동 원인	• 전조등 스위치가 점등위치에서 방전하고 있다. • 배선에서 누전되고 있다. • 시동 시 엔진의 예열장치를 동작시키고 있다.
조치 내용	• 축전지의 전압을 측정해서 이상 유무를 확인한다. • 충전계통을 확인해서 교체한다.

+ 괄호문제

다음 괄호 안에 알맞은 내용을 쓰시오.
① 계기장치의 ( )는 지게차 엔진이 가동된 총시간을 표시한다.
② 계기판 전류계의 지시침은 누전 시 정상에서 ( ) 방향을 지시한다.

| 정답 |
① 아워미터(Hour Meter)
② (−)

확인! OX

계기판의 충전 경고등 작동에 대한 설명이다. 옳으면 "O", 틀리면 "X"로 표시하시오.
1. 시동 시 엔진의 예열장치를 동작시키고 있으면 충전 경고등이 점등된다. ( )
2. 충전 경고등이 점등되면 축전지의 용량을 측정해서 이상 유무를 확인해야 한다. ( )

정답 1. O 2. X

| 해설 |
2. 축전지의 전압을 측정해서 이상 유무를 확인해야 한다.

PART 5. 장비구조

CHAPTER 03 · 전 · 후진 주행장치

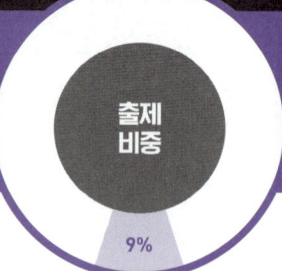
출제비중 9%

출제포인트
- 조향장치 및 제동장치의 기능
- 수동변속기의 특징
- 동력전달장치의 기능

기출 키워드

조향방식, 클러치의 필요성, 구동방식, 전동식 지게차의 작동 순서, 유압식 브레이크와 브레이크페달의 원리

제1절 조향장치의 구조와 기능

1. 조향장치의 구조   중요도 ★☆☆

(1) 조향장치의 정의

[지게차의 유압식 조향장치(현대)]

① 운전자가 원하는 방향으로 핸들을 돌리면 지게차의 방향을 바꾸어주는 장치이다.
② 지게차의 일반적인 조향방식은 뒷바퀴 조향방식이다.

(2) 조향장치의 구성요소

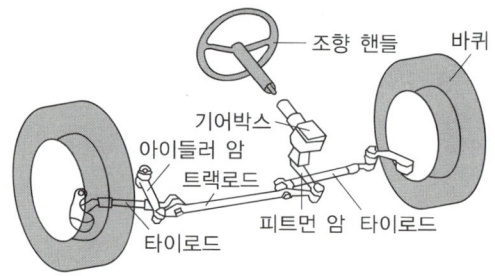

(3) 벨 크랭크

지게차의 유압식 조향장치에서 조향 실린더의 직선운동을 축의 중심으로 하는 회전운동으로 바꾸어줌과 동시에 타이로드에 직선운동을 시켜 주는 것이다.

(4) 타이어의 구성요소

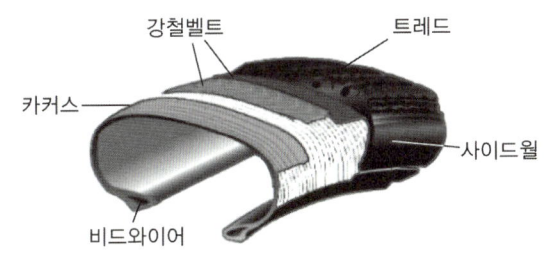

카커스 (Carcass)	• 타이어에서 고무로 피복 된 코드를 여러 겹으로 겹친 층에 해당한다. • 타이어의 골격을 이루는 부분
트레드 (Tread)	• 노면과 직접 접촉하는 부분으로 접촉하는 면적에 따라 접지력이 달라진다. • 노면과 접촉했을 때 물기가 빠지는 물길의 형태에 따라 트레드 형상이 달라진다.
비드와이어 (비드부)	• 철선으로 타이어를 림에 강력하게 고정하기 위해 사용한다. • 튜브리스 타이어는 비드와이어가 타이어와 림 사이에 기밀을 유지하는 역할도 한다.
강철벨트 (브레이커, 코드벨트)	• 트레드와 카커스의 중간 부분에 위치하는 강철로 만든 벨트 • 외부 충격의 내부 전달을 막아 손상을 방지한다.
사이드월(숄더부)	타이어의 측면부로 카커스를 보호하는 역할을 한다.

+ 괄호문제

다음 괄호 안에 알맞은 내용을 쓰시오.
① (   )는 타이로드에 직선운동을 시켜 준다.
② 비드와이어는 타이어를 (   )에 강력하게 고정하기 위해 사용한다.

| 정답
① 벨 크랭크
② 림

진짜 통째로 외워온 문제

지게차의 일반적인 조향방식은?
① 앞바퀴 조향방식이다.
② 뒷바퀴 조향방식이다.
③ 허리꺾기 조향방식이다.
④ 작업조건에 따라 바꿀 수 있다.

(해설)
지게차는 일반적으로 앞바퀴 구동, 뒷바퀴 조향방식이다.

정답 ②

확인! OX

타이어의 구성요소에 대한 설명이다. 옳으면 "O", 틀리면 "X"로 표시하시오.
1. 트레드(Tread)는 접촉하는 노면의 유형에 따라 접지력이 달라진다.　(　)
2. 사이드월(숄더부)은 카커스를 보호하는 역할을 한다.　(　)

정답　1. X　2. O

| 해설 |
1. 노면의 면적에 따라 접지력이 달라진다.

+ 괄호문제

다음 괄호 안에 알맞은 내용을 쓰시오.
① ( )는 조향 시 바퀴에 복원력을 주기 위한 것이다.
② 타이어식 건설기계에서 조향 바퀴의 토인을 조정하는 것은 ( )이다.

| 정답 |
① 캐스터
② 타이로드

2. 조향장치의 기능 중요도 ★☆☆

(1) 조향장치가 갖추어야 할 조건
① 정비가 용이해야 한다.
② 조작하기 쉽고, 방향전환이 확실해야 한다.
③ 주행 중 충격이 조향장치에 미치지 않아야 한다.
④ 조향 휠의 회전과 바퀴 선회 차가 크지 않아야 한다.
⑤ 고속주행에서도 조향 핸들의 조작이 안전해야 한다.
⑥ 회전 반지름이 작아서 폭이 좁은 도로에서도 방향전환을 쉽게 할 수 있어야 한다.

(2) 동력조향장치의 장점
① 작은 조작력으로 조향 조작이 가능하다.
② 조향 핸들의 시미 현상을 줄일 수 있다.
③ 설계·제작 시 조향 기어비를 조작력에 관계없이 선정할 수 있다.

(3) 조향륜 정렬 점검하기
① 토인(Toe-in) : 주행할 때 앞바퀴가 자연적으로 벌어지려는 현상을 보상하기 위한 것으로, 타이어 앞부분의 간격이 뒷부분의 간격보다 좁은 상태를 의미한다(토인을 조정하는 것은 타이로드).
② 캐스터 : 바퀴를 옆에서 보았을 때 킹핀 중심선이 수직선에 대해 어느 한쪽으로 기울어진 상태를 의미한다(조향 시 바퀴에 복원력을 주기 위한 것).
③ 캠버 : 바퀴를 정면에서 보았을 때 바퀴 중심선이 수직선에 대해 어느 한쪽으로 기울어진 상태를 의미한다.

확인! OX

조향장치에 대한 설명이다. 옳으면 "O", 틀리면 "X"로 표시하시오.
1. 조향 휠의 회전과 바퀴 선회 차가 커야 한다. ( )
2. 동력조향장치의 장점 중 하나는 조향 핸들의 시미 현상을 줄일 수 있다는 것이다. ( )

정답 1. X 2. O

| 해설 |
1. 크지 않아야 한다.

제2절 변속장치의 구조와 기능

1. 변속장치의 구조

(1) 변속기(트랜스미션)의 정의

지게차의 속도를 변속시키는 장치이다.

[트랜스미션]

(2) 클러치의 필요성 및 용량
① 변속장치에서 클러치의 필요성
  ㉠ 관성운동을 하기 위해
  ㉡ 기어 변속 시 엔진의 동력을 차단하기 위해
  ㉢ 엔진 시동 시 엔진을 무부하 상태로 만들기 위해
② 클러치의 용량 : 기관 회전력의 1.5~2.5배 정도가 적합하다.

2. 변속장치의 기능

(1) 변속기의 필요성
① 엔진의 회전력을 증대시킨다.
② 장비의 후진 시 필요로 한다.
③ 시동 시 장비를 무부하 상태로 한다.

(2) 건설기계에서 변속기의 구비조건
① 전달효율이 좋아야 한다.
② 단계 없이 연속적으로 변속되어야 한다.
③ 소형 경량이며, 수리하기가 쉬워야 한다.
④ 변속 조작이 쉽고, 신속·정확·정숙해야 한다.

+ 괄호문제

다음 괄호 안에 알맞은 내용을 쓰시오.
① ( )운동을 하기 위해 변속장치에서 클러치가 필요하다.
② 클러치의 용량은 기관 회전력의 1.5~( )배 정도가 적합하다.

| 정답 |
① 관성
② 2.5

확인! OX

변속기에 대한 설명이다. 옳으면 "O", 틀리면 "X"로 표시하시오.
1. 변속기는 환향(조향)을 빠르게 한다. ( )
2. 변속기는 엔진의 회전력을 증대시킨다. ( )

정답 1. X 2. O

| 해설 |
1. 변속기는 환향(조향)을 빠르게 하지는 않는다.

+ 괄호문제

다음 괄호 안에 알맞은 내용을 쓰시오.
① 클러치판은 변속기 입력축의 ( )에 끼워져 있다.
② 변속기 ( )의 마모는 기어의 이상음을 발생시킨다.

| 정답 |
① 스플라인
② 베어링

(3) 수동변속기의 특징

① 수동변속기가 장착된 동력전달장치에서 클러치판은 변속기 입력축의 스플라인에 끼워져 있다.
② 수동식 변속기가 장착된 건설기계에서 기어의 이상음이 발생하는 이유
  ㉠ 기어의 백래시 과다
  ㉡ 변속기의 오일 부족
  ㉢ 변속기 베어링의 마모

(4) 자동변속기의 과열 원인

① 메인 압력이 높을 때
② 과부하 운전을 계속했을 때
③ 변속기 오일쿨러가 막혔을 때

진짜 통째로 외워온 문제

수동변속기에 장착된 지게차 클러치의 필요성으로 옳지 않은 것은?
① 전진과 후진을 하기 위해
② 시동 시 기관을 무부하 상태로 하기 위해
③ 기어 변속 시 기관의 동력을 차단하기 위해
④ 전체 중량을 감소하기 위해

[해설]
클러치는 엔진의 동력을 변속기로 전달하는 동력전달장치로, 클러치가 없다고 해서 지게차의 전진과 후진을 할 수 없는 것은 아니다.

정답 ①

확인! OX

자동변속기의 과열 원인에 대한 설명이다. 옳으면 "O", 틀리면 "X"로 표시하시오.

1. 메인 압력이 높을 때 과열된다. ( )
2. 변속기 오일쿨러가 열렸을 때 과열된다. ( )

정답 1. O 2. X

| 해설 |
2. 막혔을 때 과열된다.

제3절 동력전달장치의 구조와 기능

1. 동력전달장치의 구조

(1) 동력전달장치의 정의
동력전달장치란 엔진에서 발생한 동력을 지게차가 주행할 수 있도록 알맞게 속도를 변환시켜 구동 바퀴에 그 힘을 전달하는 장치이다.

(2) 동력전달장치의 구성요소
엔진, 구동축(액슬), 변속기(트랜스미션), 유압기어펌프, 토크컨버터

2. 동력전달장치의 기능 중요도 ★★★

(1) 지게차의 구동방식 및 동력 전달 순서
① 지게차의 일반적인 구동방식 : 앞바퀴 구동방식
② 지게차의 동력 전달 순서 : 엔진 → 토크컨버터 → 변속기 → 종감속 기어 및 차동장치 → 앞구동축 → 최종 감속기 → 바퀴

(2) 지게차 토크
지게차는 막 주행을 시작하려고 할 때 최대의 출력 토크가 발생하며, 정속 시에나 최대속도로 도로를 달릴 때는 큰 토크를 필요로 하지 않는다.

(3) 토크컨버터
① 역할 : 엔진의 동력을 터빈 샤프트를 거쳐 클러치 샤프트로 전달한다.
② 구성품

임펠러	입력축인 엔진과 직결되어 엔진과 같은 회전수로 회전하는 펌프의 일종이다.
단방향 클러치	터빈의 회전력이 커지면 오일의 방향이 바뀌면서 스테이터의 뒷면에 부딪혀 펌프의 회전을 방해하는데, 이것을 방지하기 위한 장치이다.
스테이터	• 임펠러와 터빈 사이에 장착된다. • 오일의 흐름 방향을 바꾸고, 회전력을 증대시켜서 동력을 터빈으로 전달한다.
터빈	스테이터의 동력을 출력축에 전달한다.

③ 트랜스미션의 토크컨버터
㉠ 엔진에 의해 회전하는 임펠러를 입력축으로 하고, 출력부에 연결된 터빈, 스테이터 등 3개 요소로 구성된 토크컨버터의 내부는 오일로 채워져 있다.
㉡ 임펠러가 회전하면서 유체에너지가 생기면 오일은 원심력에 의해 터빈에 힘을 전달하여 토크를 발생시키고, 스테이터에 의해 흐름이 바뀌면서 스테이터에는 반대 방향의 토크를 발생시키는데, 이때 출력 토크는 엔진 토크의 몇 배 이상으로 증가한다.

+ 괄호문제

다음 괄호 안에 알맞은 내용을 쓰시오.
① 지게차는 (　　)로 달릴 때는 큰 토크를 필요로 하지 않는다.
② (　　)는 엔진의 동력을 터빈 샤프트를 거쳐 클러치 샤프트로 전달한다.

| 정답 |
① 최대속도
② 토크컨버터

확인! OX

토크컨버터의 구성품에 대한 설명이다. 옳으면 "O", 틀리면 "X"로 표시하시오.
1. 터빈은 스테이터의 동력을 입력축에 전달한다. (　)
2. 스테이터는 오일의 방향을 바꾸어 회전력을 증대시킨다. (　)

정답 1. X 2. O

| 해설 |
1. 터빈은 스테이터의 동력을 출력축에 전달한다.

+ 괄호문제

다음 괄호 안에 알맞은 내용을 쓰시오.
① 토크컨버터의 주요 구성요소는 펌프(임펠러), 터빈, (   )이다.
② (   )의 주요 구성요소는 펌프(임펠러), 터빈이다.

| 정답 |
① 스테이터
② 유체클러치

④ 토크컨버터와 유체클러치의 주요 구성요소
  ㉠ 토크컨버터의 주요 구성요소 : 펌프(임펠러), 터빈, 스테이터
  ㉡ 유체클러치의 주요 구성요소 : 펌프(임펠러), 터빈

진짜 통째로 외워온 문제

01 지게차의 일반적인 구동방식은?
① 앞바퀴 구동방식이다.
② 뒷바퀴 구동방식이다.
③ 4륜 구동방식이다.
④ 6륜 구동방식이다.

| 해설 |
지게차는 일반적으로 앞바퀴 구동, 뒷바퀴 조향방식이다.

02 지게차의 동력 전달 순서로 옳은 것은?
① 엔진 → 변속기 → 토크컨버터 → 종감속 기어 및 차동장치 → 최종 감속기 → 앞구동축 → 바퀴
② 엔진 → 변속기 → 토크컨버터 → 종감속 기어 및 차동장치 → 앞구동축 → 최종 감속기 → 바퀴
③ 엔진 → 토크컨버터 → 변속기 → 앞구동축 → 종감속 기어 및 차동장치 → 최종 감속기 → 바퀴
④ 엔진 → 토크컨버터 → 변속기 → 종감속 기어 및 차동장치 → 앞구동축 → 최종 감속기 → 바퀴

| 해설 |
지게차 동력 전달 순서는 엔진 → 토크컨버터 → 변속기 → 종감속 기어 및 차동장치 → 앞구동축 → 최종 감속기 → 바퀴이다.

| 정답 | 01 ① 02 ④

확인! OX

차동기어장치에 대한 설명이다. 옳으면 "O", 틀리면 "X"로 표시하시오.
1. 차동기어장치는 지게차의 선회를 원활하게 하는 장치이다. (   )
2. 차동기어장치는 엔진의 회전력을 크게 하여 구동 바퀴에 전달한다. (   )

| 정답 | 1. O 2. X

| 해설 |
2. 차동기어장치는 엔진의 회전력을 변경할 수는 없다.

(4) 차동(기어)장치(Differential Gear)

[차동(기어)장치]

① 차동(기어)장치는 회전 중심점에서 멀거나 가까운 바퀴의 회전수를 다르게 해서 차량(지게차)의 선회를 원활하게 하는 장치이다.
② 자동차가 울퉁불퉁한 요철 부분을 지나갈 때 서로 달라지는 좌우 바퀴의 회전수를 적절히 분해하여 구동시키는 장치이다.
③ 직교하는 사각 구조의 베벨기어를 차동기어 열에 적용한 장치이다.
④ 차동(기어)장치에 쓰이는 유성기어장치의 주요 부품으로는 선기어, 링기어, 유성기어가 있다.

(5) 용어 정리

용어	내용
자재이음(유니버설 조인트)	추진축의 각도 변화를 가능하게 하는 이음
클러치 디스크	플라이휠과 압력판 사이에 설치되어 있으며, 변속기 압력축을 통해 변속기에 동력을 전달하는 장치
수동변속기 클러치판	수동변속기가 장착된 동력전달장치의 클러치판은 변속기 입력축 스플라인에 장착됨

진짜 통째로 외워온 문제

유성기어장치의 주요 부품으로 옳지 않은 것은?
① 선기어
② 링기어
③ 유성기어
④ 헬리컬기어

[해설]
건설기계의 속도를 30% 정도 빠르게 하고 연료를 절약하는 장치인 오버드라이버의 유성기어장치의 주요 부품으로는 선기어, 유성기어, 링기어, 유성캐리어가 있다.

[정답] ④

+ 괄호문제

다음 괄호 안에 알맞은 내용을 쓰시오.
① 자재이음은 추진축의 ( ) 변화를 가능하게 하는 이음이다.
② ( )는 변속기 압력축을 통해 변속기에 동력을 전달하는 장치이다.

| 정답 |
① 각도
② 클러치 디스크

제4절 제동장치와 주행장치

1. 제동장치

(1) 제동장치의 구조
① 제동장치(Brake)의 정의 : 움직이는 기계장치의 속도를 줄이거나 정지시키는 장치로 마찰력을 이용하여 운동에너지를 열에너지로 변환시킨다.
② 제동장치의 구성요소 : 딥스틱(Dipstick), 온도센서, 컨트롤밸브, 변속기(트랜스미션), 오일필터, 브레이크 라인 에어 브리더

(2) 제동장치의 구비조건
① 신뢰성이 커야 한다.
② 내구성이 커야 한다.
③ 마찰력이 좋아야 한다.
④ 정비와 점검이 편해야 한다.
⑤ 제동이 정확하고, 효과가 커야 한다.

확인! OX

제동장치에 대한 설명이다. 옳으면 "O", 틀리면 "X"로 표시하시오.
1. 마찰력을 이용한다. ( )
2. 열에너지를 운동에너지로 변환시킨다. ( )

[정답] 1. O 2. X

| 해설 |
2. 운동에너지를 열에너지로 변환시킨다.

+ 괄호문제

다음 괄호 안에 알맞은 내용을 쓰시오.
① 제동방식에는 ( ), 전자식, 공기식, 배력식 브레이크 및 하이드로 백 등이 있다.
② ( )는 마찰재인 초승달 모양의 브레이크패드(슈)를 밀착시켜 제동시키는 장치이다.

| 정답 |
① 유압식
② 드럼브레이크

(3) 제동방식의 분류
① 유압식 브레이크
② 전자식 브레이크
③ 공기식 브레이크
④ 배력식 브레이크
⑤ 하이드로 백

(4) 드럼브레이크
바퀴와 함께 회전하는 브레이크 드럼의 안쪽에 마찰재인 초승달 모양의 브레이크패드(슈)를 밀착시켜 제동시키는 장치이다.

(5) 진공식 제동 배력 장치
릴레이 밸브 피스톤 컵이 파손되어도 브레이크는 작동된다.

(6) 베이퍼록(베이퍼로크)
① 베이퍼록의 정의 : 브레이크 오일 내부에서 시간이 지남에 따라 자연적으로 발생하는 수분이 여름철과 같이 기온이 높을 때 브레이크를 과도하게 사용하면, 마찰열에 의해 캘리퍼 부근의 브레이크액이 끓게 되면서 기포가 발생하여 브레이크에 압력이 전부 전달되지 않음으로써 완전히 정지되지 못하는 현상
② 브레이크 장치 내부 파이프에 베이퍼록이 발생하는 원인
  ㉠ 드럼의 과열
  ㉡ 잔압의 저하
  ㉢ 오일의 변질에 의한 비등점 저하
  ㉣ 드럼과 라이닝의 끌림에 의한 가열
  ㉤ 긴 내리막길에서 과도한 브레이크 사용
③ 베이퍼록 방지 방법 : 긴 내리막을 내려갈 때는 베이퍼록을 방지하기 위해 엔진 브레이크를 사용하는 것이 좋다.

확인! OX
베이퍼록(베이퍼로크)에 대한 설명이다. 옳으면 "O", 틀리면 "X"로 표시하시오.
1. 오일의 비등점이 상승하면 베이퍼록이 발생한다. ( )
2. 긴 내리막을 내려갈 때는 베이퍼록을 방지하기 위해 엔진 브레이크를 사용하는 것이 좋다. ( )

정답 1. X 2. O

| 해설 |
1. 오일의 변질에 의한 비등점 저하로 베이퍼록이 발생한다.

2. 주행장치

(1) 주행장치의 정의
지게차의 바퀴가 회전하는 데 필요한 모든 장치들이 함께 연동하여 작동함으로써 지게차를 원하는 목적지까지 이동시켜 주는 장치이다.

(2) 주행장치의 종류
① 조향장치 : 핸들
② 변속장치 : 수동기어장치, 자동기어장치
③ 제동장치 : 브레이크, 타이어
④ 현가장치 : 유압식 서스펜션, 공압식 서스펜션
⑤ 동력전달장치 : 클러치, 커플링, 종감속장치, 차동기어장치

진짜 통째로 외워온 문제

지게차에서 유압식 브레이크와 브레이크페달의 원리로 옳은 것은?
① 파스칼의 원리, 지렛대의 원리
② 랙과 피니언의 원리, 파스칼의 원리
③ 랙과 피니언의 원리, 애커먼 장토의 원리
④ 지렛대의 원리, 애커먼 장토의 원리

[해설]
유압 브레이크는 파스칼 원리를 응용하여 만든 장치이고, 브레이크페달은 지렛대의 원리를 응용하여 만든 장치이다.

정답 ①

+ 괄호문제

다음 괄호 안에 알맞은 내용을 쓰시오.
① 유압 브레이크는 (   )의 원리를 응용하여 만든 장치이다.
② 브레이크페달은 (   )의 원리를 응용하여 만든 장치이다.

| 정답 |
① 파스칼
② 지렛대

확인! OX

주행장치의 종류에 대한 설명이다. 옳으면 "O", 틀리면 "X"로 표시하시오.

1. 타이어는 현가장치이다. (   )
2. 변속장치로는 수동기어장치, 자동기어장치, 차동기어장치 등이 있다. (   )

정답 1. X 2. X

| 해설 |
1. 타이어는 제동장치이다. 현가장치로는 유압식 서스펜션, 공압식 서스펜션이 등이 있다.
2. 차동기어장치는 동력전달장치이다.

CHAPTER 04. 유압장치

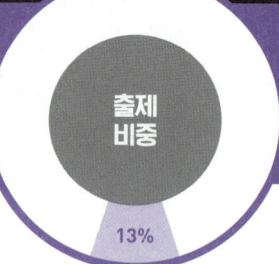

출제 비중 13%

출제포인트
- 유압장치
- 유압펌프 및 유압모터의 기능
- 유압실린더의 종류 및 기능

기출 키워드

여과기, 공유압 기호, 기어펌프, 실린더의 작동방식, 유압실린더의 부속장치, 유압모터의 장점, 유압밸브, 유압유 사용 조건

제1절 유압장치의 개요

1. 유체와 유압

(1) 유체

① 유체의 정의
   ㉠ 유체 : 기체나 액체를 하나의 용어로써 부르는 말
   ㉡ 압축성 유체 : 기체는 외부 압력을 받으면 그 부피가 줄어들며, 이를 압축성 유체라 한다.
   ㉢ 비압축성 유체 : 액체는 외부 압력을 받아도 그 부피가 거의 줄어들지 않으며, 이를 비압축성 유체라 한다.

② 유체의 분류

유체 (流體)	유체(油體) – 유압(油壓) – 액체 – 비압축성
	기체(氣體) – 공압(空壓) – 기체 – 압축성

(2) 유압

① 유압의 장단점

장점	단점
• 응답성이 우수하다.	• 고압이므로 위험하다.
• 일정한 힘과 토크를 낼 수 있다.	• 기름이 누설될 우려가 있다.
• 소형 장치로 큰 힘을 발생시킨다.	• 작은 이물질에도 영향을 크게 받는다.
• 무단변속 및 원격제어가 가능하다.	• 유체 온도에 따라 속도나 성능이 변한다.

② 유압(油壓)과 공압(空壓, 기압)의 응답속도
   ㉠ 유압(油壓)의 응답속도 : 유압장치에 사용되는 유체는 비압축성 액체이며, 이러한 액체를 실린더나 관로 내에서 일정한 부피만큼 밀어내면, 그 즉시 동일한 부피만큼 끝부분이 다른 곳으로 이동하므로 응답속도가 빠르다.
   ㉡ 공압(空壓)의 응답속도 : 공압장치는 압축성 유체인 기체를 사용하며, 이러한 기체는 일정한 부피만큼 밀어내도 상당한 부피의 압축이 이루어진 후에서야 응답이 이루어지므로, 반응속도가 유압보다 느리다.
   ㉢ 반응속도(응답속도) : 액체 > 기체

2. 유압장치의 개념

중요도 ★★☆

(1) 유압장치의 특징

① 에너지의 축적이 가능하다.
② 제어하기 쉽고, 비교적 정확하다.
③ 구조가 간단하고, 원격조작이 가능하다.
④ 공압에 비해 출력의 응답속도가 빠르다.
⑤ 작동 유체로는 액체인 오일이나 물이 사용된다.
⑥ 유량 조절을 통해 무단변속 운전을 할 수 있다.
⑦ 여러 동작을 수동이나 자동으로 선택하여 조작할 수 있다.
⑧ 유압유의 온도변화에 따라 액추에이터의 출력과 속도가 변화되기 쉽다.
⑨ 파스칼의 원리를 이용하여 작은 힘으로 큰 힘을 얻는 장치의 제작이 가능하다.
⑩ 유압기기에 사용되는 작동유는 동력 전달의 효율성을 위하여 비압축성이어야 한다.

(2) 유압장치의 구성요소

① 동력 발생원 : 유압펌프, 유압모터
② 유압 발생부 : 유압펌프, 유압모터, 오일탱크
③ 유압 청정부 : 오일 여과기(필터)
④ 유압 제어부 : 유량제어, 압력제어, 방향제어
⑤ 유압 작동부 : 액추에이터(유압모터, 유압 실린더 등)
⑥ 기타 부속장치

진짜 통째로 외워온 문제

다음 중 유압장치가 아닌 것은?
① 차동장치
② 유압펌프
③ 유압실린더
④ 유압모터

해설
차동장치(차동기어장치)는 회전 중심점에서 멀거나 가까운 바퀴의 회전수를 다르게 해서 차량의 선회를 원활하게 해주는 장치이다.

정답

---

(3) 유압장치의 일상 점검항목

① 오일의 양 점검
② 변질 상태 점검
③ 오일의 누유 여부 점검

+ 괄호문제

다음 괄호 안에 알맞은 내용을 쓰시오.
① 유압 제어로는 유량제어, 압력제어, ( )제어 등이 있다.
② 작동 유체로는 액체인 오일이나 ( )이 사용된다.

| 정답 |
① 방향
② 물

확인! OX

유압장치의 특징에 대한 설명이다. 옳으면 "O", 틀리면 "X"로 표시하시오.
1. 공압에 비해 출력의 응답속도가 느리다. ( )
2. 작동유는 동력 전달의 효율성을 위하여 압축성이어야 한다. ( )

정답 1. X 2. X

| 해설 |
1. 공압에 비해 출력의 응답속도가 빠르다.
2. 작동유는 동력 전달의 효율성을 위하여 비압축성이어야 한다.

+ 괄호문제

다음 괄호 안에 알맞은 내용을 쓰시오.

① Ⓜ는 ( )를 나타내는 공유압 기호이다.
② 공유압 기호 중 ─⬭─은 ( )를 나타낸다.

| 정답 |
① 전동기
② 공기탱크

(4) 축압기의 역할과 종류
① 축압기의 역할 : 유압펌프에서 발생한 유압을 저장하고, 맥동을 제거한다.
② 축압기의 종류 : 공기 압축형-피스톤식(Piston Type), 다이어프램식(Diaphragm Type), 블래더식(Bladder Type)

3. 공유압 기호   중요도 ★★★

유압동력원	공압동력원	유압펌프
▶─	▷─	(유압펌프 기호)
공기압 모터	전동기	회전형 전기 액추에이터
(기호)	Ⓜ	Ⓜ(기호)
가변용량형 유압펌프	정용량형 펌프	유압 파일럿(내부)
(기호)	(기호)	(기호)
유압 파일럿(외부)	단동실린더	단동식 양로드형
(기호)	(기호)	(기호)
복동식 편로드형	복동실린더 양로드형	오일탱크
(기호)	(기호)	(기호)
공기탱크	필터	소음기
(기호)	(기호)	(기호)

확인! OX

공유압 기호에 대한 설명이다. 옳으면 "O", 틀리면 "X"로 표시하시오.

1. ▷─는 유압동력원을 나타내는 공유압 기호이다. ( )
2. 오일탱크를 나타내는 공유압 기호는 [ ]이다. ( )

정답 1. X 2. O

| 해설 |
1. 공압동력원을 나타내는 공유압 기호이다.

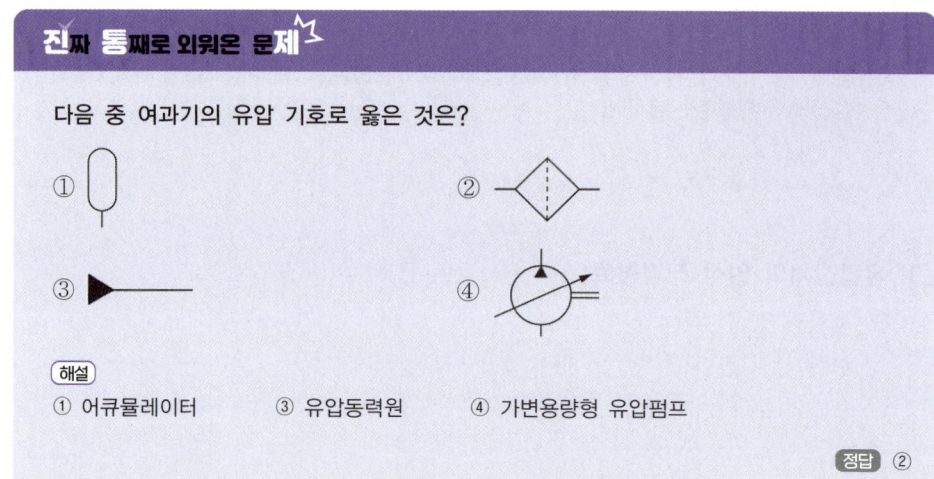

다음 중 여과기의 유압 기호로 옳은 것은?

해설
① 어큐뮬레이터   ③ 유압동력원   ④ 가변용량형 유압펌프

정답 ②

제2절 유압펌프

1. 유압펌프의 구조 중요도 ★☆☆

(1) 유압펌프의 정의

① 유압펌프는 공압 대신 유압을 에너지원으로 사용하는 펌프로, 유압에너지를 기계적 에너지로 변환시키는 기계장치이다.

② 펌프
  ㉠ 펌프의 역할
   - 펌프는 외부로부터 에너지를 받아 높은 압력으로 유체를 흡입하거나 토출하는 기계이다.
   - 주로 낮은 곳에 있는 유체에 압력과 속도를 줌으로써 관 속에서 유동시켜 높은 곳으로 양수하는 장치이다.
   - 냉수나 온수 등을 운반하기 위해 가동된다.
  ㉡ 펌프의 3요소 : 송출유량(m^3/min), 양정(m), 회전수(rpm)

(2) 유압펌프의 분류

유압펌프	터보형 펌프 (비용적형)	원심펌프	벌류트펌프
			터빈펌프
		사류펌프	
		축류펌프	
	용적형 펌프	왕복식	피스톤펌프
			플런저펌프
			다이어프램펌프
		회전식	기어펌프
			베인펌프
			나사펌프
	특수형 펌프		진공펌프
			제트펌프
			혼류펌프
			와류펌프

(3) 정용량형 펌프와 가변용량형 펌프

① 정용량형 펌프
  ㉠ 1회전당 유압유의 토출량에 변동이 없는 펌프
  ㉡ 나사펌프, 기어펌프
② 가변용량형 펌프 : 1회전당 유압유의 토출량을 변화시킬 수 있는 펌프
③ 정용량이면서 가변용량형 펌프 : 피스톤펌프, 베인펌프

+ 괄호문제

다음 괄호 안에 알맞은 내용을 쓰시오.

① 펌프의 3요소 : 송출유량(m^3/min), 양정(m), (　　)이다.
② 유압펌프는 유압에너지를 (　　) 에너지로 변환시키는 기계장치이다.

| 정답 |
① 회전수(rpm)
② 기계적 에너지

확인! OX

정용량형 펌프와 가변용량형 펌프에 대한 설명이다. 옳으면 "O", 틀리면 "X"로 표시하시오.

1. 나사펌프와 기어펌프는 가변용량형 펌프이다. (　　)
2. 가변용량형 펌프는 1회전당 유압유의 토출량을 변화시킬 수 있는 펌프이다. (　　)

정답 1. X 2. O

| 해설 |
1. 나사펌프와 기어펌프는 정용량형 펌프이다.

+ 괄호문제

다음 괄호 안에 알맞은 내용을 쓰시오.

① 유압펌프는 ( )의 원리에 의해 작은 힘으로 큰 힘을 전달할 수 있다.
② 유압유의 압력이 높으면 ( )에 충격이 발생하여 기름이 새어나오기 쉽다.

| 정답 |
① 파스칼
② 액추에이터

2. 유압펌프의 기능   중요도 ★★☆

(1) 유압펌프의 특징
① 진동이 적다.
② 기기의 배치가 자유롭다.
③ 일정한 힘과 토크를 낼 수 있다.
④ 유량의 조절로 무단변속이 가능하다.
⑤ 구조가 간단하고, 안전하며, 경제적이다.
⑥ 입력에 대한 출력의 응답 특성이 양호하다.
⑦ 제어가 쉽고, 정확하며, 속도 조절이 용이하다.
⑧ 유압유를 매체로 하므로 녹을 방지할 수 있다.
⑨ 윤활성이 좋고, 충격을 완화하여 장시간 사용이 가능하다.
⑩ 파스칼의 원리에 의해 작은 힘으로 큰 힘을 전달할 수 있다.
⑪ 각종 제어밸브로 압력제어, 유량제어, 방향제어를 할 수 있다.
⑫ 작업의 반복성이 우수하여 무거운 물체의 정밀 조작이 가능하다.
⑬ 힘의 전달 기구가 간단하고, 먼 거리에서도 배관을 연결하여 힘의 전달과 방향전환이 가능하다.
⑭ 용적형 펌프는 정량토출을 목적으로 하고, 비용적형 펌프는 저압에서 대량의 유체를 수송하는 데 사용한다.

(2) 유압펌프의 단점
① 화재의 위험성이 크다.
② 전기 제어회로에 비해 유압회로의 구성이 복잡하다.
③ 유압유의 압력이 높으면 액추에이터에 충격이 발생하여 기름이 새어나오기 쉽다.
④ 유압유의 온도가 높아지면 점도가 변화되어 액추에이터의 출력이나 속도가 변화되기 쉽다.

(3) 원심펌프(Centrifugal Pump)
① 원심펌프의 정의
  ㉠ 원통을 중심으로 축을 회전시킬 때, 유체가 원심력을 받아서 중심 부분의 압력이 낮아지고, 중심에서 먼 곳의 압력은 높아지는 원리를 이용하여 유체를 송출한다.
  ㉡ 날개(임펠러)를 회전시켜 유체에 원심력으로 인한 에너지를 줌으로써 유체를 낮은 곳에서 높은 곳으로 끌어올릴 수 있도록 한 펌프이다.
  ㉢ 속도에너지를 압력에너지로 변환하는 방법에 따라 벌류트펌프와 터빈펌프가 있다.

확인! OX

원심펌프에 대한 설명이다. 옳으면 "O", 틀리면 "X"로 표시하시오.

1. 속도에너지를 압력에너지로 변환하는 방법에 따라 벌류트펌프와 터빈펌프가 있다. ( )
2. 유체가 원심력을 받아서 중심 부분의 압력이 높아지고, 중심에서 먼 곳의 압력은 낮아지는 원리를 이용하여 유체를 송출한다. ( )

정답 1. O 2. X

| 해설 |
2. 유체가 원심력을 받아서 중심 부분의 압력이 낮아지고, 중심에서 먼 곳의 압력은 높아지는 원리를 이용하여 유체를 송출한다.

② 원심펌프의 특징
   ㉠ 가격이 저렴하다.
   ㉡ 맥동이 없으며, 효율이 높다.
   ㉢ 작고 가벼우며, 구조가 간단하다.
   ㉣ 고장률이 적어서 취급이 쉽다.
   ㉤ 용량이 적고, 양정이 높은 곳에 적합하다.
   ㉥ 고속회전이 가능하고, 가장 많이 사용한다.
   ㉦ 비속도를 통해 성능이나 적정 회전수를 결정한다.
      ※ 비속도 : 유동 상태가 상사가 될 때의 회전수로서, 이는 유량과 양정이 주요 변수이다.
   ㉧ 평형공을 이용하여 축추력을 방지할 수 있다.
      ※ 평형공 : 날개의 회전력을 균형 있게 만들기 위해 날개차에 여러 개의 구멍을 뚫어 입구 측과 날개차 뒷면 간의 이동통로가 되는 구멍이다.

+ 괄호문제
다음 괄호 안에 알맞은 내용을 쓰시오.
① (   )는 기기의 배치가 자유롭고 일정한 힘과 토크를 낼 수 있다.
② 원심펌프는 (   )을 이용하여 축추력을 방지할 수 있다.

| 정답 |
① 유압펌프
② 평형공

(4) 베인펌프
   ① 베인펌프의 정의
      ㉠ 회전자인 로터(Rotor)에 방사형으로 설치된 베인(Vane, 깃)이 캐싱의 내부를 회전하면서 베인과 캐싱 사이에 폐입된 유체를 흡입구에서 출구로 송출하는 펌프이다.
      ㉡ 용적형 펌프의 일종으로 정용량형과 가변용량형이 있으며 토출 유량이 비교적 일정하다.

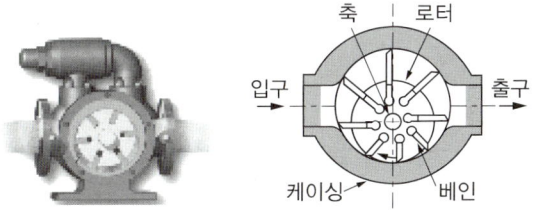

   ② 베인펌프의 특징
      ㉠ 맥동이 거의 없다.
      ㉡ 고장이 적고, 보수가 쉽다.
      ㉢ 용적형 펌프인 베인펌프는 상대적으로 비용적형 펌프에 비해 송출량은 크지 않다.
      ㉣ 깃이 마멸되어도 펌프의 토출은 충분히 행해질 수 있으나, 유압유의 접촉 면적이 넓어서 점도에 제한이 있다.

(5) 기어펌프
   ① 기어펌프의 정의
      ㉠ 2개의 맞물리는 기어를 케이싱 안에서 회전시켜 유압을 발생시키는 펌프이다.
      ㉡ 구조가 간단해서 많이 사용된다.

확인! OX
기어펌프에 대한 설명이다. 옳으면 "O", 틀리면 "X"로 표시하시오.
1. 역회전이 가능하다. (   )
2. 2개의 맞물리는 기어를 케이싱 안에서 회전시켜 유압을 발생시키는 펌프이다. (   )

정답 1. X 2. O

| 해설 |
1. 역회전이 불가능하다.

+ 괄호문제

다음 괄호 안에 알맞은 내용을 쓰시오.

① 기어펌프는 1회 토출량이 일정한 ( ) 펌프에 속한다.
② ( )펌프는 고압이나 고속펌프에 적합하다.

| 정답 |
① 정용량형
② 피스톤 또는 플런저

② 기어펌프의 특징
  ㉠ 흡입 능력이 크다.
  ㉡ 역회전이 불가능하다.
  ㉢ 유체의 오염에도 강하다.
  ㉣ 송출량을 변화시킬 수 없다.
  ㉤ 맥동이 적고, 소음과 진동도 작다.
  ㉥ 구조가 간단하며, 가격이 저렴하다.
  ㉦ 1회 토출량이 일정한 정용량형 펌프에 속한다.
  ㉧ 신뢰도가 높으며, 보수작업이 비교적 용이하다

진짜 통째로 외워온 문제

기어펌프에 대한 설명으로 틀린 것은?
① 소형이며, 구조가 간단하다.
② 다른 펌프에 비해 흡입력이 나쁘다.
③ 플런저펌프에 비해 효율이 낮다.
④ 초고압에는 사용이 곤란하다.

|해설|
기어펌프는 나사의 회전부에서 진공부를 형성하기 때문에 플런저펌프에 비해 흡입력이 우수하다.

|정답| ②

(6) 피스톤펌프(플런저펌프)
  ① 피스톤펌프의 정의
    ㉠ 피스톤과 플런저의 구분은 작동부 단면이 연결부보다 크면 피스톤이고, 연결부의 끝부분이 작동부가 되면 플런저이다.
    ㉡ 피스톤이나 플런저 작동부의 왕복운동에 의해 펌프를 작동시키는 펌프로 고압이나 고속펌프에 적합하다.
  ② 피스톤펌프의 특징
    ㉠ 효율이 높다.
    ㉡ 가격이 비싸다.
    ㉢ 구조가 복잡하다.
    ㉣ 흡입 능력이 작다.
    ㉤ 가변용량형 펌프로 사용된다.
    ㉥ 다른 유압펌프에 비해 효율이 가장 크다.
    ㉦ 고속이나 고압의 유압장치에 적용이 가능하다.
    ㉧ 다른 펌프보다 상당히 높은 압력에 견딜 수 있다.

확인! OX

피스톤펌프에 대한 설명이다. 옳으면 "O", 틀리면 "X"로 표시하시오.

1. 기어펌프보다 구조가 간단하다. ( )
2. 다른 펌프보다 상당히 높은 압력에 견딜 수 있다. ( )

|정답| 1. X 2. O

|해설|
1. 피스톤펌프는 기어펌프보다 구조가 복잡하다.

(7) 나사펌프
  ① 나사펌프의 정의
    ㉠ 나사와 케이싱 사이의 홈으로 유체를 압축시켜 유압을 발생시키는 펌프이다.
    ㉡ 장기간 사용해도 성능 저하가 작다.
  ② 나사펌프의 특징
    ㉠ 맥동이 적다.
    ㉡ 진동이나 소음이 적다.
    ㉢ 장시간 사용해도 성능 저하가 작다.
    ㉣ 내구성이 풍부하고, 운전이 정숙하다.
    ㉤ 저점도의 유체도 사용이 가능하다.

> **＋ 괄호문제**
> 다음 괄호 안에 알맞은 내용을 쓰시오.
> ① (　) 단면이 연결부보다 크면 피스톤이다.
> ② 나사펌프는 나사와 (　) 사이의 홈으로 유체를 압축시켜 유압을 발생시키는 펌프이다.
>
> | 정답 |
> ① 작동부
> ② 케이싱

3. 유압펌프 관련 공식 등 중요도 ★☆☆

(1) 이론동력(L) 공식 및 토출량 단위
  ① 펌프의 이론동력(L)을 구하는 식
    $L = pQ$ (여기서, p : 유체의 압력, Q : 유량)
      $= rHQ$, $p = rH$를 대입
      $= \rho g HQ$, $r = \rho g$를 대입
      $= 1,000 \times 9.8 HQ$
      $= 9,800 QH$ (W)
      $= 9.8 QH$ (kW)
  ② 유압펌프의 토출량을 나타내는 단위 : LPM(Liter Per Minutes) = L/min(유량의 분당 리터를 나타내는 단위)

(2) 파스칼의 원리 및 폐입현상
  ① 파스칼의 원리
    ㉠ 정지 액체에 접하고 있는 면에 가해진 압력은 그 면에 수직으로 작용한다.
    ㉡ 정지 액체의 한 점에 있어서의 압력의 크기는 전 방향에 대하여 동일하다.
    ㉢ 밀폐용기 내의 한 부분에 가해진 압력은 액체 내의 여러 부분에 같은 압력으로 전달된다.
  ② 폐입현상 : 기어펌프에서 배출된 유량 중 일부가 입구로 되돌려지면서 배출량이 감소하고, 축 동력이 증가하며, 케이싱을 마모시키는 현상으로 기포와 진동을 발생시키는데, 이를 방지하려면 기어의 측면에 홈을 파면 된다.

> **확인! OX**
> 파스칼의 원리에 대한 설명이다. 옳으면 "O", 틀리면 "X"로 표시하시오.
> 1. 정지 액체의 한 점에 있어서의 압력의 크기는 전 방향에 대하여 동일하다. (　)
> 2. 정지 액체에 접하고 있는 면에 가해진 압력은 그 면에 수평으로 작용한다. (　)
>
> | 정답 | 1. O 2. X
>
> | 해설 |
> 2. 그 면에 수직으로 작용한다.

+ 괄호문제

다음 괄호 안에 알맞은 내용을 쓰시오.
① ( )는 유압에너지를 이용하여 직선형의 이동운동을 발생시키는 유압기기이다.
② 유압실린더를 교환하였을 경우에는 ( ) 빼기 작업을 하여야 한다.

| 정답 |
① 유압실린더
② 공기

제3절 유압실린더 및 유압모터

1. 유압실린더
중요도 ★☆☆

(1) 유압실린더의 정의 및 종류
① 유압실린더의 정의 : 유압에너지를 이용하여 직선형의 이동운동을 발생시키는 유압기기
② 유압실린더의 종류
  ㉠ 복동식 실린더 싱글로드형
  ㉡ 복동식 실린더 더블로드형
  ㉢ 단동식 실린더 플런저형
  ㉣ 단동식 실린더 피스톤형
  ㉤ 단동식 실린더 램형
  ㉥ 복동식 실린더 램형

진짜 통째로 외워온 문제

유압실린더의 부속장치가 아닌 것은?
① 피스톤 로드   ② 피스톤
③ 로드 베어링   ④ 브레이커

[해설]
유압실린더의 부속장치로는 피스톤 실, 실린더 베럴, 피스톤 로드실, 로드 베어링, 쿠션, 피스톤 로드, 피스톤, 실린더 커버, 벤트 나사 등이 있다.

정답 ④

확인! OX

유압실린더의 기능에 대한 설명이다. 옳으면 "O", 틀리면 "X"로 표시하시오.

1. 유압유의 점도가 너무 낮으면 유압실린더의 움직임이 느리거나 불규칙해진다. ( )
2. 유압실린더의 지지방식으로는 플랜지형, 푸드형, 트러니언형 등이 있다. ( )

정답 1. X 2. O

| 해설 |
1. 유압유의 점도가 너무 높으면 유압실린더의 움직임이 느리거나 불규칙해진다.

(2) 유압실린더의 기능
① 유압실린더의 지지방식 : 플랜지형, 푸드형, 트러니언형
② 유압실린더의 움직임이 느리거나 불규칙할 때의 원인
  ㉠ 피스톤링이 마모되었다.
  ㉡ 유압유의 점도가 너무 높다.
  ㉢ 회로 내에 공기가 혼입되어 있다.
③ 유압실린더를 교환하였을 경우 조치해야 할 작업
  ㉠ 누유 점검
  ㉡ 공기 빼기 작업
  ㉢ 시운전하여 작동 상태 점검

2. 유압모터

중요도 ★★☆

(1) 유압모터의 정의 및 장단점

① 유압모터의 정의
  ㉠ 유압에너지를 기계적 에너지로 변화시켜서 회전운동을 발생시키는 유압기기
  ㉡ 구동방식에 따라 기어모터, 베인모터, 피스톤모터로 분류

② 유압모터의 장단점

장점	단점
• 관성력이 작다. • 구조가 간단하다. • 내폭성이 우수하다. • 무단변속이 가능하다. • 토크 제어가 가능하다. • 자동원격조작이 가능하다. • 속도나 방향제어가 가능하다. • 출력당 큰 힘을 낼 수 있다. • 정회전이나 역회전 시 모두 강하다.	• 보수하기가 다소 복잡하다. • 화재 우려가 있는 곳에는 사용이 어렵다. • 작동유의 온도변화에 의해 성질이 변한다. • 작동유의 온도범위를 20~80℃로 유지해야 한다. • 작동유에 이물질이 들어가지 않도록 실링을 잘 해야 한다.

+ 괄호문제

다음 괄호 안에 알맞은 내용을 쓰시오.
① 유압모터는 작동유에 이물질이 들어가지 않도록 (   )을 잘해야 한다.
② 유압모터는 작동유의 온도범위를 (   )℃로 유지해야 한다.

| 정답 |
① 실링
② 20~80

진짜 통째로 외워온 문제

유압모터의 장점이 아닌 것은?
① 작동이 신속하고, 정확하다.
② 관성력이 크며, 소음이 작다.
③ 전동 모터에 비하여 급속정지가 쉽다.
④ 광범위한 무단변속을 얻을 수 있다.

| 해설 |
유압모터는 관성력이 작아 작동이 신속·정확하고, 전동모터에 비하여 급속정지가 쉬우며, 광범위한 무단변속을 얻을 수 있다.

정답 ②

확인! OX

유압모터의 단점에 대한 설명이다. 옳으면 "O", 틀리면 "X"로 표시하시오.

1. 정회전이나 역회전 시 모두 약하다. (   )
2. 작동유의 온도변화에 의해 성질이 변한다. (   )

정답 1. X 2. O

| 해설 |
1. 유압모터는 정회전이나 역회전 시 모두 강하다는 장점이 있다.

+ 괄호문제

다음 괄호 안에 알맞은 내용을 쓰시오.
① 기어모터는 일반적으로 스퍼기어를 사용하나 ( )도 사용한다.
② ( )는 플런저가 구동축의 직각방향으로 설치되어 있는 모터이다.

| 정답 |
① 헬리컬기어
② 레이디얼 플런저모터

(2) 유압모터의 기능

① 유압모터의 종류 및 특징

기어모터	정의	밀폐된 케이싱 안에 2개 이상의 기어가 회전하며 유압을 토출시키는 모터로, 구조는 기어펌프와 동일하다.
	특징	• 가격이 싸다. • 구조가 간단하다. • 가혹한 조건에서도 잘 견딘다. • 이물질에 의한 고장률이 낮다. • 베어링 하중이 커서 수명이 짧다. • 누설이 많고, 토크의 변동이 크다는 단점이 있다.
베인모터	정의	로터 내부에 캠 링과 접촉되어 있는 베인에 유입된 유체의 압력에 의해 로터가 회전하는 모터이다.
	특징	• 구조가 간단하다. • 베어링 하중이 작다. • 누설량이 많지 않다. • 무단변속이 가능하다. • 정회전과 역회전이 원활하다.
레이디얼 플런저모터	정의	플런저가 구동축의 직각방향으로 설치되어 있는 모터이다.
	특징	액시얼 플런저모터와 비교하면, 속도 범위가 제한되나 건설장비와 같은 것에서 큰 토크를 발생시킬 때 사용된다.
액시얼 플런저모터	정의	플런저가 구동축 방향으로 설치되어 있는 모터이다.
	특징	낮은 스피드로 큰 토크를 발생시킨다.
요동모터		360° 범위 내에서 회전하는 유압 액추에이터로 된 모터로 작은 크기로 큰 토크를 얻을 수 있다.

※ 플런저와 피스톤의 작동 방식은 동일하지만, 일부 도서에서는 유체의 통과 정도에 따라 명칭을 달리 사용하기도 한다. 혹은 플런저모터를 피스톤형 모터로 함께 쓰기도 한다.

② 유압모터의 회전속도가 규정 속도보다 느릴 경우의 원인
㉠ 오일의 내부 누설
㉡ 유압유의 유입량 부족
㉢ 각 작동부의 마모 또는 파손

③ 유압장치에서의 기어모터의 특징
㉠ 구조가 간단하고, 가격이 저렴하다.
㉡ 유압유에 이물질이 혼합되어도 고장 발생이 적다.
㉢ 일반적으로 스퍼기어를 사용하나 헬리컬기어도 사용한다.

확인! OX

유압장치에서의 기어모터에 대한 설명이다. 옳으면 "O", 틀리면 "X"로 표시하시오.

1. 구조가 간단하고, 가격이 저렴하다. ( )
2. 유압유에 이물질이 혼합되면 쉽게 고장이 발생한다. ( )

정답 1. O 2. X

| 해설 |
2. 유압유에 이물질이 혼합되어도 고장 발생이 적다.

제4절 컨트롤밸브

1. 컨트롤밸브의 정의 및 분류 중요도 ★★★

(1) 컨트롤밸브의 정의
관로 내부에서 유체가 흐를 때 압력이나 방향, 유량이나 흐름의 정지를 위해 사용하는 부속장치로 배관에 부착되어 사용된다.

(2) 컨트롤밸브의 분류
① 압력제어밸브

감압밸브 (리듀싱밸브)	• 유체의 압력을 감소하기 위한 밸브이다. • 급속귀환장치가 부착된 공작기계에서 고압펌프와 귀환 시 사용할 저압의 대용량 펌프를 병행해서 사용할 경우 동력 절감을 위해 사용한다. • 작동방식 : 항상 닫혀 있다가 일정 조건이 되면 열려 작동하는 과정을 거친다.	
릴리프밸브	유압회로에서 회로 내 압력이 설정치 이상이 되면 그 압력에 의해 밸브가 열려 압력을 일정하게 유지하는 역할(안전밸브 역할)을 하는 밸브이다.	
무부하밸브	펌프의 송출량이 필요하지 않을 때 펌프 전체 유량을 직접 탱크로 되돌려 보낸 뒤 펌프를 무부하 상태로 만들어 동력을 절감하거나 동작 유체의 온도 상승을 방지하는 데 사용하는 밸브이다.	
카운터밸런스 밸브	• 유압회로에서 한쪽 방향의 흐름에는 배압을 생기게 하고, 다른 방향으로는 자유 흐름이 되도록 한 밸브로서 내부에는 한쪽 방향으로만 흐르게 하는 체크밸브가 반드시 내장된다. • 수직형 유압실린더의 자유낙하를 방지하거나 부하가 급격히 제거되어 관성제어가 불가능할 때 배압을 유지하기 위해 주로 사용한다.	
시퀀스밸브 (순차제어밸브)	• 순서에 따라 순차적으로 작동시키는 밸브이다. • 주회로에서 2개 이상의 분기회로를 가질 경우 각각의 회로를 순차적으로 작동시키려 할 때 사용하므로 기계 조작 순서를 확실히 조정할 수 있다.	

+ 괄호문제

다음 괄호 안에 알맞은 내용을 쓰시오.

① 감압밸브는 유체의 ( )을 감소하기 위한 밸브이다.
② ( )는 각 유압실린더를 일정한 순서로 순차 작동시키고자 할 때 사용한다.

| 정답 |
① 압력
② 시퀀스밸브

확인! OX

무부하밸브에 대한 설명이다. 옳으면 "O", 틀리면 "X"로 표시하시오.

1. 펌프 전체 유량을 직접 탱크로 되돌려 보낸 뒤 펌프를 무부하 상태로 만들어 동력을 절감한다. ( )
2. 동작 유체의 온도 하강을 방지하는 데 사용하는 밸브이다. ( )

정답 1. O 2. X

| 해설 |
2. 동작 유체의 온도 상승을 방지하는 데 사용하는 밸브이다.

+ 괄호문제

다음 괄호 안에 알맞은 내용을 쓰시오.
① 유량제어밸브는 (   )의 운동 속도를 조정하고자 할 때 사용한다.
② (   )는 단면을 수축시켜 압력을 갑작스럽게 줄임으로써 유량을 조절한다.

| 정답 |
① 액추에이터
② 교축밸브

진짜 통째로 외워온 문제

01 유압회로에서 회로 내 압력이 설정치 이상이 되면 열려 압력을 일정하게 유지시키는 역할을 하는 밸브는?
① 릴리프밸브
② 리듀싱밸브
③ 언로딩밸브
④ 체크밸브

[해설]
릴리프밸브는 유압회로에서 회로 내 압력이 설정치 이상이 되면 그 압력에 의해 밸브가 열려 압력을 일정하게 유지시키는 역할을 하는 밸브로서 안전밸브의 역할을 한다.

02 유압실린더 등의 중력에 의한 자유낙하를 방지하기 위해 배압을 유지하는 압력제어 밸브는?
① 시퀀스밸브
② 언로드밸브
③ 카운터밸런스밸브
④ 감압밸브

[해설]
카운터밸런스밸브는 유압회로에서 한쪽 방향의 흐름에는 배압을 생기게 하고, 다른 방향으로는 자유흐름이 되도록 한 밸브로서 내부에는 한쪽 방향으로만 흐르게 하는 체크밸브가 반드시 내장된다. 수직형 유압실린더의 자유낙하를 방지하거나 부하가 급격히 제거되어 관성제어가 불가능할 때 배압을 유지하기 위해 주로 사용한다.

[정답] 01 ① 02 ③

확인! OX

유량제어밸브에 적용되는 회로에 대한 설명이다. 옳으면 "O", 틀리면 "X"로 표시하시오.

1. 미터인 회로는 액추에이터(실린더)의 출구 측 관로에 설치한다. (   )
2. 블리드오프 회로는 바이패스 관로의 흐름을 제어한다. (   )

[정답] 1. X 2. O

| 해설 |
1. 미터아웃 회로에 대한 설명이다. 미터인 회로는 입구 측 관로에 설치한다.

② 유량제어밸브(유량조절밸브)
  ㉠ 유압회로 내에서 단면적의 변화를 통해서 유체가 흐르는 양을 제어하는 밸브이다.
  ㉡ 액추에이터의 운동 속도를 조정하고자 할 때 사용하는 밸브이다.

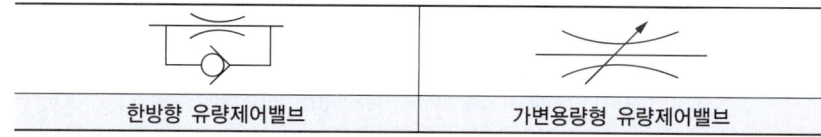

| 한방향 유량제어밸브 | 가변용량형 유량제어밸브 |

  ㉢ 교축밸브
   • 유량제어밸브 중 구조가 가장 간단한 밸브이며, 교축이란 얽힌 관을 수축시킨다는 의미이다.
   • 단면을 수축시켜 압력을 갑작스럽게 줄여 관 내 흐르는 유량을 조절하고자 할 때 사용한다.

| 고정형 | 조정형 |

③ 방향제어밸브

체크밸브	• 유체가 한쪽으로만 흐르고 반대쪽으로는 흐르지 못하도록 할 때 사용하는 밸브이다. • 다음과 같이 2가지로 기호로 표시한다. [체크밸브]
셔틀밸브	항상 고압인 쪽의 유압만을 통과시키는 방향전환밸브이다.
스풀밸브	하나의 배관에 여러 개의 밸브 면을 둠으로써 유체의 흐름을 변환시키는 밸브이다.
방향전환밸브	해석: 밸브의 스위치를 수동이나 자동으로 작동시켜 유체의 흐름을 차단하거나 방향을 전환하여 모터나 실린더의 작동을 제어하는 밸브로 다음과 같이 해석한다. 예) 2/2밸브, 2포트 2위치 밸브 • 포트 : 사각형의 영역 안에서 입구나 출구의 수 • 위치 : 사각형의 개수로 위치를 조정하여 입구 및 출구의 방향을 바꿀 수 있는 수 작동방식: 수동 작동, 누름버튼, 레버, 페달, 스프링, 롤러레버, 플런저, 솔레노이드(전기적 작동)

+ **괄호문제**

다음 괄호 안에 알맞은 내용을 쓰시오.

① ( )은 오일탱크의 오버플로를 특징으로 한다.
② 볼이 밸브의 시트를 때려 소음을 발생시키는 현상은 ( )이다.

| 정답 |

① 캐비테이션
② 채터링 현상

진짜 통째로 외워온 문제

다음 중 방향제어밸브가 아닌 것은?

① 체크밸브 ② 셔틀밸브
③ 교축밸브 ④ 스풀밸브

(해설)
교축밸브는 유량제어밸브이다. 방향제어밸브는 체크밸브, 셔틀밸브, 스풀밸브, 방향전환밸브가 있다.

정답 ③

확인! OX

방향제어밸브에 대한 설명이다. 옳으면 "O", 틀리면 "X"로 표시하시오.

1. 감압밸브는 방향제어밸브이다. ( )
2. 체크밸브는 유체가 한쪽으로만 흐르게 할 때 사용한다. ( )

정답 1. X 2. O

| 해설 |
1. 감압밸브는 압력밸브이다.

+ 괄호문제

다음 괄호 안에 알맞은 내용을 쓰시오.
① 유압탱크의 (   )은 기포 발생을 방지한다.
② 유압장치의 수명연장에서 가장 중요한 요소는 (   ) 점검 및 필터 교환이다.

| 정답 |
① 배플
② 오일량

2. 채터링 현상과 캐비테이션

(1) 채터링 현상

유압계통에서 릴리프밸브의 스프링 장력이 약화될 때 발생할 수 있는 현상으로 볼이 밸브의 시트를 때려 소음을 발생시키는 현상

(2) 캐비테이션(공동현상)의 특징

① 소음 증가
② 오일탱크의 오버플로

제5절 유압탱크와 유압유 및 기타 부속장치

1. 유압탱크와 유압유 중요도 ★★☆

(1) 유압탱크

① 유압탱크의 기능
  ㉠ 오일의 저장
  ㉡ 오일의 역류 방지
  ㉢ 오일 온도 조정(방열)
  ㉣ 계통 내의 필요한 유량 확보
  ㉤ 배플(Baffle)에 의해 기포 발생 방지 및 소멸
  ㉥ 탱크 외벽의 방열에 의해 적정온도 유지

  ※ 배플(Baffle) : 대개 탱크 내부의 흡입관과 복귀관 사이에 두는 것으로, 작동유를 탱크 벽을 타고 흐르게 하여 작동유의 기포와 수분 등을 제거한다.

② 유압탱크에 대한 구비조건
  ㉠ 적당한 크기의 주유구 및 스트레이너를 설치한다.
  ㉡ 드레인(배출 밸브) 및 유면계를 설치한다.
  ㉢ 오일에 이물질이 혼입되지 않도록 밀폐되어야 한다.

③ 지게차의 유압탱크 유량 점검 : 유량을 점검하기 전 포크는 지면에 내려놓고 점검한다.

(2) 유압유

① 작동유의 적정온도 : 유압회로에서 작동유의 적정온도는 45~80℃이다.
② 유압장치의 수명연장 : 가장 중요한 요소는 오일량 점검 및 필터 교환이다.

확인! OX

유압유의 특징에 대한 설명이다. 옳으면 "O", 틀리면 "X"로 표시하시오.

1. 유압회로에서 작동유의 적정온도는 45~80℃이다. (   )
2. 유압 오일의 온도가 내려가면 점도가 저하된다. (   )

정답 1. O 2. X

| 해설 |
2. 유압 오일의 온도가 상승하면 점도가 저하된다.

③ 유압오일의 온도 상승에 따른 불량현상
  ㉠ 점도 저하
  ㉡ 펌프 효율 저하
  ㉢ 밸브류의 기능 저하

진짜 통째로 외워온 문제

유압유를 넓은 온도범위에서 사용할 수 있게 하는 조건으로 옳은 것은?
① 발포성이 높아야 한다. ② 소포성이 낮아야 한다.
③ 산화작용이 양호해야 한다. ④ 점도지수가 높아야 한다.

[해설]
점도지수가 높은 유압유일수록 넓은 온도범위에서 사용할 수 있다.

정답 ④

+ 괄호문제

다음 괄호 안에 알맞은 내용을 쓰시오.
① 축압기는 유압펌프에서 발생한 유압을 저장하고, ( )을 제거한다.
② 축압기의 종류로는 공기 압축형-피스톤식, ( ), 블래더식 등이 있다.

| 정답 |
① 맥동
② 다이어프램식

2. 기타 부속장치

(1) 종류
오일 냉각기, 가열기, 축압기(어큐뮬레이터), 오일 여과기(필터), 배관, 오일 실(Seal) 등

(2) 축압기(어큐뮬레이터)
① 역할 : 유압펌프에서 발생한 유압을 저장하고, 맥동을 제거한다.
② 종류 : 공기 압축형-피스톤식(Piston Type), 다이어프램식(Diaphragm Type), 블래더식(Bladder Type)

(3) 오일 실(seal)
① 내부에 있는 오일이 누유되지 않도록 하기 위해서 삽입하는 부품
② 오일 실(Seal)의 종류 중 O-링은 압축에 대한 변형도가 작아야 한다.

확인! OX

오일 실(Seal)에 대한 설명이다. 옳으면 "O", 틀리면 "X"로 표시하시오.
1. 오일 실은 내부의 오일이 누유 되지 않게 하기 위해 삽입하는 부품이다. ( )
2. 오일 실의 종류 중 O-링은 압축에 대한 변형도가 커야 한다. ( )

정답 1. O 2. X

| 해설 |
2. O-링은 압축에 대한 변형도가 작아야 한다.

CHAPTER 05. 작업장치

출제포인트
- 지게차의 외부 및 실내 구조
- 마스트의 종류 및 마스트 부착 각종 작업장치
- 포크 및 축전지의 기능

출제비중 9%

기출 키워드

리프트 실린더의 상승력 부족 원인, 포크(L자형 장치), 틸트 실린더, 헤드가드, 운전자 보호 목적 장치, 지게차의 조종 레버 기능, 3단 마스트 지게차, 지게차 축간 거리, 축전지 충전방법

제1절 지게차의 외부 구조와 실내 구조

1. 지게차의 외부 구조　　중요도 ★★★

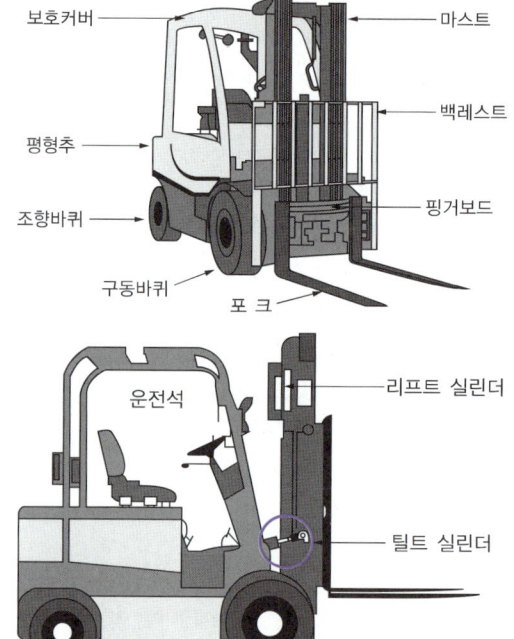

(1) 보호커버(Overhead Guard)

운전자의 윗부분에서 떨어지는 낙하물을 막거나, 지게차의 전도·전복사고 시 작업자를 보호하는 프레임의 일종이다.

(2) 평형추(무게중심추, Counterweight)

지게차의 앞부분에 장착된 포크로 화물을 들어 올릴 때 무게중심이 앞으로 쏠리지 않도록 균형 유지를 위해 지게차의 뒷부분에 장착한 쇳덩이이다.

(3) 마스트(Mast)

지게차 전면부의 메인 기둥으로 기본 마스트와 다단 마스트로 나뉜다.

(4) 백레스트(Back Rest)

포크로 화물을 들고 마스트를 뒤로 기울였을 때 화물이 마스트 쪽으로 떨어지는 것을 방지하기 위한 짐받이 틀이다.

(5) 실린더

① 틸트 실린더(Tilt Cylinder) : 유압으로 실린더의 길이를 조절하여 마스트를 운전석 쪽이나 바깥쪽으로 기울이면서 전경각과 후경각을 만드는 장치이다.
② 리프트 실린더(Lift Cylinder) : 유압으로 마스트나 포크를 위나 아래로 움직일 때 사용하는 장치이다.

+ 괄호문제

다음 괄호 안에 알맞은 내용을 쓰시오.
① 리프트 실린더는 유압으로 마스트나 (　)를 위나 아래로 움직일 때 사용한다.
② (　)은 화물이 마스트 쪽으로 떨어지는 것을 방지하기 위한 짐받이 틀이다.

| 정답 |
① 포크
② 백레스트

진짜 통째로 외워온 문제

01 지게차에서 리프트 실린더의 상승력이 부족한 원인과 거리가 먼 것은?
① 오일필터의 막힘
② 유압펌프의 불량
③ 리프트 실린더에서 유압유 누출
④ 틸트록 밸브의 밀착 불량

[해설]
지게차에서 리프트 실린더는 포크를 상승·하강시키는 역할을 하는데 리프트 실린더의 상승·하강의 힘이 부족한 원인으로는 유압류가 리프트 실린더에서 누출되거나 오일필터의 막힘, 유압펌프의 불량 등이 있다.

02 지게차에서 유압으로 실린더의 길이를 조절하여 마스트를 운전석 쪽이나 바깥쪽으로 기울이면서 전경각과 후경각을 만드는 장치는?
① 헤드가드　　　　② 핑거보드
③ 스캐리 파이어　　④ 틸트 실린더

[해설]
틸트 실린더(Tilt Cylinder)는 유압으로 실린더의 길이를 조절하여 마스트를 운전석 쪽이나 바깥쪽으로 기울이면서 전경각과 후경각을 만드는 장치를 말한다. 반면, 리프트 실린더(Lift Cylinder)는 유압으로 마스트나 포크를 위나 아래로 움직일 때 사용하는 장치이다.

정답　01 ④　02 ④

(6) 리프트 체인

① 외부 마스트에 설치된 원동축과 종동축의 스프로킷에 연결되어 두 축 간에 동력을 전달하는 장치이다.
② 마스트의 안내면을 따라서 캐리지를 올리고 내리는 역할을 한다.

확인! OX

마스트에 대한 설명이다. 옳으면 "O", 틀리면 "X"로 표시하시오.
1. 지게차 전면부의 메인 기둥이다. (　)
2. 기본 마스트와 다단 마스트로 나뉜다. (　)

정답　1. O　2. O

+ 괄호문제

다음 괄호 안에 알맞은 내용을 쓰시오.

① ( )는 포크가 장착되는 장치로, 백레스트에 의해 지지된다.
② 리프트 체인은 외부 마스트에 설치된 원동과 종동축의 ( )에 연결된다.

| 정답 |
① 핑거보드
② 스프로킷

(7) 캐리지(Carriage)

포크가 장착되는 핑거보드와 그 핑거보드의 후면에 간격을 두고 수직으로 고정되는 장치로, 마스트 레일을 따라 상승하거나 하강한다.

(8) 핑거보드(Finger Board)

포크가 장착되는 장치로, 백레스트에 의해 지지되며 리프트 체인 한쪽 끝에 부착한다.

(9) 포크(Fork)

핑거보드에 장착된 것으로 화물이 올려진 팰릿을 직접 드는 역할을 하는 기구이다.

진짜 통째로 외워온 문제

01 다음 설명에 알맞는 작업장치는?

> 2개의 L자 모양의 작업 장치로 핑거보드에 장착되며 화물의 크기에 따라 폭을 조절할 수 있는 것이다.

① 포크
② 백레스트
③ 리프트 체인
④ 리프트 실린더

[해설]
포크는 핑거보드에 장착된 것으로 화물이 올려진 팰릿을 직접 드는 역할을 하는 기구이다.

02 지게차의 외부 구조로만 묶인 것으로 옳은 것은?

① 마스트, 카운터웨이트, 아웃트리거, 센터 조인트
② 마스트, 레버, 포크, 백레스트
③ 센터 조인트, 아웃트리거, 틸트 실린더, 리프트 실린더
④ 마스트, 오버헤드가드, 핑거보드, 백레스트

[해설]
지게차의 외부 구조는 마스트, 리프트 체인, 백레스트, 핑거보드, 포크, 틸트 실린더, 오버헤드가드, 카운터웨이트, 전륜(구동바퀴), 후륜(조향바퀴)으로 되어 있다.

정답 01 ① 02 ④

확인! OX

지게차의 외부 구조에 대한 설명이다. 옳으면 "O", 틀리면 "X"로 표시하시오.

1. 캐리지(Carriage)는 팰릿을 직접 든다. ( )
2. 사이드 시프트는 차체를 이동시키지 않고도 한쪽으로 쏠린 작업물을 들 때 균형을 맞추어 줄 수 있는 장치이다. ( )

정답 1. X 2. O

| 해설 |
1. 팰릿을 직접 드는 기구는 포크(Fork)이다.

2. 지게차의 실내 구조

중요도 ★☆☆

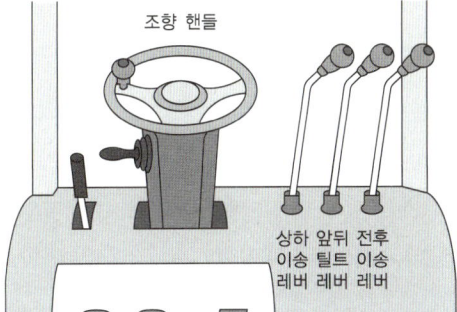

(1) 조향 핸들과 페달
① 조향 핸들 : 조향바퀴를 돌리는 핸들로 지게차를 회전시킬 때 사용한다.
② 페달
  ㉠ 인칭페달
    • 고 rpm이거나 저속에서 미세한 제어를 위한 것이다.
    • 지게차가 화물에 접근한 후 높은 rpm으로 유압을 증가시켜 작업을 신속하게 처리하기 위해 밟아서 작동시킨다.
    • 전동지게차에는 인칭 기능이 없으며 가솔린 및 디젤, LPG 엔진형 지게차만 인칭 기능이 가능하여 인칭페달이 장착된다.
  ㉡ 브레이크페달 : 지게차를 정지시킬 때 사용한다.
  ㉢ 가속페달 : 지게차의 구동바퀴에 회전부하를 줌으로써 지게차를 움직이게 한다.

(2) 레버
① 상하 이송 레버 : 포크를 위나 아래로 이송시키는 레버
② 앞뒤 틸트 레버 : 포크의 수평 상태를 기준으로 앞이나 뒤로 기울이는 레버
③ 전후 이송 레버 : 포크를 앞이나 뒤로 이송시키는 레버

진짜 통째로 외워온 문제

지게차의 조종 레버 기능에 대한 설명으로 옳지 않은 것은?
① 틸팅 : 짐을 기울일 때 사용
② 덤핑 : 짐을 옮길 때 사용
③ 로어링 : 짐을 내릴 때 사용
④ 리프팅 : 짐을 올릴 때 사용

[해설]
덤핑(Dumping)은 지게차의 조종 레버가 아니다.

정답 ②

+ 괄호문제

다음 괄호 안에 알맞은 내용을 쓰시오.
① 가속페달은 지게차의 구동바퀴에 ( )를 줌으로써 지게차를 움직이게 한다.
② 앞뒤 ( )는 포크의 수평 상태를 기준으로 앞이나 뒤로 기울이는 레버이다.

| 정답 |
① 회전부하
② 틸트 레버

확인! OX

인칭페달에 대한 설명이다. 옳으면 "O", 틀리면 "X"로 표시하시오.
1. 인칭페달은 저 rpm이거나 고속에서 미세한 제어를 위한 것이다. ( )
2. LPG 엔진형 지게차는 인칭페달이 장착되지 않는다. ( )

정답 1. X 2. X

| 해설 |
1. 인칭페달은 고 rpm이거나 저속에서 미세한 제어를 위한 것이다.
2. 전동지게차에는 인칭페달이 장착되지 않는다.

+ 괄호문제

다음 괄호 안에 알맞은 내용을 쓰시오.
① 표준 마스트는 마스트 2개로 구성된 (   )이다.
② 3단 자유 인상 마스트의 최대 인상 높이는 대략 (   )이다.

| 정답 |
① 2단 자유 인상 마스트
② 4m

제2절 마스트의 구조와 기능

1. 마스트의 구조
중요도 ★★☆

(1) 마스트(Mast)의 정의
지게차 전면부의 메인 기둥으로 표준 마스트는 이너마스트와 아웃마스트의 2단 구조로 되어 있다. 화물을 더 높은 장소에 적재하거나 하역하기 위해서 마스트의 인상 높이를 높여야 하므로, 마스트를 추가로 장착한 다단 자유 인상 마스트도 최근 많이 사용되고 있다.

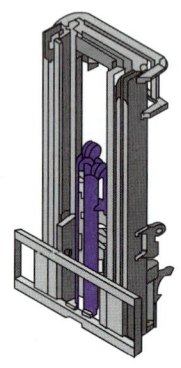

(2) 마스트의 종류

종류	정의	최대 인상 높이
표준 마스트	마스트 2개로 구성된 2단 자유 인상 마스트	대략 2.9~3.3m
3단 자유 인상 마스트	마스트 3개로 구성	대략 4m
4단 자유 인상 마스트	마스트 4개로 구성	대략 5m

진짜 통째로 외워온 문제

마스트가 3단으로 되어 있어 출입구가 제한되거나 천장이 높은 장소에서 높은 곳에 화물을 쌓을 수 있는 지게차는?

① 3단 마스트 지게차
② 3단 사이드 시프트 지게차
③ 드럼 클램프 지게차
④ 하이 마스트 지게차

[해설]
3단 마스트 지게차는 마스트가 3단으로 되어 있어 높은 장소에서의 적재나 적하 작업을 용이하게 할 수 있고, 출입구가 제한되어 있는 장소에서도 작업이 유리하다.

정답 ①

확인! OX

마스트에 대한 설명이다. 옳으면 "O", 틀리면 "X"로 표시하시오.

1. 마스트는 3단 구조로 되어 있다. (   )
2. 마스트를 추가로 장착한 다단 자유 인상 마스트가 최근 많이 사용되고 있다. (   )

정답 1. X 2. O

| 해설 |
1. 표준 마스트는 이너마스트와 아웃마스트의 2단 구조로 되어 있다.

2. 마스트의 기능

중요도 ★★☆

(1) 작업에 적합한 마스트 선정 절차

지게차 차종 선택 → 화물에 따른 검토 → 작업 조건 검토 → 허용 작업하중 검토 → 마스트 최종 선정

(2) 마스트의 경사각

① **마스트 전경각** : 지게차의 기준무부하 상태에서 수직면을 기준으로 마스트를 운전석(Cabin) 반대쪽으로 최대로 기울인 경사각

② **마스트 후경각** : 지게차의 기준무부하 상태에서 수직면을 기준으로 마스트를 운전석 쪽으로 최대로 기울인 경사각

※ 마스트 경사각은 틸트 실린더로 마스트를 움직이면서 만들어진다.

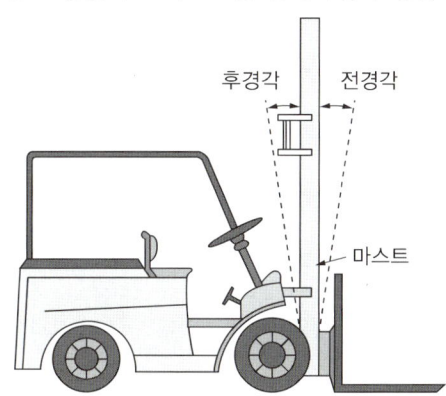

+ 괄호문제

다음 괄호 안에 알맞은 내용을 쓰시오.
① 작업에 적합한 마스트를 선정할 때 가장 먼저 할 일은 지게차 (　　) 선택이다.
② 마스트의 경사각은 지게차의 기준(　　) 상태에서의 경사각을 말한다.

| 정답 |
① 차종
② 무부하

확인! OX

마스트의 경사각에 대한 설명이다. 옳으면 "O", 틀리면 "X"로 표시하시오.
1. 마스트의 전경각은 지게차의 기준무부하 상태에서 수직면을 기준으로 마스트를 운전석 쪽으로 최대로 기울인 경사각이다. (　　)
2. 마스트 경사각은 틸트 실린더로 마스트를 움직이면서 만들어진다. (　　)

정답 1. X　2. O

| 해설 |
1. 마스트 후경각에 대한 설명이다.

진짜 통째로 외워온 문제

01 다음 빈칸에 들어갈 말로 알맞은 것은?

> 건설기계 안전기준에 관한 규칙상 마스트의 ( )이란 지게차의 기준무부하 상태에서 지게차의 마스트를 조종실 쪽으로 가장 기울인 경우 마스트가 수직면에 대하여 이루는 기울기를 말한다.

① 후경각 ② 기울기
③ 최대하중 ④ 부피

해설
마스트의 후경각이란 지게차의 기준무부하 상태에서 지게차의 마스트를 조종실 쪽으로 가장 기울인 경우 마스트가 수직면에 대하여 이루는 기울기를 말한다(건설기계 안전기준에 관한 규칙 제20조 제2항). 반면, 마스트의 전경각이란 지게차의 기준무부하 상태에서 지게차의 마스트를 쇠스랑 쪽으로 가장 기울인 경우 마스트가 수직면에 대하여 이루는 기울기를 말한다(건설기계 안전기준에 관한 규칙 제20조 제1항).

02 건설기계 안전기준상에 관한 규칙상 사이드 포크형 지게차의 후경각 기준으로 옳은 것은?

① 5° 이하일 것 ② 10° 이하일 것
③ 1° 이하일 것 ④ 20° 이하일 것

해설
사이드 포크형 지게차의 전경각 및 후경각은 각각 5° 이하이어야 하고, 카운터밸런스 지게차의 전경각은 6° 이하, 후경각은 12° 이하이어야 한다(건설기계 안전기준에 관한 규칙 제20조 제3항).

정답 01 ① 02 ①

(3) 마스트 부착 각종 작업장치

① 사이드 시프트(Side Shift) : 한쪽으로 무게중심이 쏠린 작업물을 들 때, 차체를 이동하지 않고도 캐리지를 좌우로 이동시킴으로써, 캐리지에 위치한 핑거보드에 장착된 포크도 같이 좌우로 이동시켜 균형을 맞출 수 있는 작업장치이다.

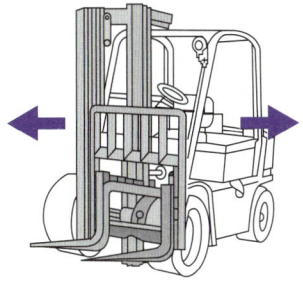
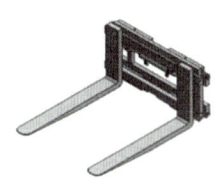

② 회전 롤 클램프(Rotating Roll Clamp) : 물체를 움켜쥐고 회전시켜 화물을 이동 및 적재시킬 수 있는 작업장치이다.

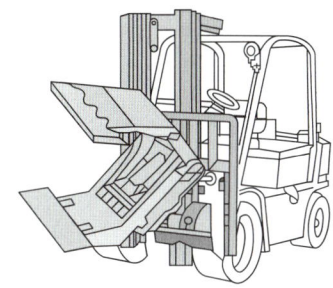

③ 드럼 클램프(Drum Clamp) : 드럼(통)과 같은 원형의 화물을 움켜잡고 이동 및 적재시킬 수 있는 작업장치이다.

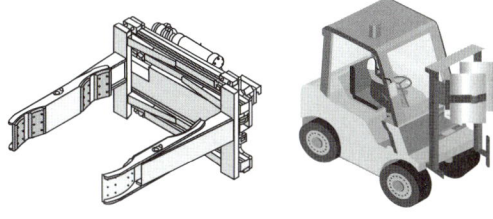

④ 힌지드 포크(Hinged Fork) : 포크를 경사지게 장착한 것으로 안아서 옮기는 형태의 작업장치로 원형의 파이프나 목재 등 둥근 형태의 재료를 옮기기 적합하다.

+ 괄호문제

다음 괄호 안에 알맞은 내용을 쓰시오.

① 사이드 시프트는 차체를 이동하지 않고도 (　)를 좌우로 이동시킨다.
② 드럼 클램프는 (　)의 화물을 움켜잡고 이동 및 적재시킬 수 있는 작업장치이다.

| 정답 |
① 캐리지
② 원형

확인! OX

힌지드 포크에 대한 설명이다. 옳으면 "O", 틀리면 "X"로 표시하시오.

1. 물체를 움켜쥐고 회전시켜 화물을 이동 및 적재시킬 수 있는 작업장치이다. (　)
2. 원형의 파이프나 목재 등 둥근 형태의 재료를 옮기기 적합하다. (　)

| 정답 | 1. X   2. O

| 해설 |
1. 포크를 경사지게 장착한 것으로 안아서 옮기는 형태의 작업장치이다.

+ 괄호문제

다음 괄호 안에 알맞은 내용을 쓰시오.
① 힌지드 버킷은 (   )와 같은 역할을 할 수 있는 작업장치이다.
② (   )는 도로를 다닐 때 화물의 쏟아짐을 방지하기 위한 작업장치이다.

| 정답 |
① 로더
② 로드 스태빌라이저

⑤ 힌지드 버킷(Hinged Bucket) : 힌지드 포크 위에 버킷을 추가하여 로더(건설기계)와 같은 역할을 할 수 있는 작업 장치이다.

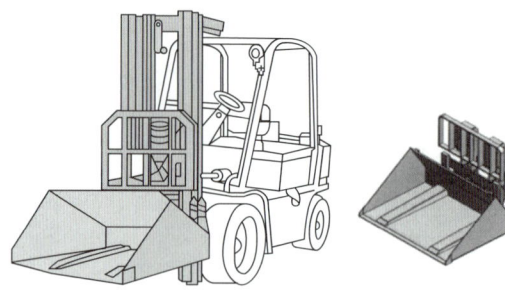

⑥ 회전 포크(Rotating Fork, 로테이팅 포크) : 절삭 후 버려지는 칩을 담은 칩통을 비울 때 사용하는 작업장치로, 화물을 포크로 들고 360° 회전시킬 수 있다.

⑦ 로드 스태빌라이저(Load Stabilizer) : 포크로 든 짐을 상단에 설치된 압착판(덮개)으로 눌러서 고르지 못한 도로를 다닐 때 화물의 쏟아짐을 방지하기 위한 작업장치이다.

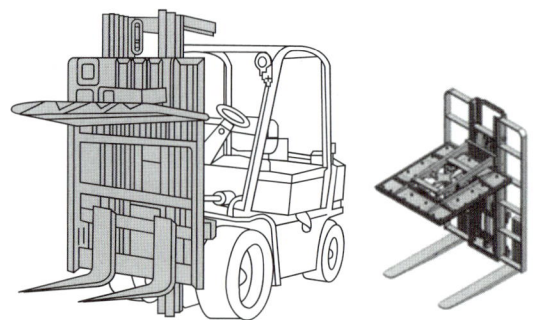

확인! OX

회전 포크에 대한 설명이다. 옳으면 "O", 틀리면 "X"로 표시하시오.

1. 절삭 후 버려지는 칩을 담은 칩통을 비울 때 사용하는 작업장치이다.　(　)
2. 회전 포크는 화물을 포크로 들고 180° 회전시킬 수 있다.
　　　　　　　　　(　)

| 정답 | 1. O 2. X

| 해설 |
2. 회전 포크는 화물을 포크로 들고 360° 회전시킬 수 있다.

⑧ 푸시 풀 장치(Push Pull) : 푸시 풀 장치 하단부에 장착된 자체 팰릿(Pallet)에 화물을 싣고, 화물을 옮겨 놓을 또 다른 팰릿의 한쪽 가장자리에 내려놓으면서, 자체 팰릿은 뒤로 빼고 풀 장치를 밖으로 내밀며 하역하는 작업장치이다(단, 작업방식은 작업자에 따라 다를 수 있음).

⑨ 로드 익스텐더(Load Extender) : 지게차의 접근이 용이하지 않은 원거리의 팰릿 작업에 사용하는 작업장치이다.

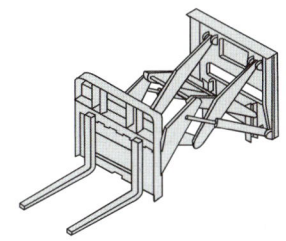

⑩ 포크 포지셔너(Fork Positioner) : 포크의 좌우 간격을 유압실린더를 사용하여 자동으로 변경할 수 있는 작업장치이다.

⑪ 카톤 클램프(Carton Clamp) : 좌우로 벌어지는 넓은 크기의 날개로 작업물을 클램핑하여 운반하는 작업장치이다.

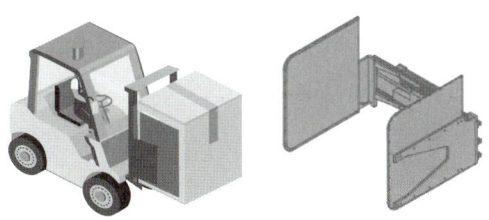

+ 괄호문제

다음 괄호 안에 알맞은 내용을 쓰시오.
① 포크 포지셔너는 포크의 좌우 간격을 (   )를 사용하여 자동으로 변경할 수 있는 작업장치이다.
② 로드 익스텐더는 지게차의 접근이 용이하지 않은 (   )의 팰릿 작업에 사용하는 작업장치이다.

| 정답 |
① 유압실린더
② 원거리

확인! OX

마스트 부착 작업장치에 대한 설명이다. 옳으면 "O", 틀리면 "X"로 표시하시오.
1. 푸시 풀 장치는 자체 팰릿은 뒤로 빼고 푸시 장치를 밖으로 내밀며 하역하는 작업장치이다. (   )
2. 카톤 클램프는 넓은 크기의 날개로 작업물을 클램핑하여 운반하는 작업장치이다. (   )

정답 1. X 2. O

| 해설 |
1. 풀 장치

+ 괄호문제

다음 괄호 안에 알맞은 내용을 쓰시오.

① ( )는 다양한 크기의 날개를 부착하여 포크 없이도 화물의 양옆에서 클램핑하는 작업장치이다.
② 팰릿 인버터는 화물을 적재하고 회전시킬 때 ( ) 지지점의 형태로 화물을 감싼다.

| 정답 |
① 베일 클램프
② 3점식

⑫ 베일 클램프(Bale Clamp) : 카톤 클램프와 형식은 유사하나 날개가 넓은 것으로 고정된 것이 아니라, 다양한 크기의 날개를 부착하여 포크 없이도 화물의 양옆에서 클램핑하는 작업장치이다.

⑬ 팰릿 인버터(Pallet Inverter) : 화물을 적재하고 회전시킬 때 3점식 지지점의 형태로 화물을 감싸 적재 상태를 변형하지 않은 상태로 하역 및 적재작업을 하는 작업장치이다.

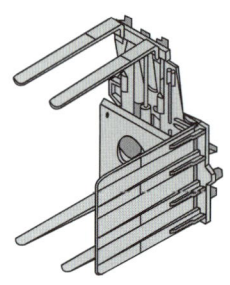

확인! OX

지게차 마스트에 장착되는 장치에 대한 설명이다. 옳으면 "O", 틀리면 "X"로 표시하시오.

1. 팰릿 인버터는 카톤 클램프와 형식이 유사하다. ( )
2. 블레이드, 사이드 시프트, 힌지드 버킷, 회전 롤 클램프 등이 있다. ( )

정답 1. X 2. X

| 해설 |
1. 베일 클램프는 카톤 클램프와 형식이 유사하다.
2. 블레이드는 굴삭기에 장착하여 되메우기 또는 고르기 작업을 용이하게 수행하는 장치이다.

진짜 통째로 외워온 문제

01 지게차에서 작업 용도와 효율성 따라 장착할 수 있는 작업장치의 종류가 아닌 것은?

① 폴더
② 사이드 시프트 클램프
③ 롤 클램프
④ 로테이팅 포크

해설
② 사이드 시프트 클램프는 한쪽으로 무게중심이 쏠린 작업물을 들 때, 차체를 이동하지 않고도 캐리지를 좌우로 이동시킴으로써, 캐리지에 위치한 핑거보드에 장착된 포크도 같이 좌우로 이동시켜 균형을 맞출 수 있는 작업장치이다.
③ 롤 클램프는 물체를 움켜쥐고 회전시켜 화물을 이동 및 적재시킬 수 있는 작업장치이다.
④ 로테이팅 포크는 절삭 후 버려지는 칩을 담은 칩통을 비울 때 사용하는 작업장치이다.

02 지게차 작업장치 중 소금, 모래, 비료, 석탄 등 흘러내리기 쉬운 화물 운반에 가장 적합한 것은?

① 로테이팅 포크
② 스키드 포크
③ 힌지드 버킷
④ 로드 스태빌라이저

해설
힌지드 버킷 : 힌지드 포크에 버킷을 끼운 것으로 흘러내리기 쉬운 석탄, 소금, 비료, 기타 화학제품을 대량으로 취급하거나 운반할 때 많이 사용된다.

정답 01 ① 02 ③

제3절 체인과 포크

1. 체인

(1) 체인의 정의

원동축과 종동축의 스프로킷에 연결되어 멀리 떨어진 두 축 간에 동력을 전달하는 쇠줄로 지게차에서는 마스트의 안내면을 따라 캐리지를 올리고, 내리는 역할을 한다.

[체인]

[스프로킷]

(2) 체인전동장치의 특징

① 유지보수가 쉽다.
② 접촉각은 90° 이상이 좋다.
③ 체인의 길이를 조절하기 쉽다.
④ 내열이나 내유, 내습성이 크다.
⑤ 진동이나 소음이 일어나기 쉽다.
⑥ 축간거리가 긴 경우, 고속전동이 어렵다.
⑦ 여러 개의 축을 동시에 작동시킬 수 있다.
⑧ 마멸이 일어나도 전동효율의 저하가 적다.
⑨ 큰 동력 전달이 가능하며, 전동효율은 일반적으로 90% 이상이다.
⑩ 체인의 탄성으로 어느 정도의 충격을 흡수할 수 있다.
⑪ 고속회전에 부적당하며, 저속회전으로 큰 힘을 전달하는 데 적당하다.
⑫ 전달효율이 크고 미끄럼(슬립)이 없이 일정한 속도비를 얻을 수 있다.
⑬ 초기 장력이 필요 없어서 베어링 마멸이 적고, 정지 시 장력이 작용하지 않는다.

(3) 지게차 체인장치의 점검항목

리프트 체인 상태, 마스트 베어링 상태, 마스트 상하 작동 상태, 좌우 리프트 체인 유격 상태, 포크와 체인의 연결 부위 균열 여부

(4) 체인(롤러체인)의 구조

조립 전	조립 후
외부판, 베어링 핀, 롤러, 내부판, 외부판	

+ 괄호문제

다음 괄호 안에 알맞은 내용을 쓰시오.

체인은 지게차에서는 ( )의 안내면을 따라 캐리지를 올리고 내리는 역할을 한다.

| 정답 |
마스트

확인! OX

체인전동장치의 특징에 대한 설명이다. 옳으면 "O", 틀리면 "X"로 표시하시오.

1. 마멸이 일어나도 전동효율의 저하가 적다. ( )
2. 고속회전으로 큰 힘을 전달하는 데 적당하다. ( )

정답 1. O 2. X

| 해설 |
2. 저속회전으로 큰 힘을 전달하는 데 적당하다.

2. 포크

중요도 ★☆☆

(1) 포크의 정의
화물을 들어 올릴 때 사용하는 2개의 지지대이며, 캐리지에 장착된다.

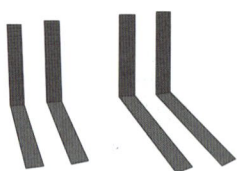

(2) 포크의 구조 및 명칭

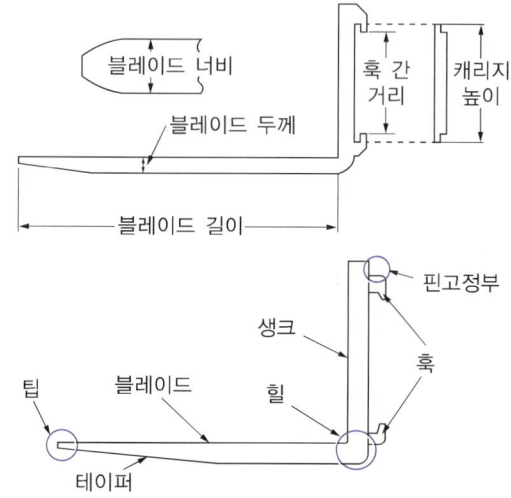

(3) 포크 가이드
지게차를 주차할 때 포크에 의한 상해를 방지하기 위해 포크 가이드를 끼워 놓는다.

+ 괄호문제

다음 괄호 안에 알맞은 내용을 쓰시오.
① 지게차 체인장치 점검 시 좌우 리프트 체인 ( ) 상태도 점검하여야 한다.
② 주차할 때 포크에 의한 상해를 방지하기 위해 ( )를 끼워 놓는다.

| 정답 |
① 유격
② 포크 가이드

확인! OX

포크와 체인에 대한 설명이다. 옳으면 "O", 틀리면 "X"로 표시하시오.

1. 포크는 화물을 들어 올릴 때 사용하는 3개의 지지대이다. ( )
2. 포크와 체인의 연결 부위 균열 여부 등을 점검하여야 한다. ( )

정답 1. X 2. O

| 해설 |
1. 포크는 화물을 들어 올릴 때 사용하는 2개의 지지대이다.

| 제4절 | 기타 지게차의 구조와 기능 |

1. 점화장치의 구조와 기능

(1) 점화장치의 구조
① 점화(點火)장치의 정의 : 가솔린엔진이나 LPG엔진과 같은 내연기관의 실린더 내에서 압축된 혼합가스에 불꽃을 점화시켜 폭발에너지를 만드는 전기장치이다.
② 점화장치의 구성요소 : 점화코일, 점화플러그, 크랭크 각 센서, 전자제어유닛(ECU), 파워 트랜지스터(파워 TR)
③ 점화장치의 구비조건
  ㉠ 절연성이 우수할 것
  ㉡ 불꽃 에너지가 높을 것
  ㉢ 점화 시기의 제어가 정확할 것
  ㉣ 발생 전압이 높고, 여유 전압도 클 것
  ㉤ 노이즈에 의한 잡음과 전파에 방해가 없을 것

(2) 점화장치의 기능
① 점화코일(이그니션 코일)
  ㉠ 점화코일의 정의 : 가솔린엔진의 점화플러그에 고전압을 발생시키며, 불꽃을 발생시키는 변압기의 일종으로 내부 철심의 구조에 따라 '개자로형'과 '폐자로형'으로 분류된다.
  ㉡ 점화코일의 종류별 특징

개자로형 점화코일의 특징	폐자로형 점화코일의 특징
• 부피가 크다. • 가격이 저렴하다. • 자속손실이 커서 고전압을 얻기 힘들다. • 기계식 배전기의 초기 점화시스템으로 최근에는 잘 사용되지 않는다. • 2차 전압은 약 25,000V 정도 발생시킨다.	• 발생 전압이 높다(2차 전압은 30,000V 이상). • 생산비용이 비싸다. • 소형이면서, 경량이 가능해서 최근에 많이 사용된다. • 자속이 철심 내부에서 생성되므로 자속의 손실이 작다.

  ㉢ 자동차에서 점화코일의 필요성 : 12V를 사용하는 자동차에서는 점화플러그에서의 불꽃 방전을 위해 10,000V 이상의 고전압을 발생시킬 필요성이 있어서 변압기의 일종인 점화코일의 사용은 필수적이다.
② 디젤엔진의 예열장치 종류
  ㉠ 코일형 예열플러그 : 기계적 강도 및 가스에 의한 부식에 약하다.
  ㉡ 시스드형 예열플러그
    • 발열량이 크고, 열용량도 크다.
    • 예열플러그들 사이의 회로는 병렬로 결선되어 있다.
    • 예열플러그 하나가 단선되어도 나머지는 작동된다.

+ 괄호문제

다음 괄호 안에 알맞은 내용을 쓰시오.
① 점화장치는 발생 전압이 높고, ( ) 전압도 커야 한다.
② 12V를 사용하는 자동차에서는 점화플러그에서의 불꽃 방전을 위해 ( )V 이상의 고전압을 발생시킬 필요성이 있다.

| 정답 |
① 여유
② 10,000

확인! OX

점화코일의 종류별 특징에 대한 설명이다. 옳으면 "O", 틀리면 "X"로 표시하시오.
1. 개자로형 점화코일은 가격이 저렴하다. ( )
2. 폐자로형 점화코일은 소형이면서, 경량이 가능해서 최근에 많이 사용된다. ( )

정답 1. O 2. O

+ 괄호문제

다음 괄호 안에 알맞은 내용을 쓰시오.
① 기전력은 ( )를 흐르게 하는 힘을 의미한다.
② '코일에 발생된 유도전류의 방향은 자기장의 변화를 방해하는 방향으로 흐른다.'는 ( )의 법칙이다.

| 정답 |
① 전류
② 렌츠

③ 파워 트랜지스터(파워 TR) : ECU에 의해 점화코일의 1차 전류 차단 및 연결을 파워 TR의 베이스 단자를 이용해서 최적의 시기에 2차 전압을 발생시키기 위한 전기장치
④ 용어 정리

기전력	전류를 흐르게 하는 힘
상호유도작용	2개의 코일을 근접시킨 후 1개의 코일에 흐르는 변화를 주면 다른 코일에 기전력이 발생하는 원리
자기유동작용	• 자석을 코일에 근접시키면 자기장의 크기가 증가하면서 전류가 발생하며, 코일에는 유도전류가 흐른다. • 유도전류는 근접시키는 자석의 움직임이 빠르거나 코일을 많이 감을수록 큰 전류가 발생한다.
렌츠의 법칙 (Lenz's Law)	코일에 발생된 유도전류의 방향은 자기장의 변화를 방해하는 방향으로 흐른다.
자기장의 세기	자력선의 수에 따라 달라진다. 자기장의 세기 = $\dfrac{\text{자기력선의 수}}{\text{단위면적}}$

2. 축전지의 구조와 기능 중요도 ★★★

(1) 축전지의 구조

① 축전지(Storage Battery)의 정의
  ㉠ 절연체를 기준으로 양쪽에 2장의 금속판을 마주 보게 한 다음, 각각 (+), (−) 전원을 연결한 뒤 전압을 가하면 두 판은 서로 잡아당기는 원리로 전기를 저장하는 장치이다.
  ㉡ 그 용량은 정전용량이라고도 하며, 주로 사용하는 종류는 납산축전지와 MF(Maintenance Free) 축전지가 있다.
② 정전용량(Q) : 2장의 금속판에 단위 전압을 가했을 때 전기를 저장할 수 있는 능력을 표시하는 단위
  $Q = C(\text{비례상수}) \times V(\text{전압})$
③ 축전지의 구성요소 : (+) 전극, (−) 전극, 양극판, 음극판, 플러그, 격리판, 셀 칸막이, 극판 스트랩, 축전지 케이스, 전해액 표시선
④ 납산축전지
  ㉠ 납산축전지의 구성
   • (+) 양극판 : 과산화납
   • (−) 음극판 : 해면상납
   • 전해액 : 묽은 황산
  ㉡ 납산축전지의 특징
   • 납산축전지의 방전종지 전압 : 1.75V
   • 음극판이 양극판보다 1장 더 많은 구조이다.
   • 전압은 셀의 개수와 셀 1개당 전압에 의해 정해진다.
   • 12V 납산축전지의 셀 수는 약 2V의 셀이 6개로 되어 있다.

확인! OX

납산축전지에 대한 설명이다. 옳으면 "O", 틀리면 "X"로 표시하시오.
1. (+) 양극판은 해면상납이다. ( )
2. 납산축전지의 방전종지 전압은 1.75V이다. ( )

정답 1. X 2. O

| 해설 |
1. (+) 양극판은 과산화납이고, (−) 음극판은 해면상납이다.

- 축전지의 셀당 극판 수를 늘려 용량을 증가하여 전류량을 증가시킨다.
- 양극판이 과산화납, 음극판은 해면상납, 전해액은 묽은 황산으로 구성되어 있다.
- 축전지의 용량은 극판의 크기, 극판의 수 및 전해액(황산)의 양에 의해 결정된다.
- 축전지의 전압은 셀을 직렬로 연결하여 계산하며, 12V의 축전지는 6개의 셀이 직렬로 연결된다.

ⓒ 납산축전지의 전해액을 만들 때 황산과 증류수의 혼합 방법
- 증류수에 황산을 조금씩 부으면서 잘 젓는다.
- 전기가 잘 통하지 않는 용기를 사용하여 혼합한다.
- 추운 지방인 경우 온도가 표준온도일 때 비중이 1.280이 되게 측정하면서 작업을 끝낸다.

⑤ MF(Maintenance Free) 축전지의 특징
㉠ 무보수용 축전지이다.
㉡ 밀봉 촉매 마개를 사용한다.
㉢ 격자는 납과 칼슘으로 만들어진다.
㉣ 증류수를 점검하거나 보충하지 않는다.

+ 괄호문제

다음 괄호 안에 알맞은 내용을 쓰시오.
① 축전지의 용량을 결정짓는 인자는 셀당 극판 수, 극판의 크기, ( )이다.
② 납산축전지의 전해액을 만들 때는 증류수에 ( )을 조금씩 붓는다.

| 정답 |
① 전해액의 양
② 황산

(2) 축전지의 기능
① 축전지의 가장 중요한 역할
㉠ 엔진 시동 시 기동장치에 전원을 공급한다.
㉡ 발전기 고장 시 일시적으로 전원을 공급한다.
㉢ 발전기 출력과 필요한 부하가 불균형할 때 중간에서 부하를 담당한다.

② 축전지의 특징
㉠ 축전기 연결에 따른 전압과 전류 변화
- 지게차용 축전지 2개를 병렬로 연결 → 전압은 그대로, 전류는 증가
- 지게차용 축전지 2개를 직렬로 연결 → 전압은 증가, 전류는 그대로

㉡ 일반적인 축전지 터미널의 식별법
- (+), (−)의 표시로 구분한다.
- 굵고, 가는 것으로 구분한다.
- 적색과 흑색 등의 색으로 구분한다.

㉢ 전해액의 비중에 따른 축전지의 자기방전
- 100% 완전충전 : 1.260~1.280
- 75% 충전 : 1.210~1.259
- 50% 충전 : 1.150~1.209
- 25% 충전 : 1.100~1.149
- 0% 상태 : 1.050~1.099

㉣ 배터리의 완전충전된 상태의 화학식 : PbO_2(과산화납) + $2H_2SO_4$(묽은 황산) + Pb(순납)

확인! OX

축전지의 특징에 대한 설명이다. 옳으면 "O", 틀리면 "X"로 표시하시오.

1. 지게차용 축전지 2개를 직렬로 연결하면, 전압은 그대로 있고 전류는 증가한다. ( )
2. 축전지 터미널의 식별법 중 하나는 적색과 흑색 등의 색으로 구분하는 것이다. ( )

정답 1. X 2. O

| 해설 |
1. 지게차용 축전지 2개를 직렬로 연결하면, 전압은 증가하고 전류는 그대로 있다.

+ 괄호문제

다음 괄호 안에 알맞은 내용을 쓰시오.
① ( )은 충전 말기에 충전율이 높아서 과충전의 우려가 있다.
② 축전지 커버에 묻은 전해액을 세척할 때는 ( )를 사용한다.

| 정답
① 정전류 충전법
② 베이킹 소다수

③ 축전지 취급 방법
  ㉠ 축전지를 보관할 때는 가능한 한 충전시키는 것이 좋다.
  ㉡ 2개 이상의 축전지를 병렬로 배선할 경우 (+)와 (+), (-)와 (-)를 연결한다.
  ㉢ 축전지의 용량을 크게 하기 위해서는 다른 축전지와 병렬로 연결하면 된다.
  ㉣ 축전지의 방전이 거듭될수록 전압이 낮아지고 전해액의 비중도 낮아진다.

④ 축전지 충전방법

구분	내용
정전류 충전법	• 충전 초기부터 일정한 전류를 유지하며 충전하는 방식이다. • 최초의 충전용량이 작아서 극판의 손상이 적다. • 충전 말기에는 충전율이 높아서 과충전의 우려가 있다.
정전압 충전법	• 충전 시작부터 끝까지 일정한 전압으로 충전하는 방식이다. • 충전효율이 좋고, 가스 발생이 거의 없다. • 충전율이 낮아서 과충전의 우려가 적다. • 극판이 손상되기 쉽고, 초기 전류값이 커지는 단점이 있다.
준정전압 충전법	• 충전 초기에 큰 전류가 흐르게 한 뒤 시간이 지나면 정전압 충전법으로 바꾸는 충전방식이다. • 충전기와 축전지 사이에 직렬저항을 둔다.
단별전류 충전법	• 충전 초기에 큰 전류로 충전하며, 시간이 갈수록 단계적으로 전류를 내려가면서 충전한다. • 충전 중 전해액의 온도 상승률이 작다.

⑤ 기타
  ㉠ 축전지 커버에 묻은 전해액을 세척하려 할 때 : 중화제인 베이킹 소다수를 사용한다.
  ㉡ 전동식 지게차의 축전지에 부착해야 할 확인 표지판 항목
    • 형식
    • 일련번호
    • 정격볼트(전압)
    • 축전지 제조자 이름
    • 축전지의 총중량(케이스 포함)
    • 5시간에 대한 시간당 용량(암페어)

확인! OX

축전지 충전방법에 대한 설명이다. 옳으면 "O", 틀리면 "X"로 표시하시오.
1. 정전압 충전법은 충전기와 축전지 사이에 직렬저항을 둔다. ( )
2. 단별전류 충전법은 충전 중 전해액의 온도 상승률이 작다. ( )

정답 1. X 2. O

| 해설
1. 준정전압 충전법은 충전기와 축전지 사이에 직렬저항을 둔다.

진짜 통째로 외워온 문제

01 납산 축전지 용량의 단위로 옳은 것은?
① kW
② kV
③ Ah
④ HP

해설
납산축전지의 용량은 극판의 크기, 극판의 수, 황산의 양으로 결정되며, 단위는 암페어(Ampere Hour → AH)로 표시한다.

02 건설기계 운전 중 완전충전된 축전지에 낮은 충전율로 조금씩 충전될 때 옳은 것은?
① 전해액 비중을 재조정한다.
② 전압 설정을 재조정한다.
③ 전류 설정을 재조정한다.
④ 충전장치가 정상이다.

해설
완전충전된 축전지에 낮은 충전율로 충전이 되고 있을 경우는 충전장치가 정상이다.

정답 01 ③ 02 ④

3. 현가장치의 구조와 기능

(1) 현가장치의 구조

① 현가장치(Suspension System)의 정의
  ㉠ 자동차가 주행하는 동안 노면으로부터 전달되는 충격이나 진동을 완화하여 바퀴와 노면과의 접착력을 향상시켜 승차감을 높여주는 장치
  ㉡ 차축과 차체 사이에 설치된다.

② 현가장치의 구성

스프링 (원통 코일스프링)	• 코일 형상 스프링의 분류 **하중의 방향에 따른 분류**: • 압축 코일 • 인장 코일스프링 **스프링 형상에 따른 분류**: • 원통 코일스프링 • 원주 코일스프링 • 코일스프링은 일반적으로 원통 코일스프링을 말한다. • 코일스프링은 제작이 상대적으로 쉬우므로 하중이나 진동, 충격 완화를 위해 널리 사용된다.	[코일스프링]
쇼크 업소버 (Shock Absorber)	축 방향의 하중 작용 시 피스톤이 이동하면서 작은 구멍의 오리피스로 기름이 빠져나가면서 진동을 감쇠시키는 완충장치이다.	[쇼크 업소버]
스태빌라이저	독립현가방식의 차량이 선회할 때 롤링을 감소시켜주고, 차체의 평형을 유지시켜주는 장치이다.	[스태빌라이저]

(2) 현가장치의 기능

① 현가장치가 갖추어야 할 기능
  ㉠ 주행 안정성이 있어야 한다.
  ㉡ 구동력 및 제동력 발생 시 적당한 강성이 있어야 한다.
  ㉢ 차체의 안정성을 위해 원심력이 발생되지 않도록 해야 한다.
  ㉣ 승차감의 향상을 위해 상하 움직임에 적당한 유연성이 있어야 한다.

② 현가장치의 종류
  ㉠ 일체 차축식 현가장치(Rigid Axle Suspension, 일체식 현가장치)
    • 일체로 된 차축 양 끝에 바퀴를 설치, 차축과 차체 사이는 판스프링으로 연결한 현가장치
    • 하중을 지지하는 능력이 뛰어나서 대형 차량에 주로 사용한다.

+ 괄호문제

다음 괄호 안에 알맞은 내용을 쓰시오.
① 현가장치는 ( )과 차체 사이에 설치된다.
② 현가장치는 차체의 안정성을 위해 ( )이 발생되지 않도록 해야 한다.

| 정답 |
① 차축
② 원심력

확인! OX

현가장치에 대한 설명이다. 옳으면 "O", 틀리면 "X"로 표시하시오.
1. 일체 차축식 현가장치는 소형 차량에 주로 사용한다. ( )
2. 독립식 현가장치는 높은 승차감이 필요한 승용차에 주로 사용한다. ( )

정답 1. X 2. O

| 해설 |
1. 대형 차량에 주로 사용한다.

ⓒ 독립식 현가장치(Independent Suspension)
- 좌우 바퀴가 독립적으로 구동되는 현가장치
- 높은 승차감이 필요한 승용차에 주로 사용한다.
- 일체식 현가장치에 비해 구성 부품이 많아 구조가 복잡하지만, 스프링 아래의 질량이 작아서 승차감이 좋다.
- 종류

위시본식 현가장치 (Wishbone Type Suspension)	위와 아래의 컨트롤 암을 사용하여 바퀴의 구동력과 옆 방향의 저항을 지지하고, 스프링과 쇼크업 소버는 상하의 진동을 흡수한다. [위시본식 현가장치]
맥퍼슨식 현가장치 (Mcpherson Strut Type Suspension)	• 위시본식 현가장치를 개량한 것이다. • 스트럿과 볼조인트, 코일스프링, 컨트롤 암으로 구성된다. • 스트럿 어셈블리의 상부인 고무 마운팅 인슐레이터를 차체에 연결하고, 하부는 조향 너클과 연결하는 방식이다. • 구조가 간단하고, 설치 면적이 작아서 넓은 엔진룸을 사용할 수 있다는 장점이 있다. [맥퍼슨식 현가장치]

+ 괄호문제

다음 괄호 안에 알맞은 내용을 쓰시오.
① 위시본식 현가장치의 스프링과 쇼크 업소버는 상하의 ( )을 흡수한다.
② 맥퍼슨식 현가장치는 ( ) 현가장치를 개량한 것이다.

| 정답 |
① 진동
② 위시본식

확인! OX

독립식 현가장치에 대한 설명이다. 옳으면 "O", 틀리면 "X"로 표시하시오.
1. 대형 차량에 주로 사용한다. ( )
2. 맥퍼슨식 현가장치는 설치 면적이 작아서 넓은 엔진룸을 사용할 수 있다. ( )

정답 1. X 2. O

| 해설 |
1. 대형 차량에 주로 사용하는 것은 일체 차축식 현가장치이다.

제5절 지게차의 제원 및 용어

1. 지게차의 제원

중요도 ★★☆

(1) 정면도의 명칭

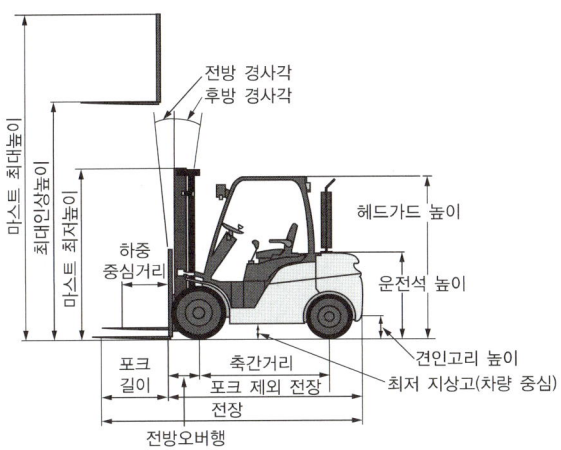

+ 괄호문제

다음 괄호 안에 알맞은 내용을 쓰시오.
① ( )란 지면으로부터의 높이가 300mm인 수평 상태의 지게차의 쇠스랑 윗면에 최대하중이 고르게 가해지는 상태를 말한다.
② 지게차가 경사지를 오를 수 있는 최대각도를 ( )이라고 한다.

| 정답 |
① 기준부하상태
② 등판능력

(2) 평면도의 명칭

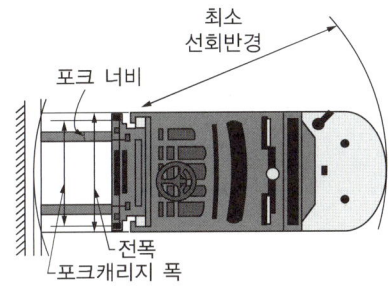

① **전장** : 포크 바깥 끝부분에서 지게차 몸체의 뒤편 끝단까지의 전체 길이
② **전고** : 지면에서 지게차의 가장 윗부분까지의 전체 길이
③ **전폭** : 지게차를 전면이나 후면에서 보았을 때 차체의 양쪽에 돌출된 것 중 제일 긴 것을 기준으로 한 거리
④ **축간거리**
  ㉠ 지게차의 앞축과 뒤축 타이어의 중심 간 거리
  ㉡ 축간거리가 커질수록 지게차의 안정도는 향상되나, 회전반경이 커져 작업에 지장을 준다.
  ㉢ 지게차의 축간거리는 지게차의 안정도에 지장이 없는 한도에서 최소의 길이로 한다.

확인! OX

지게차 축간거리에 대한 설명이다. 옳으면 "O", 틀리면 "X"로 표시하시오.
1. 축간거리가 커질수록 회전반경은 좁아진다. ( )
2. 축간거리가 커질수록 안정도가 향상된다. ( )

| 정답 | 1. X 2. O

| 해설 |
1. 축간거리가 커질수록 회전반경이 커져서 작업에 지장을 준다.

⑤ **윤거** : 지게차 앞면에서 양쪽 타이어 폭의 중심 간 거리
⑥ **최저 지상고** : 땅바닥에서부터 차체 바닥 혹은 지면에서 마스트 최저점과의 거리
⑦ **자유 인상 높이** : 포크를 상승시킬 때 안쪽 마스트가 윗면에서 돌출되는 시점에 지면으로부터 포크 윗면까지의 높이
⑧ **최소선회반경(최소회전반경)** : 무부하 상태에서 지게차가 최소각도로 회전할 때, 지게차의 후면 끝단부가 그리는 원의 반지름

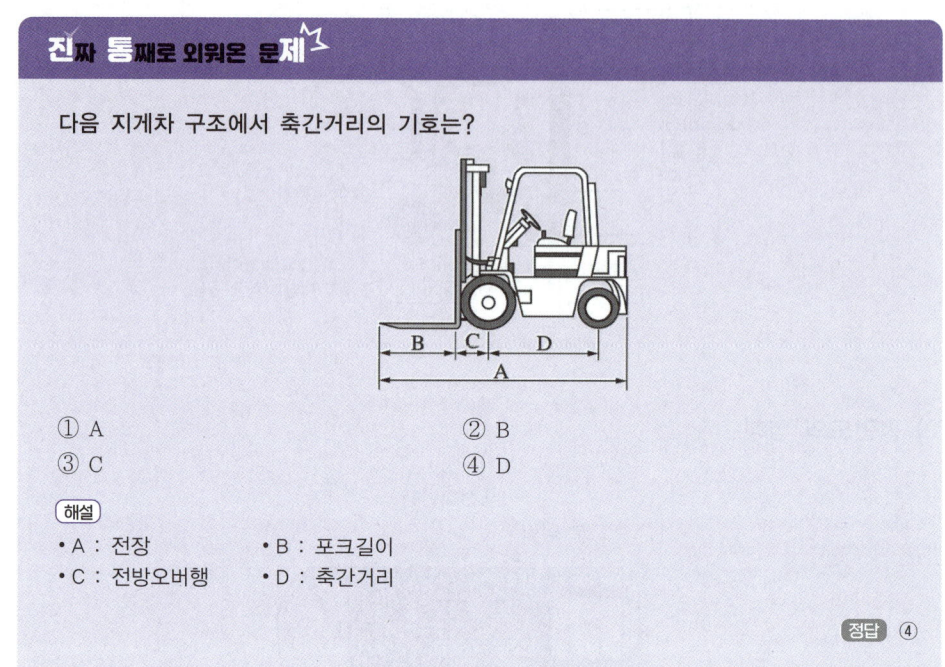

다음 지게차 구조에서 축간거리의 기호는?

① A ② B
③ C ④ D

해설
- A : 전장
- B : 포크길이
- C : 전방오버행
- D : 축간거리

정답 ④

2. 지게차의 용어

중요도 ★★☆

(1) 지게차 기준부하 상태
① 정차 시 : 지면으로부터의 높이가 300mm인 수평 상태의 지게차의 쇠스랑 윗면에 최대하중이 고르게 가해지는 상태
② 주행 시 : 마스트를 가장 안쪽으로 기울인 상태

(2) 지게차의 적재능력(Load Capacity, 인양능력)
마스트를 수직으로 세운 상태로 짐을 들어 올렸을 때, 정해진 하중 중심 내에서 수직으로 들어 올릴 수 있는 화물의 최대 무게

(3) 기타 용어
① 하중중심 : 포크의 수직면에서 포크 위에 놓인 화물의 무게중심까지의 거리
② 장비중량 : 지게차에 연료나 냉각수 등이 포함된 상태의 총중량
③ 등판능력 : 지게차가 경사지를 오를 수 있는 최대각도로 단위는 %(퍼센트)와 °(도)로 표시

진짜 통째로 외워온 문제

01 건설기계 안전기준에 관한 규칙상 ( ) 안에 들어갈 용어로 옳은 것은?

> 지게차의 ( )란 지면으로부터의 높이가 300mm인 수평상태(주행 시에는 마스트를 가장 안쪽으로 기울인 상태를 말한다)의 지게차 쇠스랑의 윗면에 하중이 가해지지 아니한 상태를 말한다.

① 기준부하 상태
② 기준무부하 상태
③ 최대부하 상태
④ 최대하중 상태

해설
지게차의 기준무부하 상태란 지면으로부터의 높이가 300mm인 수평 상태(주행 시에는 마스트를 가장 안쪽으로 기울인 상태를 말한다)의 지게차 쇠스랑의 윗면에 하중이 가해지지 아니한 상태를 말한다(건설기계 안전기준에 관한 규칙 제18조 제2항).

02 지게차 중 특수건설기계인 것은?
① 리치스태커 지게차
② 텔레스코픽 지게차
③ 전동식 지게차
④ 트럭지게차

해설
지게차 중 특수건설기계는 트럭지게차로 운전석이 있는 주행차대에 별도의 조종석을 포함한 들어 올림 장치를 가진 것을 말한다(국토교통부 고시 제2021-1304호).

정답 01 ② 02 ④

합격의 공식 SD에듀 www.sdedu.co.kr

01회	상시복원문제	06회	상시복원문제
02회	상시복원문제	07회	상시복원문제
03회	상시복원문제	08회	상시복원문제
04회	상시복원문제	09회	상시복원문제
05회	상시복원문제	10회	상시복원문제

Add+

특별부록
상시복원문제

01 상시복원문제

01 안전을 위한 작업복의 구비조건으로 틀린 것은?

① 반팔, 반바지처럼 신체가 많이 드러나야 한다.
② 신체에 맞고 가벼워야 한다.
③ 소매나 바지자락이 너풀거리지 않아야 한다.
④ 활동에 방해되지 않는 간편한 모양이어야 한다.

> **해설**
> 작업복은 재해로부터 작업자의 몸의 보호하기 위한 것이므로 신체가 많이 드러나는 것은 알맞지 않다.
>
> 정답 ①

02 다음 중 연삭기 보호장치의 명칭으로 옳은 것은? ✓신유형

① 보호덮개
② 테이블
③ 베드
④ 공작물 고정장치

> **해설**
> ① 회전 중인 연삭숫돌이 근로자에게 위험을 미칠 우려가 있는 경우에 연삭기 연삭숫돌 부위에 덮개를 설치하여야 한다.
>
> 정답 ①

03 엔진오일량 점검 중 오일 게이지에 상한선(Full)과 하한선(Low) 표시가 되어 있을 때 가장 적합한 것은?

① Low 표시에 있어야 한다.
② Low와 Full 표시 사이에서 Low에 가까이 있으면 좋다.
③ Low와 Full 표시 사이에서 Full에 가까이 있으면 좋다.
④ Full 표시 이상이 되어야 한다.

> **해설**
> 엔진오일량은 오일 게이지의 Low와 Full 표시 사이에서 Full에 가까이 있을수록 좋다.
>
> 정답 ③

04 지게차의 리프트 체인에 오일을 주입할 때 가장 적합한 것은?

① 경유　　② 그리스
③ 휘발유　④ 엔진오일

> **해설**
> 지게차의 리프트 체인과 같은 동력전달부의 기계요소에는 엔진오일과 같은 기계유를 주입한다.
>
> 정답 ④

05 작업장에서 휘발유 화재가 일어났을 경우 가장 적합한 소화방법은?

① 물 호스의 사용
② 불의 확대를 막는 덮개의 사용
③ 소다 소화기의 사용
④ 탄산가스 소화기의 사용

해설
휘발유와 같은 유류의 화재는 공기보다 무거운 탄산가스 소화기를 주로 사용한다.

정답 ④

06 작업현장에서 사용되는 안전표지 색으로 잘못 짝지어진 것은?

① 유해 행위 금지 표시 – 빨간색
② 화학물질 위험 경고 표시 – 노란색
③ 비상구 표시 – 녹색
④ 안전화 착용 표시 – 보라색

해설
현장에서 사용되는 안전표지에서 보라색은 사용되지 않는다.

정답 ④

07 다음 중 보호안경을 끼고 작업해야 하는 사항과 가장 거리가 먼 것은?

① 산소용접 작업 시
② 그라인더 작업 시
③ 건설기계장비 일상점검 작업 시
④ 클러치 탈·부착 작업 시

해설
건설기계장비의 일상점검 시에는 보호안경을 반드시 착용할 필요는 없다.

정답 ③

08 안전보건표지의 종류 중 다음 그림의 안전표지판이 나타내는 것은?

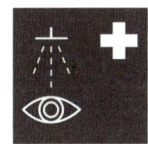

① 비상구
② 세안장치
③ 비상용 기구
④ 응급구호표지

해설
안내표지

응급구호표지	비상용 기구	비상구
✚	비상용 기구	🏃

정답 ②

09 브레이크 장치의 베이퍼록 발생 원인이 아닌 것은?

① 긴 내리막길에서 과도한 브레이크 사용
② 엔진 브레이크의 장시간 사용
③ 드럼과 라이닝의 끌림에 의한 가열
④ 오일의 변질에 의한 비등점 저하

해설
베이퍼록은 브레이크를 밟았을 때 발생하는 현상인데, 엔진 브레이크는 브레이크 작동 없이 엔진의 회전수를 조절하면서 자연스럽게 브레이킹하는 것이므로 베이퍼록이 발생하지 않는다.

정답 ②

10 작업장치를 갖춘 건설기계의 작업 전 점검사항으로 틀린 것은?

① 제동장치 및 조종장치 기능의 이상 유무
② 하역장치 및 유압장치 기능의 이상 유무
③ 유압장치의 과열 이상 유무
④ 전조등, 후미등, 방향지시등 및 경보장치의 이상 유무

해설
유압장치의 과열 여부는 작업 직후 점검할 사항이다.

정답 ③

11 지게차로 화물을 싣고 경사지에서 주행할 때 안전상 올바른 운전방법은?

① 포크를 높이 들고 주행한다.
② 내려갈 때에는 저속 후진한다.
③ 내려갈 때에는 변속 레버를 중립에 놓고 주행한다.
④ 내려갈 때에는 시동을 끄고 타력으로 주행한다.

해설
화물을 실은 지게차로 경사지를 내려갈 때는 저속으로 후진해야 한다.

정답 ②

12 앞바퀴 정렬 요소 중 캠버의 필요성에 대한 설명으로 틀린 것은?

① 앞차축의 휨을 적게 한다.
② 조향 휠의 조작을 가볍게 한다.
③ 조향 시 바퀴의 복원력이 발생한다.
④ 토(Toe)와 관련성이 있다.

해설
조향 시 바퀴의 복원력이 발생하는 것은 캐스터이다. 캐스터는 앞바퀴를 옆에서 보았을 때 킹핀이 수직선과 이루는 각을 뜻한다.

정답 ③

13 지게차 계기판에 다음 그림이 표시되었다면, 어떤 상태를 나타내고 있는 것인가?

① 예열장치가 작동 중이다.
② 주차 브레이크가 작동 중이다.
③ 전조등이 켜져 있다.
④ 전방 작업등이 켜져 있다.

해설
디젤기관은 점화장치가 따로 없어 압축열에 의한 디젤의 점화를 통해 동력을 발생시킨다. 따라서 겨울철에는 압축열 발생을 위해 연소실 내부에 예열플러그를 설치하여 연소에 적합한 온도로 높여준다.

정답 ①

14 V벨트나 평면벨트 등에 직접 사람이 접촉하여 말려들거나 마찰 위험이 있는 작업장에서의 방호장치로 맞는 것은?

① 격리형 방호장치
② 덮개형 방호장치
③ 위치제한형 방호장치
④ 접근반응형 방호장치

해설
격리형 방호장치(고정형 가드)는 위험 포인트를 완전히 막아 위험요소와 작업자의 접촉을 차단시키는 안전장치이다.

정답 ①

15. 지게차의 적재방법으로 틀린 것은?

① 화물을 올릴 때는 포크를 수평으로 한다.
② 화물을 올릴 때는 가속페달을 밟는 동시에 레버를 조작한다.
③ 포크로 물건을 찌르거나 물건을 끌어서 올리지 않는다.
④ 화물이 무거우면 사람이나 중량물로 밸런스웨이트를 삼는다.

해설
지게차에 화물을 실을 때 지게차 뒷부분에 중량물이나 사람을 태우고 무게중심을 유지하는 등의 작업을 하여서는 안 된다.

정답 ④

16. 작업장에서 중량물을 들어 올리는 방법 중 안전상 가장 올바른 것은?

① 지렛대를 이용한다.
② 로프로 묶고 잡아당긴다.
③ 최대한 사람의 힘을 모아 올린다.
④ 체인블록과 호이스트를 이용하여 들어 올린다.

해설
중량물은 체인블록이나 호이스트를 사용해서 들어 올려야 안전하게 들어 올릴 수 있다.

정답 ④

17. 다음 중 경사로에서 지게차 운전방법으로 틀린 것은? ✓신유형

① 경사로를 올라갈 때는 적재물이 경사로의 위쪽을 향하도록 주행한다.
② 경사로에서는 후륜이 뜬 상태로 주행하여야 한다.
③ 경사로에서는 포크 간격을 화물에 맞추어 조정한다.
④ 경사로를 내려오는 경우 엔진 브레이크나 풋 브레이크를 걸고 천천히 운행한다.

해설
경사로에서는 후륜이 뜬 상태로 주행해서는 안 된다.

정답 ②

18. 비사업용(자가용) 건설기계등록번호표의 색상 기준은?

① 흰색 바탕에 검은색 문자
② 주황색 바탕에 검은색 문자
③ 녹색 바탕에 흰색 문자
④ 주황색 바탕에 흰색 문자

해설
비사업용(자가용이나 관용) 건설기계등록번호표의 색상은 흰색 바탕에 검은색 문자이며, 대여사업용 건설기계등록번호표의 색상은 주황색 바탕에 검은색 문자이다.

정답 ①

19 건설기계조종사의 면허취소 사유에 해당하는 것은?

① 과실로 인하여 부상자 또는 직업성질병자가 동시에 5명이 발생한 경우
② 면허의 효력정지기간 중 건설기계를 조종한 경우
③ 과실로 인하여 5명에게 부상을 입힌 경우
④ 건설기계로 1천만원 이상의 재산 피해를 냈을 경우

해설
면허의 효력정지기간 중 건설기계를 조종한 경우는 면허취소 사유에 해당한다(건설기계관리법 시행규칙 [별표 22]).

정답 ②

20 지게차(1ton 이상, 연식 20년 이하)의 정기검사는 몇 년인가?

① 2년　　② 4년
③ 3년　　④ 1년

해설
1ton 이상 지게차의 정기검사 유효기간(건설기계관리법 시행규칙 [별표 7])
• 연식 20년 이하 : 2년
• 연식 20년 초과 : 1년

정답 ①

21 신개발시험, 연구목적 운행을 제외한 건설기계의 임시운행기간은 며칠 이내인가?

① 5일　　② 10일
③ 15일　　④ 20일

해설
건설기계관리법 시행규칙 제6조에 따라 신개발 건설기계를 시험·연구의 목적으로 운행하는 경우를 제외한 미등록 건설기계의 임시운행기간은 15일로 한다.

정답 ③

22 다음 중 교차로에서 금지되는 행위는?

① 경음기 작동　　② 비상등 점멸
③ 좌회전　　④ 앞지르기

해설
교차로에서는 다른 차를 앞지르지 못한다.

정답 ④

23 도로교통법상 반드시 서행하여야 할 장소로 지정된 곳은?

① 안전지대 우측
② 비탈길의 고갯마루 부근
③ 교통정리가 행하여지고 있는 교차로
④ 교통정리가 행하여지고 있는 횡단보도

해설
서행해야 할 장소(도로교통법 제31조 제1항)
• 교통정리를 하고 있지 아니하는 교차로
• 도로가 구부러진 부근
• 비탈길의 고갯마루 부근
• 가파른 비탈길의 내리막
• 시·도경찰청장이 도로에서의 위험을 방지하고 교통의 안전과 원활한 소통을 확보하기 위하여 필요하다고 인정하여 안전표지로 지정한 곳

정답 ②

24
편도 4차로 일반도로의 경우 교차로 30km 전방에서 우회전을 하려면 몇 차로로 진입 통행해야 하는가?

① 1차로로 통행한다.
② 2차로와 1차로로 통행한다.
③ 4차로로 통행한다.
④ 3차로만 통행 가능하다.

해설
편도 4차로 일반도로에서 우회전할 때에는 도로의 우측 가장자리인 4차로 진입 통행해야 한다.
교차로 통행방법(도로교통법 제25조 제1항)
모든 차의 운전자는 교차로에서 우회전을 하려는 경우에는 미리 도로의 우측 가장자리를 서행하면서 우회전하여야 한다. 이 경우 우회전하는 차의 운전자는 신호에 따라 정지하거나 진행하는 보행자 또는 자전거 등에 주의하여야 한다.

정답 ③

25
건설기계를 도난당한 날로부터 얼마 이내에 등록말소를 신청하여야 하는가?

① 10일　　② 15일
③ 1개월　　④ 2개월

해설
등록의 말소 등(건설기계관리법 제6조)
건설기계를 도난당한 경우 사유가 발생한 날로부터 2개월

정답 ④

26
교차로 20m 전방 황색등화 시 운전조치로 옳지 않은 것은?

① 정지선이 있을 때에는 그 직전이나 교차로의 직전에 정지한다.
② 교차로에 차마의 일부라도 진입할 경우에는 신속히 교차로 밖으로 진행하여야 한다.
③ 우회전하는 경우에는 보행자의 횡단을 방해하지 못한다.
④ 비보호좌회전표지 또는 비보호좌회전표시가 있는 곳에서는 좌회전할 수 있다.

해설
신호기가 표시하는 신호의 종류 및 신호의 뜻(도로교통법 시행규칙 [별표 2])
차량 신호등 황색의 등화 시
• 차마는 정지선이 있거나 횡단보도가 있을 때에는 그 직전이나 교차로의 직전에 정지하여야 하며, 이미 교차로에 차마의 일부라도 진입한 경우에는 신속히 교차로 밖으로 진행하여야 한다.
• 차마는 우회전할 수 있고, 우회전하는 경우에는 보행자의 횡단을 방해하지 못한다.

정답 ④

27
열에너지를 기계적 에너지로 변환시켜 주는 장치는?

① 펌프　　② 모터
③ 엔진　　④ 밸브

해설
엔진은 열에너지를 기계적 동력 에너지로 바꾸는 장치이다.

정답 ③

28 2행정 디젤기관의 소기방식에 속하지 않는 것은?

① 루프 소기식   ② 횡단 소기식
③ 복류 소기식   ④ 단류 소기식

해설
2행정 사이클 기관 : 루프 소기식, 횡단 소기식, 단류 소기식
- 흡입이나 배기를 위한 독립된 행정이 없다.
- 연소실에 유입된 혼합기로 배기가스를 배출한다.

정답 ③

29 다음 중 윤활유의 기능으로 모두 옳은 것은?

① 마찰 감소, 스러스트 작용, 밀봉작용, 냉각작용
② 마멸 방지, 수분 흡수, 밀봉작용, 마찰 증대
③ 마찰 감소, 마멸 방지, 밀봉작용, 냉각작용
④ 마찰 증대, 냉각작용, 스러스트 작용, 응력 분산

해설
윤활유 및 윤활장치의 기능
- 방청작용, 냉각작용, 윤활작용
- 마찰 및 마멸 감소
- 응력 분산 및 완충
- 기밀(밀봉, 밀폐)작용

정답 ③

30 노킹이 발생하였을 때 디젤기관에 미치는 영향이 아닌 것은? ✓신유형

① 배기가스의 온도가 상승한다.
② 연소실 온도가 상승한다.
③ 엔진에 손상이 발생할 수 있다.
④ 출력이 저하된다.

해설
노킹이 엔진에 미치는 영향
- 엔진 및 연소실의 과열
- 엔진의 출력 및 회전수 저하
- 흡기효율 저하
- 스파크플러그나 피스톤, 실린더헤드, 크랭크축의 손상 초래

정답 ①

31 디젤엔진의 연소실에는 연료가 어떤 상태로 공급되는가?

① 기화기와 같은 기구를 사용하여 연료를 공급한다.
② 노즐로 연료를 안개와 같이 분사한다.
③ 가솔린엔진과 동일한 연료공급펌프로 공급한다.
④ 액체 상태로 공급한다.

해설
디젤엔진 연소실의 연료는 노즐에 의해 안개처럼 분사된다.

정답 ②

32 4행정 사이클 기관에 주로 사용되고 있는 오일펌프는?

① 원심식과 플런저식
② 기어식과 플런저식
③ 로터리식과 기어식
④ 로터리식과 나사식

해설
4행정 사이클 기관에 주로 사용되고 있는 오일펌프로는 로터리식과 기어식이 있다.

정답 ③

33 압력식 라디에이터 캡에 대한 설명으로 옳은 것은?

① 냉각장치 내부압력이 규정보다 낮을 때 공기밸브는 열린다.
② 냉각장치 내부압력이 규정보다 높을 때 진공밸브는 열린다.
③ 냉각장치 내부압력이 부압이 되면 진공밸브는 열린다.
④ 냉각장치 내부압력이 부압이 되면 공기밸브는 열린다.

해설
③ 냉각장치 내부압력이 부압이 되면 진공밸브는 열린다.

정답 ③

34 수온조절기의 종류가 아닌 것은?

① 벨로즈 형식 ② 펠릿 형식
③ 바이메탈 형식 ④ 마몬 형식

해설
수온조절기의 종류에는 벨로즈 형식, 펠릿 형식, 바이메탈 형식이 있으며, 펠릿형이 많이 사용된다.

정답 ④

35 전조등의 구성품으로 틀린 것은?

① 전구 ② 렌즈
③ 반사경 ④ 플래셔 유닛

해설
플래셔 유닛은 전류를 일정한 주기로 단속(斷續)하여 빛을 ON, OFF하고 일정하게 점멸하도록 하는 장치이다.

정답 ④

36 직권전동기의 전기자코일과 계자코일의 연결 방식은?

① 직렬로 연결한다.
② 병렬로 연결한다.
③ 전기자코일은 직렬로 연결하고, 계자코일은 병렬로 연결한다.
④ 직렬과 병렬로 혼합 연결한다.

해설
전동기의 종류와 특성
• 직권전동기 : 전기자코일과 계자코일이 직렬로 결선된 전동기
• 분권전동기 : 전기자코일과 계자코일이 병렬로 결선된 전동기
• 복권전동기 : 전기자코일과 계자코일이 직·병렬로 결선된 전동기

정답 ①

37 지게차의 일반적인 조향방식은? ✓신유형

① 앞바퀴 조향방식이다.
② 뒷바퀴 조향방식이다.
③ 허리꺾기 조향방식이다.
④ 작업조건에 따라 바꿀 수 있다.

해설
지게차는 일반적으로 앞바퀴 구동, 뒷바퀴 조향방식이다.

정답 ②

38 긴 내리막길을 내려갈 때 베이퍼록을 방지하는 좋은 운전방법은?

① 변속 레버를 중립으로 놓고 브레이크페달을 밟고 내려간다.
② 시동을 끄고 브레이크페달을 밟고 내려간다.
③ 엔진브레이크를 사용한다.
④ 클러치를 끊고 브레이크페달을 계속 밟으며 속도를 조정하며 내려간다.

해설
긴 내리막길을 내려갈 때 베이퍼록 방지를 위해서는 페달 브레이크를 사용하지 않고 엔진 브레이크를 사용해야 한다.

정답 ③

39 진공식 제동 배력장치의 설명 중에서 옳은 것은?

① 진공밸브가 새면 브레이크가 전혀 듣지 않는다.
② 릴레이 밸브의 다이어프램이 파손되면 브레이크가 듣지 않는다.
③ 릴레이 밸브 피스톤 컵이 파손되어도 브레이크는 듣는다.
④ 하이드롤릭 피스톤의 체크 볼이 밀착 불량이면 브레이크가 듣지 않는다.

해설
진공식 제동 배력장치는 릴레이 밸브 피스톤이 파손되어도 체임버의 잔압에 의해 브레이크는 작동한다.

정답 ③

40 공유압 기호 중 그림이 나타내는 것은?

▶—

① 유압동력원   ② 공압동력원
③ 전동기   ④ 원동기

해설
공유압 기호

명칭	기호	비고
유압동력원	▶—	일반기호
공압동력원	▷—	
전동기	Ⓜ=	–
원동기	M=	(전동기를 제외)

정답 ①

41 유압계통에서 릴리프 밸브의 스프링 장력이 약화될 때 발생할 수 있는 현상은?

① 채터링 현상   ② 노킹 현상
③ 블로바이 현상 ④ 트래핑 현상

해설
릴리프 밸브의 스프링 장력이 약화되면 채터링이 발생할 수 있다.

정답 ①

42 기어펌프에 대한 설명으로 틀린 것은? ✔신유형

① 소형이며, 구조가 간단하다.
② 다른 펌프에 비해 흡입력이 나쁘다.
③ 플런저펌프에 비해 효율이 낮다.
④ 초고압에는 사용이 곤란하다.

해설
기어펌프는 나사의 회전부에서 진공부를 형성하기 때문에 플런저펌프에 비해 흡입력이 우수하다.

정답 ②

43. 유압기기의 단점으로 틀린 것은?

① 에너지 손실이 적다.
② 오일은 가연성이므로 화재위험이 있다.
③ 회로구성이 어렵고 누설되는 경우가 있다.
④ 오일은 온도변화에 따라 점도가 변하여 기계의 작동속도가 변한다.

해설

유압기기(Oil Pressure Machine)
강한 힘을 얻을 수 있고, 자유로운 속도 조정이 가능하며, 과부하에 대한 안전장치가 간단하다는 등의 장점이 있다.

유압기기의 장점	유압기기의 단점
• 작으면서도 힘이 강하다. • 과부하방지가 간단하고 정확하다. • 힘의 조정이 쉽고 정확하다. • 무단변속이 간단하고 진동이 적다. • 원격조작이 가능하다. • 내구성이 있다.	• 배관이 까다롭고 오일이 누설된다. • 오일의 연소위험성이 있다. • 에너지 손실이 많다. • 오일의 온도에 따라서 기계의 작동속도가 변한다.

정답 ①

44. 유압유의 구비조건으로 옳지 않은 것은?

① 비압축성이어야 한다.
② 점도지수가 커야 한다.
③ 인화점 및 발화점이 높아야 한다.
④ 체적탄성계수가 작아야 한다.

해설

유압유 구비조건
• 체적탄성계수가 커야 한다.
• 유동점이 낮고 윤활성이 좋아야 한다.
• 물리적·화학적 성질이 변하지 않고, 산성에 대한 안정성이 좋아야 한다.
• 인화점 및 발화점이 높고 내화성이 좋아야 한다.
• 열전달률이 높아야 한다.
• 열팽창계수가 작아야 한다.
• 점도지수가 커야 한다.
• 비압축성이어야 한다.

정답 ④

45. 유압회로 내에 기포가 발생하면 일어나는 현상과 관련 없는 것은?

① 작동유의 누설 저하
② 소음 증가
③ 공동현상
④ 오일탱크의 오버플로

해설

작동유는 온도에 따른 영향을 받으며, 회로 내의 기포 생성 시에는 분리되기 쉽고 누설되기 쉽다.
캐비테이션 발생 또는 유압손실이 클 때
• 체적효율의 저하
• 소음과 진동 발생
• 저압부의 기포가 과포화 상태
• 기관 내 부분적으로 높은 압력 발생
• 급격한 압력파 형성
• 액추에이터의 효율 저하 등

정답 ①

46. 유압펌프가 작동 중 소음이 발생할 때의 원인으로 틀린 것은?

① 펌프 축의 편심 오차가 크다.
② 펌프 흡입관 접합부로부터 공기가 유입된다.
③ 릴리프 밸브 출구에서 오일이 배출되고 있다.
④ 스트레이너가 막혀 흡입용량이 너무 작아졌다.

해설

유압펌프 작동 중 소음이 발생하는 것은 기계적인 원인과 흡입되는 공기에 의하며, 릴리프 밸브에서 오일이 누유되는 것은 압력이 떨어지는 원인이 된다.

정답 ③

47 유압실린더의 부속장치가 아닌 것은? ✓신유형

① 피스톤 로드
② 피스톤
③ 로드 베어링
④ 브레이커

해설
유압실린더의 부속장치로는 피스톤 실, 실린더 배럴, 피스톤 로드실, 로드 베어링, 쿠션, 피스톤 로드, 피스톤, 실린더 커버, 벤트 나사 등이 있다.

정답 ④

48 피스톤펌프에 대한 설명으로 알맞지 않은 것은?

① 흡입 능력이 작은 편이다.
② 비용적형 펌프이다.
③ 고압에 적합하다.
④ 펌프 효율이 크다.

해설
② 피스톤 펌프는 용적형 펌프이다.
용적형 펌프
케이싱(하우징)과 그 내부에서 움직이는 기계요소와의 상호작용으로 만들어지는 밀폐공간의 이동 또는 변화로 에너지를 공급하여 오일을 흡입부에서 송출부로 밀어내는 방식의 펌프이다.
비용적형 펌프(터보형 펌프)
케이스(하우징) 내에서 임펠러를 회전시켜 발생하는 원심력으로 유체에 에너지를 공급하여 오일을 흡입부에서 송출부로 밀어내는 방식의 펌프이다.

정답 ②

49 압력제어밸브 중 항상 닫혀 있다가 일정 조건이 되면 열려 작동하는 밸브에 속하지 않는 것은?

① 릴리프 밸브(Relief Valve)
② 감압 밸브(Reducing Valve)
③ 무부하 밸브(Unloading Valve)
④ 시퀀스 밸브(Sequence Valve)

해설
감압(리듀싱) 밸브는 항상 개방 상태로 있다가 일정 조건이 되면 밸브가 작동하여 감압시킨다.

정답 ②

50 인칭페달이 장착되지 않는 지게차는?

① 전동형 지게차
② 디젤엔진형 지게차
③ LPG엔진형 지게차
④ 가솔린엔진형 지게차

해설
인칭페달은 엔진형 지게차에만 장착되어 있다.

정답 ①

51 납산축전지의 전해액을 만들 때 올바른 방법은?

① 황산에 물을 조금씩 부으면서 유리막대로 젓는다.
② 황산과 물을 1 : 1의 비율로 동시에 붓고 잘 젓는다.
③ 증류수에 황산을 조금씩 부으면서 잘 젓는다.
④ 축전지에 필요한 양의 황산을 직접 붓는다.

해설
납산축전지의 전해액을 만들 때 황산과 증류수의 혼합
- 증류수에 황산을 조금씩 부으면서 잘 젓는다.
- 전기가 잘 통하지 않는 용기를 사용하여 혼합한다.
- 추운 지방인 경우 온도가 표준온도일 때 비중이 1.280이 되게 측정하면서 작업을 끝낸다.

정답 ③

52 다음 설명에 알맞는 작업장치는? ✓신유형

> 2개의 L자 모양의 작업장치로 핑거보드에 장착되며 화물의 크기에 따라 폭을 조절할 수 있는 것이다.

① 포크
② 백레스트
③ 리프트 체인
④ 리프트 실린더

[해설]
포크는 캐리지에 장착된 것으로 화물이 올려진 팰릿을 직접 드는 역할을 하는 기구이다.

[정답] ①

53 한쪽으로 쏠린 작업물을 들 때 균형을 맞추어 줄 수 있는 장치는?

① 사이드 클램프
② 로테이팅 포크
③ 힌지드 포크
④ 사이드 시프트

[해설]
사이드 시프트
차체를 이동시키지 않고 포크를 좌·우측으로 이동하여 적재 및 하역 작업을 할 수 있다.

[정답] ④

54 지게차용 체인의 구성요소로 알맞지 않은 것은?

① 외부판
② 내부판
③ 롤러
④ 볼베어링

[해설]
체인의 구조
내부판, 외부판, 베어링 핀, 롤러

[정답] ④

55 축전지 터미널에 부식이 발생하였을 때 나타나는 현상과 거리가 먼 것은?

① 기동전동기의 회전력이 작아진다.
② 엔진 크랭킹이 잘되지 않는다.
③ 전압강하가 발생된다.
④ 시동스위치가 손상된다.

[해설]
축전지 터미널이 부식된 경우 축전기의 충전이 불량해진다. 그로 인해 전장품의 출력에 영향을 미치게 되지만, 시동스위치가 손상되지는 않는다.

[정답] ④

56 충전 말기에 충전율이 높아서 과충전의 우려가 있는 축전지 충전방법은? ✓신유형

① 정전류 충전법
② 정전압 충전법
③ 준정전압 충전법
④ 단별전류 충전법

[해설]
정전류 충전법
- 충전 초기부터 일정한 전류를 유지하며 충전하는 방식
- 최초의 충전용량이 작아서 극판의 손상이 적다.
- 충전 말기에는 충전율이 높아서 과충전의 우려가 있다.

[정답] ①

57
지게차에서 포크가 장착되는 부분으로 캐리지에 장착되는 부품의 명칭은?

① 백레스트
② 핑거보드
③ 리프트 체인
④ 틸트 실린더

[해설]
핑거보드는 포크가 장착되는 부분으로 캐리지에 장착된다.

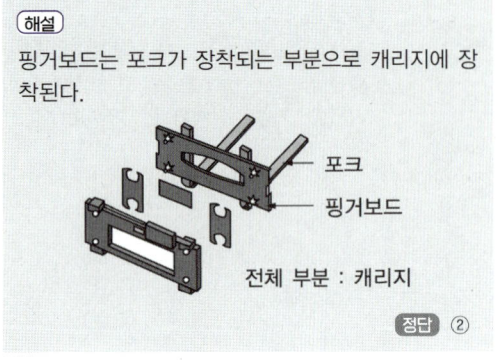

[정답] ②

58
원통으로 만들어진 드럼통을 좌우에서 압축하여 운반하는 작업장치는?

① 힌지드 버킷(Hinged Bucket)
② 드럼 클램프(Drum Clamp)
③ 아이스 클램프(Ice Clamp)
④ 팰릿 인버터(Pallet Inverter)

[해설]
드럼 클램프
원통으로 만들어진 드럼통을 좌우에서 압축하여 운반하는 작업장치

[정답] ②

59
지게차 축간거리에 대한 설명으로 옳지 않은 것은? ✓신유형

① 지게차의 앞축과 뒤축 타이어의 중심 간 거리이다.
② mm 단위로 한다.
③ 축간거리가 커질수록 회전반경은 좁아진다.
④ 축간거리가 커질수록 안정도가 향상된다.

[해설]
축간거리가 커질수록 지게차의 안정도는 향상되나, 회전반경이 커져서 작업에 지장을 초래한다. 따라서 지게차의 축간거리는 지게차의 안정도에 지장이 없는 한도에서 최소의 길이로 한다.

[정답] ③

60
지게차의 리프트 실린더의 주된 역할은?

① 마스트를 틸트시킨다.
② 마스트를 이동시킨다.
③ 포크를 상승·하강시킨다.
④ 포크를 앞뒤로 기울게 한다.

[해설]
리프트 실린더는 마스트를 상승 또는 하강시키는데, 결국 마스트와 연결된 백레스트에 장착된 포크도 상승 및 하강시키는 역할을 하게 된다.

[정답] ③

02 상시복원문제

01 작업장에서 안전모를 착용하는 가장 주된 이유는? ✓신유형

① 작업장의 질서를 확립시키기 위해서이다.
② 작업 능률을 올리기 위해서이다.
③ 작업자의 안전을 위해서이다.
④ 작업자의 복장 통일을 위해서이다.

해설
작업복, 안전모, 안전화 등을 착용하는 이유는 작업자의 안전 확보이다.

정답 ③

02 연삭작업 시 안전수칙으로 알맞지 않은 것은? ✓신유형

① 칩 커버를 반드시 설치한다.
② 기계 가공 중 자리를 이탈하지 않는다.
③ 주축 속도를 변속할 때는 주축을 정지하지 않고 변환시킨다.
④ 절삭공구나 가공물을 설치할 때는 반드시 전원을 끈다.

해설
주축 속도를 변속할 때는 주축을 반드시 정지한 후 변환시킨다.

정답 ③

03 스패너의 작업방법으로 옳은 것은?

① 몸 쪽으로 당길 때 힘이 걸리도록 한다.
② 볼트 머리보다 큰 스패너를 사용하도록 한다.
③ 스패너 자루에 조합렌치를 연결해서 사용하여도 된다.
④ 스패너 자루에 파이프를 끼워서 사용한다.

해설
스패너 작업 시 안전수칙
• 스패너를 작업할 때는 몸 쪽으로 당기면서 힘이 걸리게 한다.
• 스패너의 자루에 파이프를 이어서 사용해서는 안 된다.
• 스패너의 입이 너트의 치수에 맞는 것을 사용해야 한다.
• 스패너와 너트는 직접 접촉시켜 유격이 없도록 작업한다.
• 스패너와 너트 사이에서 쐐기 등을 넣고 사용하지 않는다.
• 너트에 스패너를 깊이 물리도록 하여 조금씩 앞으로 당기는 식으로 풀고 조인다.

정답 ①

04 화재가 발생하기 위한 3가지 요소는?

① 가연성 물질 - 점화원 - 산소
② 산화 물질 - 소화원 - 산소
③ 산화 물질 - 점화원 - 질소
④ 가연성 물질 - 소화원 - 산소

해설
화재와 폭발의 3요소는 점화원(불꽃 등), 가연성 물질(탈것), 산소이다.

정답 ①

05 기관이 작동되는 상태에서 점검 가능한 사항이 아닌 것은?

① 냉각수의 온도
② 충전 상태
③ 기관오일의 압력
④ 엔진오일량

해설
엔진오일량은 기관이 정지한 상태에서 점검해야 한다.

정답 ④

06 사용압력에 따른 타이어의 분류에 속하지 않는 것은?

① 고압 타이어
② 초고압 타이어
③ 저압 타이어
④ 초저압 타이어

해설
타이어는 허용압력(PSI)에 따라 고압, 저압, 초저압 타이어로 분류된다.
※ 초고압으로 타이어를 사용할 경우, 터짐으로 인한 사고 발생의 우려가 있다.

정답 ②

07 다음 중 축전지가 충전되지 않는 원인으로 가장 옳은 것은?

① 레귤레이터가 고장일 때
② 발전기의 용량이 클 때
③ 팬벨트의 장력이 셀 때
④ 전해액의 온도가 낮을 때

해설
축전지에 충전이 되고 있지 않다면 전압조정장치인 레귤레이터의 고장을 의심해야 한다.

정답 ①

08 생산활동 중 발생한 신체장애와 유해물질에 의한 중독 등으로 직업성 질환에 걸려 나타나는 장애를 무엇이라 하는가?

① 산업안전
② 안전관리
③ 산업재해
④ 안전사고

해설
산업재해는 생산활동 중 발생한 신체장애나 유해물질에 의한 중독으로 인한 장애 등을 말한다.

정답 ③

09 산업안전보건법령상 안전보건표지의 종류 중 다음 그림에 해당하는 것은?

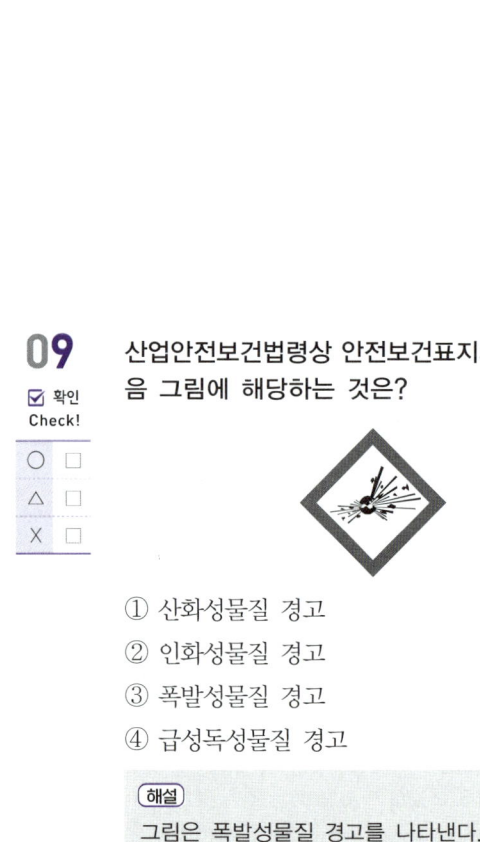

① 산화성물질 경고
② 인화성물질 경고
③ 폭발성물질 경고
④ 급성독성물질 경고

해설
그림은 폭발성물질 경고를 나타낸다.

정답 ③

10 볼트나 너트를 죄거나 푸는 데 사용하는 각종 렌치에 대한 설명으로 틀린 것은?

① 조정렌치 – 멍키렌치라고도 하며, 제한된 범위 내에서 어떠한 규격의 볼트나 너트에도 사용할 수 있다.
② 엘(L)렌치 – 6각형 봉을 L자 모양으로 구부려서 만든 렌치이다.
③ 복스렌치 – 연료 파이프 피팅 작업에 사용한다.
④ 소켓렌치 – 다양한 크기의 소켓을 바꾸어가며 작업할 수 있도록 만든 렌치이다.

해설
③ 연료 파이프 피팅 작업에는 오픈엔드렌치가 주로 사용된다.

정답 ③

11 주행 중 브레이크 작동 시 조향 핸들이 한쪽으로 쏠리는 원인으로 거리가 가장 먼 것은?

① 휠 얼라인먼트 조정이 불량하다.
② 좌우 타이어의 공기압이 다르다.
③ 브레이크 라이닝의 좌우 간극이 불량하다.
④ 마스터 실린더의 체크밸브 작동이 불량하다.

해설
브레이크 패드를 라이닝에 압착시킬 때 사용되는 마스터 실린더의 체크밸브 불량은 핸들 쏠림과 관련이 없다.

정답 ④

12 긴 내리막길을 내려갈 때 베이퍼록을 방지하는 좋은 운전방법은?

① 변속 레버를 중립으로 놓고 브레이크페달을 밟고 내려간다.
② 시동을 끄고 브레이크페달을 밟고 내려간다.
③ 엔진 브레이크를 사용한다.
④ 클러치를 끊고 브레이크페달을 계속 밟으며 속도를 조정하며 내려간다.

해설
긴 내리막길을 내려갈 때 베이퍼록 방지를 위해서는 페달 브레이크를 사용하지 않고 엔진 브레이크를 사용해야 한다.

정답 ③

13 엔진을 정지하고 계기판 전류계의 지시침을 살펴보니 정상에서 (-) 방향을 지시하고 있다. 그 원인이 아닌 것은? ✓신유형

① 전조등 스위치가 점등위치에서 방전하고 있다.
② 배선에서 누전되고 있다.
③ 시동 시 엔진의 예열장치를 동작시키고 있다.
④ 발전기에서 축전지로 충전되고 있다.

해설
전류계 지침이 (-)를 가리키는 것은 충전이 되고 있지 않은 것이다.

정답 ④

14 유압 작동유의 점도가 지나치게 낮을 때 나타날 수 있는 현상은?

① 출력이 증가한다.
② 압력이 상승한다.
③ 유동저항이 증가한다.
④ 유압실린더의 속도가 늦어진다.

해설
작동유의 점도가 너무 낮을 경우에는 분자 간 응집력이 떨어지면서, 실린더의 반응속도도 늦어진다.

정답 ④

15 지게차로 적재 및 운반 작업을 할 때 유의사항으로 틀린 것은?

① 운반하려고 하는 화물 가까이 가면 속도를 줄인다.
② 화물 앞에서 일단 정지한다.
③ 화물이 무너지거나 파손 등의 위험성 여부를 확인한다.
④ 화물을 포크로 높이 들어 올려 아랫부분을 확인하며 천천히 출발한다.

해설
화물을 포크로 들고 이동하는 높이는 가능한 한 낮춘다.

정답 ④

16 지게차로 화물을 싣고 경사지에서 주행할 때 안전상 올바른 운전방법은?

① 포크를 높이 들고 주행한다.
② 내려갈 때는 저속 후진한다.
③ 내려갈 때는 변속 레버를 중립에 놓고 주행한다.
④ 내려갈 때는 시동을 끄고 타력으로 주행한다.

해설
지게차로 화물을 싣고 경사지에서 주행할 때는 저속으로 후진해야 한다.

정답 ②

17 지게차 운전 시 운전 시야를 확보하는 방법으로 알맞지 않은 것은?

① 작업장의 위험요소를 미리 파악한다.
② 보조자의 도움으로 운행 동선을 확인한다.
③ 주행 방향이 보이지 않을 때는 정지하고 확인한다.
④ 시야 확보가 불가능할 때는 전진으로 주행한다.

해설
지게차 운전 시 시야 확보가 불가능할 때는 후진으로 주행한다.

정답 ④

18 건설기계관리법령상 건설기계정비업의 범위에서 제외되는 행위로 옳지 않은 것은?

① 필터류 교환
② 전구 교체
③ 오일 주입
④ 브레이크페달 교체

해설
건설기계정비업의 범위에서 제외되는 행위(건설기계관리법 시행규칙 1조의3)
• 오일 보충
• 에어클리너 엘리먼트 및 필터류의 교환
• 배터리·전구의 교환
• 타이어의 점검·정비 및 트랙의 장력 조정
• 창유리의 교환

정답 ④

19 건설기계 운전자가 조종 중 고의로 인명피해를 입히는 사고를 일으켰을 때 면허처분기준은?

① 면허취소
② 면허효력정지 30일
③ 면허효력정지 20일
④ 면허효력정지 10일

해설
건설기계조종사면허의 취소·정지처분기준(건설기계관리법 시행규칙 [별표 22])
• 고의로 인명피해(사망·중상·경상 등)를 입힌 때 : 취소
• 과실로 산업안전보건법에 따른 중대재해가 발생한 경우 : 취소
• 그 밖의 인명피해를 입힌 경우
  - 사망 1명마다 : 면허효력정지 45일
  - 중상 1명마다 : 면허효력정지 15일
  - 경상 1명마다 : 면허효력정지 5일

정답 ①

20 건설기계의 구조변경 가능 범위에 속하지 않는 것은?

① 수상작업용 건설기계 선체의 형식변경
② 적재함의 용량 증가를 위한 변경
③ 건설기계의 길이, 너비, 높이 변경
④ 조종장치의 형식변경

해설
건설기계의 구조변경 범위(건설기계관리법 시행규칙 제42조)
주요 구조의 변경 및 개조의 범위는 다음과 같다. 다만, 건설기계의 기종변경, 육상작업용 건설기계규격의 증가 또는 적재함의 용량 증가를 위한 구조변경은 할 수 없다.
• 원동기 및 전동기의 형식변경
• 동력전달장치의 형식변경
• 제동장치의 형식변경
• 주행장치의 형식변경
• 유압장치의 형식변경
• 조종장치의 형식변경
• 조향장치의 형식변경
• 작업장치의 형식변경. 다만, 가공작업을 수반하지 아니하고 작업장치를 선택 부착하는 경우에는 작업장치의 형식변경으로 보지 아니한다.
• 건설기계의 길이·너비·높이 등의 변경
• 수상작업용 건설기계 선체의 형식변경
• 타워크레인 설치기초 및 전기장치의 형식변경

정답 ②

21 성능이 불량하거나 사고가 자주 발생하는 건설기계의 안전성 등을 점검하기 위하여 실시하는 심사는?

✓신유형

① 예비검사
② 구조변경검사
③ 수시검사
④ 정기검사

해설
검사(건설기계관리법 제13조)
- 신규등록검사 : 건설기계를 신규로 등록할 때 실시하는 검사
- 정기검사 : 건설공사용 건설기계로서 3년의 범위에서 국토교통부령으로 정하는 검사유효기간이 끝난 후에 계속하여 운행하려는 경우에 실시하는 검사와 대기환경보전법 및 소음·진동관리법에 따른 운행차의 정기검사
- 구조변경검사 : 건설기계의 주요 구조를 변경하거나 개조한 경우 실시하는 검사
- 수시검사 : 성능이 불량하거나 사고가 자주 발생하는 건설기계의 안전성 등을 점검하기 위하여 수시로 실시하는 검사와 건설기계 소유자의 신청을 받아 실시하는 검사

정답 ③

22 편도 2차로 일반도로에서 건설기계는 몇 차로로 통행하여야 하는가?

① 왼쪽 차로
② 2차로
③ 갓길
④ 1·2차로 모두 가능

해설
편도 2차로의 일반도로일 경우 왼쪽 차로(1차로)는 승용자동차 및 경형·소형·중형 승합자동차가 통행 가능하며, 오른쪽 차로(2차로) 대형승합자동차, 화물자동차, 특수자동차, 건설기계, 이륜자동차, 원동기장치자전거(개인형 이동장치는 제외)가 통행하여야 한다(도로교통법 시행규칙 [별표 9])

정답 ②

23 다음 중 관공서용 건물번호판은?

①
②
③
④

해설
①·② 일반용 건물번호판, ③ 문화재 및 관광용 건물번호판

정답 ④

24 고속도로를 운행 중일 때 안전운전상 준수사항으로 가장 적합한 것은?

① 정기점검 실시 후 운행하여야 한다.
② 연료량을 점검하여야 한다.
③ 월간 정비점검을 하여야 한다.
④ 모든 승차자는 좌석 안전띠를 매야 한다.

해설
고속도로 운행 중 모든 승차자는 안전벨트를 매야 한다.

정답 ④

25 지게차 주행 시 주의하여야 할 사항 중 틀린 것은?

① 짐을 싣고 주행할 때는 절대로 속도를 내서는 안 된다.
② 노면의 상태에 충분한 주의를 하여야 한다.
③ 포크의 끝을 밖으로 경사지게 한다.
④ 적하장치에 사람을 태워서는 안 된다.

> **해설**
> 주행 시 포크의 끝을 올려야 하며, 화물의 적재 여부를 막론하고 포크를 올린 상태에서 포크 밑에 서 있거나 걸어 다니지 않아야 한다.
>
> 정답 ③

26 다음 설명에 해당하는 것은?

> 도로교통법상 모든 차의 운전자는 같은 방향으로 가고 있는 앞차의 뒤를 따를 때에는 앞차가 갑자기 정지하게 되는 경우에 그 앞차와의 충돌을 피할 수 있는 필요한 거리를 확보하도록 되어 있다.

① 급제동 금지거리
② 안전거리
③ 제동거리
④ 진로양보거리

> **해설**
> 안전거리는 앞차와의 충돌을 피할 수 있는 필요한 거리를 확보한 거리이다(도로교통법 제19조).
>
> 정답 ②

27 기관에서 압축가스가 누설되어 압축압력이 저하될 수 있는 원인에 해당하는 것은?

① 실린더헤드 개스킷 불량
② 매니폴드 개스킷 불량
③ 워터펌프 불량
④ 냉각팬의 벨트 유격 과대

> **해설**
> **실린더헤드 개스킷**
> • 압축된 고온·고압 연소가스의 누설 방지, 물 또는 오일 등의 실린더 내부 유입을 방지하는 역할을 한다.
> • 기관에서 실린더헤드 개스킷 불량이나 기관 균열이 발생하면 냉각계통으로 배기가스가 누설되는 원인이 된다.
>
> 정답 ①

28 4행정 기관에서 1사이클을 완료할 때 크랭크축은 몇 회전하는가?

① 1회전   ② 2회전
③ 3회전   ④ 4회전

> **해설**
> **4행정 1사이클 엔진**
> 흡기, 압축, 폭발, 배기라는 4가지 피스톤 행정을 1사이클로 하여 크랭크축이 2회전할 때 1회의 사이클이 완료되는 기관이다.
>
> 정답 ②

29 오일의 여과 방식이 아닌 것은?

① 자력식   ② 분류식
③ 전류식   ④ 샨트식

> **해설**
> **오일의 여과 방식** : 전류식(전부 여과), 분류식(일부 여과), 샨트식(전류식 + 분류식)
>
> 정답 ①

30 오일펌프에서 펌프량이 적거나 유압이 낮은 원인이 아닌 것은?

① 오일탱크에 오일이 너무 많을 때
② 펌프 흡입라인(여과망) 막힘이 있을 때
③ 기어와 펌프 내벽 사이 간격이 클 때
④ 기어 옆 부분과 펌프 내벽 사이 간격이 클 때

해설
오일탱크에 오일이 너무 많은 경우 오일이 넘치거나 엔진 내의 오일 압력이 높아져 엔진 부품이 손상될 수 있으며, 연소실에 침투한 오일의 연소로 백색의 매연이 발생할 수 있다.
유압이 낮아지는 이유
- 오일팬의 오일량이 부족한 경우
- 크랭크축, 캠축 베어링의 과다마멸로 인해 간극이 커졌을 경우
- 오일펌프의 마멸 또는 윤활 회로에 오일 누출이 생긴 경우
- 유압조절밸브 스프링 장력이 약하거나 파손된 경우
- 엔진오일의 점도가 낮은 경우
- 오일 여과기가 막힌 경우

정답 ①

31 디젤기관 연료여과기에 설치된 오버플로밸브(Overflow Valve)의 기능이 아닌 것은?

① 여과기의 각 부분 보호
② 연료 공급펌프의 소음 발생 억제
③ 운전 중 공기의 배출 작용
④ 인젝터의 연료 분사 시기 제어

해설
오버플로밸브의 역할
- 여과기의 각 부분을 보호한다.
- 연료공급펌프의 소음 발생을 방지한다.
- 연료계통의 공기를 배출한다.

정답 ④

32 커먼레일 디젤기관의 연료장치시스템에서 출력요소는?

① 공기 유량센서
② 인젝터
③ 엔진 ECU
④ 브레이크 스위치

해설
커먼레일 디젤기관의 입출력 요소

입력요소 (각종 센서 및 스위치 신호)	출력요소(각종 작동기)
• 연료 압력센서(R.P.S) • 에어 플로센서(A.F.S) • 냉각 수온센서(W.T.S) • 가속 페달센서 1,2(A.P.S 1,2) • 연료 온도센서(F.T.S) • 크랭크 포지션센서(C.K.P) • T.D.C 센서 • 부스터 압력센서	• 인젝터 • 레일 압력 조절밸브(I.M.V) • 예열장치 • E.G.R 제어장치 • 냉각장치 • 보조 히터장치 • 스로틀 플랩장치

정답 ②

33 디젤기관에서 노킹의 원인과 가장 거리가 먼 것은?

① 연료의 세탄가가 높다.
② 연료의 분사압력이 낮다.
③ 연소실의 온도가 낮다.
④ 착화 지연시간이 길다.

해설
세탄가가 높은 연료를 사용하는 것은 노킹의 방지대책이다.

정답 ①

34. 라디에이터(Radiator)에 대한 설명으로 틀린 것은?

① 라디에이터의 재료 대부분은 알루미늄합금이 사용된다.
② 단위면적당 방열량이 많아야 한다.
③ 냉각효율을 높이기 위해 방열판이 설치된다.
④ 공기 흐름저항이 커야 냉각효율이 높다.

해설
라디에이터의 구비조건
- 공기의 흐름저항이 작을 것
- 단위면적당 방열량이 많을 것
- 가볍고 작으며, 강도가 클 것
- 냉각수의 흐름저항이 작을 것

정답 ④

35. 기동전동기의 마그넷 스위치는? ✓신유형

① 기동전동기의 전자석 스위치이다.
② 기동전동기의 전류조절기이다.
③ 기동전동기의 전압조절기이다.
④ 기동전동기의 저항조절기이다.

해설
기동전동기의 마그넷 스위치는 솔레노이드 스위치라고도 하며, 기동전동기의 전자석 스위치이다.

정답 ①

36. 교류발전기에서 높은 전압으로부터 다이오드가 보호하는 구성품은 어느 것인가?

① 콘덴서   ② 필드 코일
③ 정류기   ④ 로터

해설
교류발전기의 높은 전압으로부터 과충전을 예방하고 관련 기기들도 보호할 필요가 있는데, 이때 다이오드는 교류 전기를 정류하고 전류의 역류(축전지에서 발전기로)를 방지하며, 교류를 직류로 변환한다.

정답 ①

37. 변속기의 필요성과 관계가 없는 것은?

① 시동 시 장비를 무부하 상태로 한다.
② 기관의 회전력을 증대시킨다.
③ 장비의 후진 시 필요로 한다.
④ 환향을 빠르게 한다.

해설
변속기의 필요성
- 엔진을 무부하 상태로 유지한다.
- 엔진의 회전력(토크)을 증대시킨다.
- 후진을 가능하게 한다.
- 주행속도를 증·감속할 수 있다.

정답 ④

38. 지게차의 선회를 원활하게 하는 장치에 해당하는 것은?

① 토크 컨버터
② 유니버설 조인트
③ 배력장치
④ 차동기어장치

해설
차동기어장치
하부 추진체가 휠로 되어 있는 건설기계가 커브를 돌 때 좌우 구동바퀴의 회전속도를 다르게 하여 선회를 원활하게 해주는 장치이다.

정답 ④

39 지게차의 틸트 실린더와 리프트 실린더를 작동시키는 동력의 발생원은?

① 전기 ② 공압
③ 유압 ④ 스프링

해설
지게차가 화물을 들어 올릴 때 사용되는 틸트 및 리프트 실린더의 작동 힘은 큰 하중에 버텨야 하므로 유압을 사용한다.

정답 ③

40 유압회로에 사용되는 유압밸브의 역할이 아닌 것은?

① 일의 관성을 제어한다.
② 일의 방향을 변환시킨다.
③ 일의 속도를 제어한다.
④ 일의 크기를 조정한다.

해설
유압밸브의 역할
• 일의 방향제어 : 방향제어밸브
• 일의 속도제어 : 유량제어밸브
• 일의 크기제어 : 압력제어밸브

정답 ①

41 유압실린더의 종류에 해당하지 않는 것은?
✓신유형

① 단동 실린더 ② 복동 실린더
③ 다단 실린더 ④ 회전 실린더

해설
유압실린더의 종류
• 단동 실린더 : 표준형(단로드 실린더), 특수형(램형, 텔레스코프, 단동양로드)
• 복동 실린더 : 싱글로드형, 더블로드형, 쿠션 내장형, 복동텔레스코프, 차동 실린더
• 다단 실린더 : 텔레스코프형, 디지털형

정답 ④

42 다음 유압 기호가 나타내는 것은?

① 릴리프밸브 ② 감압밸브
③ 순차밸브 ④ 무부하밸브

해설
무부하밸브는 그림에서 점선 방향으로 부하가 발생되면 유체가 흘러서 관로를 일치시키면서 유체를 통과시킨다.
유압 기호

릴리프밸브	감압밸브

정답 ④

43 유압모터의 특징 중 거리가 가장 먼 것은?

① 소형으로 강력한 힘을 낼 수 있다.
② 과부하에 대해 안전하다.
③ 정·역회전 변화가 불가능하다.
④ 무단변속이 용이하다.

해설
유압모터의 특징
• 소형·경량이며, 큰 힘을 낼 수 있다.
• 회전체의 관성력이 작으므로 응답성이 빠르다.
• 정·역회전이 가능하다.
• 무단변속으로 회전수를 조정할 수 있다.
• 자동제어의 조작부 및 서보기구의 요소로 적합하다.

정답 ③

44. 펌프가 오일을 토출하지 않을 때의 원인으로 틀린 것은?

① 오일탱크의 유면이 낮다.
② 흡입관으로 공기가 유입된다.
③ 토출 측 배관 체결볼트가 이완되었다.
④ 오일이 부족하다.

[해설]
펌프가 오일을 토출하지 않을 때는 오일탱크에 오일이 부족하거나, 흡입관으로 유체가 아닌 공기가 흡입될 때이다.

정답 ③

45. '밀폐용기 속의 유체 일부에 가해진 압력은 유체의 모든 부분에 같은 세기로 전달된다'는 원리는?

① 베르누이의 정의
② 렌츠의 법칙
③ 파스칼(Pascal)의 원리
④ 보일-샤를의 원리

[해설]
파스칼의 원리
- 정지 액체에 접하고 있는 면에 가해진 압력은 그 면에 수직으로 작용한다.
- 정지 액체의 한 점에 있어서의 압력의 크기는 전 방향에 대하여 동일하다.
- 밀폐용기 내의 한 부분에 가해진 압력은 액체 내의 여러 부분에 같은 압력으로 전달된다.

정답 ③

46. 유체의 에너지를 이용하여 기계적인 일로 변환하는 기기는?

① 유압모터
② 유압펌프
③ 오일탱크
④ 원동기

[해설]
유압모터는 유체 에너지를 연속적인 회전운동을 하는 기계적 에너지로 바꾸어주는 기기를 말한다.

정답 ①

47. 다음 중 유압장치에 주로 사용되지 않는 것은?

① 베인펌프
② 피스톤펌프
③ 분사펌프
④ 기어펌프

[해설]
분사 펌프는 연료장치에 사용되는 펌프이다.

정답 ③

48. 2개 이상의 분기회로에서 실린더나 모터의 작동 순서를 결정하는 자동제어밸브는?

① 리듀싱밸브
② 릴리프밸브
③ 시퀀스밸브
④ 파일럿체크밸브

[해설]
① 리듀싱밸브 : 유압회로에서 입구 압력을 감압하여 유압실린더 출구 설정 압력 유압으로 유지하는 밸브
② 릴리프밸브 : 계통 내의 최대압력을 설정함으로써 계통을 보호하는 밸브
④ 파일럿체크밸브 : 체크밸브의 일종으로, 출구 측 압력에 의해 닫힌 포펫을 파일럿 압력으로 밀어 올려 작동유가 역류되도록 하는 밸브

정답 ③

49 유압장치의 일상점검 항목이 아닌 것은?

✓신유형

① 오일의 양 점검
② 변질 상태 점검
③ 오일의 누유 여부 점검
④ 탱크 내부 점검

해설
탱크(연료탱크)의 외부는 일상점검이 가능하나, 내부는 일상적으로 점검하기 곤란하므로, 연료계통의 문제 발생 시 점검하는 것이 바람직하다.

정답 ④

51 A와 B의 명칭은 무엇인가?

① A : 브레이크페달   B : 가속페달
② A : 주차 브레이크   B : 브레이크페달
③ A : 인칭페달   B : 브레이크페달
④ A : 브레이크페달   B : 주차 브레이크

해설

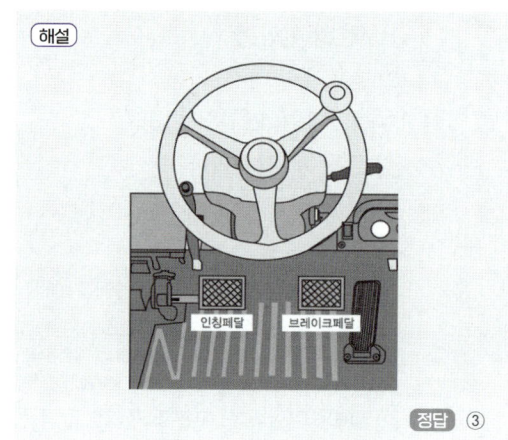

정답 ③

50 축전지의 전해액으로 알맞은 것은?

① 순수한 물
② 과산화납
③ 해면상납
④ 묽은 황산

해설
납산축전지
• 양극판은 과산화납
• 음극판은 해면상납
• 전해액은 묽은 황산

정답 ④

52 포크로 든 짐을 상단에 설치된 압착판(덮개)으로 눌러서 화물을 고정시킬 수 있는 작업장치는?

① 회전 포크   ② 힌지드 버킷
③ 푸시 풀 장치   ④ 로드 스태빌라이저

해설
로드 스태빌라이저
포크로 든 짐을 상단에 설치된 압착판(덮개)으로 눌러서 고르지 못한 도로를 다닐 때 화물의 쏟아짐을 방지하기 위한 작업장치

정답 ④

53 화물을 포크로 들고 360° 회전시킬 수 있는 작업장치로, 주로 절삭 후 버려지는 칩을 담은 칩통을 비울 때 사용하는 작업장치는?

① 회전 포크
② 드럼 클램프
③ 푸시 풀 장치
④ 사이드 시프트

해설
회전 포크(Rotating Fork, 로테이팅 포크)
화물을 포크로 들고 360° 회전시킬 수 있는 작업장치로, 주로 절삭 후 버려지는 칩을 담은 칩통을 비울 때 사용한다.

정답 ①

54 축전지 충전방법 중 틀린 것은?

① 정전류 충전법
② 정전압 충전법
③ 단별전류 충전법
④ 정저항 충전법

해설
정저항 충전법은 충전방식으로 사용되지 않는다.

정답 ④

55 축전지의 용량만을 크게 하는 방법으로 맞는 것은?

① 직렬연결법
② 병렬연결법
③ 직·병렬연결법
④ 논리회로 연결법

해설
- 직렬연결 : 전압은 개수의 2배가 되고, 용량은 일정하다(=전압 증가, 용량 일정).
- 병렬연결 : 용량은 개수의 2배가 되고, 전압은 일정하다(=용량 증가, 전압 일정).

정답 ②

56 지게차에서 리프트 실린더의 상승력이 부족한 원인과 거리가 먼 것은? ✓신유형

① 오일필터의 막힘
② 유압펌프의 불량
③ 리프트 실린더에서 유압유 누출
④ 틸트록 밸브의 밀착 불량

해설
지게차에서 리프트 실린더는 포크를 상승·하강시키는 역할을 하는데, 리프트 실린더의 상승·하강 힘이 부족한 원인으로는 유압유가 리프트 실린더에서 누출되거나 오일필터의 막힘, 유압펌프의 불량 등이 있다.

정답 ④

57 현가장치가 갖추어야 할 기능이 아닌 것은?

① 승차감의 향상을 위해 상하 움직임에 적당한 유연성이 있어야 한다.
② 원심력이 발생되어야 한다.
③ 주행 안정성이 있어야 한다.
④ 구동력 및 제동력 발생 시 적당한 강성이 있어야 한다.

해설
현가장치는 차체의 안정성을 위해 원심력이 발생되지 않도록 해야 한다.
정답 ②

58 마스트에 대한 설명으로 알맞지 않은 것은?

① 마스트는 지게차 전면부의 메인 기둥 역할을 한다.
② 표준 마스트는 이너마스트와 아웃마스트의 2단 구조로 되어 있다.
③ 마스트에 화물 취급을 위해 리프트 실린더, 틸트 실린더, 캐리지가 부착된다.
④ 4단 자유 인상 마스트는 마스트 3개로 구성되며 최대 인상 높이는 대략 4m이다.

해설
4단 자유 인상 마스트는 4개의 마스트로 구성되며 마스트의 최대 인상 높이는 대략 5m이다.
정답 ④

59 다음 그림에서 A의 명칭으로 알맞은 것은?

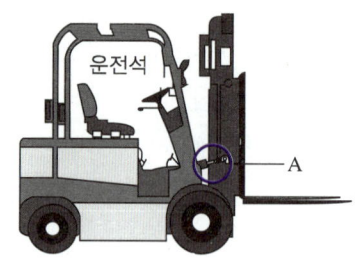

① 틸트 실린더
② 리프트 실린더
③ 카운터웨이트
④ 백레스트

해설
A는 포크를 상하로 기울일 수 있는 틸트 실린더이다.
정답 ①

60 지게차 마스트에 장착되는 장치가 아닌 것은?

✓신유형

① 블레이드
② 사이드 시프트
③ 힌지드 버킷
④ 회전 롤 클램프

해설
블레이드는 굴삭기에 장착하여 되메우기 또는 고르기 작업을 용이하게 수행하는 장치이다.
정답 ①

03 상시복원문제

01 지게차의 장치 중 운전자를 보호하는 목적으로 설치되는 것이 아닌 것은? ✓신유형

① 아우트리거
② 헤드가드
③ 백레스트
④ 주행연동 안전벨트

해설
아우트리거는 작업의 안정을 위하여 프레임 등에 길게 부착한 장치이다.

정답 ①

02 드릴 작업 시 유의 사항으로 옳지 않은 것은? ✓신유형

① 장갑을 끼고 작업하지 않는다.
② 얇은 판의 구멍 뚫기에는 나무 보조판을 사용한다.
③ 척 렌치는 사용 후에 그대로 둔다.
④ 지름이 큰 드릴을 사용할 때는 바이스를 테이블에 고정시킨다.

해설
③ 척 렌치는 사용 후 반드시 빼둔다.

정답 ③

03 소화방식의 종류 중 주된 작용이 질식소화에 해당하는 것은?

① 강화액
② 호스방수
③ 에어-폼
④ 스프링클러

해설
에어-폼(Air-foam)은 공기를 차단시키는 질식작용의 소화방식이다.

정답 ③

04 작업 중 엔진 온도가 급상승하였을 때 먼저 점검하여야 할 것은?

① 윤활유 점도지수 점검
② 고부하 작업
③ 장기간 작업
④ 냉각수의 양 점검

해설
작업 중 엔진의 온도가 상승했다면 가장 먼저 냉각수의 양을 점검해야 한다.

정답 ④

05 디젤기관에서 사용되는 공기청정기에 관한 설명으로 틀린 것은?

① 공기청정기는 실린더 마멸과 관계없다.
② 공기청정기가 막히면 배기색은 흑색이 된다.
③ 공기청정기가 막히면 출력이 감소한다.
④ 공기청정기가 막히면 연소가 나빠진다.

해설
공기청정기가 막히면 실린더에 유입 공기량이 적어진한 혼합비 형성과 불완전연소로 출력이 저하되고 배출가스의 색이 검어진다.

정답 ①

06

건설기계장비가 시동이 되지 않아 시동장치를 점검하고 있다. 적절하지 않은 것은?

① 마그넷 스위치 점검
② 기동전동기의 고장 여부 점검
③ 발전기의 성능 점검
④ 축전지의 (+)선 접촉 상태 점검

해설

건설장비가 시동되지 않으면 시동작업과 직접적으로 관련이 있는 축전지의 전선 결선 상태, 기동전동기의 고장 여부, 마그넷 스위치를 점검해야 한다. 발전기의 성능은 축전지가 정상 충전되지 않을 경우에 점검하면 된다.

정답 ③

07

지게차의 체인장력 조정법이 아닌 것은?

① 조정 후 록너트를 록시키지 않는다.
② 좌우 체인이 동시에 평행한가를 확인한다.
③ 포크를 지상에서 10~15cm 올린 후 조정한다.
④ 손으로 체인을 눌러보아 양쪽이 다르면 조정 너트로 조정한다.

해설

지게차의 체인 점검
편편한 장소에 지게차를 세우고, 체인 장력이 작용하도록 포크를 바닥에서 10~15cm 정도 지면과 수평이 되도록 띄워 놓고 점검한다. 양쪽 체인 장력을 양손으로 밀어 점검하며, 두 체인의 장력이 평행하지 않을 경우 볼트를 조정하여 장력이 균등하게 걸리도록 한다.

정답 ①

08

유압 작동유의 점도가 너무 높을 때 발생되는 현상은?

① 동력손실 증가
② 내부누설 증가
③ 펌프효율 증가
④ 내부마찰 감소

해설

유압의 정도

점도가 너무 낮을 경우	점도가 너무 높을 경우
• 내부 오일 누설의 증대 • 압력 유지의 곤란 • 유압펌프, 모터 등의 용적효율 저하 • 기기 마모의 증대 • 압력 발생 저하로 정확한 작동 불가	• 동력손실 증가로 기계효율의 저하 • 소음이나 공동현상 발생 • 유동저항의 증가로 인한 압력손실의 증대 • 내부마찰의 증대에 의한 온도의 상승 • 유입기기 작동의 불활빌

정답 ①

09

안전점검을 실시할 때 유의사항으로 틀린 것은?

① 안전점검을 한 내용은 상호 이해하고 공유할 것
② 안전점검 시 과거에 안전사고가 발생하지 않았던 부분은 점검을 생략할 것
③ 과거에 재해가 발생한 곳에는 그 요인이 없어졌는지 확인할 것
④ 안전점검이 끝나면 강평을 실시하여 안전사항을 주지할 것

해설

과거에 안전사고가 발생하지 않았던 부분의 점검도 철저히 실시한다.

 ②

10
확인 Check! ○ □ △ □ X □

작업장에서 전기가 예고 없이 정전되었을 경우 전기로 작동하던 기계기구의 조치방법으로 틀린 것은?

① 즉시 스위치를 끈다.
② 안전을 위해 작업장을 정리해 놓는다.
③ 퓨즈의 단선 유무를 검사한다.
④ 전기가 들어오는 것을 알기 위해 스위치를 켜 둔다.

해설
전기가 예고 없이 정전되었을 경우 퓨즈의 단선 유무를 검사하고 스위치를 끈 다음 작업장을 정리한다.

정답 ④

11
확인 Check! ○ □ △ □ X □

안전보건표지의 종류 중 다음 그림의 표지는?

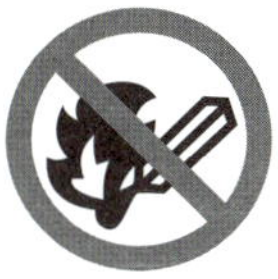

① 인화성물질 경고 ② 금연
③ 화기금지 ④ 산화성물질 경고

해설
화기금지 표지이다.

정답 ③

12
확인 Check! ○ □ △ □ X □

작업장에서 작업복을 착용하는 가장 주된 이유는?

① 작업장의 질서를 확립시키기 위해서이다.
② 작업 능률을 올리기 위해서이다.
③ 재해로부터 작업자의 몸을 보호하기 위해서이다.
④ 작업자의 복장 통일을 위해서이다.

해설
작업복, 안전모, 안전화 등을 착용하는 이유는 작업자의 안전이다.

작업 복장의 조건
- 작업복은 신체에 맞고 가벼울 것
- 소매나 바지자락이 말려들어가지 않도록 너풀거리지 않을 것

정답 ③

13
확인 Check! ○ □ △ □ X □

사고의 직접 원인으로 가장 적합한 것은?

① 사회적 환경요인
② 유전적 요소
③ 불안전한 행동 및 상태
④ 성격 결함

해설
사고의 원인

직접 원인	물적 원인	불안전한 상태(1차 원인)
	인적 원인	
	천재지변	불가항력
간접 원인	교육적 원인	개인적 결함(2차 원인)
	기술적 원인	
	관리적 원인	사회적 환경, 유전적 요인

정답 ③

14
확인 Check! ○ □ △ □ X □

겨울철에 연료탱크를 가득 채우는 가장 주된 이유는?

① 연료가 적으면 증발하여 손실되므로
② 연료가 적으면 출렁거리기 때문에
③ 공기 중의 수분이 응축되어 물이 생기기 때문에
④ 연료 게이지에 고장이 발생하기 때문에

해설
겨울철 기온이 하강하면 연료탱크 안의 습기가 응축(결로)되어 물방울이 생기므로, 탱크에 연료를 가득 채워 방지할 수 있다.

정답 ③

15 체인블록을 사용할 때의 주의사항으로 가장 옳은 것은?

① 체인이 느슨한 상태에서 급격히 잡아당기면 재해가 발생할 수 있다.
② 밧줄은 무조건 굵은 것을 사용하여야 한다.
③ 기관을 들어 올릴 때는 반드시 체인으로 묶어야 한다.
④ 이동 시에는 무조건 최단 거리 코스로 빠르게 이동시켜야 한다.

해설
체인은 팽팽한 상태에서 서서히 잡아당겨야 한다. 만약 체인이 느슨한 상태에서 급격히 잡아당기게 되면 체인이 받는 충격이 커져서 파손되며, 이로 인한 재해가 발생할 수 있다.

정답 ①

16 지게차 주행 시 주의하여야 할 사항 중 틀린 것은?

① 짐을 싣고 주행할 때는 절대로 속도를 내서는 안 된다.
② 노면의 상태에 충분한 주의를 하여야 한다.
③ 포크의 끝을 밖으로 경사지게 한다.
④ 적하장치에 사람을 태워서는 안 된다.

해설
주행 시 포크의 끝을 안쪽으로 경사지게 해야 하며, 화물의 적재 여부를 막론하고 포크를 올린 상태에서 포크 밑에 서 있거나 걸어 다니지 않아야 한다.

정답 ③

17 지게차에 짐을 싣고 창고나 공장을 출입할 때의 주의사항 중 틀린 것은?

① 짐이 출입구 높이에 닿지 않도록 주의한다.
② 팔이나 몸을 차체 밖으로 내밀지 않는다.
③ 주위의 장애물 상태를 확인 후 이상이 없을 때 출입한다.
④ 차폭이나 출입구의 폭은 확인할 필요가 없다.

해설
주행 중 출입구 진입 시, 차폭이나 출입구의 높이와 폭을 확인하여 진입 가능 여부를 판단해야 한다.

정답 ④

18 등록신청을 하기 위하여 건설기계를 등록지로 운행하는 경우 임시운행기간으로 옳은 것은?

① 10일 이내　② 15일 이내
③ 1개월 이내　④ 3개월 이내

해설
등록신청을 하기 위하여 건설기계를 등록지로 운행하는 경우 임시운행기간은 15일 이내로 한다(건설기계관리법 시행규칙 제6조).
미등록 건설기계의 임시운행기간(건설기계관리법 시행규칙 제6조)
• 등록신청을 하기 위하여 건설기계를 등록지로 운행하는 경우 : 15일 이내
• 신규등록검사 및 확인검사를 받기 위하여 건설기계를 검사장소로 운행하는 경우 : 15일 이내
• 수출을 하기 위하여 건설기계를 선적지로 운행하는 경우 : 15일 이내
• 수출을 하기 위하여 등록말소한 건설기계를 점검·정비의 목적으로 운행하는 경우 : 15일 이내
• 신개발 건설기계를 시험·연구의 목적으로 운행하는 경우 : 3년 이내
• 판매 또는 전시를 위하여 건설기계를 일시적으로 운행하는 경우 : 15일 이내

정답 ②

19. 정기검사 대상 건설기계의 정기검사 신청기간으로 가장 적절한 것은?

① 건설기계의 정기검사 유효기간 만료일 전후 45일 이내에 신청한다.
② 건설기계의 정기검사 유효기간 만료일 전 90일 이내에 신청한다.
③ 건설기계의 정기검사 유효기간 만료일 전후 31일 이내에 신청한다.
④ 건설기계의 정기검사 유효기간 만료일 후 60일 이내에 신청한다.

해설
정기검사의 신청 등(건설기계관리법 시행규칙 제23조 제1항)
정기검사를 받으려는 자는 검사 유효기간의 만료일 전후 각각 31일 이내의 기간[검사 유효기간이 연장된 경우로서 타워크레인 또는 천공기(터널보링식 및 실드굴진식으로 한정)가 해체된 경우에는 설치 이후부터 사용 전까지의 기간으로 하고, 검사 유효기간이 경과한 건설기계로서 소유권이 이전된 경우에는 이전등록한 날부터 31일 이내의 기간으로 함]에 정기검사신청서를 시·도지사에게 제출해야 한다.

정답 ③

---

20. 건설기계등록번호표를 가리거나 훼손하여 알아보기 곤란하게 한 자 또는 그러한 건설기계를 운행한 자에게 부과하는 과태료로 옳은 것은?

① 50만원 이하   ② 100만원 이하
③ 300만원 이하 ④ 1천만원 이하

해설
100만원 이하 과태료 부과(건설기계관리법 제44조 제2항)
• 수출의 이행 여부를 신고하지 아니하거나 폐기 또는 등록을 하지 아니한 자
• 등록번호표를 부착·봉인하지 아니하거나 등록번호를 새기지 아니한 자
• 등록번호표를 가리거나 훼손하여 알아보기 곤란하게 한 자 또는 그러한 건설기계를 운행한 자
• 등록번호의 새김 명령을 위반한 자
• 건설기계안전기준에 적합하지 아니한 건설기계를 사용하거나 운행한 자 또는 사용하게 하거나 운행하게 한 자
• 조사 또는 자료제출 요구를 거부·방해·기피한 자
• 검사 유효기간이 끝난 날부터 31일이 지난 건설기계를 사용하게 하거나 운행하게 한 자 또는 사용하거나 운행한 자
• 특별한 사정 없이 건설기계임대차 등에 관한 계약과 관련된 자료를 제출하지 아니한 자
• 건설기계사업자의 의무를 위반한 자
• 안전교육 등을 받지 아니하고 건설기계를 조종한 자

정답 ②

---

21. 정기검사에 불합격한 건설기계의 정비명령기간으로 옳은 것은?

① 31일 이내   ② 120일 이내
③ 150일 이내 ④ 180일 이내

해설
시·도지사는 검사에 불합격된 건설기계에 대해서는 31일 이내의 기간을 정하여 해당 건설기계의 소유자에게 검사를 완료한 날(검사를 대행하게 한 경우에는 검사결과를 보고받은 날)부터 10일 이내에 별지 제20호의4 서식에 따라 정비명령을 해야 한다(건설기계관리법 시행규칙 제31조 제1항).

정답 ①

22

교차로 통행방법으로 틀린 것은?

① 교차로에서는 정차하지 못한다.
② 교차로에서는 다른 차를 앞지르지 못한다.
③ 좌·우회전 시에는 방향지시기 등으로 신호를 하여야 한다.
④ 교차로에서는 반드시 경음기를 울려야 한다.

해설
교차로에서 반드시 경음기를 울릴 필요는 없으며, 신속히 빠져나가야 한다.

정답 ④

23

도로교통법상 야간 도로에서 자동차를 주정차할 때 필수 등화로 옳은 것은?

① 후부반사기
② 실내조명등 및 미등
③ 미등 및 차폭등
④ 차폭등 및 번호등

해설
차와 노면전차의 등화(도로교통법 제37조 제1항 제1호)
밤(해가 진 후부터 해가 뜨기 전까지를 말함)에 도로에서 차 또는 노면전차를 운행하거나 고장이나 그 밖의 부득이한 사유로 도로에서 차 또는 노면전차를 정차 또는 주차하는 경우 전조등, 차폭등, 미등과 그 밖의 등화를 켜야 한다.

정답 ③

24

도로교통법에 위반되는 것은?

① 밤에 교통이 빈번한 도로에서 전조등을 계속 하향했다.
② 낮에 어두운 터널 속을 통과할 때 전조등을 켰다.
③ 소방용 방화물통으로부터 10m 지점에 주차하였다.
④ 노면이 얼어붙은 곳에서 최고속도의 100분의 20을 줄인 속도로 운행하였다.

해설
노면이 얼어붙은 경우 최고속도의 100분의 50을 줄인 속도로 운행하여야 한다(도로교통법 시행규칙 제19조 제2항 제2호나목).

정답 ④

25

지게차로 도로를 운전하던 중 사람을 사상했을 때 가장 먼저 해야 할 조치는?

① 즉시 피해자를 구호하기 위한 조치를 한다.
② 신고하기 위해 경찰서로 운전한다.
③ 전화로 먼저 경찰에 신고한다.
④ 중대한 일이 있다면 조치하지 않고 갈 수 있다.

해설
차 또는 노면전차의 운전 등 교통으로 인하여 사람을 사상하거나 물건을 손괴한 경우 운전자는 즉시 정차하여 다음의 조치를 하여야 한다(도로교통법 제54조 제1항).
- 사상자를 구호하는 등 필요한 조치
- 피해자에게 인적 사항(성명·전화번호·주소 등) 제공

정답 ①

26
자동차전용 편도 4차로 도로에서 지게차의 주행 차로는?

① 1차로 ② 2차로
③ 왼쪽 차로 ④ 오른쪽 차로

해설
자동차전용 편도 3차로 이상의 도로에서 지게차는 오른쪽 차로를 이용해야 한다(도로교통법 시행규칙 [별표 9]).

정답 ④

27
기관의 연소실 방식에서 흡기가열식 예열장치를 사용하는 것은?

① 직접분사식 ② 예연소실
③ 와류실식 ④ 공기실식

해설
예열장치에는 일반적으로 직접분사식에 사용하는 흡기가열식과 연소실에 사용하는 예열플러그식이 있다.

정답 ①

28
윤활유의 성질 중 가장 중요한 것은?

① 온도 ② 점도
③ 습도 ④ 건도

해설
점도(Viscosity)
윤활유의 성질 중 가장 기본이 되며 중요한 성질로, 액체가 유동할 때 나타나는 마찰저항(내부저항)을 말한다.

정답 ②

29
유압펌프에서 펌프량이 적거나 유압이 낮은 원인이 아닌 것은?

① 오일탱크에 오일이 너무 많을 때
② 펌프 흡입라인 막힘이 있을 때(여과망)
③ 기어와 펌프 내벽 사이 간격이 클 때
④ 기어 옆 부분과 펌프 내벽 사이 간격이 클 때

해설
유압이 낮아지는 원인
• 오일이 희석되어 점도가 낮음
• 유압조절밸브의 접촉이 불량, 밸브스프링 장력이 작음
• 오일팬 내 오일 부족, 마멸 과다
• 볼트의 조임 불량
• 오일 통로 파손, 오일 누출

정답 ①

30
디젤엔진의 연료탱크에서 분사노즐까지 연료의 순환 순서로 맞는 것은?

① 연료탱크 → 연료공급펌프 → 분사펌프 → 연료필터 → 분사노즐
② 연료탱크 → 연료필터 → 분사펌프 → 연료공급펌프 → 분사노즐
③ 연료탱크 → 연료공급펌프 → 연료필터 → 분사펌프 → 분사노즐
④ 연료탱크 → 분사펌프 → 연료필터 → 연료공급펌프 → 분사노즐

해설
디젤엔진의 연료탱크에서 분사노즐까지 연료의 순환 순서
연료탱크 → 연료공급펌프 → 연료필터 → 분사펌프 → 분사노즐

정답 ③

31 디젤기관의 고장 원인과 가장 거리가 먼 것은?

① 각 실린더의 분사압력과 분사량이 다르다.
② 분사 시기, 분사 간격이 다르다.
③ 윤활펌프의 유압이 높다.
④ 각 피스톤의 중량 차가 크다.

해설
윤활펌프의 압력이 낮은 경우 고장의 원인이 된다.

정답 ③

32 디젤기관에서 에어클리너가 막히면 어떤 현상이 일어나는가?

① 배기색은 희고 출력은 정상이다.
② 배기색은 희고 출력은 증가한다.
③ 배기색은 검고 출력은 저하된다.
④ 배기색은 검고 출력은 증가한다.

해설
에어클리너(공기청정기)
• 연소에 필요한 공기를 실린더로 흡입할 때 먼지 등을 여과하여 피스톤 등의 마모를 방지하는 장치
• 공기청정기의 막힘 : 배기색은 검고 출력은 저하된다.

정답 ③

33 디젤기관을 가동한 후 충분한 시간이 지났는데도 냉각수 온도가 정상적으로 상승하지 않을 경우 그 고장의 원인이 될 수 있는 것은?

① 냉각팬 벨트의 헐거움
② 수온 조절기가 열린 채 고장
③ 물 펌프의 고장
④ 라디에이터 코어의 막힘

해설
충분한 시간이 지났는데도 냉각수 온도가 정상적으로 상승하지 않는다면 수온조절기가 열린 채 고장 난 경우이다. 수온조절기가 열린 채 고장이 나면 과랭의 원인이 되고, 닫힌 채 고장이 나면 과열의 원인이 된다.

정답 ②

34 냉각장치에서 밀봉 압력식 라디에이터 캡을 사용하는 이유로 가장 적합한 것은?

① 엔진 온도를 높일 때
② 엔진 온도를 낮게 할 때
③ 압력밸브가 고장일 때
④ 냉각수의 비점을 높일 때

해설
압력식 캡은 비점(끓는점)을 올려 냉각효과를 증대시키는 역할을 한다.
밀봉 압력식 라디에이터 캡
• 냉각수 주입구 덮개로 냉각계통을 밀폐시켜 내부의 온도, 압력을 조정하여 냉각효과를 상승시키는 압력식 캡
• 냉각수의 팽창과 같은 크기의 보조 물탱크를 설치, 냉각수가 팽창하였을 때 외부로의 배출을 방지

정답 ④

35. 좌우측 전조등 회로의 연결 방법으로 옳은 것은?

① 직렬연결
② 단식 배선
③ 병렬연결
④ 직·병렬연결

해설
일반적인 등화장치는 직렬연결법이 사용되나 전조등 회로는 병렬연결이다.

정답 ③

36. 지게차의 리프트 실린더(Lift Cylinder) 작동회로에서 플로 프로텍터(벨로시티 퓨즈)를 사용하는 주된 목적은?

① 컨트롤 밸브와 리프트 실린더 사이에서 배관 파손 시 적재물 급강하를 방지한다.
② 포크의 정상 하강 시 천천히 내려올 수 있게 한다.
③ 짐을 하강할 때 신속하게 내려올 수 있도록 작용한다.
④ 리프트 실린더 회로에서 포크 상승 중 중간 정지 시 내부 누유를 방지한다.

해설
플로 프로텍터(벨로시티 퓨즈)는 상승된 적재물의 급강하를 방지한다.

정답 ①

37. 엔진과 연결되어 같은 회전수로 회전하는 토크컨버터의 구성품은?

① 터빈
② 펌프
③ 스테이터
④ 변속기 출력 측

해설
토크컨버터의 구성품
- 펌프, 터빈, 스테이터로 구성된다.
- 펌프는 엔진과 직결되어 오일을 동력의 전달매체로 하여 같은 회전수로 전달 토크로 변환한다.
- 스테이터는 오일(유체)의 방향을 바꿔 회전력을 증가시키고 토크를 전달한다.
- 엔진의 회전력은 엔진과 직결된 토크컨버터의 펌프로 전달되며 회전수는 동일하다.

정답 ②

38. 수동변속기에 장착된 지게차 클러치의 필요성으로 옳지 않은 것은? ✓신유형

① 전진과 후진을 하기 위해
② 시동 시 기관을 무부하 상태로 하기 위해
③ 기어 변속 시 기관의 동력을 차단하기 위해
④ 전체 중량을 감소하기 위해

해설
클러치는 엔진의 동력을 변속기로 전달하는 동력전달장치로, 클러치가 없다고 해서 지게차의 전진과 후진을 할 수 없는 것은 아니다.

정답 ①

39. 조향 핸들의 유격이 커지는 원인과 관계없는 것은?

① 피트먼 암의 헐거움
② 타이어 공기압 과대
③ 조향기어, 조향 링키지 조정 불량
④ 앞바퀴 베어링 과대 마모

해설
조향 핸들의 유격은 타이어 공기압과는 관련이 없다.

정답 ②

40. 베인펌프에 대한 설명으로 틀린 것은?

① 날개로 펌핑 동작을 한다.
② 토크(Torque)가 안정되어 소음이 적다.
③ 싱글형과 더블형이 있다.
④ 베인펌프는 1단 고정으로 설계된다.

해설

베인펌프
- 베인펌프는 일반적으로 가장 많이 쓰이는 진공 펌프이다.
- 내부 구조가 로터 베인 및 실린더로 되어 있고, 로터 중심과 실린더 중심은 편심되어 있다.
- 용량이 가장 큰 펌프이고 소음이 적으나 수명이 짧고, 전체 효율은 약 80%이다.
- 평형형과 불평형형으로 나뉘는데 평형형은 1단펌프, 2단펌프, 2연펌프, 복합펌프로 구분하고, 불평형형은 가변용 베인펌프로 구분한다.

정답 ④

42. 유압모터의 일반적인 특징으로 가장 적합한 것은?

① 운동량을 직선으로 속도 조절이 용이하다.
② 운동량을 자동으로 직선 조작할 수 있다.
③ 넓은 범위의 무단변속이 용이하다.
④ 각도에 제한 없이 왕복 각운동을 한다.

해설

유압모터는 일정 범위 내에서 연속적인 변속(무단변속)이 가능하다.

유압모터의 특징
- 정·역회전이 가능하다.
- 무단변속으로 회전수를 조정할 수 있다.
- 회전체의 관성력이 작으므로 응답성이 빠르다.
- 소형, 경량이며 큰 힘을 낼 수 있다.
- 자동제어의 조작부 및 서보기구의 요소로 적합하다.

정답 ③

41. 유압장치에서 방향제어밸브에 대한 설명으로 틀린 것은?

① 유체의 흐름 방향을 변환한다.
② 액추에이터의 속도를 제어한다.
③ 유체의 흐름 방향을 한쪽으로 허용한다.
④ 유압실린더나 유압모터의 작동 방향을 바꾸는 데 사용된다.

해설

유량제어밸브가 액추에이터의 속도를 제어한다.

정답 ②

43. 유압장치에서 유압이 정상적으로 올라가지 않을 때 검사할 항목으로 옳지 않은 것은? ✔신유형

① 자기탐상검사로 내부의 균열을 확인
② 유압펌프가 마모된 것을 확인
③ 오일이 부족하거나 누출되는 것을 확인
④ 릴리프밸브 작동이 불량한가를 확인

해설

유압장치에서 유압이 상승하지 않는 원인은 유압펌프가 마모된 경우, 오일의 부족 또는 누출된 경우, 릴리프밸브 작동이 불량한 경우, 오일의 점도가 낮은 경우이다.

정답 ①

44 가변용량형 유압펌프의 기호는?

① ◇ ② (pump symbol)
③ (variable pump symbol) ④ (flow control symbol)

해설
① 필터, ② 정용량형 유압펌프, ④ 유량제어밸브
정답 ③

45 유압유의 흐름을 한쪽으로만 허용하고 반대방향의 흐름을 제어하는 밸브는?

① 릴리프밸브
② 체크밸브
③ 카운터밸런스밸브
④ 매뉴얼밸브

해설
체크밸브
유압회로에서 역류를 방지하고 회로 내의 잔류압력을 유지하는 밸브이다.
정답 ②

46 유압장치의 오일탱크에서 펌프 흡입구의 설치에 대한 설명으로 틀린 것은?

① 펌프 흡입구는 반드시 탱크 가장 밑면에 설치해야 한다.
② 펌프 흡입구는 스트레이너(오일 여과기)를 설치한다.
③ 펌프 흡입구와 탱크로의 귀환구(복귀구) 사이에는 격리판(Baffle Plate)을 설치한다.
④ 펌프 흡입구는 탱크로의 귀환구(복귀구)로부터 될 수 있는 한 멀리 떨어진 위치에 설치한다.

해설
펌프 흡입구는 탱크 밑면이 아닌, 바닥면에서 조금 윗부분에 설치하여 찌꺼기가 순환하지 않도록 한다.
정답 ①

47 유압장치에 사용되는 오일 실(Seal)의 종류 중 O-링이 갖추어야 할 조건은? ✓신유형

① 체결력이 작을 것
② 압축변형이 작을 것
③ 작동 시 마모가 클 것
④ 오일의 입·출입이 가능할 것

해설
오일 실은 내부에 있는 오일이 누유되지 않도록 하기 위해서 삽입하는 부품으로 압축에 대한 변형도가 작아야 한다.
O-링(가장 많이 사용하는 패킹)의 구비조건
• 오일 누설을 방지할 수 있을 것
• 운동체의 마모를 적게 할 것
• 체결력(죄는 힘)이 클 것
• 누설을 방지하는 기구에서 탄성이 양호하고, 압축변형이 작을 것
• 사용 온도범위가 넓을 것
• 내노화성이 좋을 것
• 상대 금속을 부식시키지 말 것
정답 ②

48 유압장치에서 유압조정밸브의 조정방법은?

① 압력조절밸브가 열리도록 하면 유압이 높아진다.
② 밸브 스프링의 장력이 커지면 유압이 낮아진다.
③ 조정 스크루를 조이면 유압이 높아진다.
④ 조정 스크루를 풀면 유압이 높아진다.

해설
유압조정밸브는 조정 스크루(Screw)를 조여서 유량의 흐름을 많게 함으로써 유압을 높일 수 있다.

정답 ③

49 유압 컨트롤 밸브 내에 스풀 형식의 밸브 기능은?

① 오일의 흐름 방향을 바꾸기 위해
② 계통 내의 압력을 상승시키기 위해
③ 축압기의 압력을 바꾸기 위해
④ 펌프의 회전 방향을 바꾸기 위해

해설
스풀 형식의 밸브는 유체의 흐름 방향을 전환하는 역할을 한다.

정답 ①

50 일반적인 축전지 터미널의 식별법으로 적합하지 않은 것은?

① (+), (-)의 표시로 구분한다.
② 터미널의 요철로 구분한다.
③ 굵고 가는 것으로 구분한다.
④ 적색과 흑색 등의 색으로 구분한다.

해설
터미널(단자 기둥)은 납 합금으로 축전지 케이블과 확실히 접속되도록 테이퍼로 되어 있으며, (+)극과 (-)극을 역으로 접속할 수 없도록 양극 터미널이 음극 터미널보다 더 굵다.

구분	양극 터미널	음극 터미널
터미널의 직경	크다.	작다.
터미널의 색	적색(적갈색)	흑색(회색)
표시 문자	+ 또는 P	- 또는 N
터미널에 발생하는 부식물	많다.	적다.

정답 ②

51 지게차의 외부 구조로만 묶인 것으로 옳은 것은? ✓신유형

① 마스트, 카운터웨이트, 아웃트리거, 센터 조인트
② 마스트, 레버, 포크, 백레스트
③ 센터 조인트, 아웃트리거, 틸트 실린더, 리프트 실린더
④ 마스트, 오버헤드가드, 핑거보드, 백레스트

해설
지게차의 외부 구조는 마스트, 리프트 체인, 백레스트, 핑거보드, 포크, 틸트 실린더, 오버헤드가드, 카운터웨이트, 전륜(구동바퀴), 후륜(조향바퀴)으로 되어 있다.

정답 ④

52
납산축전지에 증류수를 자주 보충시켜야 한다면 그 원인에 해당될 수 있는 것은?

① 충전 부족이다.
② 극판이 황산화되었다.
③ 과충전되고 있다.
④ 과방전되고 있다.

해설
축전지에 증류수를 자주 부어야 하는 원인은 과충전으로 황산 농도가 짙어지기 때문이다.
납산축전지의 잦은 보충
- 축전지 케이스 손상이나 누출
- 과충전된 경우
- 전압 조정기가 불량인 경우

정답 ③

53
넓은 크기의 날개로 화물을 양옆에서 클램핑하여 운반할 수 있는 작업장치는?

① 인칭페달   ② 사이드 시프트
③ 주차 브레이크   ④ 카톤 클램프

해설
카톤 클램프
좌우로 벌어지는 넓은 크기의 날개로 작업물을 클램핑하여 운반하는 작업장치

정답 ④

54
화물을 포크로 들고 360° 회전시킬 수 있는 작업장치로, 주로 절삭 후 버려지는 칩을 담은 칩통을 비울 때 사용하는 작업장치는?

① 회전 포크   ② 드럼 클램프
③ 푸시 풀 장치   ④ 사이드 시프트

해설
회전 포크(Rotating Fork, 로테이팅 포크)
화물을 포크로 들고 360° 회전시킬 수 있는 작업장치로, 주로 절삭 후 버려지는 칩을 담은 칩통을 비울 때 사용한다.

정답 ①

55
건설기계 안전기준상에 관한 규칙상 사이드 포크형 지게차의 후경각 기준으로 옳은 것은?
✓신유형

① 5° 이하일 것
② 10° 이하일 것
③ 1° 이하일 것
④ 20° 이하일 것

해설
사이드 포크형 지게차의 전경각 및 후경각은 각각 5° 이하이어야 하고, 카운터밸런스 지게차의 전경각은 6° 이하, 후경각은 12° 이하이어야 한다(건설기계 안전기준에 관한 규칙 제20조 제3항).

정답 ①

56 다음 지게차 구조에서 축간거리의 기호는?

✓신유형

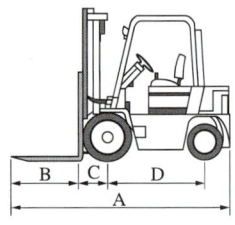

① A ② B
③ C ④ D

해설
- A : 전장
- B : 포크 길이
- C : 전방오버행
- D : 축간거리

정답 ④

57 축전지가 충전되지 않는 원인으로 가장 옳은 것은?

① 레귤레이터가 고장일 때
② 발전기의 용량이 클 때
③ 팬벨트의 장력이 셀 때
④ 전해액의 온도가 낮을 때

해설
축전지에 충전이 되고 있지 않다면 전압조정장치인 레귤레이터의 고장을 의심해야 한다.

정답 ①

58 기계의 회전 부분(기어, 벨트, 체인)에 덮개를 설치하는 이유는?

① 좋은 품질의 제품을 얻기 위하여
② 회전 부분의 속도를 높이기 위하여
③ 제품의 제작과정을 숨기기 위하여
④ 회전 부분과 신체의 접촉을 방지하기 위하여

해설
기계의 회전부에 덮개를 설치하는 이유는 신체가 껴서 다치는 사고를 막기 위함이다.

정답 ④

59 축전지 및 발전기에 대한 설명으로 옳은 것은?

① 시동 전 전원은 발전기이다.
② 시동 후 전원은 배터리이다.
③ 시동 전후 모든 전력은 배터리로부터 공급된다.
④ 발전하지 못해도 배터리로만 운행이 가능하다.

해설
발전기로 발전해서 축전지로 충전하지 못해도 기존 배터리의 보유량만으로도 운행은 가능하다.

정답 ④

60 카톤 클램프와 형식은 유사하나 다양한 크기의 날개를 부착하여 포크 없이도 화물의 양옆에서 클램핑하는 작업장치는?

① 힌지드 포크 ② 베일 클램프
③ 드럼 클램프 ④ 사이드 시프트

해설
베일 클램프
카톤 클램프와 형식은 유사하나 다양한 크기의 날개를 부착하여 포크 없이도 화물의 양옆에서 클램핑하는 작업장치이다.

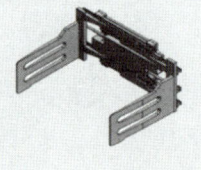

정답 ②

04 상시복원문제

01 다음 그림의 안전보건표지의 의미는? ✓신유형

① 사용금지
② 금연
③ 출입금지
④ 물체이동금지

해설

| ② 금연 | ③ 출입금지 | ④ 물체이동금지 |

정답 ①

02 공구의 끝부분이 볼트나 너트를 완전히 감싸게 되어있는 형태의 렌치는? ✓신유형

① 오픈엔드렌치
② 복스렌치
③ 조정렌치
④ 파이프렌치

해설
복스렌치는 공구의 끝부분이 볼트나 너트를 완전히 감싸게 되어있는 형태의 렌치로, 볼트 머리를 단단히 잡아주므로 확실하게 돌릴 수 있는 장점이 있다.

정답 ②

03 지게차의 리프트 체인에 주유하는 가장 적합한 오일은?

① 자동변속기 오일
② 작동유
③ 엔진오일
④ 그리스

해설
리프트 체인에는 엔진오일과 같은 기계유를 주유하여 이동부의 윤활작용을 돕는다.

정답 ③

04 지게차 작업장치의 포크가 한쪽으로 기울어지는 가장 큰 원인은?

① 한쪽 체인이 늘어짐
② 한쪽 롤러의 마모
③ 한쪽 실린더의 작동유 부족
④ 한쪽 리프트 실린더의 마모

해설
한쪽 체인이 늘어진 경우 포크가 한쪽으로 기울어진다.

정답 ①

05 화재의 분류에서 전기화재에 해당되는 것은?

① A급 화재
② B급 화재
③ C급 화재
④ D급 화재

해설
- A급 화재 : 일반(물질이 연소된 후 재를 남기는 일반적인 화재) 화재
- B급 화재 : 유류(기름)화재
- C급 화재 : 전기화재
- D급 화재 : 금속화재

정답 ③

06 기계 및 기계장치 취급 시 사고 발생 원인이 아닌 것은?

① 정리정돈 및 조명장치가 잘되어 있지 않을 때
② 안전장치 및 보호장치가 잘되어 있지 않을 때
③ 불량 공구를 사용할 때
④ 기계 및 기계장치가 넓은 장소에 설치되어 있을 때

해설
④ 기계 및 장비가 좁은 곳에 설치되어 있을 때

정답 ④

07 해머 작업 시 안전수칙 설명으로 옳은 것은?

① 면장갑을 착용한다.
② 해머 머리의 녹 방지를 위해 오일을 도포한다.
③ 타격 시 주위를 점검한 후 작업을 시작한다.
④ 큰 힘이 필요할 때 파이프에 연결하여 사용한다.

해설

해머 작업 시 안전수칙
- 장갑을 끼고 해머 작업을 하지 말 것
- 작업 중 수시로 해머 상태(자루의 헐거움)를 점검할 것
- 해머로 공동 작업을 할 때에는 호흡을 맞출 것
- 열처리된 재료는 해머 작업을 하지 말 것
- 해머로 타격할 때에는 처음과 마지막에는 힘을 많이 가하지 말 것
- 타격 가공하려는 곳에 시선을 고정시킬 것
- 해머의 타격면에 기름을 바르지 말 것
- 해머로 녹슨 것을 때릴 때에는 반드시 보안경을 쓸 것
- 대형 해머로 작업할 때에는 자기 역량에 알맞은 것을 사용할 것
- 타격면이 찌그러진 것은 사용하지 말 것
- 손잡이가 튼튼한 것을 사용할 것
- 작업 전에 주위를 살필 것
- 기름 묻은 손으로 작업하지 말 것
- 해머를 사용하여 상향(上向) 작업을 할 때에는 반드시 보호안경을 착용할 것

정답 ③

08 벨트 취급 시 안전에 대한 주의사항으로 틀린 것은?

① 벨트에 기름이 묻지 않도록 한다.
② 벨트의 적당한 유격을 유지하도록 한다.
③ 벨트 교환 시 회전이 완전히 멈춘 상태에서 한다.
④ 벨트의 회전을 정지시킬 때 손으로 잡아 정지시킨다.

해설
벨트의 회전을 정지시킬 때는 벨트가 완전히 정지할 때까지는 손을 대지 말아야 한다.

정답 ④

09 운전 중 운전석 계기판에서 확인해야 하는 것이 아닌 것은?

① 실린더 압력계
② 연료량 게이지
③ 냉각수 온도 게이지
④ 충전 경고등

해설
실린더의 압력은 계기판에서 확인이 불가능하다.

정답 ①

10 방향제어밸브에서 내부 누유에 영향을 미치는 요소가 아닌 것은?

① 관로의 유량
② 밸브 간극의 크기
③ 밸브 양단의 압력차
④ 유압유의 점도

해설
방향제어밸브에서 내부 누유에 영향을 미치는 요소
- 밸브 간극의 크기
- 밸브 양단의 압력차
- 유압유의 점도

정답 ①

11 산업안전보건법령상 안전보건표지에서 색채와 용도가 다르게 짝지어진 것은?

① 파란색 - 지시
② 녹색 - 안내
③ 노란색 - 위험
④ 빨간색 - 금지, 경고

해설
노란색은 경고를 의미한다(산업안전보건법 시행규칙 [별표 8]).

정답 ③

12 조향 핸들의 유격이 커지는 원인과 관계없는 것은?

① 피트먼 암의 헐거움
② 타이어 공기압 과대
③ 조향 기어, 링키지 조정 불량
④ 앞바퀴 베어링 과대 마모

해설
조향 핸들의 유격은 타이어 공기압과는 관련이 없다.

정답 ②

13 엔진을 시동하기 전에 해야 할 가장 중요한 일반적인 점검사항은?

① 실린더의 오염도
② 충전장치
③ 유압계의 지침
④ 엔진오일량과 냉각수 양

해설
엔진오일량과 냉각수의 양 점검은 엔진 시동을 걸기 전에 이루어져야 한다.

정답 ④

14. 운전 중 갑자기 계기판에 충전 경고등이 점등되었다. 그 현상으로 맞는 것은?

① 정상적으로 충전되고 있음을 나타낸다.
② 충전이 되지 않고 있음을 나타낸다.
③ 충전계통에 이상이 없음을 나타낸다.
④ 주기적으로 점등되었다가 소등되는 것이다.

해설
충전 경고등
- 발전기나 전압조정기 고장으로 충전이 되지 않을 때 점등
- 벨트 파손, 벨트 느슨함, 미끄러짐이 주원인이다.

정답 ②

15. 지게차가 들 수 있는 최대하중에 영향을 미치는 요소는?

① 포크   ② 백레스트
③ 오버헤드가드   ④ 카운터웨이트

해설
카운터웨이트(Counterweight, 평형추)
지게차의 앞부분에 장착된 포크로 화물을 들어 올릴 때 무게중심이 앞으로 쏠리지 않도록 균형 유지를 위해 지게차의 뒷부분에 장착한 쇳덩이로, 지게차가 들 수 있는 최대하중에 영향을 미치는 요소이다.

정답 ④

16. 평탄한 노면에서 지게차를 운전하여 하역작업을 할 때 올바른 방법이 아닌 것은?

① 팰릿에 실은 짐이 안정되고 확실하게 실려 있는가를 확인한다.
② 포크를 삽입하고자 하는 곳과 평행하게 한다.
③ 화물 앞에서 정지한 후 마스트가 수직이 되도록 기울여야 한다.
④ 불안전한 적재의 경우에는 빠르게 작업을 진행한다.

해설
화물의 하역 안전작업
- 운전원은 운반하여야 할 화물을 점검하고 기준 중량을 초과하지 않도록 한다.
- 화물의 폭에 따라 포크의 간격을 조절하여 무게의 중심을 중앙에 오도록 한다.
- 포크는 삽입하고자 하는 곳과 평행하게 한다.
- 화물을 바로잡기 위하여 포크를 사용하여 밀거나 부딪히지 않게 한다.
- 마스트는 수직이 되도록 한다.

정답 ④

17. 지게차 주행 시 주의하여야 할 사항 중 틀린 것은?

① 짐을 싣고 주행할 때는 절대로 속도를 내서는 안 된다.
② 노면의 상태에 충분히 주의하여야 한다.
③ 포크의 끝을 밖으로 경사지게 한다.
④ 적하장치에 사람을 태워서는 안 된다.

해설
지게차 주행 시 포크의 끝을 안쪽으로 기울여야 한다.

정답 ③

18 건설기계관리법령상 다음 설명에 해당하는 건설기계사업은?

> 건설기계를 분해·조립 또는 수리하고 그 부분품을 가공제작·교체하는 등 건설기계를 원활하게 사용하기 위한 모든 행위를 업으로 하는 것

① 건설기계정비업
② 건설기계제작업
③ 건설기계매매업
④ 건설기계폐기업

해설
건설기계정비업이란 건설기계를 분해·조립 또는 수리하고 그 부분품을 가공제작·교체하는 등 건설기계를 원활하게 사용하기 위한 모든 행위(경미한 정비행위 등 국토교통부령으로 정하는 것은 제외)를 업으로 하는 것을 말한다(건설기계 관리법 제2조 제1항 제5호).

정답 ①

19 건설기계관리법상 비사업용(자가용) 등록번호표의 색상은?

① 흰색 바탕에 검은색 문자
② 청색 바탕에 초록색 문자
③ 녹색 바탕에 빨간색 문자
④ 주황색 바탕에 흰색 문자

해설
비사업용(자가용이나 관용) 건설기계등록번호표의 색상은 흰색 바탕에 검은색 문자이며, 대여사업용 건설기계등록번호표의 색상은 주황색 바탕에 검은색 문자이다.

정답 ①

20 최고 주행속도가 시간당 15km 미만인 건설기계가 갖추지 않아도 되는 조명은?

① 전조등
② 제동등
③ 번호등
④ 후부반사판

해설
최고 주행속도가 15km/h 미만인 건설기계의 조명장치(건설기계 안전기준에 관한 규칙 제155조 제1항 제1호)
• 전조등
• 제동등(유량제어로 속도를 감속하거나 가속하는 건설기계는 제외)
• 후부반사기
• 후부반사판 또는 후부반사지

정답 ③

21 건설기계관리법령상 수출을 하기 위하여 건설기계를 선적지로 운행하는 경우의 임시운행기간은 며칠 이내인가?

① 15일 이내
② 30일 이내
③ 90일 이내
④ 3년 이내

해설
수출을 하기 위하여 건설기계를 선적지로 운행하는 경우 임시운행기간은 15일 이내로 한다(건설기계관리법 시행규칙 제6조 제1항 제3호).

정답 ①

22

다음 3방향 도로명표지에 대한 설명으로 알맞지 않은 것은?

① 차량을 계속 직진하면 연신내역으로 갈 수 있다.
② 차량을 우회전하면 새문안길의 시작점에 진입한다.
③ 차량을 좌회전하면 충정로를 통해 신촌역으로 갈 수 있다.
④ 차량을 우회전하면 새문안길을 통해 시청으로 갈 수 있다.

해설
차량을 우회전하면 새문안길의 끝지점에 진입하며, 이 방향으로 계속 주행하면 새문안길의 시작점으로 갈 수 있다.

정답 ②

23

도로의 중앙선이 황색 실선과 황색 점선인 복선으로 설치된 때의 설명으로 맞는 것은?

① 어느 쪽에서나 중앙선을 넘어서 앞지르기를 할 수 있다.
② 점선 쪽에서만 중앙선을 넘어서 앞지르기를 할 수 있다.
③ 어느 쪽에서나 중앙선을 넘어서 앞지르기를 할 수 없다.
④ 실선 쪽에서만 중앙선을 넘어서 앞지르기를 할 수 있다.

해설
도로에서 실선은 침범이 불가능하며, 점선이라면 황색이더라도 중앙선을 넘어서 앞지르기를 할 수 있다.

정답 ②

24

철길건널목 통과방법에 대한 설명으로 옳지 않은 것은?

① 철길건널목에서는 앞지르기를 하여서는 안 된다.
② 철길건널목 부근에서는 주정차를 하여서는 안 된다.
③ 철길건널목에 일시정지 표지가 없을 때에는 서행하면서 통과한다.
④ 철길건널목에서는 반드시 일시정지한 후 안전함을 확인한 후에 통과한다.

해설
철길건널목에서는 반드시 일시정지한 후 좌우를 살피고 안전한 상황이라고 판단되었을 때 통과해야 한다. 특히 지게차는 자동차에 비해 순발력이 낮기 때문에 더욱 일시정지한 후 출발해야 한다.

정답 ③

25

지게차를 운전하여 화물을 운반할 때의 주의사항으로 적합하지 않은 것은?

① 노면이 좋지 않을 때는 저속으로 운행한다.
② 경사지 운전 시 화물을 위쪽으로 한다.
③ 화물 운반거리는 5m 이내로 한다.
④ 노면에서 약 20~30cm 상승 후 이동한다.

해설
지게차를 운전할 때 화물의 운반거리는 제약이 없다.

정답 ③

26. 건설기계관리법령상 국토교통부령으로 정하는 바에 따라 등록번호표를 부착 및 봉인하지 않은 건설기계를 운행하여서는 아니 된다. 이를 1차 위반했을 경우 과태료는?(단, 임시번호표를 부착한 경우는 제외한다)

① 5만원　　② 10만원
③ 50만원　　④ 100만원

해설
등록번호표를 부착하지 아니하거나 봉인하지 아니한 건설기계를 운행한 자에게는 100만원 이하의 과태료를 부과한다(건설기계관리법 시행령 [별표 3]).

정답 ④

27. 직접분사실식 디젤 연소실의 장점이 아닌 것은?

① 실린더 헤드가 간단하고 열효율이 높다.
② 시동이 용이하고, 예열플러그가 필요 없다.
③ 디젤 노크 발생이 적고 진동, 소음이 적다.
④ 연소실 용적에 대한 표면적 비율이 낮아서 냉각손실이 작다.

해설
디젤 노크 발생이 적고 진동, 소음이 적은 것은 예연소실식의 장점이다.
직접분사실식의 장점
- 실린더 헤드가 간단하고 열효율이 높다.
- 시동이 용이하고, 예열플러그가 필요 없다.
- 연소실 용적에 대한 표면적 비율이 낮아서 냉각손실이 작다.

정답 ③

28. 유압 오일에서 온도에 따른 점도변화 정도를 표시하는 것은?

① 관성력　　② 점도 분포
③ 점도지수　　④ 윤활성

해설
점도지수
온도에 따른 점도변화 수치로, 점도지수가 크면 점도변화는 작고 점도지수가 작으면 점도변화는 크다.

정답 ③

29. 디젤기관의 장점이 아닌 것은?

① 가속성이 좋고 운전이 정숙하다.
② 열효율이 높다.
③ 화재의 위험이 적다.
④ 연료 소비율이 낮다.

해설
디젤기관은 가솔린엔진에 비해 토크(힘)는 좋으나, 가속성이 떨어지고 소음과 진동도 더 커서 정숙하지 못하다.

정답 ①

30. 디젤기관에서 노크 방지방법으로 틀린 것은?

① 착화성이 좋은 연료를 사용한다.
② 연소실 벽 온도를 높게 유지한다.
③ 압축비를 낮춘다.
④ 착화 기간 중의 분사량을 적게 한다.

해설
디젤기관의 노킹을 방지하려면 압축비를 높여 연소실에서 완전연소가 일어나도록 해야 한다.

정답 ③

31 다음 중 커먼레일 디젤엔진의 연료장치 구성부품으로 옳지 않은 것은?

① 인젝터
② 예열플러그
③ 연료저장 축압기
④ 연료 압력조절밸브

해설
커먼레일 디젤엔진의 연료장치 구성부품
연료저장 축압기(커먼레일), 인젝터, 고압펌프, 고압파이프, 레일 압력센서, 연료 압력조절 밸브

정답 ②

32 디젤기관에서 사용되는 공기청정기에 관한 설명으로 틀린 것은?

① 공기청정기는 실린더 마멸과 관계없다.
② 공기청정기가 막히면 배기색은 흑색이 된다.
③ 공기청정기가 막히면 출력이 감소한다.
④ 공기청정기가 막히면 연소가 나빠진다.

해설
공기청정기가 막히면 실린더에 유입 공기량이 적어 진한 혼합비 형성과 불완전연소로 출력이 저하되고 배출가스의 색이 검어진다.

정답 ①

33 압력식 라디에이터 캡에 대한 설명으로 옳은 것은?

① 냉각장치 내부압력이 규정보다 낮을 때 공기 밸브는 열린다.
② 냉각장치 내부압력이 규정보다 높을 때 진공 밸브는 열린다.
③ 냉각장치 내부압력이 부압이 되면 진공 밸브는 열린다.
④ 냉각장치 내부압력이 규정보다 높을 때 공기 밸브는 닫힌다.

해설
냉각장치 내부압력이 규정보다 높을 때는 공기 밸브가 열리고, 부압이 되면 진공 밸브가 열린다.

정답 ③

34 수랭식 냉각방식에서 냉각수를 순환시키는 방식이 아닌 것은?

① 자연순환식 ② 강제순환식
③ 진공순환식 ④ 밀봉압력식

해설
냉각방식
• 공랭식 : 자연통풍식, 강제통풍식
• 수랭식 : 자연순환식, 강제순환식(압력순환식, 밀봉압력식)

정답 ③

35 기동전동기 구성품 중 자력선을 형성하는 것은?

① 전기자 ② 계자코일
③ 슬립링 ④ 브러시

해설
계자철심은 계자코일에 전류가 흐르면 강력한 전자석이 된다.

정답 ②

36. 교류발전기의 특징 중 틀린 것은?

① 다이오드를 사용하기 때문에 정류 특성이 좋다.
② 정류자를 사용한다.
③ 저속에서도 충전이 가능하다.
④ 속도변화에 따른 적용 범위가 넓고, 소형·경량이다.

해설
교류발전기는 정류자가 아닌 다이오드가 교류를 직류로 바꿔준다. 정류자는 직류발전기의 구성요소이다.

정답 ②

37. 실드빔 형식의 전조등을 사용하는 건설기계장비에서 전조등 밝기가 흐려 야간운전에 어려움이 있을 때 올바른 조치방법으로 맞는 것은?

① 렌즈를 교환한다.
② 전조등을 교환한다.
③ 반사경을 교환한다.
④ 전구를 교환한다.

해설
실드빔 형식의 전조등은 전조등 전체를 일체형으로 교환해야 한다.
실드빔형 전조등의 특징
- 렌즈, 반사경, 필라멘트가 일체형이다.
- 내부에 불활성 가스가 들어 있다.
- 광도의 변화가 적고, 반사경이 흐려지지 않는다.

정답 ②

38. 수동식 변속기가 장착된 건설기계에서 기어의 이상음이 발생하는 이유가 아닌 것은?

① 기어 백래시 과다
② 변속기의 오일 부족
③ 변속기 베어링의 마모
④ 웜과 웜기어의 마모

해설
웜과 웜기어는 핸들 구동에 주로 사용되는 기어 형태로 변속기 기어의 이상음과는 거리가 멀다.
건설기계에서 기어의 이상음 발생
- 입력축 베어링이나 출력축 베어링의 마멸
- 부축 기어의 니들 베어링이나 스러스트 심의 마모
- 기어의 손상, 백래시 및 엔드 플레이 과다
- 싱크로나이저 기구의 손상
- 급유 부족 또는 윤활유의 오염 및 손상

정답 ④

39. 토크 컨버터에서 회전력이 최댓값이 될 때를 무엇이라 하는가?

① 토크 변환비
② 회전력
③ 스톨 포인트
④ 유체 충돌 손실비

해설
스톨 포인트(Stall Point)란 $\dfrac{\text{터빈의 회전속도}(NT)}{\text{펌프의 회전속도}(NP)} = 0$을 말한다. 즉, 속도비가 0일 때 스톨 포인트 또는 드래그 포인트라 하며, 이때 토크비가 가장 크고 회전력이 최대가 된다.

정답 ③

40
앞바퀴 정렬 요소 중 캠버의 필요성에 대한 설명으로 틀린 것은?

① 앞차축의 휨을 적게 한다.
② 조향 휠의 조작을 가볍게 한다.
③ 조향 시 바퀴의 복원력이 발생한다.
④ 토(Toe)와 관련성이 있다.

해설
캠버의 필요성
- 수직하중에 의한 앞차축의 휨을 방지한다.
- 조향 핸들의 조향 조작력을 가볍게 한다.
- 하중을 받았을 때 바퀴의 아래쪽이 바깥쪽으로 벌어지는 것을 방지한다.

정답 ③

41
지게차에 적용되는 동력전달장치에 속하지 않는 것은?

① 구동 액슬
② 트랜스미션
③ 토크 컨버터
④ 카운터웨이트

해설
카운터웨이트는 지게차에 장착된 무게추로, 무거운 물건을 들 수 있도록 하는 역할을 한다.

정답 ④

42
유압모터의 장점이 아닌 것은?

① 작동이 신속, 정확하다.
② 관성력이 크며, 소음이 작다.
③ 전동모터에 비하여 급속정지가 쉽다.
④ 광범위한 무단변속을 얻을 수 있다.

해설
유압모터는 관성력이 작아 작동이 신속·정확하고, 전동모터에 비하여 급속정지가 쉬우며, 광범위한 무단변속을 얻을 수 있다.

정답 ②

43
다음 중 유압장치가 아닌 것은?

① 차동장치   ② 유압펌프
③ 유압실린더   ④ 유압모터

해설
차동장치(차동기어장치)는 회전 중심점에서 멀거나 가까운 바퀴의 회전수를 다르게 해서 차량의 선회를 원활하게 해주는 장치이다.

정답 ①

44
자체 중량에 의한 자유낙하 등을 방지하기 위하여 회로에 배압을 유지하는 밸브는?

① 감압밸브
② 체크밸브
③ 릴리프밸브
④ 카운터밸런스밸브

해설
카운터밸런스밸브
한 방향의 흐름에 대하여는 규제된 저항에 의하여 배압(背壓)으로서 작동하는 제어유동이고, 그 반대 방향의 유동에 대하여는 자동유동의 밸브로 추의 낙하를 방지하기 위해서 배압을 유지시켜 주는 압력제어밸브이다.

정답 ④

45. 다음 중 방향제어밸브가 아닌 것은? ✓신유형

① 체크밸브
② 셔틀밸브
③ 교축밸브
④ 스풀밸브

해설
교축밸브는 유량제어밸브이다. 방향제어밸브는 체크밸브, 셔틀밸브, 스풀밸브, 방향전환밸브가 있다.

정답 ③

46. 유압장치에서 금속가루 또는 불순물을 제거하기 위해 사용되는 부품으로 짝지어진 것은?

① 여과기와 어큐뮬레이터
② 스크레이퍼와 필터
③ 필터와 스트레이너
④ 어큐뮬레이터와 스트레이너

해설
유압 작동유에 들어 있는 먼지, 철분 등의 불순물은 유압기기 슬라이드 부분의 마모를 가져오고 운동에 저항으로 작용하므로 필터와 스트레이너를 이용하여 이를 제거해야 한다.
• 필터 : 배관 도중이나 복귀회로, 바이패스 회로 등에 설치하여 미세한 불순물을 여과한다.
• 스트레이너 : 비교적 큰 불순물을 제거하기 위하여 사용하며, 유압펌프의 흡입 측에 장치하여 오일탱크로부터 펌프나 회로에 불순물이 혼입되는 것을 방지한다.

정답 ③

47. 다음 그림의 유압 기호는 무엇을 표시하는가?

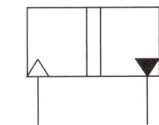

① 공기유압 변환기
② 체크밸브
③ 유량계
④ 어큐뮬레이터

해설
유압 기호

체크밸브	유량계	어큐뮬레이터
▷∣◁	⊖	▢

정답 ①

48. 다음 유압펌프 중 가장 높은 압력 조건에서 사용할 수 있는 펌프는?

① 기어펌프
② 로터리펌프
③ 플런저펌프
④ 베인펌프

해설
피스톤펌프의 형상을 가진 플런저펌프가 보기 중 가장 높은 압력으로 작동시킬 수 있다.

정답 ③

49 유압 작동유의 점도가 지나치게 낮을 때 나타날 수 있는 현상은?

① 출력이 증가한다.
② 압력이 상승한다.
③ 유동저항이 증가한다.
④ 유압실린더의 속도가 늦어진다.

해설
유압 작동유의 점도가 지나치게 낮을 때 유압실린더의 속도가 늦어진다.

정답 ④

50 유체의 에너지를 이용하여 기계적인 일로 변환하는 기기는?

① 유압모터
② 유압펌프
③ 오일탱크
④ 원동기

해설
유압모터는 유체 에너지를 연속적인 회전운동을 하는 기계적 에너지로 바꾸어주는 기기를 말한다.

정답 ①

51 유압실린더의 종류에 해당하지 않는 것은?

① 단동 실린더
② 복동 실린더
③ 다단 실린더
④ 회전 실린더

해설
유압실린더의 종류
• 단동 실린더 : 표준형(단로드 실린더), 특수형(램형, 텔레스코프, 단동양로드)
• 복동 실린더 : 싱글로드형, 더블로드형, 쿠션 내장형, 복동텔레스코프, 차동 실린더
• 다단 실린더 : 텔레스코프형, 디지털형

정답 ④

52 전방오버행(LMC)의 거리는 무엇을 말하는가?

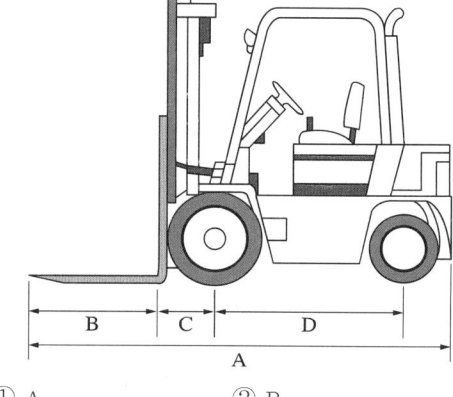

① A
② B
③ C
④ D

해설

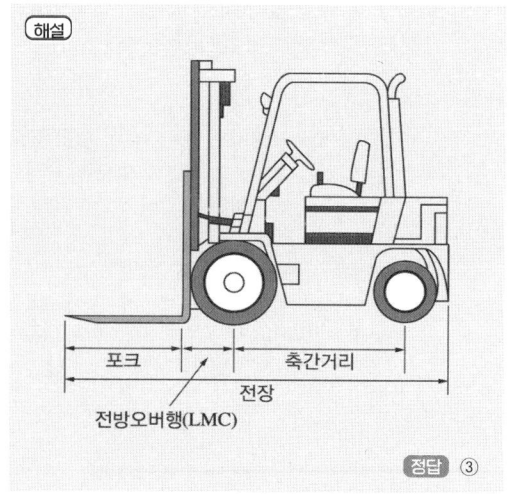

정답 ③

53 건설기계에 사용되는 축전지 2개를 직렬로 연결하였을 때 변화되는 것은?

① 전압이 증가한다.
② 사용 전류가 증가한다.
③ 비중이 증가한다.
④ 전압 및 이용 전류가 증가한다.

해설
축전지를 2개 직렬로 연결하면 전압이 증가한다.
정답 ①

54 지게차 캐리어에 장착되는 2개의 L자형 장치는? ✓신유형

① 포크
② 백레스트
③ 핑거보드
④ 틸트 실린더

해설
포크(쇠스랑)는 2개의 L자형 구조물로 되어 있으며 핑거보드에 연결하여 화물이 올려진 팰릿을 직접 드는 역할을 한다.
정답 ①

55 MF(Maintenance Free) 축전지에 대한 설명으로 적합하지 않은 것은?

① 격자의 재질은 납과 칼슘합금이다.
② 무보수용 배터리이다.
③ 밀봉 촉매 마개를 사용한다.
④ 증류수는 매 15일마다 보충한다.

해설
MF는 Maintenance(정비) + Free(자유로움)의 약자이며, 유지하기 편하다는 장점이 있다. 또한 MF 축전지는 증류수를 보충할 필요가 없다.
정답 ④

56 지게차의 전경각과 후경각에 대한 설명으로 알맞지 않은 것은? ✓신유형

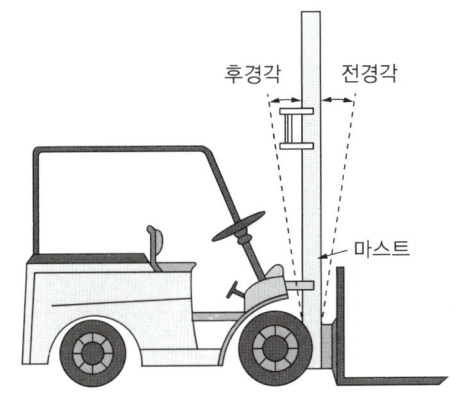

① 전경각은 수직면을 기준으로 마스트가 운전석 바깥쪽으로 기울어진 상태이다.
② 후경각은 수직면을 기준으로 마스트가 운전석 안쪽 방향으로 기울어진 상태이다.
③ 전경각과 후경각은 리프트 실린더에 의해 만들어진다.
④ 대형 지게차의 마스트를 기울일 때 갑자기 시동이 정지되면 틸트록 밸브가 작동하여 그 상태를 유지한다.

해설
전경각과 후경각은 틸트 실린더에 의해 만들어진다.
정답 ③

57 다음 그림과 같이 자체 팰릿은 뒤로 빼고 풀 장치를 밖으로 내밀면서 하역하는 작업장치는?

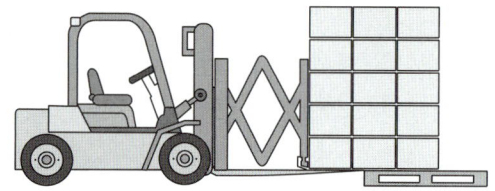

① 푸시 풀 장치 ② 로드 익스텐더
③ 로드 스태빌라이저 ④ 힌지드 버킷

해설
푸시 풀 장치(Push Pull)
하단부에 장착된 자체 팰릿에 화물을 싣고, 화물을 옮겨 놓을 또 다른 팰릿의 한쪽 가장자리에 내려놓으면서, 자체 팰릿은 뒤로 빼고 풀 장치를 밖으로 내밀면서 하역하는(단, 작업방식은 작업자에 따라 다를 수 있다) 작업장치이다.

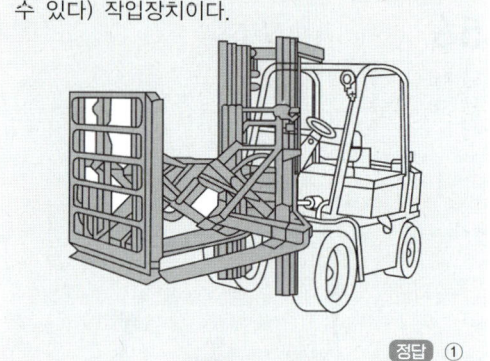

정답 ①

58 포크의 좌우 간격을 유압실린더를 사용하여 자동으로 변경할 수 있는 작업장치는?

① 드럼 클램프 ② 사이드 시프트
③ 포크 포지셔너 ④ 카톤 클램프

해설
그림의 작업장치는 포크만을 유압으로 이동시키는 포크 포지셔너이다.

정답 ③

59 지게차 주요 구조가 아닌 것은? ✓신유형

① 백레스트
② 헤드가드
③ 스캐리파이어
④ 핑거보드

해설
스캐리파이어(Scarifier)는 도로 공사용 굴삭 기계에서 사용하는 도구의 하나이다.

정답 ③

60 현가장치가 갖추어야 할 기능이 아닌 것은?

① 승차감의 향상을 위해 상하 움직임에 적당한 유연성이 있어야 한다.
② 원심력이 발생해야 한다.
③ 주행 안정성이 있어야 한다.
④ 구동력 및 제동력 발생 시 적당한 강성이 있어야 한다.

해설
현가장치는 차체의 안정성을 위해 원심력이 발생하지 않도록 해야 한다.

정답 ②

05 상시복원문제

01 산업안전보건표지 중 금지표지가 아닌 것은? ✔신유형

① 화기금지
② 탑승금지
③ 금연
④ 방독마스크 금지

해설
산업안전보건표지 중 금지표지에는 출입금지, 보행금지, 차량통행금지, 사용금지, 탑승금지, 금연, 화기금지, 물체이동금지가 있다(산업안전보건법 시행규칙 [별표 6]).

정답 ④

02 렌치(스패너) 작업 시 유의할 사항으로 틀린 것은? ✔신유형

① 스패너의 입이 너트의 치수에 맞는 것을 사용해야 한다.
② 스패너의 자루에 파이프를 이어서 사용해서는 안 된다.
③ 스패너와 너트 사이에 쐐기를 넣고 사용해서는 안 된다.
④ 너트에 스패너를 깊이 물리도록 하여 조금씩 앞으로 밀어서 풀고 조인다.

해설
너트에 스패너를 깊이 물리도록 하여 조금씩 앞으로 당기는 식으로 풀고 조인다.

정답 ④

03 기계설비의 위험성 중 접선물림점(Tangential Point)과 가장 관련이 적은 것은?

① V벨트
② 커플링
③ 체인벨트
④ 기어와 랙

해설
접선물림점은 회전하는 기계요소의 물림점을 말하는 것으로 V벨트와 체인벨트, 기어와 랙 모두 회전물림점이 존재한다. 그러나 커플링은 축의 결합을 목적으로 하는 결합장치이므로 접선물림점과는 거리가 멀다.

정답 ②

04 다음 중 산업재해 조사의 목적에 대한 설명으로 가장 적절한 것은?

① 적절한 예방대책을 수립하기 위하여
② 작업능률 향상과 근로기강 확립을 위하여
③ 재해 발생에 대한 통계를 작성하기 위하여
④ 재해를 유발한 자의 책임 추궁을 위하여

해설
산업재해 조사 목적
• 동종재해 및 유사재해 재발 방지 → 근본적 목적
• 재해원인 규명
• 예방자료 수집으로 예방대책 수립

정답 ①

05 납산축전지에 증류수를 자주 보충시켜야 한다면 그 원인에 해당될 수 있는 것은?

① 충전 부족이다.
② 극판이 황산화되었다.
③ 과충전되고 있다.
④ 과방전되고 있다.

해설
축전지에 증류수를 자주 부어야 하는 원인은 과충전으로 황산 농도가 짙어지기 때문이다.
납산축전지의 잦은 보충
- 축전지 케이스 손상이나 누출
- 과충전된 경우
- 전압 조정기가 불량인 경우

정답 ③

06 유압펌프에서 펌프량이 적거나 유압이 낮은 원인이 아닌 것은?

① 오일탱크에 오일이 너무 많을 때
② 펌프 흡입 라인 막힘이 있을 때(여과망)
③ 기어와 펌프 내벽 사이 간격이 클 때
④ 기어 옆 부분과 펌프 내벽 사이 간격이 클 때

해설
① 오일탱크에 오일이 너무 적을 때 유압이 낮아진다.
유압이 낮아지는 원인
- 오일이 희석되어 점도가 낮음
- 유압조절밸브의 접촉이 불량, 밸브 스프링 장력이 작음
- 오일팬 내 오일 부족, 마멸 과다
- 볼트의 조임 불량
- 오일 통로 파손, 오일의 누출

정답 ①

07 겨울철에 연료탱크를 가득 채우는 가장 주된 이유는?

① 연료가 적으면 증발하여 손실되므로
② 연료가 적으면 출렁거리기 때문에
③ 공기 중의 수분이 응축되어 물이 생기기 때문에
④ 연료 게이지에 고장이 발생하기 때문에

해설
겨울철 기온이 하강하면 연료탱크 안의 습기가 응축(결로)되어 물방울이 생기므로, 탱크에 연료를 가득 채워 방지할 수 있다.

정답 ③

08 디젤기관에서 에어클리너가 막히면 어떤 현상이 일어나는가?

① 배기색은 희고 출력은 정상이다.
② 배기색은 희고 출력은 증가한다.
③ 배기색은 검고 출력은 저하된다.
④ 배기색은 검고 출력은 증가한다.

해설
에어클리너(공기청정기)
- 연소에 필요한 공기를 실린더로 흡입할 때 먼지 등을 여과하여 피스톤 등의 마모를 방지하는 장치
- 공기청정기의 막힘 : 배기색은 검고 출력은 저하된다.

정답 ③

09 지게차의 유압탱크 유량을 점검하기 전 포크의 적절한 위치는?

① 포크를 지면에 내려놓고 점검한다.
② 최대적재량의 하중으로 포크는 지상에서 떨어진 높이에서 점검한다.
③ 포크를 최대로 높여 점검한다.
④ 포크를 중간 높이에서 점검한다.

해설
지게차의 유압 오일량 점검은 주차 상태에서 실시하고, 포크는 지면에 내려놓는다.

정답 ①

10 파워스티어링에서 핸들이 무거워 조향하기 힘든 상태일 때의 원인으로 맞는 것은?

① 바퀴가 습지에 있다.
② 조향 펌프에 오일이 부족하다.
③ 볼 조인트의 교환시기가 되었다.
④ 핸들 유격이 크다.

해설
파워스티어링은 오일의 유압에 의해서 작동되므로 오일이 누설되는 등 부족해지면 스티어링 휠을 돌리는 힘이 많이 들고, 심하면 오일펌프가 손상되므로 주기적인 점검이 필요하다.

정답 ②

11 배터리 전해액처럼 강산이나 알칼리 등의 액체를 취급할 때 가장 적합한 복장은?

① 면장갑 착용
② 면직으로 만든 옷
③ 나일론으로 만든 옷
④ 고무로 만든 옷

해설
강산이나 알칼리와 같이 인체에 위험한 액체를 취급할 때에는 고무로 만든 옷을 착용해야 한다.

정답 ④

12 수공구 사용 시 안전사고 발생 원인으로 틀린 것은?

① 힘에 맞지 않는 공구를 사용하였다.
② 수공구의 성능을 알고 선택하였다.
③ 사용방법이 미숙하였다.
④ 사용 공구의 점검 및 정비를 소홀히 하였다.

해설
수공구 사용 시의 안전수칙
- 안전한 자세와 동작으로 작업에 임한다.
- 정리정돈 및 청결 유지 등 안전수칙을 준수한다.
- 작업의 목적, 규격에 맞는 공구를 선택한다.
- 결함이 없는 안전한 공구를 사용하며, 사용 후 일정한 장소에 보관한다.
- 무리한 힘과 충격을 가하지 않고, 손에 묻은 물이나 기름을 잘 닦아야 한다.
- 공구는 재료나 기계 위에 놓지 말고, 특히 끝이 예리한 공구는 주머니에 넣지 않도록 유의한다.

정답 ②

13 체인블록을 이용하여 무거운 물체를 이동시키고자 할 때 가장 안전한 방법은?

① 체인이 느슨한 상태에서 급격히 잡아당기면 재해가 발생할 수 있으므로 시간적 여유를 가지고 작업한다.
② 작업의 효율을 위해 가는 체인을 사용한다.
③ 내릴 때는 하중 부담을 줄이기 위해 최대한 빠른 속도로 실시한다.
④ 무조건 최단거리 코스로 빠른 시간 내에 이동시켜야 한다.

해설
체인블록으로 물건을 잡아당길 때는 천천히 잡아당겨야 한다.

정답 ①

14 안전보건표지 중 다음 그림이 표시하는 것으로 맞는 것은?

① 독극물 경고
② 폭발물 경고
③ 고압전기 경고
④ 낙하물 경고

해설
경고표지

급성독성물질 경고	폭발성물질 경고	낙하물 경고

정답 ③

16 지게차의 운행 및 작업방법으로 틀린 것은?

① 경사길에서 내려올 때는 후진으로 진행한다.
② 주행 방향을 바꿀 때는 완전정지 또는 저속에서 행한다.
③ 틸트는 적재물이 백레스트에 완전히 닿도록 하고 운행한다.
④ 조향륜이 지면에서 5cm 이하로 떨어졌을 때는 밸런스카운터 중량을 높인다.

해설
조향륜이 지면에서 5cm 이하로 떨어졌을 때는 카운터밸런스의 중량을 낮추어야 한다.

정답 ④

15 지게차의 적재방법으로 틀린 것은? ✓신유형

① 화물을 올릴 때는 포크를 수평으로 한다.
② 화물을 올릴 때는 가속페달을 밟는 동시에 레버를 조작한다.
③ 포크로 물건을 찌르거나 물건을 끌어서 올리지 않는다.
④ 화물이 무거우면 사람이나 중량물로 밸런스웨이트를 삼는다.

해설
지게차는 화물로 인한 무게중심을 맞추기 위해 평형추(무게중심추, 카운터웨이트)를 지게차의 뒷부분에 장착한다.

정답 ④

17 운반작업 시 지켜야 할 사항으로 옳은 것은?

① 운반작업은 장비를 사용하기보다 가능한 한 많은 인력을 동원하는 것이 좋다.
② 인력으로 운반 시 무리한 자세로 장시간 취급하지 않도록 한다.
③ 인력으로 운반 시 보조구를 사용하되 몸에서 멀리 떨어지게 하고, 가슴 위치에서 하중이 걸리게 한다.
④ 통로 및 인도에 가까운 곳에서는 빠른 속도로 벗어나는 것이 좋다.

해설
화물 운반 시 인력으로 운반할 때는 무리하지 않은 자세로 단시간만 취급하도록 한다.

정답 ②

18 건설기계조종사면허 적성검사 기준으로 틀린 것은?

① 두 눈을 동시에 뜨고 잰 시력이 0.7 이상
② 청력은 10m의 거리에서 60dB을 들을 수 있을 것
③ 시각은 150° 이상
④ 두 눈의 시력이 각각 0.3 이상

해설
건설기계조종사의 적성검사 기준(건설기계관리법 시행규칙 제76조 제1항)
• 두 눈을 동시에 뜨고 잰 시력(교정시력을 포함)이 0.7 이상이고 두 눈의 시력이 각각 0.3 이상일 것
• 55dB(보청기를 사용하는 사람은 40dB)의 소리를 들을 수 있고, 언어분별력이 80% 이상일 것
• 시각은 150° 이상일 것
• 정신질환자・뇌전증 환자 및 마약・대마・향정신성의약품 또는 알코올중독자에 해당되지 아니할 것

정답 ②

19 건설기계의 출장검사가 허용되는 경우가 아닌 것은?

① 도서 지역에 있는 경우
② 너비가 2.5m를 초과하는 경우
③ 최고속도가 35km/h 미만인 경우
④ 자체 중량이 20ton을 초과하는 경우

해설
자체 중량이 40ton을 초과하는 경우에 출장 검사를 받을 수 있다(건설기계관리법 시행규칙 제32조 제2항).
건설기계의 출장검사가 허용되는 경우(건설기계관리법 시행규칙 제32조 제2항)
• 도서 지역에 있는 경우
• 자체 중량이 40ton을 초과하거나 축하중이 10ton을 초과하는 경우
• 너비가 2.5m를 초과하는 경우
• 최고속도가 시간당 35km/h 미만인 경우

정답 ④

20 건설기계사업을 영위하고자 하는 자는 누구에게 등록하여야 하는가?

① 자치구의 구청장
② 전문 건설기계 정비업자
③ 국토교통부장관
④ 건설기계 폐기업자

해설
건설기계사업을 하려는 자(지방자치단체는 제외)는 대통령령으로 정하는 바에 따라 사업의 종류별로 특별자치시장・특별자치도지사・시장・군수 또는 자치구의 구청장에게 등록하여야 한다(건설기계관리법 제21조 제1항).

정답 ①

21 건설기계에서 지게차의 기종별 기호표시로 알맞은 것은?

① 01
② 02
③ 03
④ 04

해설
건설기계관리법 시행규칙 [별표 2]
① 01 : 불도저
② 02 : 굴착기
③ 03 : 로더
④ 04 : 지게차

정답 ④

22 술에 취한 상태의 기준은 혈중알코올농도가 최소 몇 % 이상인 경우인가?

① 0.25
② 0.03
③ 0.08
④ 0.2

해설
운전이 금지되는 술에 취한 상태의 기준은 혈중알코올농도가 0.03% 이상이다(도로교통법 제44조 제4항).

정답 ②

23 남쪽에서 북쪽으로 진행 중일 때, 다음 3방향 도로 명표지에 대한 설명으로 알맞지 않은 것은?

① 차량을 계속 직진하면 연신내역 방향으로 갈 수 있다.
② 차량을 우회전하면 새문안길의 끝지점에 진입한다.
③ 차량을 좌회전하면 충정로의 끝지점에 진입한다.
④ 차량을 우회전하면 새문안길로 갈 수 있다.

[해설]
차량을 좌회전하면 충정로의 시작지점에 진입하며, 이 방향으로 계속 주행하면 충정로의 끝지점으로 갈 수 있다.

정답 ③

24 도로주행의 일반적인 주의사항으로 틀린 것은?

① 가시거리가 저하될 수 있으므로 터널 진입 전 헤드라이트를 켜고 주행한다.
② 고속주행 시 급핸들 조작, 급브레이크는 옆으로 미끄러지거나 전복될 수 있다.
③ 야간운전은 주간보다 주의력이 양호하며, 속도감이 민감하여 과속 우려가 없다.
④ 비 오는 날 고속주행은 수막현상이 생겨 제동효과가 감소한다.

[해설]
도로주행 시 야간운전이 주간보다 주의력이 더 필요하므로 과속해서는 안 된다.

정답 ③

25 특별표지판 부착 대상인 대형건설기계가 아닌 것은?

① 길이가 15m인 건설기계
② 너비가 2.8m인 건설기계
③ 높이가 6m인 건설기계
④ 총중량이 45ton인 건설기계

[해설]
대형건설기계의 범위(건설기계 안전기준에 관한 규칙 제2조 제33호)
• 길이가 16.7m를 초과하는 건설기계
• 너비가 2.5m를 초과하는 건설기계
• 높이가 4m를 초과하는 건설기계
• 최소회전반경이 12m를 초과하는 건설기계
• 총중량이 40ton을 초과하는 건설기계
• 총중량 상태에서 축하중이 10ton을 초과하는 건설기계

정답 ①

26 도로교통법상 횡단보도에서는 몇 m 이내 주차금지인가?

① 3
② 5
③ 8
④ 10

[해설]
건널목의 가장자리 또는 횡단보도에서는 10m 이내에 주차가 금지된다(도로교통법 제32조 제5호).

정답 ④

27 열에너지를 기계적 에너지로 변환시켜 주는 장치는?

① 펌프
② 모터
③ 엔진
④ 밸브

[해설]
엔진
실린더의 폭발행정에서 발생된 열에너지를 크랭크축의 회전운동을 통해서 기계적 에너지로 변환하는 장치이다.

정답 ③

28 크랭크축의 비틀림 진동에 대한 설명 중 틀린 것은?

① 각 실린더의 회전력 변동이 클수록 커진다.
② 크랭크축이 길수록 커진다.
③ 강성이 클수록 커진다.
④ 회전 부분의 질량이 클수록 커진다.

해설
크랭크축의 비틀림 진동은 재료의 강성이 클수록 작아진다.

정답 ③

29 작업 중 엔진 온도가 급상승하였을 때 먼저 점검하여야 할 것은?

① 윤활유 점도지수 점검
② 고부하 작업
③ 장기간 작업
④ 냉각수의 양 점검

해설
작업 중 엔진의 온도가 상승했다면 가장 먼저 냉각수의 양을 점검해야 한다.

정답 ④

30 기관 과열의 주요 원인이 아닌 것은?

① 라디에이터 코어의 막힘
② 냉각장치 내부의 물때 과다
③ 냉각수의 부족
④ 엔진오일량 과다

해설
엔진오일의 양이 부족하면 실린더 내부의 냉각작용이 잘 이루어지지 않기 때문에 기관 과열의 원인이 된다.

정답 ④

31 기관에 작동 중인 엔진오일에 가장 많이 포함되는 이물질은?

① 유입 먼지
② 금속분말
③ 산화물
④ 카본(Carbon)

해설
연소실에서 연소하고 남은 찌꺼기에 존재하는 탄소 성분이 다시 오일탱크로 회수되기 때문에, 엔진오일에는 탄소 성분이 가장 많이 존재한다.

정답 ④

32 디젤기관에서 노킹의 원인과 가장 거리가 먼 것은?

① 연료의 세탄가가 높다.
② 연료의 분사압력이 낮다.
③ 연소실의 온도가 낮다.
④ 착화 지연시간이 길다.

해설
세탄가가 높은 연료를 사용하는 것은 노킹의 방지대책이다.

정답 ①

33 엔진 윤활유를 사용하는 데 가장 알맞은 것은?

① 여름철 – SAE 20
② 겨울철 – SAE 40
③ 여름철 – SAE 40
④ 겨울철 – SAE 30

[해설]
SAE(Society of Automotive Engineers, 미국 자동차기술자협회) 뒤의 숫자는 점도지수로, 수치가 낮을수록 겨울용, 높을수록 여름용이다.

겨울용	봄, 가을용	여름용
SAE 10	SAE 20~30	SAE 40

[정답] ③

34 흡·배기밸브의 구비조건이 아닌 것은?

① 열 전도성이 좋을 것
② 열에 대한 팽창률이 작을 것
③ 열에 대한 저항력이 작을 것
④ 가스에 견디고 고온에 잘 견딜 것

[해설]
흡기 및 배기밸브는 열에 대한 저항력이 커야 변형도 방지할 수 있다.

[정답] ③

35 실드빔식 전조등에 대한 설명 중 틀린 것은?

① 광도의 변화가 적다.
② 렌즈를 교환할 수 있다.
③ 반사경이 흐려지는 일이 없다.
④ 내부에 불활성 가스가 들어 있다.

[해설]
실드빔형은 필라멘트가 끊어지면 렌즈나 반사경에 이상이 없어도 전조등 전체를 교환해야 하는 단점이 있다.

[정답] ②

36 계기판에 경고등이 다음과 같이 점등되었다. 원인은 무엇인가?

① 냉각수 과열
② 엔진오일 부족
③ 냉각수 부족
④ 유압유가 적을 때

[해설]
냉각수 과열 경고등

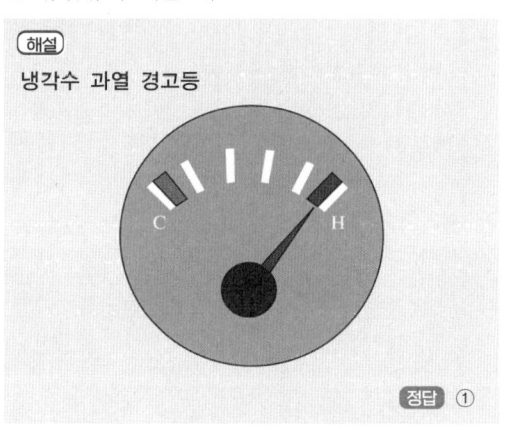

[정답] ①

37 기동전동기의 전기자코일을 시험하는 데 사용되는 시험기는?

① 전류계 시험기
② 전압계 시험기
③ 그로울러 시험기
④ 저항 시험기

[해설]
그로울러 시험기는 기동전동기의 전기자코일에서 단선 및 통전, 단락, 접지 등을 시험 및 점검한다.

[정답] ③

38 타이어의 트레드에 대한 설명으로 틀린 것은?

① 트레드가 마모되면 구동력과 선회능력이 저하된다.
② 트레드가 마모되면 지면과의 접촉 면적이 커짐으로써 마찰력이 증대되어 제동성능은 좋아진다.
③ 타이어의 공기압이 높으면 트레드의 양단부보다 중앙부의 마모가 크다.
④ 트레드가 마모되면 열의 발산이 불량하게 된다.

해설
트레드가 마모되면 지면과의 접촉 면적은 크게 되지만, 타이어에 발열이 많아지고 마찰력이 감소되어 제동성능은 나빠진다.

정답 ②

39 주행 중 브레이크 작동 시 조향 핸들이 한쪽으로 쏠리는 원인으로 거리가 가장 먼 것은?

① 휠 얼라인먼트 조정이 불량하다.
② 좌우 타이어의 공기압이 다르다.
③ 브레이크 라이닝의 좌우 간극이 불량하다.
④ 마스터 실린더의 체크밸브 작동이 불량하다.

해설
마스터 실린더의 체크밸브가 불량하면 유압은 해제되지 않는다. 따라서, 조향 핸들이 한쪽으로 쏠리는 원인과는 거리가 멀다.

정답 ④

40 지게차에서 유압식 브레이크와 브레이크페달의 원리로 옳은 것은? ✓신유형

① 파스칼의 원리, 지렛대의 원리
② 랙과 피니언의 원리, 파스칼의 원리
③ 랙과 피니언의 원리, 애커먼 장토의 원리
④ 지렛대의 원리, 애커먼 장토의 원리

해설
유압 브레이크는 파스칼의 원리를 응용하여 만든 장치이고, 브레이크페달은 지렛대의 원리를 응용하여 만든 장치이다.

정답 ①

41 드라이브 라인에 슬립 이음을 사용하는 이유는?

① 회전력을 직각으로 전달하기 위해
② 출발을 원활하게 하기 위해
③ 추진축의 길이 방향에 변화를 주기 위해
④ 진동을 흡수하게 하기 위해

해설
드라이브 라인에 슬립 이음을 사용하는 이유는 미끄러짐 현상을 이용하여 추진축의 길이 변화에 대응하기 위함이다.

정답 ③

42 순차작동밸브라고도 하며, 각 유압실린더를 일정한 순서로 순차 작동시키고자 할 때 사용하는 것은?

① 릴리프밸브   ② 감압밸브
③ 시퀀스밸브   ④ 언로드밸브

해설
시퀀스밸브는 일정한 순서로 순차 작동하는 밸브이다. 시퀀스밸브는 정해진 순서에 따라 순차적으로 작동시키는 밸브로서 주회로에서 2개 이상의 분기회로를 가질 경우에 각각의 회로를 순차적으로 작동시키고자 할 때 사용하므로 기계의 조작 순서를 확실하게 조정할 수 있다.

정답 ③

43 유압모터의 종류에 포함되지 않는 것은?

① 기어형
② 베인형
③ 플런저형
④ 터빈형

해설
유압모터의 종류
기어형, 베인형, 피스톤형, 플런저형 등

정답 ④

44 유압의 압력을 올바르게 나타낸 것은?

① 압력 = 단면적 × 가해진 힘
② 압력 = 가해진 힘 / 단면적
③ 압력 = 단면적 / 가해진 힘
④ 압력 = 가해진 힘 − 단면적

해설
- 유압의 압력 = $\dfrac{\text{가해진 힘}}{\text{단면적}}$
- 압력은 두 물체의 접촉면 또는 물체 내에서 서로 미는 힘으로, 힘이 면에 수직이 아닐 때 그것을 수직과 평행으로 나누어 수직 성분이 서로 미는 힘이다.

정답 ②

45 유압회로에서 회로 내 압력이 설정치 이상이 되면 열려 압력을 일정하게 유지시키는 역할을 하는 밸브는? ✓신유형

① 릴리프밸브
② 리듀싱밸브
③ 언로딩밸브
④ 체크밸브

해설
릴리프밸브는 유압회로에서 회로 내 압력이 설정치 이상이 되면 그 압력에 의해 밸브가 열려 압력을 일정하게 유지시키는 역할을 하는 밸브로서 안전밸브의 역할을 한다.

정답 ①

46 유압 오일의 온도가 상승할 때 나타날 수 있는 결과가 아닌 것은?

① 점도 저하
② 펌프 효율 저하
③ 오일 누설의 저하
④ 밸브류의 기능 저하

해설
③ 오일 누출이 증가한다.

정답 ③

47 유압장치에 부착되어 있는 오일탱크의 부속장치가 아닌 것은?

① 주입구 캡
② 유면계
③ 배플
④ 피스톤 로드

해설
피스톤 로드는 유압실린더의 부속품이다.

정답 ④

48
다음 유압 기호 중 압력 스위치를 나타내는 것은? ✔신유형

① ┄┄┤□├╱╱╱   ② (압력계 기호)
③ (어큐뮬레이터 기호)   ④ Ⓜ

해설
② 압력계
③ 어큐뮬레이터
④ 전동기

정답 ①

49
플런저가 구동축의 직각 방향으로 설치되어 있는 유압모터는?

① 캠형 플런저 모터
② 액시얼형 플런저 모터
③ 블래더형 플런저 모터
④ 레이디얼형 플런저 모터

해설
레이디얼형 플런저 모터
구동축의 직각 방향으로 설치되어 있는 유압모터이다.

정답 ④

50
유압장치에서 작동 및 움직임이 있는 곳의 연결관으로 적합한 것은?

① 플렉시블 호스
② 구리 파이프
③ 강 파이프
④ PVC 호스

해설
브레이크액의 유압 전달 또는 차체나 현가장치처럼 상대적으로 움직이는 부분, 작동 및 움직임이 있는 곳에는 플렉시블 호스(Flexible Hose)를 사용하며, 외부의 손상에 튜브를 보호하기 위하여 보호용 리브를 부착하기도 한다.

정답 ①

51
유압 에너지의 저장, 충격 흡수 등에 이용되는 것은?

① 축압기(Accumulator)
② 스트레이너(Strainer)
③ 펌프(Pump)
④ 오일탱크(Oil Tank)

해설
축압기는 고압의 유압유를 저장하는 용기로 필요에 따라 유압시스템에 유압유를 공급하거나, 회로 내의 밸브를 갑자기 폐쇄할 때 발생되는 서지압력을 방지할 목적으로 사용한다.
유압장치의 특징
• 작은 힘으로 큰 힘을 얻고, 속도를 자유로이 조정할 수 있다.
• 파스칼의 원리를 기초로 여러 가지 건설기계와 하역 운반기계, 공작기계, 항공기, 선박 등에 널리 이용된다.

정답 ①

52 기어식 유압펌프의 특징으로 옳지 않은 것은?

① 정용량 펌프다.
② 외접식과 내접식이 있다.
③ 피스톤펌프에 비해 효율이 떨어진다.
④ 구조가 복잡하고 다루기 어렵다.

해설
기어식 유압펌프의 특징
- 구조가 간단하고 흡입능력이 가장 크다.
- 다루기 쉽고 가격이 저렴하다.
- 정용량 펌프이다.
- 유압 작동유의 오염에 비교적 강한 편이다.
- 피스톤펌프에 비해 효율이 떨어진다.
- 외접식과 내접식이 있다.
- 베인펌프에 비해 소음이 크다.

정답 ④

53 12V용 납산축전지의 방전종지전압은?

① 12V   ② 10.5V
③ 7.5V   ④ 1.75V

해설
12V용 납산축전지에는 6개의 셀이 있고, 방전종지전압은 1.75V이므로 1.75×6 = 10.5V이다.
방전종지전압(Final Discharge Voltage)
방전이 지속되어 단자전압이 급격히 저하될 때의 전압으로, 전압이 방전종지전압 이하로 내려가면 제 기능을 못하는 동시에 전극판에 산화가 발생되어 회복이 불가능한 상태가 된다.

정답 ②

54 지게차의 조종 레버 기능에 대한 설명으로 옳지 않은 것은? ✓신유형

① 틸팅 : 짐을 기울일 때 사용
② 덤핑 : 짐을 옮길 때 사용
③ 로어링 : 짐을 내릴 때 사용
④ 리프팅 : 짐을 올릴 때 사용

해설
덤핑(Dumping)은 지게차의 조종 레버가 아니다.

정답 ②

55 다음 중 압력의 단위가 아닌 것은?

① bar   ② kgf/cm²
③ N·m   ④ kPa

해설
③은 일의 단위이다.

정답 ③

56 축전지의 용량을 결정짓는 인자가 아닌 것은?

① 셀당 극판 수
② 극판의 크기
③ 단자의 크기
④ 전해액의 양

해설
축전지의 용량을 결정짓는 인자
- 셀당 극판 수
- 전해액의 양
- 극판의 크기

정답 ③

57. 유압으로 마스트를 위나 아래로 움직일 때 사용하는 장치는?

① 틸트 실린더
② 리프트 실린더
③ 사이드 시프트
④ 핑거보드

해설
리프트 실린더
유압으로 마스트를 위나 아래로 움직일 때 사용하는 장치

정답 ②

58. 지게차에 대한 설명으로 알맞지 않은 것은?

① 윤거는 지게차 앞면에서 양쪽 타이어 폭의 중심 간 거리이다.
② 최저 지상고는 땅바닥에서 차체 바닥까지의 거리이다.
③ 전장은 포크 바깥 끝부분에서 지게차 몸체의 뒤편 끝단까지의 전체 길이이다.
④ 전고는 지면에서 지게차가 가장 높이 들 수 있는 높이까지의 거리이다.

해설
④ 전고는 지면에서 지게차의 가장 윗부분까지의 전체 길이

정답 ④

59. 다음 빈칸에 들어갈 말로 알맞은 것은? ✔신유형

건설기계 안전기준에 관한 규칙상 마스트의 ( )이란 지게차의 기준무부하 상태에서 지게차의 마스트를 조종실 쪽으로 가장 기울인 경우 마스트가 수직면에 대하여 이루는 기울기를 말한다.

① 후경각   ② 기울기
③ 최대하중 ④ 부피

해설
마스트의 후경각이란 지게차의 기준무부하 상태에서 지게차의 마스트를 조종실 쪽으로 가장 기울인 경우 마스트가 수직면에 대하여 이루는 기울기를 말한다(건설기계 안전기준에 관한 규칙 제20조 제2항). 반면, 마스트의 전경각이란 지게차의 기준무부하 상태에서 지게차의 마스트를 쇠스랑 쪽으로 가장 기울인 경우 마스트가 수직면에 대하여 이루는 기울기를 말한다(건설기계 안전기준에 관한 규칙 제20조 제1항).

정답 ①

60. 지게차의 운전석에 운전자가 없을 때 차량 외부에서 차량을 주행시키거나 마스트를 작동시키는 것을 제한하는 기능의 명칭은?

① 자동 주차 브레이크
② 과적 작업 경고 시스템
③ 운전자 위치 감지 시스템
④ 비탈길 밀림 방지 시스템

해설
운전자 위치 감지 시스템은 드라이브 록(Lock), 리프트 혹은 틸트 록(Lock) 기능 등 지게차의 운전석에 작업자가 없을 때 주행 및 지게차 작업장치의 작동을 제한하는 장치이다.

정답 ③

06 상시복원문제

01 화재의 분류에서 유류화재에 해당되는 것은?

① A급 화재
② B급 화재
③ C급 화재
④ D급 화재

> **해설**
> ① A급 화재는 일반화재(나무, 종이, 섬유 등의 고체 물질)이다.
> ③ C급 화재는 전기화재(전기설비, 기계, 전선 등의 물질)이다.
> ④ D급 화재는 금속화재(가연성금속, 즉 Al분말이나 Mg분말)이다.
>
> **정답** ②

02 브레이크 파이프 내에 베이퍼록이 발생하는 원인과 가장 거리가 먼 것은? ✓신유형

① 드럼의 과열
② 지나친 브레이크 조작
③ 잔압의 저하
④ 라이닝과 드럼의 간극 과대

> **해설**
> 브레이크 라이닝과 드럼과의 간극이 작을 때 베이퍼록의 원인이 된다.
> **브레이크 장치 내부 파이프에 베이퍼록이 발생하는 원인**
> • 드럼의 과열
> • 잔압의 저하
> • 오일의 변질에 의한 비등점 저하
> • 드럼과 라이닝의 끌림에 의한 가열
> • 긴 내리막길에서 과도한 브레이크 사용
>
> **정답** ④

03 스패너(Spanner)의 올바른 사용법이 아닌 것은?

① 너트에 맞는 것을 사용한다.
② 렌치는 몸 쪽으로 당기면서 볼트, 너트를 풀거나 조인다.
③ 볼트, 너트를 푸는 경우는 밀어서 힘이 작용하도록 한다.
④ 공구 핸들에 묻은 기름은 잘 닦아서 사용한다.

> **해설**
> 스패너는 올바르게 끼우고 앞으로 잡아당겨 사용한다.
> **스패너 렌치 작업 시의 안전사항**
> • 렌치는 너트와 맞는 것을 사용하되, 변형된 것은 사용하지 말 것
> • 렌치는 너트에 단단히 끼워 앞쪽으로 당길 것
> • 스패너를 2개로 잇거나 자루에 파이프를 덧대어 사용하지 말 것
> • 멍키렌치는 웜과 랙의 마모에 유의하고 아래턱 방향으로 돌려 사용할 것
>
> **정답** ③

04 건설기계에서 시동전동기가 회전이 안 될 경우 점검할 사항이 아닌 것은?

① 축전지의 방전 여부
② 배터리 단자의 접촉 여부
③ 팬벨트의 이완 여부
④ 배선의 단선 여부

해설
③ 팬벨트는 냉각팬을 회전시키는 벨트이다.
시동전동기가 회전하지 않는 원인
- 브러시 스프링이 강하다.
- 전기자코일이 단락되었다.
- 축전지가 과방전되었다.
- 배터리의 출력이 낮다.
- 기동전동기가 손상되었다.
- 배선과 스위치 손상으로 접촉 불량이다.
- 정류자와 브러시의 접촉 불량이다.
- 엔진 내부의 피스톤이 고착되었다.

정답 ③

05 건설기계장비 작업 시 계기판에서 냉각수 경고등이 점등되었을 때 운전자로서 가장 적합한 조치는?

① 오일량을 점검한다.
② 작업이 모두 끝나면 곧바로 냉각수를 보충한다.
③ 작업을 중지하고 점검 및 정비를 받는다.
④ 라디에이터를 교환한다.

해설
냉각수 경고등은 냉각수가 부족할 때 점등되는 것으로, 즉시 작업을 중지하고 점검 및 정비를 받아야 한다.
냉각수 양 경고등 점등 원인
- 냉각수 양이 부족할 때
- 냉각계통의 물 호스가 파손되었을 때
- 라디에이터 캡이 열린 채 운행하였을 때

정답 ③

06 적색 원형으로 만들어지는 안전표지판은?

① 경고표지
② 안내표지
③ 지시표지
④ 금지표지

해설
- 경고표지 : 노란 삼각형
- 안내표지 : 초록 원형 및 사각형
- 지시표지 : 파란 원형

정답 ④

07 벨트에 대한 안전사항으로 틀린 것은?

① 벨트의 이음쇠는 돌기가 없는 구조로 한다.
② 벨트를 걸 때나 벗길 때에는 기계를 정지한 상태에서 실시한다.
③ 벨트가 풀리에 감겨 돌아가는 부분은 커버나 덮개를 설치한다.
④ 바닥면으로부터 2m 이내에 있는 벨트는 덮개를 제거한다.

해설
바닥면으로부터 2m 이내는 작업자의 행동반경이므로 벨트의 커버나 덮개를 반드시 설치하고, 제거하지 않도록 한다.
벨트, 풀리의 안전
- 벨트와 풀리면 사이의 회전축에 끼여 협착되는 사고가 많으므로 안전사고에 유의해야 한다.
- 벨트를 풀리에 걸 때는 완전히 멈춘 후 작업한다.
- 안전커버와 안전시설을 설치하도록 한다.

정답 ④

08 감전사고 예방을 위한 주의사항의 내용으로 틀린 것은?

① 젖은 손으로는 전기기기를 만지지 않는다.
② 코드를 뺄 때는 반드시 플러그의 몸체를 잡고 뺀다.
③ 전력선에 물체를 접촉하지 않는다.
④ 220V는 단상이고, 저압이므로 생명의 위협은 없다.

해설
220V로 감전되었을 때 사망할 확률이 110V에 비해 훨씬 높다.
감전재해 방지 대책
- 전기설비의 수시점검, 관리책임자 지정 및 작업자의 사전교육
- 위험표지판 부착 및 보호접지
- 충전부 노출 시 절연방호구
- 고전압·충전부의 근접작업 시 보호구 착용

정답 ④

09 소화작업의 기본요소가 아닌 것은?

① 가연물질을 제거하면 된다.
② 산소를 차단하면 된다.
③ 점화원을 제거하면 된다.
④ 연료를 기화시키면 된다.

해설
연료를 기화시키면 화재위험이 더 커진다.

정답 ④

10 화재 및 폭발의 우려가 있는 가스발생장치 작업장에서 지켜야 할 사항으로 맞지 않는 것은?

① 불연성 재료 사용금지
② 화기 사용금지
③ 인화성물질 사용금지
④ 점화원이 될 수 있는 기재 사용금지

해설
불연성 재료를 사용하여야 한다.

정답 ①

11 해머 작업 시 옳지 않은 것은?

① 장갑을 끼지 않는다.
② 작업에 알맞은 무게의 해머를 사용한다.
③ 해머는 처음부터 힘차게 때린다.
④ 자루가 단단한 것을 사용한다.

해설
해머로 타격할 때 처음과 마지막에는 힘을 많이 가하지 않아야 한다.

정답 ③

12 유압장치의 정상적인 작동을 위한 일상점검 방법으로 옳은 것은?

① 유압 컨트롤 밸브의 세척 및 교환
② 오일량 점검 및 필터의 교환
③ 유압 펌프의 점검 및 교환
④ 오일 냉각기의 점검 및 세척

해설
유압장치의 일상점검 방법
- 오일량 점검 및 필터의 교환
- 오일 누설 여부 점검
- 소음 및 호스의 누유 여부 점검
- 변질 상태 점검

정답 ②

13 펌프가 오일을 토출하지 않을 때의 원인으로 틀린 것은?

① 오일탱크의 유면이 낮다.
② 흡입관으로 공기가 유입된다.
③ 토출 측 배관 체결 볼트가 이완되었다.
④ 오일이 부족하다.

해설
③의 경우는 오일 누설의 원인이다.

정답 ③

14 가스 용접 시 사용되는 산소용 호스는 어떤 색인가?

① 적색 ② 황색
③ 녹색 ④ 청색

해설
산소용은 흑색 또는 녹색, 아세틸렌용은 적색으로 표시한다.

정답 ③

15 화물을 적재하고 주행할 때 포크와 지면과의 간격으로 가장 적합한 것은?

① 지면에 밀착
② 20~30cm
③ 50~55cm
④ 80~85cm

해설
화물을 적재하고 주행할 때 포크와 지면과의 간격을 20~30cm 띄워야 한다.

정답 ②

16 지게차의 운행사항으로 틀린 것은?

① 틸트는 적재물이 백레스트에 완전히 닿도록 한 후 운행한다.
② 주행 중 노면 상태에 주의하고 노면이 고르지 않은 곳에서는 천천히 운행한다.
③ 내리막길에서는 급회전을 삼간다.
④ 지게차의 중량 제한은 긴급한 상황인 경우 무시할 수 있다.

해설
지게차를 운행할 때는 안전을 위해 중량 제한을 준수해야 한다. 미준수 시 지게차가 전도될 수 있다.

정답 ④

17 지게차로 가파른 경사지에서 적재물을 운반할 때에는 어떤 방법이 좋겠는가?

① 지그재그로 회전하여 내려온다.
② 기어의 변속을 중립에 놓고 내려온다.
③ 적재물을 앞으로 하여 천천히 내려온다.
④ 기어의 변속을 저속 상태로 놓고 후진으로 내려온다.

해설
지게차는 무게중심이 앞쪽인 화물에 위치하므로 기어를 저속으로 변속한 뒤 후진으로 내려오는 것이 가장 안전하다.

정답 ④

18 정기검사에 불합격한 건설기계의 정비명령기간으로 옳은 것은?

① 31일 이내
② 15일 이내
③ 2개월 이내
④ 10일 이내

해설
시·도지사는 검사에 불합격된 건설기계에 대해서는 31일 이내의 기간을 정하여 해당 건설기계의 소유자에게 검사를 완료한 날(검사를 대행하게 한 경우에는 검사결과를 보고받은 날)부터 10일 이내에 정비명령을 해야 한다(건설기계관리법 시행규칙 제31조 제1항).

정답 ①

19 건설기계형식에 관한 승인을 얻거나 그 형식을 신고한 자는 당사자 간에 별도의 계약이 없는 경우에 건설기계를 판매한 날로부터 몇 개월 동안 무상으로 건설기계를 정비해 주어야 하는가?

✓신유형

① 3개월　② 6개월
③ 12개월　④ 24개월

해설
건설기계형식에 관한 승인을 얻거나 그 형식을 신고한 자는 별도 계약이 없을 경우, 12개월 이내에서 무상 정비를 해 주어야 한다(건설기계관리법 시행규칙 제55조 제1항).

정답 ③

20 건설기계관리법령상 건설기계정비업의 범위에서 제외되는 행위가 아닌 것은?

① 오일 보충
② 필터류 교환
③ 전구 교체
④ 브레이크 내부의 부품 교체

해설
건설기계정비업의 범위에서 제외되는 행위(건설기계관리법 시행규칙 제1조의3)
• 오일 보충
• 에어클리너 엘리먼트 및 필터류 교환
• 배터리·전구 교환
• 타이어의 점검·정비 및 트랙의 장력 조정
• 창유리 교환

정답 ④

21 건설기계 조종 중 재산피해를 입었을 때 피해금액 50만원마다 면허효력정지기간은?

① 1일　② 5일
③ 10일　④ 15일

해설
건설기계조종사면허의 취소·정지처분기준(건설기계관리법 시행규칙 [별표 22])
재산피해금액 50만원마다 면허효력정지 1일(단, 90일을 넘지 못함)

정답 ①

22

도로교통법상 모든 차의 운전자가 서행하여야 하는 장소에 해당하지 않는 것은?

① 도로가 구부러진 부근
② 비탈길의 고갯마루 부근
③ 편도 2차로 이상의 다리 위
④ 가파른 비탈길의 내리막

해설

서행 또는 일시정지할 장소(도로교통법 제31조 제1항)
모든 차의 운전자는 다음의 어느 하나에 해당하는 곳에서는 서행하여야 한다.
- 교통정리를 하고 있지 아니하는 교차로
- 도로가 구부러진 부근
- 비탈길의 고갯마루 부근
- 가파른 비탈길의 내리막
- 시·도경찰청장이 도로에서의 위험을 방지하고 교통의 안전과 원활한 소통을 확보하기 위하여 필요하다고 인정하여 안전표지로 지정한 곳

정답 ③

23

도로교통법상 주차금지의 장소가 아닌 것은?

① 소방용수시설 또는 비상소화장치가 설치된 곳으로부터 15m 이내인 곳
② 도로공사를 하고 있는 경우에는 그 공사 구역의 양쪽 가장자리로부터 5m 이내인 곳
③ 다리 위
④ 터널 안

해설

주차금지의 장소(도로교통법 제33조)
- 터널 안 및 다리 위
- 다음의 곳으로부터 5m 이내인 곳
  - 도로공사를 하고 있는 경우에는 그 공사 구역의 양쪽 가장자리
  - 다중이용업소의 영업장이 속한 건축물로 소방본부장의 요청에 의하여 시·도경찰청장이 지정한 곳
- 시·도경찰청장이 도로에서의 위험을 방지하고 교통의 안전과 원활한 소통을 확보하기 위하여 필요하다고 인정하여 지정한 곳

정답 ①

24

건설기계 작업 시 주의사항으로 틀린 것은?

① 운전석을 떠날 경우에는 기관을 정지시킨다.
② 작업 시에는 항상 사람의 접근에 특별히 주의한다.
③ 가능한 한 평탄한 지면으로 주행한다.
④ 후진할 때는 후진 후 사람 및 장애물 등을 확인한다.

해설

건설기계를 후진할 때에는 후진하기 전에 사람이나 장애물 등을 확인해야 한다.

정답 ④

25

건설기계조종사면허가 취소되거나 효력정지처분을 받은 후에도 건설기계를 계속하여 조종한 자에 대한 벌칙은?

① 과태료 50만원
② 1년 이하의 징역 또는 1천만원 이하의 벌금
③ 취소기간 연장조치
④ 조종사면허 취득 절대불가

해설

규정에 따라 건설기계조종사면허가 취소되거나 건설기계조종사면허의 효력정지처분을 받은 후에도 건설기계를 계속하여 조종한 자는 1년 이하의 징역 또는 1천만원 이하의 벌금에 처한다(건설기계관리법 제41조).

정답 ②

26 주행 중 차마의 진로를 변경해서는 안 되는 경우는?

① 교통이 복잡한 도로일 때
② 시속 30km 이하의 주행도로인 곳
③ 특별히 진로 변경이 금지된 곳
④ 4차로 도로일 때

해설
차마의 운전자는 안전표지가 설치되어 특별히 진로 변경이 금지된 곳에서는 차마의 진로를 변경하여서는 아니 된다(도로교통법 제14조 제5항).

정답 ③

28 기관이 작동되는 상태에서 점검 가능한 사항이 아닌 것은?

① 냉각수의 온도
② 충전 상태
③ 엔진오일의 압력
④ 엔진오일의 양

해설
엔진오일의 양은 기관이 정지한 상태에서 점검해야 한다.

정답 ④

29 기관에 작동 중인 엔진오일에 가장 많이 포함되는 이물질은?

① 유입 먼지
② 금속분말
③ 산화물
④ 카본(Carbon)

해설
연소실에서 연소하고 남은 찌꺼기에 존재하는 탄소 성분이 다시 오일탱크로 회수되기 때문에, 엔진오일에는 탄소 성분이 가장 많이 존재한다.

정답 ④

27 실린더의 내경이 행정보다 작은 엔진을 무엇이라고 하는가? ✔신유형

① 스퀘어 엔진
② 단행정 엔진
③ 장행정 엔진
④ 정방행정 엔진

해설

장행정 엔진	피스톤의 직경이 작아서 피스톤의 왕복운동 거리가 긴 엔진이다.
단행정 엔진	피스톤의 직경이 커서 피스톤의 왕복운동 거리가 짧은 엔진이다.

정답 ③

30 오일의 여과방식이 아닌 것은?

① 자력식　　② 분류식
③ 전류식　　④ 샨트식

해설
오일의 여과방식
• 전류식(전부 여과)
• 분류식(일부 여과)
• 샨트식(전류식 + 분류식)

정답 ①

31
디젤기관 연료장치의 구성품이 아닌 것은?

① 예열플러그 ② 분사노즐
③ 연료공급펌프 ④ 연료여과기

해설
연료장치의 구성품
연료분사펌프, 연료필터, 연료탱크, 분사노즐, 연료공급펌프, 연료여과기 등

정답 ①

32
오일펌프에서 펌프량이 적거나 유압이 낮은 원인이 아닌 것은?

① 오일탱크에 오일이 너무 많을 때
② 펌프 흡입 라인(여과망) 막힘이 있을 때
③ 기어와 펌프 내벽 사이 간격이 클 때
④ 기어 옆 부분과 펌프 내벽 사이 간격이 클 때

해설
유압이 낮아지는 원인
- 오일팬의 오일량이 부족할 때
- 크랭크축, 캠축 베어링의 과다마멸로 간극이 커졌을 때
- 오일펌프의 마멸 또는 윤활 회로에서 오일 누출 시
- 유압조절밸브 스프링 장력이 약하거나 파손 시
- 엔진오일의 점도가 낮을 때
- 오일 여과기가 막혔을 때

정답 ①

33
디젤기관의 노크 방지방법으로 틀린 것은?

① 세탄가가 높은 연료를 사용한다.
② 압축비를 높게 한다.
③ 흡기압력을 높게 한다.
④ 실린더 벽의 온도를 낮춘다.

해설
실린더 외벽의 온도를 높게 하여 디젤엔진의 노크를 방지한다.

정답 ④

34
압력식 라디에이터 캡에 있는 밸브는?

① 입력밸브와 진공밸브
② 압력밸브와 진공밸브
③ 입구밸브와 출구밸브
④ 압력밸브와 메인밸브

해설
압력식 라디에이터 캡에 있는 밸브
압력밸브, 진공밸브

정답 ②

35
건설기계 전조등의 성능을 유지하기 위하여 가장 좋은 방법은?

① 단선으로 한다.
② 복선식으로 한다.
③ 축전지와 직결시킨다.
④ 굵은선으로 갈아 끼운다.

해설
- 전조등 : 렌즈, 반사경, 필라멘트로 구성되고, 병렬로 연결된 복선식으로 파손·손상되지 않고 양호한 상태여야 한다.
- 복선식 : 접지 쪽에도 전선을 사용하는 방식으로 주로 전조등과 같이 큰 전류가 흐르는 회로에서 사용된다.

정답 ②

36
엔진을 정지하고 계기판 전류계의 지시침을 살펴보니 정상에서 (−) 방향을 지시하고 있다. 그 원인이 아닌 것은?

① 전조등 스위치가 점등위치에서 방전하고 있다.
② 배선에서 누전되고 있다.
③ 시동 시 엔진의 예열장치를 동작시키고 있다.
④ 발전기에서 축전지로 충전되고 있다.

해설
전류계 지침이 (−)를 가리키는 것은 충전이 되고 있지 않은 것이다.

정답 ④

37
이동하지 않고 물질에 정지하고 있는 전기는?

① 동전기
② 정전기
③ 직류전기
④ 교류전기

해설
이동하지 않고 물질에 정지하고 있는 전기를 정전기라고 하고, 정전기가 이동하는 상태의 전기를 동전기라고 한다.

정답 ②

38
교류발전기의 구성품으로 교류를 직류로 변환하는 구성품은 어느 것인가?

① 스테이터
② 로터
③ 정류기
④ 콘덴서

해설
정류기는 교류발전기에서 교류를 직류로 변환시킨다.

정답 ③

39
지게차의 동력전달 순서로 옳은 것은? ✔신유형

① 엔진→변속기→토크 컨버터→종감속 기어 및 차동장치→최종 감속기→앞구동축→바퀴
② 엔진→변속기→토크 컨버터→종감속 기어 및 차동장치→앞구동축→최종 감속기→바퀴
③ 엔진→토크 컨버터→변속기→앞구동축→종감속 기어 및 차동장치→최종 감속기→바퀴
④ 엔진→토크 컨버터→변속기→종감속 기어 및 차동장치→앞구동축→최종 감속기→바퀴

해설
지게차 동력전달 순서는 엔진 → 토크 컨버터 → 변속기 → 종감속 기어 및 차동장치 → 앞구동축 → 최종 감속기 → 바퀴이다.

정답 ④

40
주행장치에서 스프로킷의 이상 마모를 방지하기 위해서 조정하여야 하는 것은?

① 슈의 간격
② 트랙의 장력
③ 롤러의 간격
④ 아이들러의 위치

해설
스프로킷의 이상 마모는 트랙의 장력이 느슨하거나 과대할 때 생기므로 조정이 필요하다.

정답 ②

41 타이어의 스탠딩웨이브 현상에 대한 내용으로 옳은 것은?

① 스탠딩웨이브를 줄이기 위해 고속주행 시 공기압을 10% 정도 줄인다.
② 스탠딩웨이브가 심하면 타이어 박리현상이 발생할 수 있다.
③ 스탠딩웨이브는 바이어스 타이어보다 레이디얼 타이어에서 많이 발생한다.
④ 스탠딩웨이브 현상은 하중과 무관하다.

해설
② 스탠딩웨이브 현상이 심할 경우 타이어의 파열 및 박리(떨어져 나감)현상이 발생한다.
① 스탠딩웨이브를 줄이기 위해 공기압을 10% 높여준다.
③ 스탠딩웨이브 현상은 바이어스 타이어에서 더 많이 발생한다.
④ 스탠딩웨이브는 하중과 관련이 크다.

바이어스 타이어와 레이디얼 타이어

바이어스 타이어	레이디얼 타이어

• 타이어를 구성하는 내부 카커스의 배열 각도가 트레드 중심선에 대해 약 30~40°의 각을 이루는 것으로 접지부 움직임이 빨라서 마모도 빠르다. • 사이드월이 레이디얼 타이어보다 강하다.	• 타이어를 구성하는 내부 카커스의 배열 각도가 트레드 중심선에 대해 약 90°의 각을 이루는 것으로 접지부 움직임이 빨라서 마모도 빠르다.

정답 ②

42 유성기어장치의 주요 부품으로 옳지 않은 것은? ✓신유형

① 선기어　　② 링기어
③ 유성기어　④ 헬리컬기어

해설
건설기계의 속도를 30% 정도 빠르게 하고 연료를 절약하는 장치인 오버드라이버의 유성기어장치의 주요 부품으로는 선기어, 유성기어, 링기어, 유성캐리어가 있다.

정답 ④

43 앞바퀴 정렬 요소 중 캠버의 필요성에 대한 설명으로 틀린 것은?

① 앞차축의 휨을 적게 한다.
② 조향 휠의 조작을 가볍게 한다.
③ 조향 시 바퀴의 복원력이 발생한다.
④ 토(Toe)와 관련성이 있다.

해설
조향 시 바퀴의 복원력이 발생하는 것은 캐스터이다. 캐스터는 앞바퀴를 옆에서 보았을 때 킹핀이 수직선과 이루는 각을 뜻한다.

정답 ③

44 유압실린더 등의 중력에 의한 자유낙하를 방지하기 위해 배압을 유지하는 압력제어밸브는? ✓신유형

① 시퀀스밸브　　② 언로드밸브
③ 카운터밸런스밸브　④ 감압밸브

해설
카운터밸런스밸브
유압회로에서 한쪽 방향의 흐름에는 배압을 생기게 하고, 다른 방향으로는 자유 흐름이 되도록 한 밸브로서 내부에는 한쪽 방향으로만 흐르게 하는 체크밸브가 반드시 내장된다. 수직형 유압실린더의 자유낙하를 방지하거나 부하가 급격히 제거되어 관성 제어가 불가능할 때 배압을 유지하기 위해 주로 사용한다.

정답 ③

45 유압·공기압 도면기호 중 그림이 나타내는 것은?

① 유압 파일럿(외부)
② 공기압 파일럿(외부)
③ 유압 파일럿(내부)
④ 공기압 파일럿(내부)

해설
그림은 유압 파일럿(외부)을 나타낸다.

정답 ①

46 유압실린더의 종류에 해당하지 않는 것은?

① 복동 실린더 싱글로드형
② 복동 실린더 더블로드형
③ 단동 실린더 배플형
④ 단동 실린더 램형

해설
배플(Baffle)은 오일펌프가 충분한 양의 윤활유를 흡입하도록 하기 위해 오일팬에 설치하는 다수의 안전판을 말한다.

정답 ③

47 제동유압장치의 작동원리는 어느 이론에 바탕을 둔 것인가?

① 열역학 제1법칙
② 보일의 법칙
③ 파스칼의 원리
④ 가속도 법칙

해설
파스칼(Pascal)의 원리
유체(기체나 액체) 역학에서 밀폐된 용기 내에 정지해 있는 유체의 어느 한 부분에서 생기는 압력의 변화가 유체의 다른 부분과 용기의 벽면에 손실 없이 전달된다는 원리

정답 ③

48 유압모터의 장점이 아닌 것은?

① 작동이 신속, 정확하다.
② 관성력이 크며, 소음이 크다.
③ 전동 모터에 비하여 급속정지가 쉽다.
④ 광범위한 무단변속을 얻을 수 있다.

해설
유압모터의 장점
• 힘의 연속 제어가 용이하다.
• 소형 경량으로 큰 출력을 낼 수 있다.
• 속도나 방향의 제어가 용이하고 릴리프밸브를 달면 기구적 손상을 주지 않고 급정지시킬 수 있다.
• 2개의 배관만을 사용해도 되므로 내폭성이 우수하다.

유압모터의 단점
• 효율이 낮다.
• 누설에 문제점이 많다.
• 온도에 영향을 많이 받는다.
• 작동유에 이물질이 들어가지 않도록 보수에 주의하지 않으면 안 된다.
• 수명은 사용조건에 따라 다르므로 일정 시간 후 점검해야 한다.
• 작동유의 점도변화에 의하여 유압모터의 사용에 제약을 받는다.
• 소음이 크다.
• 기동이나 저속 시 운전이 원활하지 않다.
• 인화하기 쉬운 오일을 사용하므로 화재 위험이 높다.
• 고장 발생 시 수리가 곤란하다.

정답 ②

49 베인펌프에 대한 설명으로 틀린 것은?

① 날개로 펌핑 동작을 한다.
② 토크(Torque)가 안정되어 소음이 적다.
③ 싱글형과 더블형이 있다.
④ 베인펌프는 1단 고정으로 설계된다.

해설
베인펌프는 1단 고정이 아닌 다단으로 설계해야 한다.

정답 ④

50 액추에이터의 운동속도를 조정하기 위하여 사용되는 밸브는?

① 압력제어밸브
② 온도제어밸브
③ 유량제어밸브
④ 방향제어밸브

해설
유체기계는 관로 내를 흐르는 유체의 흐름 양으로 액추에이터의 이송 속도를 제어할 수 있다.

정답 ③

51 유압계통에 사용되는 오일의 점도가 너무 낮을 경우 나타날 수 있는 현상이 아닌 것은?

① 시동 저항 증가
② 펌프 효율 저하
③ 오일 누설 증가
④ 유압회로 내 압력 저하

해설
점도는 오일의 끈적거리는 정도를 나타내며, 점도가 너무 높으면 윤활유의 내부마찰과 저항이 커져 동력의 손실이 증가하고 너무 낮으면 동력의 손실은 적어지지만 유막이 파괴되어 마모 감소작용이 원활하지 못하게 된다.

정답 ①

52 유압이 진공에 가까워져 기포가 생기고 이로 인해 국부적인 고압이나 소음이 발생하는 현상은?

① 캐비테이션 현상
② 시효경화 현상
③ 맥동 현상
④ 오리피스 현상

해설
캐비테이션 현상
캐비테이션은 유체 내부의 압력이 진공에 가까워져 기포가 생기고 이로 인해 국부적인 고압이나 소음이 발생하는 현상이다.

정답 ①

53. 유압회로의 속도제어 회로와 관계없는 것은?

① 미터아웃(Meter Out) 회로
② 블리드오프(Bleed Off) 회로
③ 오픈센터(Open Center) 회로
④ 미터인(Meter In) 회로

[해설]
실린더의 행정속도를 제어하는 시스템
- 미터인 회로 : 공급 쪽 관로에 설치한 바이패스 관의 흐름을 제어함으로써 속도를 제어하는 회로
- 미터아웃 회로 : 배출 쪽 관로에 설치한 바이패스 관의 흐름을 제어함으로써 속도를 제어하는 회로
- 블리드오프 회로 : 공급 쪽 관로에 바이패스 관로를 설치하여 바이패스로의 흐름을 제어함으로써 속도를 제어하는 회로

정답 ③

54. 12V 납산축전지의 셀 수는 어떻게 되는가?

① 약 3V의 셀이 4개로 되어 있다.
② 약 4V의 셀이 3개로 되어 있다.
③ 약 2V의 셀이 6개로 되어 있다.
④ 약 6V의 셀이 2개로 되어 있다.

[해설]
축전지는 여러 개의 셀로 구성되어 1개의 셀당 약 2V의 기전력을 가진다. 축전지의 전압은 셀을 직렬로 연결하여 계산하며, 12V의 축전지는 6개의 셀이 직렬로 연결되어 있다는 뜻이다.

정답 ③

55. 포크로 든 짐을 상단에 설치된 압착판(덮개)으로 눌러서 화물을 고정시킬 수 있는 작업장치는?

① 회전 포크
② 힌지드 버킷
③ 푸시 풀 장치
④ 로드 스태빌라이저

[해설]
로드 스태빌라이저
포크로 든 짐을 상단에 설치된 압착판(덮개)으로 눌러서 고르지 못한 도로를 다닐 때 화물의 쏟아짐을 방지하기 위한 작업장치

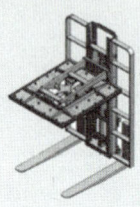

정답 ④

56. 마스트가 3단으로 되어 있어 출입구가 제한되거나 천장이 높은 장소에서 높은 곳에 화물을 쌓을 수 있는 지게차는?

① 3단 마스트 지게차
② 3단 사이드 시프트 지게차
③ 드럼 클램프 지게차
④ 하이 마스트 지게차

[해설]
3단 마스트 지게차는 마스트가 3단으로 되어 있어 높은 장소에서의 적재나 적하 작업을 용이하게 할 수 있고, 출입구가 제한되어 있는 장소에서도 작업이 유리하다.

정답 ①

57 지게차에서 포크를 장착하는 부분은?

① 카운터웨이트
② 오버헤드가드
③ 리프트 실린더
④ 캐리지

해설
캐리지(Carriage)
마스트 레일을 따라 상승하거나 하강하는 장치로 핑거보드(Finger Board)와 포크(Fork)를 장착한다.

정답 ④

58 지게차를 분류할 때 차체의 앞부분에 아우트리거를 설치하여 자체의 안전성을 높인 지게차는?

① 리치형
② 스트래들형
③ 사이드포크형
④ 카운터밸런스형

해설
스트래들형은 차체의 앞부분에 아우트리거를 설치하여 자체의 안전성을 높인 지게차로 트리거 사이에 포크를 위치시킨다.

정답 ②

59 다음 설명에 맞는 지게차의 장치는? ✓신유형

- 유압을 이용하여 실린더의 길이를 조절한다.
- 마스트를 운전석 쪽이나 바깥쪽으로 기울이면서 전경각과 후경각을 만드는 장치이다.

① 틸트 실린더
② 리프트 실린더
③ 리프트 체인
④ 캐리지

해설
틸트 실린더(Tilt Cylinder)는 유압으로 실린더의 길이를 조절하여 마스트를 운전석 쪽이나 바깥쪽으로 기울이면서 전경각과 후경각을 만드는 장치이다.

정답 ①

60 넓은 크기의 날개로 화물을 양옆에서 클램핑하여 운반할 수 있는 작업장치는?

① 인칭페달
② 사이드 시프트
③ 주차 브레이크
④ 카톤 클램프

해설
카톤 클램프
좌우로 벌어지는 넓은 크기의 날개로 작업물을 클램핑하여 운반하는 작업장치

정답 ④

07 상시복원문제

01 다음 중 화재 시 화염을 피하는 방법을 모두 고른 것은?

a. 머리카락, 얼굴, 발, 손 등을 불과 닿지 않게 한다.
b. 물수건으로 입을 막고 통과한다.
c. 몸을 낮게 엎드려서 통과한다.
d. 옷을 물에 적시고 통과한다.

① a, b, c, d
② a, b, c
③ b, d
④ b, c

해설

화재 발생 시 대피방법
- 불이 나면 큰소리로 다른 사람에게 알리고 화재경보 비상벨을 누른다.
- 계단을 이용하되 아래층 이동이 불가능할 때는 옥상으로 대피한다.
- 불길 속을 통과할 때는 물에 적신 담요나 수건으로 몸과 얼굴을 싸맨다.
- 물수건을 이용하여 코와 입을 막고 낮은 자세로 이동한다.
- 손잡이 등이 뜨겁지 않은지 확인하면서 밖으로 이동한다.
- 출구가 없을 때는 문틈을 젖은 옷이나 이불로 막고 구조를 기다린다.

정답 ①

02 다음 그림과 같은 경고등이 들어왔을 때, 이 게이지는? ✓신유형

① 엔진오일 게이지
② 연료 게이지
③ 냉각수 온도 게이지
④ 미션 온도 게이지

해설

냉각수 온도가 높을 경우 냉각수 온도 게이지에 경고등이 점등된다.

정답 ③

03 스패너 렌치 작업방법으로 적합하지 않은 것은?

① 볼트, 너트를 풀거나 조일 때 규격에 맞는 것을 사용한다.
② 렌치를 잡아당길 수 있는 위치에서 작업하도록 한다.
③ 스패너 렌치는 뒤로 밀면서 돌려 조이는 것이 좋다.
④ 파이프렌치는 한쪽 방향으로만 힘을 가하여 사용한다.

해설

스패너 렌치를 사용할 때는 자기 쪽으로 당겨서 사용하도록 한다.

정답 ③

04 안전표지의 종류 중 안내표지에 속하지 않는 것은?

① 녹십자표지
② 응급구호표지
③ 비상구
④ 출입금지

해설
안내표지에는 녹십자표지, 응급구호표지, 들것, 세 안장치, 비상용기구, 비상구 등이 있다.
④ 출입금지는 금지표지에 속한다.

정답 ④

05 진동장해의 예방대책이 아닌 것은?

① 실외작업을 한다.
② 저진동 공구를 사용한다.
③ 진동업무를 자동화한다.
④ 방진장갑과 귀마개를 착용한다.

해설
진동작업 환경개선대책
- 전신진동
  - 진동노출의 방지 및 저감 : 진동이 더 적은 작업방법 및 장비를 선택, 진동 노출시간 및 정도의 제한, 적절한 작업시간 및 휴식시간 제공 등
  - 근로자에 대한 정보 제공 및 교육 : 기계적 진동 노출을 최소화하는 방법, 건강관리 방법, 안전한 작업 습관 등
- 국소진동
  - 공학적 대책 : 저진동형 기계 또는 장비 사용, 진동 수공구를 적절히 유지보수하고 진동이 많이 발생하는 기구는 교체
  - 작업방법 개선 : 진동공구 사용시간 단축 및 휴식시간 부여, 진동공구와 비진동공구를 교대로 사용하도록 직무배치, 손잡이는 살살 잡도록 교육
  - 보호장비 지급 : 진동방지장갑 착용, 손잡이 등에 진동을 감쇠시키는 재질 사용, 체온저하 및 말초혈관 수축 예방을 위한 방한복 착용 등
  - 근로자 교육 : 인체에 미치는 영향, 증상, 진동장해 예방법, 보호장비 착용법 등

정답 ①

06 다음 중 드라이버 사용방법으로 틀린 것은?

① 날 끝 홈의 폭과 깊이가 같은 것을 사용한다.
② 전기작업 시 자루는 모두 금속으로 되어 있는 것을 사용한다.
③ 날 끝이 수평이어야 하며 둥글거나 빠진 것은 사용하지 않는다.
④ 작은 공작물이라도 한손으로 잡지 않고 바이스 등으로 고정하고 사용한다.

해설
전기작업 시 자루는 비전도체 재료(나무, 고무, 플라스틱)로 되어 있는 것을 사용한다.

정답 ②

07 지게차의 장치 중 운전자의 윗부분에서 떨어지는 낙하물을 막아 운전자를 보호할 목적으로 설치된 것은?

① 아우트리거
② 헤드가드
③ 백레스트
④ 마스트(Mast)

해설
헤드가드는 운전자의 윗부분에서 떨어지는 낙하물을 막거나, 지게차의 전도·전복 사고 시 작업자를 보호하는 프레임의 일종이다.

정답 ②

08 소화설비 선택 시 고려하여야 할 사항이 아닌 것은?

① 작업의 성질
② 작업자의 성격
③ 화재의 성질
④ 작업장의 환경

해설
소화설비 선택 시 고려하여야 할 사항으로 작업의 성질, 작업장의 환경, 작업장 환경에 따른 화재의 성질 등이 있다.

정답 ②

09
건설기계 운전 작업 중 온도 게이지가 'H' 위치에 근접되어 있다. 운전자가 취해야 할 조치로 가장 알맞은 것은?

① 작업을 계속해도 무방하다.
② 잠시 작업을 중단하고 휴식을 취한 후 다시 작업한다.
③ 윤활유를 즉시 보충하고 계속 작업한다.
④ 작업을 중단하고 냉각수 계통을 점검한다.

해설
온도 게이지가 'H' 위치에 근접하면 작업을 중단하고 냉각수 계통을 점검한다.

정답 ④

10
지게차를 주차시켰을 때 포크의 적당한 위치는?

① 지상으로부터 50cm 위치에 둔다.
② 지상으로부터 20cm 위치에 둔다.
③ 지면에 내려놓는다.
④ 높이 들어 둔다.

해설
지게차 주차 시에는 포크를 바닥까지 완전히 내리고 마스트는 포크가 바닥에 닿을 때까지 앞으로 기울인다.

정답 ③

11
다음 중 가스 누설 검사에 가장 적합하고 안전한 것은?

① 아세톤
② 성냥불
③ 순수한 물
④ 비눗물

해설
가스 누설 검사에는 비눗물을 사용하는데, 이 방식이 가장 간편하고 안전하다.

정답 ④

12
연삭기의 안전한 사용방법으로 틀린 것은?

① 숫돌 측면 사용 제한
② 숫돌덮개 설치 후 작업
③ 보안경과 방진 마스크 사용
④ 숫돌과 받침대 간격을 가능한 한 넓게 유지

해설
연삭기 작업 안전수칙
- 연삭기의 덮개 노출각도는 90°이거나 전체 원주의 4분의 1을 초과하지 말 것
- 연삭숫돌의 교체 시는 3분 이상 시운전할 것
- 사용 전에 연삭숫돌을 점검하여 균열이 있는 것은 사용하지 말 것
- 연삭숫돌과 받침대 간격은 3mm 이내로 유지할 것
- 작업 시는 연삭숫돌 정면으로부터 150° 정도 비켜서서 작업할 것
- 가공물은 급격한 충격을 피하고 점진적으로 접촉시킬 것
- 작업 시 연삭숫돌의 측면을 사용하여 작업하지 말 것
- 소음이나 진동이 심하면 즉시 점검할 것
- 연삭작업 시 반드시 해당 보호구(보안경, 방진 마스크)를 착용할 것

정답 ④

13 불안전한 조명, 불안전한 환경, 방호장치의 결함으로 인하여 오는 산업재해 요인은? ✓신유형

① 지적 요인
② 물적 요인
③ 신체적 요인
④ 정신적 요인

해설
사고의 원인

직접 원인	물적 원인	불안전한 상태(1차 원인)
	인적 원인	
	천재지변	불가항력
간접 원인	교육적 원인	개인적 결함(2차 원인)
	기술적 원인	
	관리적 원인	사회적 환경, 유전적 요인

정답 ②

14 작업장치를 갖춘 건설기계의 작업 전 점검사항으로 틀린 것은?

① 제동장치 및 조종장치 기능의 이상 유무
② 하역장치 및 유압장치 기능의 이상 유무
③ 유압장치의 과열 이상 유무
④ 전조등, 후미등, 방향지시등 및 경보장치의 이상 유무

해설
유압장치의 과열은 작업을 완료한 후 점검할 수 있다.

정답 ③

15 지게차 주행 시 주의하여야 할 사항 중 틀린 것은?

① 짐을 싣고 주행할 때는 절대로 속도를 내서는 안 된다.
② 노면의 상태에 충분한 주의를 하여야 한다.
③ 포크의 끝을 밖으로 경사지게 한다.
④ 적하장치에 사람을 태워서는 안 된다.

해설
지게차 주행 시 포크의 끝을 안쪽으로 기울여야 한다.

정답 ③

16 다음의 수신호가 건설기계에 지령하는 내용으로 알맞은 것은?

① 작업 시작
② 멈춤
③ 포크 폭 확장
④ 포크 폭 축소

해설
작업 시작을 지령하는 수신호는 두 팔을 수평으로 뻗고, 손바닥은 펴서 정면을 향하게 하는 것이다.

정답 ①

17. 운반작업 시 지켜야 할 사항으로 옳은 것은?

① 운반작업은 장비를 사용하기보다 가능한 한 많은 인력을 동원하는 것이 좋다.
② 인력으로 운반 시 무리한 자세로 장시간 취급하지 않도록 한다.
③ 인력으로 운반 시 보조구를 사용하되 몸에서 멀리 떨어지게 하고, 가슴 위치에서 하중이 걸리게 한다.
④ 통로 및 인도에 가까운 곳에서는 빠른 속도로 벗어나는 것이 좋다.

해설
화물 운반 시 인력으로 운반할 때는 무리하지 않는 자세로 단시간만 취급하도록 한다.

정답 ②

18. 건설기계의 등록 전에 임시운행 사유에 해당되지 않는 것은?

① 장비 구입 전 이상 유무 확인을 위해 1일간 예비운행을 하는 경우
② 등록신청을 하기 위하여 건설기계용 등록지로 운행하는 경우
③ 수출을 하기 위하여 건설기계를 선적지로 운행하는 경우
④ 신개발 건설기계를 시험·연구의 목적으로 운행하는 경우

해설
미등록 건설기계의 임시운행(건설기계관리법 시행규칙 제6조 제1항)
- 등록신청을 하기 위하여 건설기계를 등록지로 운행하는 경우
- 신규등록검사 및 확인검사를 받기 위하여 건설기계를 검사 장소로 운행하는 경우
- 수출을 하기 위하여 건설기계를 선적지로 운행하는 경우
- 수출을 하기 위하여 등록말소한 건설기계를 점검·정비의 목적으로 운행하는 경우
- 신개발 건설기계를 시험·연구의 목적으로 운행하는 경우
- 판매 또는 전시를 위하여 건설기계를 일시적으로 운행하는 경우

정답 ①

19. 건설기계관리법상 건설기계조종사 면허증을 반납해야 하는 사유가 아닌 것은?

① 면허가 취소된 때
② 면허의 효력이 정지된 때
③ 장기간 건설기계를 조종하지 않았을 때
④ 면허증의 재교부를 받은 후 잃어버린 면허증을 발견한 때

해설
건설기계조종사면허증의 반납(건설기계관리법 시행규칙 제80조 제1항)
- 면허가 취소된 때
- 면허의 효력이 정지된 때
- 면허증의 재교부를 받은 후 잃어버린 면허증을 발견한 때

정답 ③

20. 건설기계 안전기준에 관한 규칙상 지게차의 제동등에 대한 설명으로 옳지 않은 것은?

① 지게차의 뒷면 양쪽에 설치한다.
② 등광색은 백색으로 한다.
③ 등화의 중심점은 자체 중량 상태에서 지상 35cm 이상 200cm 이하의 높이로 한다.
④ 건설기계 중심선을 기준으로 좌우대칭이 되도록 설치한다.

해설
제동등의 등광색은 적색으로 한다(건설기계 안전기준에 관한 규칙 제159조).

정답 ②

21
등록되지 아니한 건설기계를 사용하거나 운행한 자의 벌칙은?

① 1년 이하의 징역 또는 1천만원 이하의 벌금
② 2년 이하의 징역 또는 2천만원 이하의 벌금
③ 20만원 이하의 벌금
④ 10만원 이하의 벌금

해설
2년 이하의 징역 또는 2천만원 이하의 벌금(건설기계관리법 제40조)
- 등록되지 아니한 건설기계를 사용하거나 운행한 자
- 등록이 말소된 건설기계를 사용하거나 운행한 자
- 시·도지사의 지정을 받지 아니하고 등록번호표를 제작하거나 등록번호를 새긴 자
- 검사대행자 또는 그 소속 직원에게 재물이나 그 밖의 이익을 제공하거나 제공 의사를 표시하고 부정한 검사를 받은 자
- 건설기계의 주요 구조나 원동기, 동력전달장치, 제동장치 등 주요 장치를 변경 또는 개조한 자
- 무단 해체한 건설기계를 사용·운행하거나 타인에게 유·무상으로 양도한 자
- 제작 결함에 따른 시정명령을 이행하지 아니한 자
- 등록을 하지 아니하고 건설기계사업을 하거나 거짓으로 등록을 한 자
- 등록이 취소되거나 사업의 전부 또는 일부가 정지된 건설기계사업자로서 계속하여 건설기계사업을 한 자

정답 ②

22
편도 4차로 일반도로에서 4차로가 버스전용차로일 때, 건설기계는 어느 차로로 통행하여야 하는가?

① 2차로
② 3차로
③ 4차로
④ 한가한 차로

해설
차로에 따른 통행차의 기준(도로교통법 시행규칙 [별표 9])

도로	차로 구분	통행할 수 있는 차종
고속도로 외의 도로	왼쪽 차로	승용자동차 및 경형·소형·중형 승합자동차
	오른쪽 차로	대형승합자동차, 화물자동차, 특수자동차, 도로교통법 제2조 제18호 나목에 따른 건설기계, 이륜자동차, 원동기장치자전거

※ 비고
- 왼쪽 차로 : 차로를 반으로 나누어 1차로에 가까운 부분의 차로(단, 차로 수가 홀수인 경우 가운데 차로는 제외)
- 오른쪽 차로 : 왼쪽 차로를 제외한 나머지 차로

정답 ②

23
도로교통법상 정차 및 주차가 금지된 곳은 교차로의 가장자리나 도로의 모퉁이로부터 몇 m 이내인가?

① 3m
② 5m
③ 10m
④ 15m

해설
모든 차의 운전자는 교차로의 가장자리나 도로의 모퉁이로부터 5m 이내인 곳에서는 차를 정차하거나 주차하여서는 안 된다(도로교통법 제32조 제2호).

정답 ②

24

지게차의 운행 및 작업방법으로 틀린 것은?

① 경사길에서 내려올 때는 후진으로 진행한다.
② 주행 방향을 바꿀 때는 완전정지 또는 저속에서 행한다.
③ 틸트는 적재물이 백레스트에 완전히 닿도록 하고 운행한다.
④ 조향륜이 지면에서 5cm 이하로 떨어졌을 때에는 밸런스카운터 중량을 높인다.

해설

조향륜(뒷바퀴)이 지면에서 떨어지는 것은 규정 이상의 물건을 포크에 적재했기 때문이다.

지게차 작업 시 안전수칙
- 주·정차 시 반드시 주차 브레이크를 고정시킨다.
- 전·후진 변속 시 지게차가 완전히 정지된 상태에서 행한다.
- 급발진, 급브레이크, 급선회하지 않는다.
- 화물을 올릴 때에는 가속페달을 밟는 동시에 레버를 조작하고, 부릴 때에는 가속페달의 조작은 필요 없다.
- 화물을 하역할 때에는 마스트를 앞으로 약 4° 경사시킨다.
- 리프트 레버 사용 시 눈의 초점은 마스트를 주시한다.
- 창고 또는 공장에 출입할 때 지게차의 폭과 출입구의 폭을 확인하고, 부득이 포크를 올려 출입하는 경우 출입구 높이에 주의한다.

정답 ④

25

시속 15km 이하의 건설기계가 갖추지 않아도 되는 조명은? ✔신유형

① 전조등　　② 번호등
③ 후부반사판　④ 제동등

해설

타이어식 건설기계의 조명장치 설치기준(건설기계 안전기준에 관한 규칙 제155조)

최고주행속도가 15km/h 미만인 건설기계	• 전조등 • 제동등(단, 유량제어로 속도를 감속하거나 가속하는 건설기계는 제외) • 후부반사기 • 후부반사판 또는 후부반사지
최고주행속도가 15km/h 이상 50km/h 미만인 건설기계	• 위의 내용에 해당하는 조명장치 • 방향지시등 • 번호등 • 후미등 • 차폭등
도로교통법에 따른 운전면허를 받아 조종하는 건설기계 또는 50km/h 이상 운전 가능한 타이어식 건설기계	• 위의 내용에 따른 조명장치 • 후퇴등 • 비상점멸 표시등

정답 ②

26

지게차에 짐을 싣고 창고나 공장을 출입할 때의 주의사항 중 틀린 것은?

① 짐이 출입구 높이에 닿지 않도록 주의한다.
② 팔이나 몸을 차체 밖으로 내밀지 않는다.
③ 주위의 장애물 상태를 확인한 후 이상이 없을 때 출입한다.
④ 차폭이나 출입구의 폭은 확인할 필요가 없다.

해설

지게차는 차폭이나 출입구의 폭은 반드시 확인해야 한다.

정답 ④

27 기관에서 피스톤의 행정이란?

① 피스톤의 길이
② 실린더 벽의 상하 길이
③ 상사점과 하사점과의 총면적
④ 상사점과 하사점과의 거리

해설
피스톤의 행정
피스톤이 상사점이나 하사점에서 출발한 후 반대 끝까지 상승한 거리 또는 하강한 거리이다.

정답 ④

28 실린더 벽이 마멸되었을 때 발생하는 현상은?

① 엔진의 회전수가 증가한다.
② 오일 소모량이 증가한다.
③ 열효율이 증가한다.
④ 폭발압력이 증가한다.

해설
실린더 벽이 마모되면 피스톤링보다 실린더의 직경이 더 커져서 간극이 발생한다. 이에 따라 연소실 내부로 엔진오일이 혼입되어 오일의 소모량이 증가한다.

정답 ②

29 엔진 과열의 주요 원인이 아닌 것은?

① 라디에이터 코어의 막힘
② 냉각장치 내부의 물때 과다
③ 냉각수의 부족
④ 엔진오일량 과다

해설
엔진의 과열 원인
• 물 펌프의 작동 불량
• 라디에이터(방열기) 코어의 막힘
• 냉각장치 내부에 물때 과다
• 냉각수 양과 엔진오일량 부족

정답 ④

30 엔진오일의 작용에 해당하지 않는 것은?

① 오일 제거작용
② 냉각작용
③ 응력분산작용
④ 방청작용

해설
윤활유의 기능
• 방청작용, 냉각작용, 윤활작용
• 마찰 및 마멸 감소
• 응력 분산 및 완충
• 기밀(밀봉, 밀폐)작용

정답 ①

31 디젤엔진의 장점이 아닌 것은?

① 가속성이 좋고 운전이 정숙하다.
② 열효율이 높다.
③ 화재의 위험이 적다.
④ 연료 소비율이 낮다.

해설
디젤엔진의 소음으로 엔진룸에 흡음재를 설치하고 있지만 그래도 정숙하지 못하다. 반면에 가솔린엔진은 가속성이 좋고 정숙하다.

정답 ①

32 디젤엔진에서 노크 방지방법으로 틀린 것은?

① 착화성이 좋은 연료를 사용한다.
② 연소실 벽 온도를 높게 유지한다.
③ 압축비를 낮춘다.
④ 착화 기간 중의 분사량을 적게 한다.

해설
디젤 노크를 방지하려면 압축비를 높여야 한다.

정답 ③

33 디젤엔진에서 감압장치의 기능으로 가장 적절한 것은?

① 크랭크축을 느리게 회전시킬 수 있다.
② 타이밍 기어를 원활하게 회전시킬 수 있다.
③ 캠축을 원활히 회전시킬 수 있는 장치이다.
④ 밸브를 열어주어 크랭크를 가볍게 회전시킨다.

해설
감압장치
압축압력이 큰 디젤엔진에서 크랭킹 시 내부의 높은 압력을 낮추기 위해 밸브를 열어줌으로써 크랭크를 가볍게 회전시키는 역할을 한다.

정답 ④

34 라디에이터 캡의 스프링이 파손되는 경우 발생하는 현상은?

① 냉각수 비등점이 높아진다.
② 냉각수 순환이 불량해진다.
③ 냉각수 순환이 빨라진다.
④ 냉각수 비등점이 낮아진다.

해설
압력식 라디에이터 캡의 스프링 파손 시 압력밸브의 밀착이 불량하여 냉각수 비등점이 낮아진다.

정답 ④

35 전조등에 대한 설명이다. 다음 빈칸을 순서대로 알맞게 채운 것은? ✓신유형

> 전조등에는 필라멘트가 2개 있는데, 하나는 먼 곳을 비추는 역할을 하는 (a)이고, 다른 하나는 시내 주행 시나 교행 시에 대향 차량 혹은 사람에게 현혹 현상을 막기 위해 (b)를 낮추고 빔을 낮추는 (c)이다.

① a : 상향등, b : 조도, c : 하향등
② a : 조도, b : 상향등, c : 하향등
③ a : 하향등, b : 조도, c : 상향등
④ a : 상향등, b : 광도, c : 하향등

해설
전조등에는 2개의 필라멘트가 있으며, 먼 곳을 비추는 하이빔(high beam ; 상향등)과 시내를 주행하거나 교행할 때 대향 자동차나 사람이 현혹되지 않도록 광도를 약하게 하고, 동시에 빔을 낮추는 로빔(low beam ; 하향등)이 있다.

정답 ④

36 전기자 철심을 두께 0.35~1.0mm의 얇은 철판을 각각 절연하여 겹쳐 만든 주된 이유는?

① 열 발산을 방지하기 위해
② 코일의 발열 방지를 위해
③ 맴돌이 전류를 감소시키기 위해
④ 자력선의 통과를 차단시키기 위해

해설
전기자의 철심을 절연시키는 이유는 맴돌이 전류를 감소시켜 철심이 발열되는 것을 막기 위해서이다.

정답 ③

37 축전지 케이스와 커버를 청소할 때 사용되는 용액은?

① 비수와 물
② 소금과 물
③ 소다와 물
④ 오일 가솔린

해설
축전지 케이스와 커버는 소다와 물로 청소한다.

정답 ③

38 지게차의 일반적인 조향방식은?

① 앞바퀴 조향방식이다.
② 뒷바퀴 조향방식이다.
③ 허리꺾기 조향방식이다.
④ 작업조건에 따라 바꿀 수 있다.

해설
지게차의 특징
• 앞바퀴 구동방식이며, 뒷바퀴 조향방식이다.
• 도로 조건이 나쁘면 완충장치가 없어 불리하다.
• 최소 회전반경은 약 1.8~2.7m, 안쪽 바퀴의 조향 각은 65~75°이다.

정답 ②

39 지게차의 일반적인 구동방식은? ✓신유형

① 앞바퀴 구동방식이다.
② 뒷바퀴 구동방식이다.
③ 4륜 구동방식이다.
④ 6륜 구동방식이다.

해설
지게차는 일반적으로 앞바퀴 구동, 뒷바퀴 조향방식이다.

정답 ①

40 플라이휠과 압력판 사이에 설치되어 있으며, 변속기 입력축을 통해 변속기에 동력을 전달하는 것은?

① 벨트 텐셔너
② 클러치 디스크
③ 릴리스 레버
④ 릴리스 포크

해설
클러치 디스크는 플라이휠과 압력판 사이에 설치되어 변속기에 동력을 전달하는 기계장치이다.

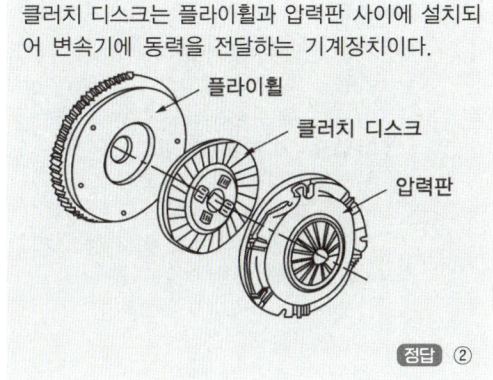

정답 ②

41 추진축의 각도 변화를 가능하게 하는 이음은?

① 자재 이음
② 슬립 이음
③ 플랜지 이음
④ 등속 이음

해설
유니버설 조인트(자재 이음)는 두 축 간 각도가 약 30° 이내인 경우에도 동력전달이 가능하다.

정답 ①

42. 유압장치의 정상적인 작동을 위한 일상점검 방법으로 옳은 것은?

① 유압 컨트롤 밸브의 세척 및 교환
② 오일량 점검 및 필터의 교환
③ 유압펌프의 점검 및 교환
④ 오일 냉각기의 점검 및 세척

해설
일상점검이란 지게차를 운행하기 전, 중, 후에 실시하는 정비주기를 말한다. 따라서 유압장치의 정상 작동을 위해서는 오일량과 필터를 일상으로 점검해서 필요시 주입하거나 교체해야 한다.
유압장치의 일상점검 방법
• 오일량 점검 및 필터 교환
• 오일 누설 여부 점검
• 소음 및 호스의 누유 여부 점검
• 변질 상태 점검

정답 ②

43. 유압장치에서 기어 모터에 대한 설명 중 잘못된 것은?

① 내부 누설이 적어 효율이 높다.
② 구조가 간단하고 가격이 저렴하다.
③ 일반적으로 스퍼기어를 사용하나 헬리컬기어도 사용한다.
④ 유압유에 이물질이 혼합되어도 고장이 잘 발생하지 않는다.

해설
기어모터는 베어링 하중이 커서 수명이 짧다.
기어모터의 특징
• 가격이 싸다.
• 구조가 간단하다.
• 가혹한 조건에서도 잘 견딘다.
• 이물질에 의한 고장률이 낮다.
• 베어링 하중이 커서 수명이 짧다.
• 누설이 많고, 토크의 변동이 크다는 단점이 있다.

정답 ①

44. 공유압 기호 중 그림이 나타내는 것은?

① 유압동력원   ② 공압동력원
③ 전동기   ④ 원동기

해설

공유압 기호

명칭	기호	비고
유압동력원	▶—	일반기호
공압동력원	▷—	일반기호
전동기	Ⓜ=	–
원동기	Ⓜ=	(전동기를 제외)

정답 ②

45. 유압유의 흐름을 한쪽으로만 허용하고 반대방향의 흐름을 제어하는 밸브는?

① 릴리프밸브   ② 체크밸브
③ 카운터밸런스밸브 ④ 매뉴얼밸브

해설
체크밸브
유압회로에서 역류를 방지하고 회로 내의 잔류압력을 유지하는 밸브

정답 ②

46. 유압실린더의 작동속도가 느릴 경우 그 원인으로 옳은 것은?

① 엔진오일 교환시기가 경과되었을 때
② 유압회로 내에 유량이 부족할 때
③ 운전실에 있는 가속페달을 작동시켰을 때
④ 릴리프밸브의 세팅 압력이 높을 때

해설
유압은 유량과 관련이 크므로 유압회로 내에서 유량이 부족하다면 유압실린더의 작동속도는 느리게 된다.

정답 ②

47 유압회로에서 작동유의 적정 온도는?

① 125~250℃   ② 95~115℃
③ 45~80℃   ④ 2~5℃

> **해설**
> 유압회로에서 작동유의 적정 온도 : 약 45~80℃ 정도(80℃ 이상은 과열 상태)
>
> **정답** ③

48 다음 그림과 같이 안쪽은 내·외측 로터로, 바깥쪽은 하우징으로 구성되어 있는 오일펌프는?

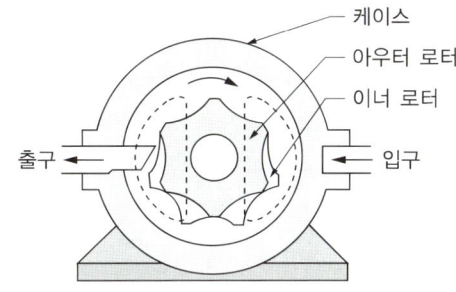

① 기어펌프
② 베인펌프
③ 트로코이드펌프
④ 피스톤펌프

> **해설**
> 트로코이드펌프는 트로코이드 곡선의 형태로 로터가 움직이는 내접식 펌프이다. 안쪽은 내·외측 로터로, 바깥쪽은 하우징으로 구성되어 있다.
>
> **정답** ③

49 유압펌프의 토출량을 나타내는 단위로 맞는 것은?

① psi   ② LPM
③ kPa   ④ W

> **해설**
> 유압펌프의 토출량 단위는 LPM(Liter Per Minute), 1분당 토출량(Liter)이다.
>
> **정답** ②

50 피스톤 펌프의 특징으로 알맞지 않은 것은?

① 효율이 높다.
② 구조가 복잡하다.
③ 흡입 능력이 크다.
④ 고속이나 고압의 유압장치에 적용이 가능하다.

> **해설**
> **피스톤펌프의 특징**
> • 효율이 높다.
> • 가격이 비싸다.
> • 구조가 복잡하다.
> • 흡입 능력이 작다.
> • 가변용량형의 펌프로 사용된다.
> • 다른 유압펌프에 비해 효율이 높은 편이다.
> • 고속이나 고압의 유압장치에 적용이 가능하다.
> • 다른 펌프보다 상당히 높은 압력에 견딜 수 있다.
>
> **정답** ③

51 베인모터의 특징으로 알맞지 않은 것은?

① 구조가 간단하다.
② 베어링 하중이 작다.
③ 누설량이 많지 않다.
④ 무단변속이 불가능하다.

> **해설**
> **베인모터의 특징**
> • 구조가 간단하다.
> • 베어링 하중이 작다.
> • 누설량이 많지 않다.
> • 무단변속이 가능하다.
> • 정회전과 역회전이 원활하다.
>
> **정답** ④

52
유압실린더는 유체의 힘을 어떤 운동으로 바꾸는가?

① 회전운동
② 직선운동
③ 곡선운동
④ 비틀림운동

해설
유압실린더는 유체에너지를 액추에이터의 직선 왕복운동으로 변환한다.

정답 ②

53
방향전환밸브의 조작방식에서 단동 솔레노이드 기호는?

① ② ③ ④

해설
② 누름버튼
③ 수동식 레버 변환
④ 페달

정답 ①

54
축전지의 용량을 나타내는 단위는?

① amp   ② Ω
③ V   ④ Ah

해설
축전지 용량은 Ah(Ampere Hour)를 단위로 사용한다.

정답 ④

55
지게차 작업장치 중 소금, 모래, 비료, 석탄 등 흘러내리기 쉬운 화물 운반에 가장 적합한 것은?

✓신유형

① 로테이팅 포크
② 스키드 포크
③ 힌지드 버킷
④ 로드 스태빌라이저

해설
힌지드 버킷
힌지드 포크에 버킷을 끼운 것으로 흘러내리기 쉬운 석탄, 소금, 비료, 기타 화학제품을 대량으로 취급하거나 운반할 때 많이 사용된다.

정답 ③

56
원통으로 만들어진 드럼통을 좌우에서 압축하여 운반하는 작업장치는?

① 힌지드 버킷(Hinged Bucket)
② 드럼 클램프(Drum Clamp)
③ 아이스 클램프(Ice Clamp)
④ 팰릿 인버터(Pallet Inverter)

해설
드럼 클램프
원통으로 만들어진 드럼통을 좌우에서 압축하여 운반하는 작업장치

정답 ②

57. 지면에서 지게차의 가장 윗부분까지의 전체 길이는?

① 전장
② 전폭
③ 전고
④ 윤거

해설
① 전장 : 포크 바깥 끝부분에서 지게차 몸체의 뒤편 끝단까지의 전체 길이
② 전폭 : 지게차를 전면이나 후면에서 보았을 때 차체의 양쪽에 돌출된 것 중 제일 긴 것을 기준으로 한 거리
④ 윤거 : 지게차 앞면에서 양쪽 타이어 폭의 중심 간 거리

정답 ③

58. 다음 지게차 구조에서 "전장"의 기호는?

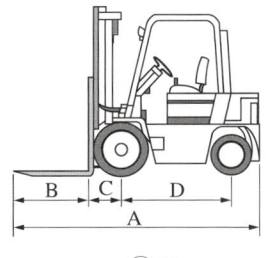

① A
② B
③ C
④ D

해설
① A : 전장
② B : 포크 길이
③ C : 전방 오버행
④ D : 축간거리

정답 ①

59. 튜브가 없는 지게차용 통고무 타이어로 마모가 잘되지 않으며, 가격이 저렴한 것은?

① 솔리드식
② 공기주입식
③ 질소주입식
④ 튜브리스식

해설
지게차는 하중이 크게 작용되므로 내부가 차 있는 솔리드식 통고무 타이어를 적용한다.

정답 ①

60. 지게차에서 고 rpm이거나 저속에서 미세한 제어를 위한 것으로, 지게차가 화물에 접근한 후 유압을 증가시켜 작업을 신속하게 처리하기 위해 밟아서 작동시키는 것은?

① 가속페달
② 브레이크페달
③ 인칭페달
④ 상하 이송 레버

해설
인칭페달
고 rpm이거나 저속에서 미세한 제어를 위한 것으로, 지게차가 화물에 접근한 후 유압을 증가시켜 작업을 신속하게 처리하기 위해 밟아서 작동시키는 페달

정답 ③

08 상시복원문제

01 지게차로 화물 운반 시 안전상 적절하지 않은 것은? ✓신유형

① 제한속도를 초과하여 운행하지 않는다.
② 마스트를 앞으로 당겨서 이동한다.
③ 지게차의 허용 중량에 맞게 화물을 싣는다.
④ 화물로 전방 시야가 가릴 때는 후진으로 주행한다.

해설
화물 운반 작업 시 마스트를 뒤로 기울여서 이동한다.

정답 ②

02 엔진의 피스톤이 고착되는 원인으로 틀린 것은? ✓신유형

① 냉각수 양이 부족할 때
② 엔진오일이 부족하였을 때
③ 엔진이 과열되었을 때
④ 압축압력이 너무 높았을 때

해설
피스톤의 고착은 엔진오일의 부족, 냉각수의 양 부족에 의해 엔진이 과열되었을 때 등 피스톤이 제대로 냉각되지 않았기 때문이다. 그런데 ④의 경우 압축압력이 너무 높았다고 하더라도 연소할 때의 온도에 미치지 못하므로 ④는 원인이 될 수 없다.

정답 ④

03 전기화재에 적합하며, 화재 때 화점에 분사하는 소화기로 산소를 차단하는 소화기는?

① 포말소화기
② 이산화탄소 소화기
③ 분말소화기
④ 증발소화기

해설
이산화탄소 소화기는 이산화탄소를 높은 압력으로 압축·액화시킨 것으로, 질식·냉각하여 소화한다.
• A급 화재 : 물질이 연소된 후 재를 남기는 일반적인 화재
• B급 화재 : 유류(기름)화재
• C급 화재 : 전기화재
• D급 화재 : 금속화재

정답 ②

04 풀리에 벨트를 걸거나 벗길 때 안전하게 하기 위한 작동 상태는? ✓신유형

① 중속인 상태
② 정지한 상태
③ 역회전 상태
④ 고속인 상태

해설
벨트를 풀리에 걸 때는 반드시 회전을 정지시킨 다음에 한다.

정답 ②

05. 일반적인 보호구의 구비조건이 아닌 것은?

① 착용이 간편할 것
② 햇볕에 잘 열화될 것
③ 재료의 품질이 양호할 것
④ 위험 유해요소에 대한 방호성능이 충분할 것

해설
보호구의 구비조건
- 착용이 간편하고, 작업에 방해를 주지 않을 것
- 재료의 품질이 양호할 것
- 유해 위험요소에 대한 방호성능이 충분할 것
- 구조 및 표면 가공이 우수할 것
- 외관상 보기 좋을 것

정답 ②

06. 수공구 사용방법으로 옳지 않은 것은?

① 좋은 공구를 사용할 것
② 해머의 쐐기 유무를 확인할 것
③ 스패너는 너트에 잘 맞는 것을 사용할 것
④ 해머의 사용면이 넓고 얇아진 것을 사용할 것

해설
해머의 모양이 찌그러지거나 손상된 것, 쐐기가 없는 것, 사용면이 넓고 얇아진 것 등은 쓰지 않아야 한다.

정답 ④

07. 주행 중 브레이크 작동 시 조향 핸들이 한쪽으로 쏠리는 원인으로 거리가 가장 먼 것은?

① 휠 얼라인먼트 조정이 불량하다.
② 좌우 타이어의 공기압이 다르다.
③ 브레이크 라이닝의 좌우 간극이 불량하다.
④ 마스터 실린더의 체크밸브 작동이 불량하다.

해설
마스터 실린더의 체크밸브가 불량하면 유압은 해제되지 않는다. 따라서, 조향 핸들이 한쪽으로 쏠리는 원인과는 거리가 멀다.

정답 ④

08. 안전보건표지의 종류 중 그림과 같은 표지는? ✔신유형

① 인화성물질 경고
② 금연
③ 화기금지
④ 산화성물질 경고

해설
그림의 좌측에 불, 우측에 성냥이 보이므로 화기금지 표지로 유추할 수 있다(산업안전보건법 시행규칙 [별표 6]).

정답 ③

09. 긴 내리막길을 내려갈 때 베이퍼록을 방지하는 좋은 운전방법은?

① 변속 레버를 중립으로 놓고 브레이크페달을 밟고 내려간다.
② 시동을 끄고 브레이크페달을 밟고 내려간다.
③ 엔진 브레이크를 사용한다.
④ 클러치를 끊고 브레이크페달을 계속 밟으며 속도를 조정하며 내려간다.

해설
긴 내리막길을 내려갈 때 베이퍼록 방지를 위해서는 페달 브레이크를 사용하지 않고 엔진 브레이크를 사용해야 한다.

정답 ③

10 유압 작동유의 점도가 지나치게 낮을 때 나타날 수 있는 현상은?

① 출력이 증가한다.
② 압력이 상승한다.
③ 유동저항이 증가한다.
④ 유압실린더의 속도가 늦어진다.

> **해설**
> 작동유의 점도가 너무 낮을 경우에는 분자 간 응집력이 떨어지면서, 실린더의 반응 속도도 늦어진다.
>
> 정답 ④

11 기관이 작동되는 상태에서 점검 가능한 사항이 아닌 것은?

① 냉각수의 온도
② 충전 상태
③ 기관오일의 압력
④ 엔진오일량

> **해설**
> 엔진오일량은 기관이 정지한 상태에서 점검해야 한다.
>
> 정답 ④

12 다음 중 엔진오일에 대한 설명으로 가장 알맞은 것은?

① 엔진오일에는 거품이 많이 들어 있는 것이 좋다.
② 엔진오일 순환 상태는 오일 레벨 게이지로 확인한다.
③ 겨울보다 여름에는 점도가 높은 오일을 사용한다.
④ 엔진을 시동한 후 유압 경고등이 꺼지면 엔진을 멈추고 점검한다.

> **해설**
> 대기의 온도를 고려해서 엔진오일은 겨울에 점도가 낮고, 여름에 점도가 높은 오일을 사용한다.
>
> 정답 ③

13 타이어식 건설기계에서 전·후 주행이 되지 않을 때 점검하여야 할 곳으로 틀린 것은?

① 타이로드 엔드를 점검한다.
② 변속 장치를 점검한다.
③ 유니버설 조인트를 점검한다.
④ 주차 브레이크 잠김 여부를 점검한다.

> **해설**
> 타이로드 엔드는 조향계통과 관련 있는 기계부품으로 주행을 위한 점검사항은 아니다.
>
> 정답 ①

14 하인리히의 사고예방원리 5단계를 순서대로 나열한 것은?

① 조직, 사실의 발견, 평가분석, 시정책의 선정, 시정책의 적용
② 시정책의 적용, 조직, 사실의 발견, 평가분석, 시정책의 선정
③ 사실의 발견, 평가분석, 시정책의 선정, 시정책의 적용, 조직
④ 시정책의 선정, 시정책의 적용, 조직, 사실의 발견, 평가분석

> **해설**
> **하인리히의 사고예방원리 5단계**
> • 1단계 : 조직
> • 2단계 : 사실의 발견
> • 3단계 : 평가분석
> • 4단계 : 시정책의 선정
> • 5단계 : 시정책의 적용
>
> 정답 ①

15 작업장에서 중량물을 들어 올리는 방법 중 안전상 가장 올바른 것은?

① 지렛대를 이용한다.
② 로프로 묶고 잡아당긴다.
③ 최대한 사람의 힘을 모아 들어 올린다.
④ 체인블록을 이용하여 들어 올린다.

해설
중량물은 체인블록을 사용하여 들어 올리는 것이 가장 안전하다.

정답 ④

16 지게차 주행 시 주의하여야 할 사항으로 틀린 것은?

① 짐을 싣고 주행할 때는 절대로 속도를 내서는 안 된다.
② 노면의 상태에 충분히 주의하여야 한다.
③ 포크의 끝을 밖으로 경사지게 한다.
④ 적하 장치에 사람을 태워서는 안 된다.

해설
지게차 주행 시 화물의 떨어짐 방지를 위해 포크는 안쪽으로 경사지게 해야 한다.

정답 ③

17 지게차를 운전하여 화물을 운반할 때의 주의사항으로 적합하지 않은 것은?

① 노면이 좋지 않을 때는 저속으로 운행한다.
② 경사지 운전 시 화물을 위쪽으로 한다.
③ 화물 운반거리는 5m 이내로 한다.
④ 포크를 노면에서 약 20~30cm 상승 후 이동한다.

해설
적당한 운반거리(50m 이내)일 경우 하역량은 극대화된다.

정답 ③

18 정기검사에 불합격한 건설기계의 정비명령기간으로 옳은 것은? ✓신유형

① 5일 이내
② 10일 이내
③ 15일 이내
④ 31일 이내

해설
시·도지사는 검사에 불합격된 건설기계에 대해서는 31일 이내의 기간을 정하여 해당 건설기계의 소유자에게 검사를 완료한 날(검사를 대행하게 한 경우에는 검사결과를 보고받은 날)부터 10일 이내에 정비명령을 해야 한다(건설기계관리법 시행규칙 제31조 제1항).

정답 ④

19 건설기계의 등록을 말소할 수 있는 사유에 해당하지 않는 것은? ✓신유형

① 건설기계를 폐기한 경우
② 건설기계를 수출하는 경우
③ 건설기계를 장기간 운행하지 않게 된 경우
④ 건설기계를 교육·연구 목적으로 사용하는 경우

해설
건설기계 등록말소 사유(건설기계관리법 제6조)
- 거짓이나 그 밖의 부정한 방법으로 등록을 한 경우(직권으로 말소)
- 건설기계가 천재지변 또는 이에 준하는 사고 등으로 사용할 수 없게 되거나 멸실된 경우
- 건설기계의 차대(車臺)가 등록 시의 차대와 다른 경우
- 건설기계가 제12조에 따른 건설기계안전기준에 적합하지 아니하게 된 경우
- 정기검사 명령, 수시검사 명령 또는 정비 명령에 따르지 아니한 경우(직권으로 말소)
- 건설기계를 수출하는 경우
- 건설기계를 도난당한 경우
- 건설기계를 폐기한 경우(건설기계 강제처리에 따라 폐기한 경우는 직권으로 말소)
- 건설기계해체재활용업을 등록한 자에게 폐기를 요청한 경우
- 구조적 제작 결함 등으로 건설기계를 제작자 또는 판매자에게 반품한 경우
- 건설기계를 교육·연구 목적으로 사용하는 경우
- 대통령령으로 정하는 내구연한을 초과한 건설기계. 다만, 정밀진단을 받아 연장된 경우는 그 연장기간을 초과한 건설기계
- 건설기계를 횡령 또는 편취당한 경우

정답 ③

20 타이어식 건설기계의 좌석 안전띠는 속도가 몇 km/h 이상일 때 설치하여야 하는가?

① 10km/h ② 30km/h
③ 40km/h ④ 50km/h

해설
타이어식 건설기계의 좌석 안전띠는 속도가 30km/h 이상일 때 설치한다(건설기계관리법 시행규칙 [별표 8]).

정답 ②

21 건설기계를 등록할 때 건설기계 출처를 증명하는 서류와 관계없는 것은?

① 건설기계제작증
② 수입면장
③ 매수증서(관청으로부터 매수)
④ 건설기계 대여업 신고증

해설
건설기계의 건설기계등록신청서의 서류 첨부(건설기계관리법 시행령 제3조)
1. 다음의 구분에 따른 해당 건설기계의 출처를 증명하는 서류. 다만, 해당 서류를 분실한 경우에는 해당 서류의 발행사실을 증명하는 서류(원본 발행기관에서 발행한 것으로 한정)로 대체할 수 있다.
   - 국내에서 제작한 건설기계 : 건설기계제작증
   - 수입한 건설기계 : 수입면장 등 수입사실을 증명하는 서류. 다만, 타워크레인의 경우에는 건설기계제작증을 추가로 제출
   - 행정기관으로부터 매수한 건설기계 : 매수증서
2. 건설기계의 소유자임을 증명하는 서류. 다만, 1의 서류가 건설기계의 소유자임을 증명할 수 있는 경우에는 해당 서류로 갈음할 수 있다.
3. 건설기계제원표
4. 자동차손해배상 보장법에 따른 보험 또는 공제의 가입을 증명하는 서류[자동차손해배상 보장법 시행령에 해당되는 건설기계의 경우에 한정하되, 시장·군수 또는 구청장(자치구의 구청장)에게 신고한 매매용건설기계를 제외]

정답 ④

22 교차로 또는 그 부근에서 긴급자동차가 접근하였을 때 피양 방법으로 가장 적절한 것은?

① 교차로를 피하여 도로의 우측 가장자리에 일시정지한다.
② 그 자리에 즉시 정지한다.
③ 그대로 진행 방향으로 진행을 계속한다.
④ 서행하면서 앞지르기하라는 신호를 한다.

해설
교차로나 그 부근에서 긴급자동차가 접근하는 경우에는 차마와 노면전차의 운전자는 교차로를 피하여 일시정지하여야 한다(도로교통법 제29조 제4항).

정답 ①

23 지게차로 화물을 싣고 경사지에서 주행할 때 안전상 올바른 운전방법은?

① 포크를 높이 들고 주행한다.
② 내려갈 때에는 저속 후진한다.
③ 내려갈 때에는 변속 레버를 중립에 놓고 주행한다.
④ 내려갈 때에는 시동을 끄고 타력으로 주행한다.

[해설]
경사지 운전 시 화물을 위쪽으로 하고 내려갈 때는 저속 후진으로 운행한다.

정답 ②

24 도로교통법령상 안전기준을 넘는 화물의 적재허가를 받은 사람은 그 길이 또는 폭의 양 끝에 빨간 헝겊으로 된 표지를 달아야 하는데, 표지 크기의 기준은? ✓신유형

① 너비 60cm, 길이 80cm 이상
② 너비 50cm, 길이 70cm 이상
③ 너비 40cm, 길이 60cm 이상
④ 너비 30cm, 길이 50cm 이상

[해설]
안전기준을 넘는 화물의 적재허가를 받은 사람은 그 길이 또는 폭의 양 끝에 너비 30cm, 길이 50cm 이상의 빨간 헝겊으로 된 표지를 달아야 한다. 다만, 밤에 운행하는 경우에는 반사체로 된 표지를 달아야 한다(도로교통법 시행규칙 제26조 제3항).

정답 ④

25 도로교통법상에서 정의된 긴급자동차가 아닌 것은?

① 응급 전신·전화 수리공사에 사용되는 자동차
② 긴급한 경찰업무 수행에 사용되는 자동차
③ 위독환자의 수혈을 위한 혈액 운송 차량
④ 학생 운송 전용버스

[해설]
긴급자동차(도로교통법 제2조 제22호, 영 제2조)
• 소방차, 구급차, 혈액공급차량
• 경찰용 자동차 중 범죄수사, 교통단속, 그 밖의 긴급한 경찰업무 수행에 사용되는 자동차
• 국군 및 주한 국제연합군용 자동차 중 군 내부의 질서 유지나 부대의 질서 있는 이동을 유도하는 데 사용되는 자동차
• 수사기관의 자동차 중 범죄수사를 위하여 사용되는 자동차
• 교도소·소년교도소 또는 구치소, 소년원 또는 소년분류심사원, 소년원 또는 소년분류심사원, 보호관찰소에 해당하는 시설 또는 기관의 자동차 중 도주자의 체포 또는 수용자, 보호관찰 대상자의 호송·경비를 위하여 사용되는 자동차
• 국내외 요인에 대한 경호업무 수행에 공무(公務)로 사용되는 자동차
• 전기사업, 가스사업, 그 밖의 공익사업을 하는 기관에서 위험 방지를 위한 응급작업에 사용되는 자동차
• 민방위업무를 수행하는 기관에서 긴급예방 또는 복구를 위한 출동에 사용되는 자동차
• 도로관리를 위하여 사용되는 자동차 중 도로상의 위험을 방지하기 위한 응급작업에 사용되거나 운행이 제한되는 자동차를 단속하기 위하여 사용되는 자동차
• 전신·전화의 수리공사 등 응급작업에 사용되는 자동차
• 전파감시업무에 사용되는 자동차

정답 ④

26
승차 또는 적재의 방법과 제한에서 운행상의 안전기준을 넘어서 승차 및 적재가 가능한 경우는?

① 도착지를 관할하는 경찰서장의 허가를 받은 때
② 출발지를 관할하는 경찰서장의 허가를 받은 때
③ 관할 시·군수의 허가를 받은 때
④ 동·읍 면장의 허가를 받은 때

> **해설**
> **승차 또는 적재의 방법과 제한(도로교통법 제39조)**
> 모든 차의 운전자는 승차인원, 적재중량 및 적재용량에 관하여 대통령령으로 정하는 운행상의 안전기준을 넘어서 승차시키거나 적재한 상태로 운전하여서는 아니 된다. 다만, 출발지를 관할하는 경찰서장의 허가를 받은 경우에는 그러하지 아니하다.
>
> 정답 ②

27
다음 중 윤활유의 기능으로 모두 옳은 것은?

① 마찰 감소, 스러스트 작용, 밀봉작용, 냉각작용
② 마멸 방지, 수분 흡수, 밀봉작용, 마찰 증대
③ 마찰 감소, 마멸 방지, 밀봉작용, 냉각작용
④ 마찰 증대, 냉각작용, 스러스트 작용, 응력 분산

> **해설**
> 윤활유는 스러스트 작용이나 수분 흡수, 마찰 증대를 하지 않는다.
> **윤활유의 주요 기능**
> • 마찰 및 마멸 감소
> • 기밀(실린더 내부의 밀봉)작용
> • 냉각작용
> • 방청작용
> • 윤활작용
> • 응력 분산 및 완충
>
> 정답 ③

28
엔진오일 교환 후 압력이 높아졌다면 그 원인으로 가장 적절한 것은?

① 엔진오일 교환 시 냉각수가 혼입되었다.
② 오일의 점도가 낮은 것으로 교환하였다.
③ 오일 회로 내 누설이 발생하였다.
④ 오일 점도가 높은 것으로 교환하였다.

> **해설**
> 점도가 높은 오일로 교환하면 엔진오일 압력이 높아진다.
>
> 정답 ④

29
디젤엔진의 연료장치에서 공기 빼는 순서로 가장 알맞은 것은?

① 연료여과기 → 분사펌프 → 공급펌프
② 연료여과기 → 공급펌프 → 분사펌프
③ 공급펌프 → 연료여과기 → 분사펌프
④ 공급펌프 → 분사펌프 → 연료여과기

> **해설**
> **디젤엔진의 연료장치에서 공기 빼는 순서**
> 공급펌프 → 연료여과기 → 분사펌프
>
> 정답 ③

30
노킹이 발생하였을 때 디젤엔진에 미치는 영향이 아닌 것은?

① 배기가스의 온도가 상승한다.
② 연소실 온도가 상승한다.
③ 엔진에 손상이 발생할 수 있다.
④ 출력이 저하된다.

> **해설**
> **노킹이 엔진에 미치는 영향**
> • 엔진의 과열
> • 스파크플러그나 피스톤, 실린더헤드, 크랭크축의 손상 초래
> • 엔진의 출력 및 회전수와 흡기효율 저하
>
> 정답 ①

31 팬벨트에 대한 점검과정이다. 가장 적합하지 않은 것은?

① 팬벨트는 눌러(약 10kgf) 처짐이 13~20mm 정도로 한다.
② 팬벨트는 풀리의 밑부분에 접촉되어야 한다.
③ 팬벨트의 조정은 발전기를 움직이면서 조정한다.
④ 팬벨트가 너무 헐거우면 엔진 과열의 원인이 된다.

[해설]
팬벨트가 풀리의 밑부분에 접촉되면 고착될 우려가 있어서 접촉되지 않도록 해야 한다.

[정답] ②

32 디젤엔진에서 흡입밸브와 배기밸브가 모두 닫혀 있을 때는?

① 소기행정
② 배기행정
③ 흡입행정
④ 동력행정

[해설]
흡입밸브와 배기밸브가 닫히면 폭발이 일어나는 동력행정이 발생한다.

[정답] ④

33 라디에이터 캡의 스프링이 파손되었을 때 가장 먼저 나타나는 현상은?

① 냉각수 비등점이 낮아진다.
② 냉각수 순환이 불량해진다.
③ 냉각수 순환이 빨라진다.
④ 냉각수 비등점이 높아진다.

[해설]
라디에이터 캡의 스프링이 파손되면 내부 압력이 저하되어 냉각수의 비등점(끓는점)이 낮아진다.

[정답] ①

34 엔진의 부동액으로 사용할 수 없는 것은?

① 글리세린
② 에틸렌글리콜
③ 메탄올
④ 메탄

[해설]
부동액의 주요 성분
• 글리세린
• 에틸렌글리콜
• 메탄올

[정답] ④

35 기동회로에서 전력공급선의 전압강하는 얼마이면 정상인가?

① 0.2V 이하
② 1.0V 이하
③ 10.5V 이하
④ 9.5V 이하

[해설]
12V 축전지일 때 기동회로의 전압시험에서 전압강하가 0.2V 이하이면 정상이다.

[정답] ①

36 최고주행속도가 시간당 15km 미만인 건설기계가 갖추지 않아도 되는 조명은?

① 전조등
② 제동등
③ 번호등
④ 후부반사판

해설
최고주행속도가 15km/h 미만인 건설기계의 조명장치 (건설기계 안전기준에 관한 규칙 제155조 제1항 제1호)
• 전조등
• 제동등(유량제어로 속도를 감속하거나 가속하는 건설기계는 제외)
• 후부반사기
• 후부반사판 또는 후부반사지

정답 ③

37 클러치의 필요성으로 틀린 것은? ✓신유형

① 전·후진을 위해
② 관성운동을 하기 위해
③ 기어 변속 시 기관의 동력을 차단하기 위해
④ 기관 시동 시 기관을 무부하 상태로 하기 위해

해설
클러치는 엔진의 동력을 변속기로 전달하는 동력전달장치로, 클러치가 없다고 해서 지게차의 전진과 후진을 할 수 없는 것은 아니다.

정답 ①

38 지게차 작업장치의 동력전달기구가 아닌 것은?

① 리프트 체인
② 틸트 실린더
③ 리프트 실린더
④ 트렌치 호

해설
트렌치 호는 기중기용 작업장치이다.

정답 ④

39 자동변속기의 과열 원인이 아닌 것은?

① 메인 압력이 높다.
② 과부하 운전을 계속하였다.
③ 오일이 규정량보다 많다.
④ 변속기 오일쿨러가 막혔다.

해설
자동변속기에서 오일이 규정량보다 적을 때 과열이 일어난다.

정답 ③

40 동력을 전달하는 계통의 순서를 바르게 나타낸 것은?

① 피스톤→커넥팅 로드→클러치→크랭크축
② 피스톤→클러치→크랭크축→커넥팅 로드
③ 피스톤→크랭크축→커넥팅 로드→클러치
④ 피스톤→커넥팅 로드→크랭크축→클러치

해설
동력전달 계통 순서
연소실 → 피스톤 → 커넥팅 로드 → 크랭크축 → 클러치 → 변속기 → 구동바퀴

정답 ④

41 하부 추진체가 휠로 되어 있는 건설기계장비로 커브를 돌 때 선회를 원활하게 해주는 장치는?

① 변속기
② 차동장치
③ 최종 구동장치
④ 트랜스퍼 케이스

해설
차동장치(차동기어장치)는 회전 중심점에서 멀거나 가까운 바퀴의 회전수를 다르게 해서 차량의 선회를 원활하게 해주는 장치이다.

정답 ②

42 유압실린더의 작동속도가 느릴 경우 그 원인으로 옳은 것은?

① 엔진오일 교환시기가 경과되었을 때
② 유압회로 내에 유량이 부족할 때
③ 운전실에 있는 가속페달을 작동시켰을 때
④ 릴리프밸브의 세팅 압력이 높을 때

해설
② 유압실린더의 작동속도는 유량에 따라 달라진다.
유압실린더의 작동속도가 느릴 때의 원인
• 피스톤링이 마모되었다.
• 유압유의 점도가 너무 높았다.
• 유압회로 내 유량 부족 또는 공기가 혼입되었다.

정답 ②

43 다음 공유압 기호가 나타내는 것은?

① 전동기   ② 유압펌프
③ 공압모터 ④ 오일탱크

해설

유압펌프	공기압 모터	오일탱크

정답 ①

44 유압모터에서 소음과 진동이 발생할 때의 원인이 아닌 것은?

① 내부 부품의 파손
② 펌프의 최고회전속도 저하
③ 작동유 속에 공기의 혼입
④ 체결 볼트의 이완

해설
펌프의 최고회전속도 저하는 압력과 유량에 영향을 준다.

정답 ②

45 유압장치의 취급으로 옳지 않은 것은?

① 추운 날씨에는 충분한 준비 운전 후 작업한다.
② 종류가 다른 오일이라도 부족하면 보충할 수 있다.
③ 오일량이 부족하지 않도록 점검 보충한다.
④ 가동 중 이상음이 발생하면 즉시 작업을 중지한다.

해설
종류가 다른 오일을 혼합하면 열화현상이 발생할 수 있다.

정답 ②

46 유압펌프 점검에서 작동유 유출 여부 점검사항이 아닌 것은?

① 정상 작동 온도로 난기운전을 실시하여 점검하는 것이 좋다.
② 고정 볼트가 풀린 경우에는 추가 조임을 한다.
③ 작동유 유출 점검은 운전자가 관심을 가지고 점검하여야 한다.
④ 하우징에 균열이 발생되면 패킹을 교환한다.

해설
하우징에 균열이 발생하면, 하우징 전체를 교체해야만 작동유의 유출을 막을 수 있다.

정답 ④

47 순차작동밸브라고도 하며, 각 유압실린더를 일정한 순서로 순차 작동시키고자 할 때 사용하는 것은? ✔신유형

① 릴리프밸브
② 감압밸브
③ 시퀀스밸브
④ 언로드밸브

해설
시퀀스밸브는 정해진 순서에 따라 순차적으로 작동시키는 밸브로서, 주회로에서 2개 이상의 분기회로를 가질 경우에 각각의 회로를 순차적으로 작동시키고자 할 때 사용하므로 기계의 조작 순서를 확실하게 조정할 수 있다.

정답 ③

48 나사펌프의 특징으로 알맞지 않은 것은?

① 맥동이 크다.
② 진동이나 소음이 적다.
③ 장시간 사용해도 성능 저하가 작다.
④ 저점도의 유체도 사용이 가능하다.

해설
나사펌프의 특징
- 맥동이 적다.
- 진동이나 소음이 적다.
- 장시간 사용해도 성능 저하가 작다.
- 내구성이 풍부하고 운전이 정숙하다.
- 저점도의 유체도 사용이 가능하다.

정답 ①

49 유압유의 점도에 대한 설명으로 틀린 것은?

① 온도가 상승하면 점도는 저하한다.
② 점성의 정도를 나타내는 척도이다.
③ 온도가 내려가면 점도는 높아진다.
④ 점성계수를 밀도로 나눈 값이다.

해설
점성계수(점도)를 밀도로 나눈 값은 "점도"가 아니라 "동점도"이다.

정답 ④

50 다음 그림의 유압 기호에서 "A" 부분이 나타내는 것은?

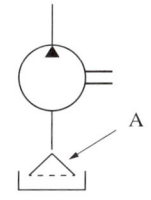

① 오일 냉각기
② 스트레이너
③ 가변용량 유압펌프
④ 가변용량 유압모터

해설
삼각형은 유체 흡입 시 불순물을 걸러주는 스트레이너에 대한 기호이다.

정답 ②

51 유압장치에서 피스톤 로드에 있는 먼지 또는 오염 물질 등이 실린더 내로 혼입되는 것을 방지하는 것은?

① 필터(Filter)
② 더스트 실(Dust Seal)
③ 밸브(Valve)
④ 실린더 커버(Cylinder Cover)

해설
더스트 실(Dust Seal)은 유압장치의 관로 내부에 있는 먼지나 오염물질이 실린더 내로 혼입되는 것을 막아준다.

정답 ②

52 유압탱크에 대한 구비조건으로 가장 거리가 먼 것은?

① 적당한 크기의 주유구 및 스트레이너를 설치한다.
② 드레인(배출 밸브) 및 유면계를 설치한다.
③ 오일에 이물질이 혼입되지 않도록 밀폐되어야 한다.
④ 오일 냉각을 위한 클러치를 설치한다.

해설
유압탱크는 연료장치에 속하나, 클러치는 동력전달장치이므로 서로 관련이 없다.

정답 ④

53 유압의 압력을 올바르게 나타낸 것은?

① 압력 = 단면적 × 가해진 힘
② 압력 = 가해진 힘 / 단면적
③ 압력 = 단면적 / 가해진 힘
④ 압력 = 가해진 힘 − 단면적

해설
압력(Press)은 단위면적당 누르는 힘을 말하는 용어이다. 따라서 공식은,
$$압력(P) = \frac{F(힘, Force)}{A(단면적, Area)}$$
이다.

정답 ②

54 지게차에서 작업 용도와 효율성에 따라 장착할 수 있는 작업장치의 종류가 아닌 것은?

✓ 신유형

① 폴더
② 사이드 시프트 클램프
③ 롤 클램프
④ 로테이팅 포크

해설
② 사이드 시프트 클램프는 한쪽으로 무게중심이 쏠린 작업물을 들 때, 차체를 이동하지 않고 캐리지를 좌우로 이동시킴으로써, 캐리지에 위치한 핑거보드에 장착된 포크도 같이 좌우로 이동시켜 균형을 맞출 수 있는 작업장치
③ 롤 클램프는 물체를 움켜쥐고 회전시켜 화물을 이동 및 적재시킬 수 있는 작업장치
④ 로테이팅 포크는 절삭 후 버려지는 칩을 담은 칩통을 비울 때 사용하는 작업장치

정답 ①

55 납산축전지의 용량은 어떻게 결정되는가?

① 극판의 크기, 극판의 수, 황산의 양에 따라 결정된다.
② 극판의 크기, 극판의 수, 단자의 수에 따라 결정된다.
③ 극판의 수, 셀의 수, 발전기의 충전능력에 따라 결정된다.
④ 극판의 수와 발전기의 충전능력에 따라 결정된다.

해설
납산축전지의 용량은 극판의 크기, 극판의 수, 황산의 양으로 결정된다.

정답 ①

56 지게차 용어에 대한 설명으로 알맞지 않은 것은?

① 장비중량은 지게차에 연료나 냉각수 등이 포함된 상태의 총중량이다.
② 하중중심은 포크의 수직면에서 포크 위에 놓인 화물의 무게중심까지의 거리이다.
③ 등판능력은 지게차가 경사지를 오를 수 있는 최대각도로 단위는 %(퍼센트)와 °(도)로 표시한다.
④ 적재능력이란 정해진 하중중심 내에서 수직으로 들어 올릴 수 있는 화물의 최소무게이다.

해설
적재능력이란 정해진 하중중심 내에서 수직으로 들어 올릴 수 있는 화물의 최대무게이다.

정답 ④

57 인칭페달이 장착되지 않는 지게차는?

① 전동형 지게차
② 디젤엔진형 지게차
③ LPG엔진형 지게차
④ 가솔린엔진형 지게차

해설
인칭페달은 고 rpm이거나 저속에서 미세한 제어를 위한 것으로 지게차가 화물에 접근한 후 높은 rpm으로 유압을 증가시켜 작업을 신속하게 처리하기 위해 밟아서 작동시킨다. 전동지게차에는 인칭 기능이 없다.

정답 ①

58 카톤 클램프와 형식은 유사하나 다양한 크기의 날개를 부착하여 포크 없이도 화물의 양옆에서 클램핑하는 작업장치는?

① 힌지드 포크
② 베일 클램프
③ 드럼 클램프
④ 사이드 시프트

해설
베일 클램프
카톤 클램프와 형식은 유사하나 다양한 크기의 날개를 부착하여 포크 없이도 화물의 양옆에서 클램핑하는 작업장치
① 힌지드 포크(Hinged Fork) : 포크를 경사지게 장착한 것으로 안아서 옮기는 형태의 작업장치로 원형의 파이프나 목재 등 둥근 형태의 재료를 옮기기 적합하다.
③ 드럼 클램프(Drum Clamp) : 드럼(통)과 같은 원형의 화물을 움켜잡고 이동 및 적재시킬 수 있는 작업장치이다.
④ 사이드 시프트(Side Shift) : 한쪽으로 무게중심이 쏠린 작업물을 들 때, 차체를 이동하지 않고도 캐리지를 좌우로 이동시킴으로써, 캐리지에 위치한 핑거보드에 장착된 포크도 같이 좌우로 이동시켜 균형을 맞출 수 있는 작업장치이다.

정답 ②

59 지게차가 경사지를 오를 수 있는 최대각도로 단위는 %(퍼센트), 혹은 °(도)로 나타내는 것은?

① 적재능력
② 하중중심
③ 장비중량
④ 등판능력

해설
① 적재능력 : 마스트를 수직으로 세운 상태로 짐을 들어 올렸을 때, 화물의 하중중심에서 수직 방향으로 들어 올릴 수 있는 화물의 최대중량
② 하중중심 : 포크의 수직면에서 포크 위에 놓인 화물의 무게중심까지의 거리
③ 장비중량 : 지게차에 연료나 냉각수 등이 모두 채워진 상태의 총중량

정답 ④

60 좌우 팔(Arm)의 클램핑 및 회전을 통해 단조용 소재인 잉곳(잉고트) 작업을 할 수 있는 지게차 어태치먼트의 명칭은?

① 드럼 핸들러
② 드럼 클램프
③ 잉곳 클램프
④ 인버터 푸시 클램프

해설
잉곳 클램프는 단조 공장에서 단조용 소재인 잉곳을 가열로에서 빼내거나 투입하는 작업을 할 수 있는 어태치먼트(부속장치)이다.

정답 ③

09 상시복원문제

01 벨트를 풀리에 걸 때는 어떤 상태에서 걸어야 하는가? ✓신유형

① 회전을 중지시킨 후 건다.
② 저속으로 회전시키면서 건다.
③ 중속으로 회전시키면서 건다.
④ 고속으로 회전시키면서 건다.

해설
벨트를 풀리에 걸려면 풀리의 회전을 중지시킨 후 정지 상태에서 건다.

정답 ①

02 지게차 주차 시 포크의 높이로 가장 적절한 것은? ✓신유형

① 10~20cm ② 20~30cm
③ 40~50cm ④ 지면에 딱 붙인다.

해설
주차 시에는 포크를 바닥까지 완전히 내리고 마스트는 포크가 바닥에 닿을 때까지 앞으로 기울인다.

정답 ④

03 연소의 3요소가 아닌 것은?

① 가연성물질 ② 산소(공기)
③ 점화원   ④ 이산화탄소

해설
연소의 3요소
연료(가연물), 열(점화원), 산소

정답 ④

04 유류화재 시 소화방법으로 부적절한 것은?

① 모래를 뿌린다.
② 다량의 물을 부어 끈다.
③ ABC소화기를 사용한다.
④ B급 화재 소화기를 사용한다.

해설
기름으로 인한 화재의 경우 기름과 물은 섞이지 않기 때문에 기름이 물을 타고 더 확산되게 된다.

정답 ②

05 다음 중 산업안전보건법에서 정한 중대재해가 아닌 것은?

① 사망자가 1명 이상 발생한 재해
② 부상자 또는 직업성 질병자가 6개월 이상의 요양이 필요한 재해
③ 3개월 이상의 요양이 필요한 부상자가 동시에 2명 이상 발생한 재해
④ 부상자 또는 직업성 질병자가 동시에 10명 이상 발생한 재해

해설
고용노동부령으로 정하는 중대재해(산업안전보건법 시행규칙 제3조)
• 사망자가 1명 이상 발생한 재해
• 3개월 이상의 요양이 필요한 부상자가 동시에 2명 이상 발생한 재해
• 부상자 또는 직업성 질병자가 동시에 10명 이상 발생한 재해

정답 ②

06
건설기계장비 작업 시 계기판에서 냉각수 경고등이 점등되었을 때 운전자로서 가장 적합한 조치는?

① 오일량을 점검한다.
② 작업이 모두 끝나면 곧바로 냉각수를 보충한다.
③ 작업을 중지하고, 점검 및 정비를 받는다.
④ 라디에이터를 교환한다.

[해설]
계기판에 냉각수 경고등이 점등되면 작업을 즉시 중단하고, 점검해서 고장 여부를 수리해야 한다.

정답 ③

09
엔진오일 교환 후 압력이 높아졌다면 그 원인으로 가장 적절한 것은?

① 오일 회로 내 누설이 발생하였다.
② 엔진오일 교환 시 냉각수가 혼입되었다.
③ 오일의 점도가 높은 것으로 교환하였다.
④ 오일의 점도가 낮은 것으로 교환하였다.

[해설]
엔진오일의 점도가 높으면 내부 순환 시 압력이 높아진다.

정답 ③

07
현장에서 작업자가 작업 안전상 꼭 알아두어야 할 사항은?

① 장비의 제원
② 종업원의 작업환경
③ 종업원의 기술 정도
④ 안전 규칙 및 수칙

[해설]
현장 작업자는 안전 규칙과 규정을 모두 알아두어야 한다.

정답 ④

08
수공구 중 드라이버의 사용상 안전하지 않은 것은?

① 날 끝이 수평이어야 한다.
② 전기작업 시 절연된 자루를 사용한다.
③ 날 끝이 홈의 폭과 길이가 같은 것을 사용한다.
④ 전기작업 시 금속 부분이 자루 밖으로 나와 있어야 한다.

[해설]
드라이버 사용 시 금속 부분은 자루 안으로 넣어 작업자의 손에 닿지 않도록 해야 한다.

정답 ④

10
유압펌프 점검에서 작동유 유출 여부의 점검사항이 아닌 것은?

① 정상작동 온도로 난기운전을 실시하여 점검하는 것이 좋다.
② 고정 볼트가 풀린 경우에는 추가 조임을 한다.
③ 작동유 유출 점검은 운전자가 관심을 가지고 점검하여야 한다.
④ 하우징에 균열이 발생되면 패킹을 교환한다.

[해설]
유압펌프의 작동유 유출 검사 시 하우징의 균열이 발견되면 본체 자체를 교체해야 한다.

정답 ④

11. 중형 용량인 브레이크페달의 자유간극 범위로 가장 적절한 것은?

① 1~4mm ② 5~8mm
③ 10~15mm ④ 15~30mm

해설
브레이크페달의 자유간극
- 대형 : 15~30mm
- 중형 : 10~15mm
- 소형 : 5~10mm

정답 ③

14. 왕복운동하는 요소와 움직임이 없는 고정부 사이의 위험점은?

① 협착점 ② 끼임점
③ 물림점 ④ 절단점

해설
협착점은 왕복운동하는 요소와 움직임이 없는 고정부 사이의 물림점으로 프레스, 전단기, 절곡기 등이 있다.

정답 ①

12. 산업안전보건법에서 안전표지의 종류가 아닌 것은?

① 위험표지 ② 경고표지
③ 지시표지 ④ 금지표지

해설
산업안전표지의 종류 : 금지표지, 경고표지, 지시표지, 안내표지(산업안전보건법) 등

정답 ①

13. 마스트의 사이드 롤러 작동부의 윤활 상태 점검방법으로 알맞지 않은 것은?

① 지게차를 평평한 장소에 주차한 후 포크를 지면에 내린다.
② 사이드 롤러를 움직이면서 손으로 만져보며 점검한다.
③ 이상 소음이 들리면 마스트 롤러부나 사이드 롤러에 그리스를 주입한다.
④ 마스트를 지면에서 위쪽 끝까지 2~3회 동작시켜 이상 소음이 발생하는지 점검한다.

해설
사이드 롤러는 안전상의 이유로 작동 상태를 멀리서 살펴보며 점검하도록 한다.

정답 ②

15. 지게차가 들 수 있는 최대하중에 영향을 미치는 요소는? ✓신유형

① 포크
② 백레스트
③ 오버헤드가드
④ 카운터웨이트

해설
카운터웨이트(Counterweight)
지게차의 앞부분에 장착된 포크로 화물을 들어 올릴 때 무게중심이 앞으로 쏠리지 않도록 균형 유지를 위해 지게차의 뒷부분에 장착한 쇳덩이로, 지게차가 들 수 있는 최대하중에 영향을 미치는 요소이다.

정답 ④

16 화물을 적재하고 주행할 때 포크와 지면의 간격으로 가장 적합한 것은?

① 지면에 밀착
② 20~30cm
③ 50~55cm
④ 80~85cm

해설
지게차에 화물을 적재하고 주행할 때에는 포크와 지면의 간격을 20~30cm 정도로 한다.

정답 ②

17 지게차로 화물을 싣고 경사지에서 주행할 때 안전상 올바른 운전방법은?

① 포크를 높이 들고 주행한다.
② 내려갈 때는 저속 후진한다.
③ 내려갈 때는 변속 레버를 중립에 놓고 주행한다.
④ 내려갈 때는 시동을 끄고 타력으로 주행한다.

해설
화물을 실은 지게차로 경사지를 내려갈 때는 저속으로 후진해야 한다.

정답 ②

18 정기검사 신청을 받은 검사대행자는 며칠 이내 검사일시 및 장소를 통지하여야 하는가?

① 20일　② 15일
③ 5일　④ 3일

해설
검사신청을 받은 시·도지사 또는 검사대행자는 신청을 받은 날부터 5일 이내에 검사일시와 검사장소를 지정하여 신청인에게 통지해야 한다. 이 경우 검사장소는 건설기계소유자의 신청에 따라 변경할 수 있다(건설기계관리법 시행규칙 제23조 제4항).

정답 ③

19 건설기계관리법상 건설기계등록번호표의 색상으로 옳지 않은 것은?

① 비사업용(관용) : 흰색 바탕에 검은색 문자
② 수입용 : 초록색 바탕에 검은색 문자
③ 비사업용(자가용) : 흰색 바탕에 검은색 문자
④ 대여사업용 : 주황색 바탕에 검은색 문자

해설
비사업용(자가용이나 관용) 건설기계등록번호표의 색상은 흰색 바탕에 검은색 문자이며, 대여사업용 건설기계등록번호표의 색상은 주황색 바탕에 검은색 문자이다(건설기계관리법 시행규칙 [별표2]).

정답 ②

20 연식 20년 이하의 타이어식 트럭지게차에 대한 정기검사 유효기간은?

① 6개월　② 1년
③ 2년　④ 3년

해설
타이어식 트럭지게차의 정기검사 유효기간(건설기계관리법 시행규칙 [별표 7])
• 연식 20년 이하 : 1년
• 연식 20년 초과 : 6개월

정답 ②

21

건설기계등록번호표의 표시내용이 아닌 것은?

① 기종
② 등록번호
③ 용도
④ 장비 연식

해설
건설기계등록번호표의 표시내용(건설기계관리법 시행규칙 제13조)
• 기종
• 용도
• 등록번호

정답 ④

22

좌회전을 하기 위하여 교차로에 진입되어 있을 때 황색등화로 바뀌면 어떻게 하여야 하는가?

① 정지하여 정지선으로 후진한다.
② 그 자리에 정지하여야 한다.
③ 신속히 좌회전하여 교차로 밖으로 진행한다.
④ 좌회전을 중단하고 횡단보도 앞 정지선까지 후진하여야 한다.

해설
차마는 정지선이 있거나 횡단보도가 있을 때에는 그 직전이나 교차로의 직전에 정지하여야 하며, 이미 교차로에 차마의 일부라도 진입한 경우에는 신속히 교차로 밖으로 진행하여야 한다(도로교통법 시행규칙 [별표 2]).

정답 ③

23

운전자가 업무상 필요한 주의를 게을리하거나 중대한 과실로 다른 사람의 건조물을 손괴한 경우의 벌칙으로 옳은 것은?

① 2년 이하의 징역이나 500만원 이하의 벌금
② 2년 이하의 금고나 500만원 이하의 벌금
③ 1년 이하의 금고나 1천만원 이하의 벌금
④ 1년 이하의 징역이나 1천만원 이하의 벌금

해설
차 또는 노면전차의 운전자가 업무상 필요한 주의를 게을리하거나 중대한 과실로 다른 사람의 건조물이나 그 밖의 재물을 손괴한 경우에는 2년 이하의 금고나 500만원 이하의 벌금에 처한다(도로교통법 제151조).

정답 ②

24

운전자의 준수사항에 대한 설명 중 틀린 것은?

① 고인 물을 튀게 하여 다른 사람에게 피해를 주어서는 안 된다.
② 과로, 질병, 약물의 중독 상태에서 운전하여서는 안 된다.
③ 보행자가 안전지대에 있는 때에는 서행하여야 한다.
④ 운전석으로부터 떠날 때는 원동기의 시동을 끄지 말아야 한다.

해설
지게차 운전자는 운전석을 떠날 때 반드시 원동기의 시동을 꺼야 한다.

정답 ④

25 그림의 교통안전표지는?

① 좌·우회전 표지
② 좌·우회전 금지표지
③ 양측방 일방통행 표지
④ 양측방 통행 금지표지

해설
차가 우회전 또는 좌회전할 것을 지시하는 교통안전표지이다.

정답 ①

26 폐기요청을 받은 건설기계를 폐기하지 아니하거나 등록번호표를 폐기하지 아니한 자에 대한 벌칙은?

① 2년 이하의 징역 또는 2천만원 이하의 벌금
② 1년 이하의 징역 또는 1천만원 이하의 벌금
③ 100만원 이하의 벌금
④ 100만원 이하의 과태료

해설
폐기요청을 받은 건설기계를 폐기하지 아니하거나 등록번호표를 폐기하지 아니한 자는 1년 이하의 징역 또는 1천만원 이하의 벌금에 처한다(건설기계관리법 제41조 제3호).

정답 ②

27 디젤엔진에서 발생하는 진동의 원인이 아닌 것은?

① 프로펠러 샤프트의 불균형
② 분사 시기의 불균형
③ 분사량의 불균형
④ 분사 압력의 불균형

해설
디젤엔진에서 발생하는 진동의 원인
• 분사 시기의 불균형
• 분사량의 불균형
• 분사 압력의 불균형

정답 ①

28 디젤엔진의 고장 원인과 가장 거리가 먼 것은?

① 각 실린더의 분사 압력과 분사량이 다르다.
② 분사 시기, 분사 간격이 다르다.
③ 윤활 펌프의 유압이 높다.
④ 각 피스톤의 중량 차가 크다.

해설
디젤엔진의 고장 원인
• 실린더 내 낮은 압력
• 실린더에 공급되는 연료량의 부족
• 압축 불량, 연료 분사 시기, 상태 및 흡·배기밸브 불량으로 인한 불완전연소
• 연료 분사량 부족
• 연료분사 펌프의 기능 불량
• 윤활 펌프의 낮은 유압
• 노킹 발생
• 운동부의 마찰, 고착 및 펌프류의 동력 등의 증대

정답 ③

29 윤활유의 성질 중 가장 중요한 것은?

① 온도   ② 점도
③ 습도   ④ 건도

해설
윤활유에서 가장 중요한 성질은 유체의 유동성에 대한 저항의 정도를 의미하는 "점도"이다.

정답 ②

30 오일펌프에서 펌프량이 적거나 유압이 낮은 원인이 아닌 것은?

① 오일탱크에 오일이 너무 많을 때
② 펌프 흡입 라인(여과망) 막힘이 있을 때
③ 기어와 펌프 내벽 사이 간격이 클 때
④ 기어 옆 부분과 펌프 내벽 사이 간격이 클 때

해설
오일탱크에 오일량이 너무 적으면, 펌핑되는 유량이 적어지거나 유압이 낮아지는 원인이 된다.

정답 ①

31 감압장치에 대한 설명으로 옳은 것은?

① 화염 전파속도를 빨리해주는 것
② 연료 손실을 감소시키는 것
③ 출력을 증가시키는 것
④ 시동을 도와주는 장치

해설
감압장치는 실린더 내부의 압력을 대기압 이하로 낮춰줌으로써 시동작업이 원활하도록 해준다.

정답 ④

32 엔진에서 공기청정기의 설치 목적으로 옳은 것은?

① 연료의 여과와 가압작용
② 공기의 가압작용
③ 공기의 여과와 소음 방지
④ 연료의 여과와 소음 방지

해설
엔진에서 공기청정기를 설치하는 목적
• 공기 여과
• 연소의 질을 높임으로써 소음 방지

정답 ③

33 과급기를 부착하였을 때의 이점으로 틀린 것은?

① 고지대에서도 출력의 감소가 적다.
② 회전력이 증가한다.
③ 엔진 출력이 향상된다.
④ 압축온도의 상승으로 착화 지연시간이 길어진다.

해설
과급기를 부착하면 착화 지연시간은 짧아진다.

정답 ④

34 냉각장치에서 라디에이터의 구비조건으로 틀린 것은?

① 공기의 흐름저항이 클 것
② 단위면적당 방열량이 많을 것
③ 가볍고 작으며 강도가 클 것
④ 냉각수의 흐름저항이 작을 것

해설
라디에이터의 구비조건
• 공기의 흐름저항이 작을 것
• 단위면적당 방열량이 많을 것
• 가볍고 작으며 강도가 클 것
• 냉각수의 흐름저항이 작을 것

정답 ①

35 좌우측 전조등 회로의 연결방법으로 옳은 것은?

① 직렬연결
② 단식배선
③ 병렬연결
④ 직·병렬연결

해설
전조등 회로는 병렬연결법을 주로 사용한다.
정답 ③

36 교류발전기에서 계자코일 같은 기능을 하는 것은? ✓신유형

① 로터
② 브러시
③ 스테이터
④ 실리콘 다이오드

해설
로터는 자속을 만드는 부분으로 구조는 로터철심, 로터코일, 축, 슬립 링으로 구성되어 있다. 로터는 직류발전기의 계자코일에 해당되는 것으로 교류발전기에 전류가 흐를 때 전자석이 된다.
정답 ①

37 지게차의 유압식 조향장치에서 조향 실린더의 직선운동을 축의 회전운동으로 바꾸어줌과 동시에 타이로드에 직선운동을 시켜 주는 것은?

① 핑거보드
② 드래그 링크
③ 벨 크랭크
④ 스태빌라이저

해설
벨 크랭크(Bell Crank)는 조향장치에서 조향 실린더의 직선운동을 축의 회전운동으로 바꾸어줌과 동시에 타이로드에 직선운동을 시켜 주는 기계요소이다.
정답 ③

38 엔진과 직결되어 같은 회전수로 회전하는 토크 컨버터의 구성품은?

① 터빈
② 펌프
③ 스테이터
④ 변속기 출력축

해설
토크 컨버터에서 엔진과 직결되어 동일 회전수로 회전하는 구성품은 임펠러 펌프이다.
정답 ②

39 타이어식 건설기계장비에서 동력전달장치에 속하지 않는 것은?

① 클러치
② 종감속장치
③ 과급기
④ 크랭크축

해설
과급기는 터보차저의 다른 말로 공기를 압축하여 엔진으로 보내는 기계장치로서, 동력전달장치에 속하지 않는다.
정답 ③

40. 크랭크축의 비틀림 진동에 대한 설명 중 틀린 것은?

① 각 실린더의 회전력 변동이 클수록 커진다.
② 크랭크축이 길수록 커진다.
③ 강성이 클수록 커진다.
④ 회전 부분의 질량이 클수록 커진다.

해설
크랭크축의 비틀림 진동은 재료의 강성이 클수록 작아진다.

정답 ③

41. 타이어식 건설기계에서 앞바퀴 정렬의 역할과 거리가 먼 것은?

① 브레이크의 수명을 길게 한다.
② 타이어 마모를 최소로 한다.
③ 방향 안정성을 준다.
④ 조향 핸들의 조작을 작은 힘으로 쉽게 할 수 있다.

해설
타이어의 앞바퀴 정렬은 타이어의 마모와 관계있지만 브레이크의 수명과는 관계없다.

정답 ①

42. 유압 작동유의 점도가 지나치게 낮을 때 나타날 수 있는 현상은?

① 출력이 증가한다.
② 압력이 상승한다.
③ 유동저항이 증가한다.
④ 유압실린더의 속도가 늦어진다.

해설
작동유의 점도가 너무 낮을 경우에는 분자 간 응집력이 떨어지면서, 실린더의 반응속도도 늦어진다.

정답 ④

43. 압력제어밸브 중 항상 닫혀 있다가 일정 조건이 되면 열려 작동하는 밸브에 속하지 않는 것은?

① 릴리프밸브(Relief Valve)
② 감압밸브(Reducing Valve)
③ 무부하밸브(Unloading Valve)
④ 시퀀스밸브(Sequence Valve)

해설
감압밸브는 항상 닫혀 있지는 않다.

정답 ②

44. 유압모터의 회전속도가 규정 속도보다 느릴 경우의 원인에 해당하지 않는 것은?

① 유압펌프의 오일 토출량 과다
② 유압유의 유입량 부족
③ 각 작동부의 마모 또는 파손
④ 오일의 내부 누설

해설
유압모터의 회전속도가 규정보다 느리다면 유압펌프의 오일 토출량이 규정된 양보다 적기 때문이다.

정답 ①

45
유압유를 넓은 온도 범위에서 사용할 수 있게 하는 조건으로 옳은 것은? ✓신유형

① 발포성이 높아야 한다.
② 소포성이 낮아야 한다.
③ 산화작용이 양호해야 한다.
④ 점도지수가 높아야 한다.

해설
점도지수가 높은 유압유일수록 넓은 온도 범위에서 사용할 수 있다.

정답 ④

46
축압기의 종류 중 공기 압축형이 아닌 것은?

① 스프링 하중식(Spring Loaded Type)
② 피스톤식(Piston Type)
③ 다이어프램식(Diaphragm Type)
④ 블래더식(Bladder Type)

해설
축압기의 종류 중 공기 압축형에는 스프링 하중식이 포함되지 않는다.

정답 ①

47
유압펌프에서 사용되는 GPM의 의미는?

① 복동 실린더의 치수
② 흐름에 대한 저항
③ 분당 토출하는 작동유의 양
④ 계통 내에서 형성되는 압력의 크기

해설
GPM은 분당 토출하는 유체의 양을 나타내는 단위이다.
GPM(Gallon Per Minute) : 분당 1갤런을 토출하는 유체의 양

정답 ③

48
유압펌프의 특징으로 옳지 않은 것은?

① 유압회로의 구성이 복잡하다.
② 충격을 완화하여 장시간 사용이 가능하다.
③ 제어가 쉽고, 정확하지만, 속도 조절이 용이하지 않다.
④ 파스칼의 원리에 의해 작은 힘으로 큰 힘을 전달할 수 있다.

해설
③ 속도 조절이 용이하다.

정답 ③

49 기어모터의 특징으로 알맞지 않은 것은?

① 구조가 간단하다.
② 가혹한 조건에서도 잘 견딘다.
③ 이물질에 의한 고장률이 낮다.
④ 베어링 하중이 작아서 수명이 길다.

해설
기어모터는 베어링 하중이 커서 수명이 짧다.
기어모터의 특징
• 가격이 싸다.
• 구조가 간단하다.
• 가혹한 조건에서도 잘 견딘다.
• 이물질에 의한 고장률이 낮다.
• 베어링 하중이 커서 수명이 짧다.
• 누설이 많고, 토크의 변동이 크다는 단점이 있다.

정답 ④

50 그림의 유압기호가 나타내는 것은?

① 유압밸브
② 차단밸브
③ 오일탱크
④ 유압

해설
오일을 담아 놓는 오일탱크의 기호이다.

정답 ③

51 다음 중 액추에이터의 입구 쪽 관로에 설치한 유량제어밸브로 흐름을 제어하여 속도를 제어하는 회로는?

① 시스템 회로(System Circuit)
② 블리드오프 회로(Bleed-off Circuit)
③ 미터인 회로(Meter-in Circuit)
④ 미터아웃 회로(Meter-out Circuit)

해설
액추에이터의 입구 쪽 관로의 유량을 제어하는 방식은 미터인 회로이다.

정답 ③

52 액추에이터의 운동 속도를 조정하기 위하여 사용되는 밸브는?

① 압력제어밸브
② 온도제어밸브
③ 유량제어밸브
④ 방향제어밸브

해설
유량제어밸브는 회로 내를 흐르는 유체의 양을 조절함으로써 피스톤과 같은 액추에이터의 운동 속도를 조정한다.

정답 ③

53 유압에너지를 공급받아 회전운동을 하는 기기는?

① 펌프
② 모터
③ 밸브
④ 롤러 리미트

해설
모터는 유체의 힘(유압에너지)으로 회전운동을 하는 장치이다.

정답 ②

54 방향제어밸브의 작동방식 중 레버식을 표시하는 기호는?

① ② ③ ④

해설
② 누름버튼 방식
③ 플런저 방식
④ 솔레노이드 방식

정답 ①

55 축전지 터미널에 부식이 발생하였을 때 나타나는 현상과 가장 거리가 먼 것은?

① 기동전동기의 회전력이 작아진다.
② 엔진 크랭킹이 잘되지 않는다.
③ 전압강하가 발생된다.
④ 시동 스위치가 손상된다.

해설
축전지 터미널에 부식이 발생하면 충전이 불량해져서 축전지의 용량은 낮아져 방전될 수 있다. 그러나 시동 스위치의 손상은 축전지 터미널의 부식과는 거리가 멀다.

정답 ④

56 지게차에서 유압으로 실린더의 길이를 조절하여 마스트를 운전석 쪽이나 바깥쪽으로 기울이면서 전경각과 후경각을 만드는 장치는? ✓신유형

① 헤드가드
② 핑거보드
③ 스캐리파이어
④ 틸트 실린더

해설
틸트 실린더(Tilt Cylinder)는 유압으로 실린더의 길이를 조절하여 마스트를 운전석 쪽이나 바깥쪽으로 기울이면서 전경각과 후경각을 만드는 장치를 말한다. 반면, 리프트 실린더(Lift Cylinder)는 유압으로 마스트나 포크를 위나 아래로 움직일 때 사용하는 장치이다.

정답 ④

57 지게차로 속이 빈 제품을 운반할 때 사용 가능한 긴 환봉과 같은 어태치먼트의 명칭은?

① 램(Ram)
② 드럼 클램프(Drum Clamp)
③ 로테이팅 포크(Rotating Fork)
④ 힌지드 버킷(Hinged Bucket)

> 해설
> 램 장치는 지게차의 캐리지에 포크 대신 장착하는 긴 환봉과 같은 부속장치(어태치먼트)로 속이 빈 중공의 화물(제품)을 취급할 때 사용한다.
>
> 정답 ①

58 지게차의 기준무부하 상태에서 수직면을 기준으로 마스트를 운전석(Cabin)의 반대쪽으로 최대로 기울인 경사각은? ✔신유형

① 전경각
② 후경각
③ 진입각
④ 혼합각

> 해설
> 마스트를 운전석(캐빈)의 반대쪽(바깥쪽)으로 기울인 경사각을 전경각이라고 한다.
>
> 정답 ①

59 포크의 구조에 속하지 않는 것은?

① 섕크
② 훅
③ 블레이드
④ 카운터웨이트

> 해설
> 카운터웨이트는 지게차 뒷부분에 부착시키는 무게추이다.
>
> 정답 ④

60 건설기계 안전기준에 관한 규칙상 ( ) 안에 들어갈 용어로 옳은 것은? ✔신유형

> 지게차의 ( )란 지면으로부터의 높이가 300mm인 수평 상태(주행 시에는 마스트를 가장 안쪽으로 기울인 상태를 말한다)의 지게차의 쇠스랑 윗면에 하중이 가해지지 아니한 상태를 말한다.

① 기준부하 상태
② 기준무부하 상태
③ 최대부하 상태
④ 최대하중 상태

> 해설
> 지게차의 기준무부하 상태란 지면으로부터의 높이가 300mm인 수평 상태(주행 시에는 마스트를 가장 안쪽으로 기울인 상태를 말한다)의 지게차의 쇠스랑 윗면에 하중이 가해지지 아니한 상태를 말한다(건설기계 안전기준에 관한 규칙 제18조 제2항).
>
> 정답 ②

10 상시복원문제

01 해머 사용 시 주의사항으로 옳지 않은 것은? ✓신유형

① 해머를 사용할 때 자루 부분을 확인한다.
② 위험하므로 장갑을 끼고 해머 작업을 한다.
③ 공동으로 해머 작업 시는 흐름을 맞춘다.
④ 열처리된 재료는 해머로 때리지 않도록 주의한다.

해설
② 해머 작업 시 장갑을 착용하면 손이 자루에서 미끄러질 수 있으므로 장갑을 끼지 않는다.

정답 ②

02 지게차의 주차방법으로 바르지 못한 것은?

① 포크를 지면에 완전히 내린다.
② 핸드 브레이크를 완전히 걸어 놓는다.
③ 포크 선단이 지면에 닿도록 마스트를 전방으로 경사시킨다.
④ 잠시 자리를 비울 때는 키를 그대로 둔다.

해설
주차 후 잠시 자리를 비울 때는 운전자가 키를 가지고 다녀야 한다.

정답 ④

03 겨울철에 연료탱크를 가득 채우는 가장 주된 이유는?

① 연료가 적으면 증발하여 손실되므로
② 연료가 적으면 출렁거리기 때문에
③ 공기 중의 수분이 응축되어 물이 생기기 때문에
④ 연료 게이지에 고장이 발생하기 때문에

해설
겨울철에는 탱크 내부의 습기가 응축되어 물방울이 생길 수 있으므로 연료탱크를 가득 채워 공간을 줄여야 한다.

정답 ③

04 가동하고 있는 엔진에서 화재가 발생하였다. 불을 끄기 위한 조치 방법으로 가장 올바른 것은?

① 원인을 분석하고, 모래를 뿌린다.
② 포말소화기를 사용한 후, 엔진 시동 스위치를 끈다.
③ 엔진 시동 스위치를 끄고, ABC소화기를 사용한다.
④ 엔진을 급가속하여 팬의 강한 바람을 일으켜 불을 끈다.

해설
엔진에서 화재가 발생하면 긴급히 시동을 끄고 전원공급을 차단한 후에 ABC소화기를 사용해서 화재를 진압해야 한다. ABC소화기는 A급(일반화재), B급(유류 및 가스화재), C급(전기화재) 화재에 모두 사용이 가능하다.

정답 ③

05. 드릴작업에서 드릴링할 때 공작물과 함께 회전하기 쉬운 때는?

① 드릴 핸들에 약간의 힘을 주었을 때
② 작업이 처음 시작될 때
③ 구멍을 중간쯤 뚫었을 때
④ 구멍 뚫기 작업이 거의 끝날 때

해설
드릴 구멍 가공이 끝날 무렵에는 무리한 이송을 하지 말고 공작물이 따라 돌지 않도록 주의하여야 한다.

정답 ④

06. 유압장치의 정상적인 작동을 위한 일상점검 방법으로 옳은 것은?

① 유압 컨트롤 밸브의 세척 및 교환
② 오일량 점검 및 필터의 교환
③ 유압펌프의 점검 및 교환
④ 오일 냉각기의 점검 및 세척

해설
일상점검이란 지게차를 운행하기 전, 중, 후에 실시하는 정비주기를 말한다. 따라서 유압장치의 정상 작동을 위해서는 오일량과 필터를 일상으로 점검해서 필요시 주입하거나 교체해야 한다.

정답 ②

07. 운전 중 엔진오일 경고등이 점등되었을 때의 원인이 아닌 것은?

① 오일 드레인 플러그가 열렸을 때
② 윤활계통이 막혔을 때
③ 오일필터가 막혔을 때
④ 오일 밀도가 낮을 때

해설
오일의 밀도가 낮거나 높다고 해서 엔진오일 경고등이 점등되지 않는다.

정답 ④

08. 보호구를 선택할 때의 유의사항으로 틀린 것은?

① 작업 행동에 방해되지 않을 것
② 사용 목적에 구애받지 않을 것
③ 보호구 성능기준에 적합하고 보호 성능이 보장될 것
④ 착용이 용이하고 크기 등 사용자에게 편리할 것

해설
보호구를 선택할 때는 사용 목적에 맞는 것으로 해야 한다.

정답 ②

09. 앞바퀴 정렬 요소 중 캠버의 필요성에 대한 설명으로 틀린 것은?

① 앞차축의 휨을 적게 한다.
② 조향 휠의 조작을 가볍게 한다.
③ 조향 시 바퀴의 복원력이 발생한다.
④ 토(Toe)와 관련성이 있다.

해설
캠버의 필요성
• 수직하중에 의한 앞차축의 휨을 방지한다.
• 조향 핸들의 조향 조작력을 가볍게 한다.
• 하중을 받았을 때 바퀴의 아래쪽이 바깥쪽으로 벌어지는 것을 방지한다.

정답 ③

10 안전보건표지의 종류와 형태에서 그림의 안전표지판이 나타내는 것은?

① 사용금지
② 탑승금지
③ 물체이동금지
④ 차량통행금지

해설
지게차에 사람이 탑승한 사진에 금지표시가 있으므로 차량(지게차)통행금지를 안내하는 표지이다(산업안전보건법 시행규칙 [별표 6]).

정답 ④

11 기계공장에 관한 안전수칙 중 잘못된 것은?

① 기계운전 중에는 자리를 지킨다.
② 기계의 청소는 작동 중에 수시로 한다.
③ 기계운전 중 정지 시는 즉시 주 스위치를 끈다.
④ 기계공장에서는 반드시 작업복과 안전화를 착용한다.

해설
기계부의 청소는 기계의 작동을 멈춘 후에 실시해야 사고를 방지할 수 있다.

정답 ②

12 차체에 용접 시 주의사항이 아닌 것은? ✔신유형

① 용접 부위에 인화될 물질이 없는지를 확인한 후 용접한다.
② 유리 등에 불똥이 튀어 흔적이 생기지 않도록 보호막을 씌운다.
③ 전기용접 시 접지선을 스프링에 연결한다.
④ 전기용접 시 필히 차체의 배터리 접지선을 제거한다.

해설
전기용접(아크용접) 시에는 접지선을 작업대나 Ground에 연결해야 한다. 여기서 제시한 스프링은 어떤 부분인지 불분명하므로 주의사항으로 볼 수 없다.

정답 ③

13 작업장에서 중량물을 들어 올리는 방법 중 안전상 가장 올바른 것은?

① 지렛대를 이용한다.
② 로프로 묶고 잡아당긴다.
③ 최대한 사람의 힘을 모아 들어 올린다.
④ 체인블록을 이용하여 들어 올린다.

해설
중량물은 체인블록을 사용하여 들어 올리는 것이 가장 안전하다.

정답 ④

14 탁상용 연삭기 사용 시 안전수칙으로 바르지 못한 것은?

① 받침대는 숫돌차의 중심보다 낮게 하지 않는다.
② 숫돌차의 주면과 받침대는 일정 간격으로 유지해야 한다.
③ 숫돌차를 나무 해머로 가볍게 두드려 보아 맑은 음이 나는가 확인한다.
④ 숫돌차의 측면에 서서 연삭해야 하며, 반드시 차광안경을 착용한다.

해설
연삭숫돌이 회전 중 파손 시 측면으로도 튈 수 있으므로 측면에 서서 연삭작업을 하면 안 된다.

정답 ④

16 지게차의 운행 및 작업방법으로 틀린 것은?

① 경사길에서 내려올 때는 후진으로 진행한다.
② 주행 방향을 바꿀 때는 완전정지 또는 저속에서 행한다.
③ 틸트는 적재물이 백레스트에 완전히 닿도록 하고 운행한다.
④ 조향륜이 지면에서 5cm 이하로 떨어졌을 때는 밸런스카운터 중량을 높인다.

해설
지게차를 운행할 때 조향륜(뒷바퀴)이 지면에서 떨어지는 것은 규정 이상의 물건을 포크에 적재했기 때문이므로 밸런스카운터의 중량을 낮추어야 한다.

정답 ④

15 지게차 주행 시 주의하여야 할 사항 중 틀린 것은?

① 짐을 싣고 주행할 때는 절대로 속도를 내서는 안 된다.
② 노면의 상태에 충분한 주의를 하여야 한다.
③ 포크의 끝을 밖으로 경사지게 한다.
④ 적하 장치에 사람을 태워서는 안 된다.

해설
지게차 주행 시 포크의 끝은 안쪽으로 기울여야 한다.

정답 ③

17 지게차를 운전하여 화물을 운반할 때의 주의사항으로 적합하지 않은 것은?

① 노면이 좋지 않을 때는 저속으로 운행한다.
② 경사지 운전 시 화물을 위쪽으로 향하도록 운반한다.
③ 화물 운반거리는 5m 이내로 한다.
④ 포크를 노면에서 약 20~30cm 상승 후 이동한다.

해설
적당한 운반거리(50m 이내)일 경우 하역량은 극대화된다.

정답 ③

18 건설기계관리법상 검사의 종류로 옳은 것은?

① 수시검사
② 임시검사
③ 특별검사
④ 계속검사

해설
건설기계관리법상 검사의 종류는 신규등록검사, 정기검사, 구조변경검사, 수시검사가 있다(건설기계관리법 제13조 제1항).

정답 ①

19 소형 또는 대형건설기계조종사면허 등록 시 첨부서류로 옳지 않은 것은? ✓신유형

① 주민등록등본
② 신체검사서
③ 건설기계조종사면허증
④ 신청일 전 6개월 이내에 모자 등을 쓰지 않고 촬영한 천연색 상반신 정면 사진

해설
건설기계조종사면허 신청 시 첨부서류(건설기계관리법 시행규칙 제71조 제1항)
- 신체검사서
- 소형건설기계조종교육이수증(소형건설기계조종사면허증을 발급신청하는 경우에 한정함)
- 건설기계조종사면허증(건설기계조종사면허를 받은 자가 면허의 종류를 추가하고자 하는 때에 한함)
- 신청일 전 6개월 이내에 모자 등을 쓰지 않고 촬영한 천연색 상반신 정면 사진 1장

정답 ①

20 건설기계 등록 시 전시, 사변 등 국가비상사태에는 며칠 이내 등록하여야 하는가?

① 5일   ② 7일
③ 10일   ④ 30일

해설
등록의 신청(건설기계관리법 시행령 제3조 제2항)
건설기계 등록신청은 건설기계를 취득한 날(판매를 목적으로 수입된 건설기계의 경우에는 판매한 날)부터 2월 이내에 하여야 한다. 단, 전시·사변 기타 이에 준하는 국가비상사태하에서는 5일 이내에 신청하여야 한다.

정답 ①

21 건설기계관리법령상 건설기계를 도로에 계속하여 방치하거나 정당한 사유 없이 타인의 토지에 방치한 자에 대한 벌칙은?

① 2년 이하의 징역 또는 1천만원 이하의 벌금
② 1년 이하의 징역 또는 1천만원 이하의 벌금
③ 200만원 이하의 벌금
④ 100만원 이하의 벌금

해설
건설기계를 도로나 타인의 토지에 버려둔 자는 1년 이하의 징역 또는 1천만원 이하의 벌금에 처한다(건설기계관리법 제41조 제19호).

정답 ②

22. 밤에 도로에서 차를 운행하는 경우 등의 등화로 틀린 것은?

① 견인되는 차 - 미등·차폭등 및 번호등
② 원동기장치자전거 - 전조등 및 미등
③ 자동차 - 자동차안전기준에서 정하는 전조등, 차폭등, 미등
④ 자동차 등 외의 차 - 시·도경찰청장이 정하여 고시하는 등화

해설
밤에 도로에서 차를 운행하는 경우 등의 등화(도로교통법 시행령 제19조 제1항)
1. 자동차 : 전조등(前照燈), 차폭등(車幅燈), 미등(尾燈), 번호등과 실내조명등(실내조명등은 승합자동차와 여객자동차운송사업용 승용자동차만 해당)
2. 원동기장치자전거 : 전조등, 미등
3. 견인되는 차 : 미등, 차폭등, 번호등
4. 노면전차 : 전조등, 차폭등, 미등 및 실내조명등
5. 위의 1부터 4까지의 규정 외의 차 : 시·도경찰청장이 정하여 고시하는 등화

정답 ③

23. 도로교통법상 벌점의 누산점수 초과로 인한 면허취소기준 중 1년간 누산점수는 몇 점인가?

① 121점　　② 190점
③ 201점　　④ 271점

해설
벌점·누산점수 초과로 인한 면허취소기준(도로교통법 시행규칙 [별표 28])

기간	1년간	2년간	3년간
벌점 또는 누산점수	121점 이상	201점 이상	271점 이상

정답 ①

24. 지게차의 운행사항으로 틀린 것은?

① 틸트는 적재물이 백레스트에 완전히 닿도록 한 후 운행한다.
② 주행 중 노면 상태에 주의하고 노면이 고르지 않은 곳에서는 천천히 운행한다.
③ 내리막길에서는 급회전을 삼간다.
④ 지게차의 중량 제한은 필요에 따라 무시해도 된다.

해설
지게차를 운행할 때는 안전을 위해 중량 제한을 준수해야 한다. 미준수 시 지게차가 전도될 수 있다.

정답 ④

25. 다음 그림의 교통안전표지는 무엇인가?

① 차간거리 최저 50m이다.
② 차간거리 최고 50m이다.
③ 최저속도 제한표지이다.
④ 최고속도 제한표지이다.

해설
교통안전표지

차중량제한	최저속도제한	차간거리 확보
5.5t	30	50m

정답 ④

26 앞지르기를 할 수 없는 경우에 해당되는 것은?

① 앞차의 좌측에 다른 차가 나란히 진행하고 있을 때
② 앞차가 우측으로 진로를 변경하고 있을 때
③ 앞차가 그 앞차와의 안전거리를 확보하고 있을 때
④ 앞차가 양보 신호를 할 때

해설
앞지르기 금지의 시기 및 장소(도로교통법 제22조)
• 시기
 - 앞차의 좌측에 다른 차가 앞차와 나란히 가고 있는 경우
 - 앞차가 다른 차를 앞지르고 있거나 앞지르고자 하는 경우
 - 이 법이나 이 법에 따른 명령에 따라 정지하거나 서행하고 있는 차
 - 경찰공무원의 지시에 따라 정지하거나 서행하고 있는 차
 - 위험을 방지하기 위하여 정지하거나 서행하고 있는 차
• 장소
 - 교차로, 터널 안, 다리 위
 - 도로의 구부러진 곳, 비탈길의 고갯마루 부근 또는 가파른 비탈길의 내리막 등
 - 시·도경찰청장이 도로의 위험 방지, 교통의 안전과 원활한 소통에 필요함을 인정하고 안전표지로 지정한 곳

정답 ①

27 엔진 과열 시 일어날 수 있는 현상으로 가장 적합한 것은?

① 연료가 응결될 수 있다.
② 실린더 헤드의 변형이 발생할 수 있다.
③ 흡·배기밸브의 열림량이 많아진다.
④ 밸브 개폐 시기가 빨라진다.

해설
엔진(기관)이 과열되면 실린더 및 실린더 헤드부에 과도한 열이 가해져서 변형을 줄 수 있다.

정답 ②

28 윤활유의 성질 중 가장 중요한 것은?

① 온도
② 점도
③ 습도
④ 건도

해설
윤활유에서 가장 중요한 성질은 유체의 유동성에 대한 저항의 정도를 의미하는 "점도"이다.

정답 ②

29 엔진에 작동 중인 엔진오일에 가장 많이 포함되는 이물질은?

① 유입 먼지
② 금속분말
③ 산화물
④ 카본(Carbon)

해설
엔진 작동 시 연소실에서 불완전연소 후 발생한 카본(Carbon, 탄소)이 엔진오일로 유입될 수 있다.

정답 ④

30 엔진오일이 연소실로 올라오는 주된 이유는?

① 피스톤링 마모
② 피스톤핀 마모
③ 커넥팅 로드 마모
④ 크랭크축 마모

해설
크랭크 케이스에 담긴 엔진오일이 실린더 벽에 뿌려져서 엔진을 식히고 나서 피스톤링에 의해 실린더 벽에 붙은 엔진오일을 긁어내리는데, 피스톤링이 마모되면 이 사이를 타고 연소실 위로 엔진오일이 올라가게 된다.

정답 ①

31 다음 중 엔진오일에 대한 설명으로 가장 알맞은 것은?

① 엔진오일에는 거품이 많이 들어 있는 것이 좋다.
② 엔진오일 순환 상태는 오일 레벨 게이지로 확인한다.
③ 겨울보다 여름에는 점도가 높은 오일을 사용한다.
④ 엔진을 시동한 후 유압 경고등이 꺼지면 엔진을 멈추고 점검한다.

[해설]
여름에는 점도가 높은 오일을 사용하고, 겨울에는 점도가 낮은 오일을 사용한다.

정답 ③

32 프라이밍펌프를 이용하여 디젤기관의 연료장치 내에 있는 공기를 배출하기에 어려운 곳은?

① 공급펌프
② 연료펌프
③ 분사펌프
④ 분사노즐

[해설]
프라이밍펌프는 디젤기관의 연료분사펌프에 연료공급, 공기 빼기 작업에 필요한 장치로 분사노즐은 고압이므로 프라이밍펌프로 공기 빼기를 할 수 없다.

정답 ④

33 디젤엔진에서 에어클리너가 막히면 어떤 현상이 일어나는가?

① 배기색은 희고 출력은 정상이다.
② 배기색은 희고 출력은 증가한다.
③ 배기색은 검고 출력은 저하된다.
④ 배기색은 검고 출력은 증가한다.

[해설]
에어클리너가 막히면 연소실로 공기가 원활히 공급되지 못하기 때문에 희박 공기 상태가 되어 연소가 잘 안 되므로 출력은 저하되고 배기색은 검게 된다.

정답 ③

34 엔진의 냉각장치에 해당하지 않는 부품은?

① 수온조절기
② 릴리프밸브
③ 방열기
④ 팬벨트

[해설]
릴리프밸브는 관로 내부의 압력이 높을 때 낮춰주는 밸브로, 엔진(기관)의 냉각장치용으로 사용되지 않는다.

정답 ②

35 스타트 릴레이의 설치 목적과 관계없는 것은?

① 축전지 충전을 용이하게 한다.
② 엔진 시동을 용이하게 한다.
③ 키 스위치를 보호한다.
④ 기동전동기로 많은 전류를 보내어 충분한 크랭킹 속도를 유지한다.

[해설]
스타트 릴레이는 시동장치로서 충전장치인 축전지에 영향을 미치지 않는다.

정답 ①

36 다음 회로에서 퓨즈에는 몇 A가 흐르는가?

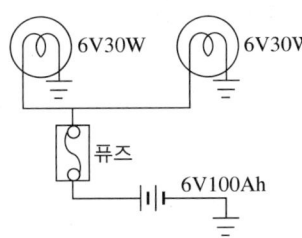

① 5A   ② 10A
③ 50A ④ 100A

해설
회로는 병렬연결이므로 6V30W이다.
30W = 6 × I(전류), I = 5A × 2 = 10A가 된다.
정답 ②

37 동력전달장치에 사용되는 차동기어장치에 대한 설명으로 틀린 것은?

① 선회할 때 좌우 구동바퀴의 회전속도를 다르게 한다.
② 선회할 때 바깥쪽 바퀴의 회전속도를 증대시킨다.
③ 보통 차동기어장치는 노면의 저항을 작게 받는 구동바퀴의 회전속도가 빠르게 될 수 있다.
④ 기관의 회전력을 크게 해 구동바퀴에 전달한다.

해설
차동기어장치는 선회 시 좌우 바퀴의 회전수와 관련이 있을 뿐, 기관의 회전력과는 관련이 없다.
정답 ④

38 수동변속기가 장착된 건설기계 장비에서 주행 중 기어가 빠지는 원인이 아닌 것은?

① 기어의 물림이 덜 물렸을 때
② 기어의 마모가 심할 때
③ 클러치의 마모가 심할 때
④ 변속기 록 장치가 불량할 때

해설
수동변속기에 장착된 건설장비에서 클러치가 마모되면 현 상태를 유지할 뿐 기어가 빠지지는 않는다.
정답 ③

39 타이어식 건설기계에서 조향 바퀴의 토인을 조정하는 것은?

① 핸들   ② 타이로드
③ 웜기어   ④ 드래그 링크

해설
조향 바퀴의 토인은 타이로드와 연결된 너트를 조이거나 풀면서 조정한다.
정답 ②

40 그림의 기호는 어떤 밸브에 대한 것인가?

① 교축밸브   ② 체크밸브
③ 무부하밸브 ④ 스풀밸브

해설
체크밸브
유체가 한쪽 방향으로만 흐르고 반대쪽으로는 흐르지 못하도록 할 때 사용하는 밸브로 기호로는 다음과 같이 2가지로 표시한다.

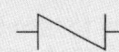 

정답 ②

41 다음 중 여과기의 유압 기호로 옳은 것은? ✓신유형

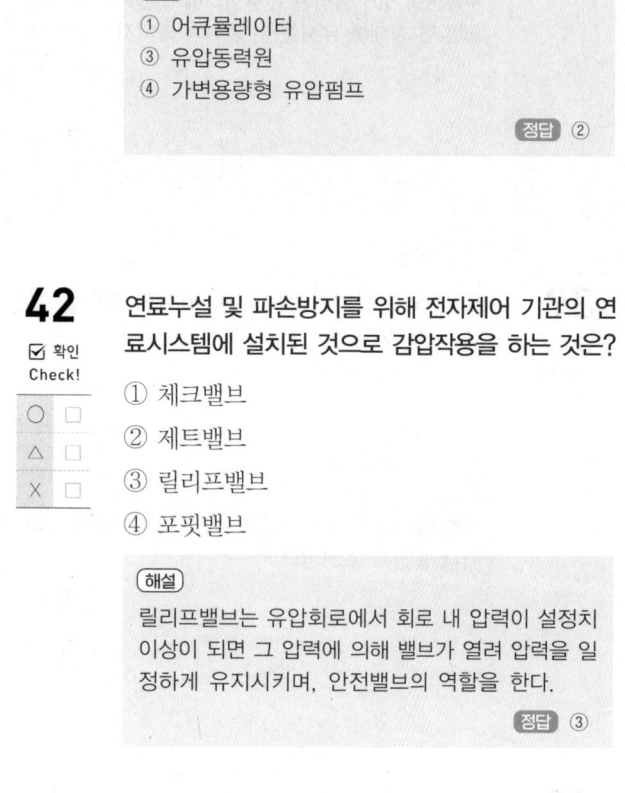

[해설]
① 어큐뮬레이터
③ 유압동력원
④ 가변용량형 유압펌프

[정답] ②

42 연료누설 및 파손방지를 위해 전자제어 기관의 연료시스템에 설치된 것으로 감압작용을 하는 것은?

① 체크밸브
② 제트밸브
③ 릴리프밸브
④ 포핏밸브

[해설]
릴리프밸브는 유압회로에서 회로 내 압력이 설정치 이상이 되면 그 압력에 의해 밸브가 열려 압력을 일정하게 유지시키며, 안전밸브의 역할을 한다.

[정답] ③

43 기어식 유압펌프에서 회전수가 변하면 가장 크게 변화되는 것은?

① 오일 압력
② 회전 경사단의 각도
③ 오일 흐름 용량
④ 오일 흐름 방향

[해설]
기어식 유압펌프에서 회전수(rpm)가 변하면, 유체의 토출량(오일의 흐름량)도 변화된다.

[정답] ③

44 유압장치에 부착되어 있는 오일탱크의 부속장치가 아닌 것은?

① 주입구 캡
② 유면계
③ 배플
④ 피스톤 로드

[해설]
피스톤 로드(커넥팅 로드)는 엔진(기관)에서 피스톤 헤드와 크랭크축을 연결하는 기계요소이다.

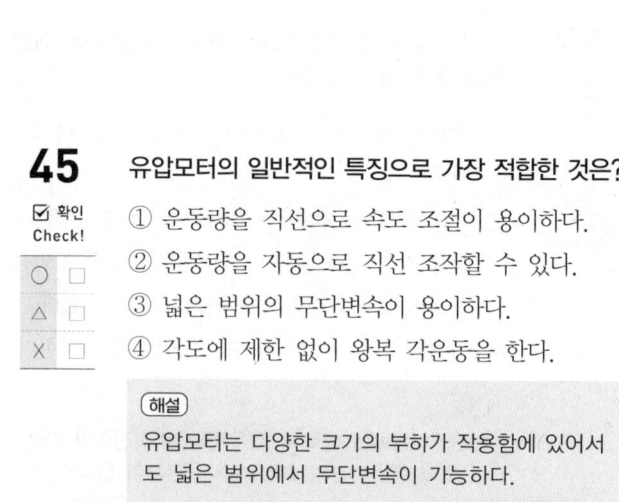

[커넥팅 로드]

[정답] ④

45 유압모터의 일반적인 특징으로 가장 적합한 것은?

① 운동량을 직선으로 속도 조절이 용이하다.
② 운동량을 자동으로 직선 조작할 수 있다.
③ 넓은 범위의 무단변속이 용이하다.
④ 각도에 제한 없이 왕복 각운동을 한다.

[해설]
유압모터는 다양한 크기의 부하가 작용함에 있어서도 넓은 범위에서 무단변속이 가능하다.

[정답] ③

46
유압유의 온도가 과도하게 상승하였을 때 나타날 수 있는 현상과 관계없는 것은?

① 유압유의 산화작용을 촉진한다.
② 작동 불량 현상이 발생한다.
③ 기계적인 마모가 발생할 수 있다.
④ 유압기계의 작동이 원활해진다.

해설
유압유의 온도가 과도하게 상승하면 점도 및 성질변화에 의해 유압기계의 작동이 원활하지 못하게 된다.

정답 ④

47
기어펌프에 대한 설명으로 틀린 것은?

① 소형이며, 구조가 간단하다.
② 플런저펌프에 비해 흡입력이 나쁘다.
③ 플런저펌프에 비해 효율이 낮다.
④ 초고압에는 사용이 곤란하다.

해설
기어펌프는 나사의 회전부에서 진공부를 형성하기 때문에 플런저펌프에 비해 흡입력이 우수하다.

정답 ②

48
베인펌프에 대한 설명으로 틀린 것은?

① 날개로 펌핑 동작을 한다.
② 토크(Torque)가 안정되어 소음이 적다.
③ 싱글형과 더블형이 있다.
④ 베인펌프는 1단 고정으로 설계된다.

해설
베인 펌프는 1단에서 다단까지 다양한 방식이 적용된 것이 제작된다.

정답 ④

49
유압모터의 용량을 나타내는 것은?

① 입구 압력(kg/cm^3)당 토크
② 유압 작동부 압력(kg/cm^2)당 토크
③ 주입된 동력(HP)
④ 체적(cm^3)

해설
유압모터의 용량은 $\dfrac{\text{토크}(t)}{\text{입구 압력}(p)}$로 나타낸다.

정답 ①

50
작업 중에 유압펌프 유량이 필요하지 않게 되었을 때 오일을 저압으로 탱크에 귀환시키는 회로는?

① 시퀀스 회로
② 어큐뮬레이션 회로
③ 블리드오프 회로
④ 언로드 회로

해설
언로드 회로는 부하가 없을 때 오일을 탱크로 귀환시키는 데 사용된다.

정답 ④

51 실린더헤드 개스킷의 구비조건으로 옳은 것은? ✓신유형

① 복원성이 낮을 것
② 강도가 높을 것
③ 기밀 유지가 좋을 것
④ 내열성과 내압성이 없을 것

해설
실린더헤드 개스킷의 구비조건
• 복원성이 클 것
• 강도가 적당할 것
• 기밀 유지가 좋을 것
• 내열성과 내압성이 있을 것

정답 ③

52 건설기계 운전 중 완전충전된 축전지에 낮은 충전율로 조금씩 충전될 때 옳은 것은? ✓신유형

① 전해액 비중을 재조정한다.
② 전압 설정을 재조정한다.
③ 전류 설정을 재조정한다.
④ 충전장치가 정상이다.

해설
완전충전된 축전지에 낮은 충전율로 충전이 되고 있을 경우는 충전장치가 정상이다.

정답 ④

53 지게차의 동력원에 따른 분류에 속하지 않는 것은?

① 전동형
② 디젤엔진형
③ LPG 방식
④ 스트래들 방식

해설
스트래들형은 차체 형식에 따른 분류에 속한다.

정답 ④

54 지게차에서 리프트 실린더의 주된 역할은?

① 마스터를 틸트시킨다.
② 마스터를 이동시킨다.
③ 포크를 상승·하강시킨다.
④ 포크를 앞뒤로 기울게 한다.

해설
리프트 실린더는 유압으로 포크를 위로 올리거나 내리는 유압장치이다.

정답 ③

55 다음 중 다른 전동방식과 비교하여 체인 전동방식의 일반적인 특징에 해당하지 않는 것은?

① 미끄럼이 없는 일정한 속도비를 얻을 수 있다.
② 초장력이 필요 없으므로 베어링의 마멸이 적다.
③ 고속회전에 적당하다.
④ 전동효율이 95% 이상으로 좋다.

해설
체인 전동방식은 고속회전에 부적당하며, 저속회전으로 큰 힘을 전달하는 데 적당하다

정답 ③

56 납산축전지 용량의 단위로 옳은 것은? ✓신유형

① kW ② kV
③ Ah ④ HP

[해설]
납산축전지의 용량은 극판의 크기, 극판의 수, 전해액(황산)의 양으로 결정되며, 단위는 암페어(Ampere Hour → Ah)로 표시한다.

정답 ③

57 체인 전동의 특징으로 알맞지 않은 것은?

① 미끄럼이 발생하기 쉽다.
② 체인 길이를 조절하기 쉽다.
③ 진동이나 소음이 발생하기 쉽다.
④ 축간거리가 길 때에는 고속전동이 어렵다.

[해설]
체인 전동은 스프로킷에 체인의 홈을 걸어 회전시키므로 미끄럼이 발생하지 않는다.

정답 ①

58 지게차를 주차할 때 포크에 의한 상해를 방지하기 위해 포크에 끼워 놓는 것은?

① 리프트 로킹
② 바퀴 고정쇠
③ 포크 가이드
④ 스프로킷

[해설]
지게차의 포크를 보호하고, 상해를 방지하기 위해 포크에 포크 가이드를 덧씌워 보관한다.

정답 ③

59 지게차의 마스트를 후경각으로 기울인 각도로 알맞은 것은?

① 5° ② 10°
③ 20° ④ 35

[해설]
마스트 후경각의 범위는 10~12°이다.

정답 ②

60 지게차 중 특수건설기계인 것은? ✓신유형

① 리치스태커 지게차
② 텔레스코픽 지게차
③ 전동식 지게차
④ 트럭지게차

[해설]
지게차 중 특수건설기계는 트럭지게차로 운전석이 있는 주행차대에 별도의 조종석을 포함한 들어 올림 장치를 가진 것을 말한다(국토교통부 고시 제2021-1304호).

정답 ④

참 / 고 / 문 / 헌

- 교육부(2018). NCS 학습모듈(지게차운전). 한국직업능력개발원.

- 최강호(2023). 답만 외우는 지게차운전기능사 필기. 시대고시기획.

- 최강호(2023). 유튜브 무료 특강이 있는 Win-Q 지게차운전기능사 필기 단기합격. 시대고시기획.

- 김은남, 명하영(2023). 에듀윌 답만보는 지게차운전기능사 필기. 에듀윌.

좋은 책을 만드는 길, 독자님과 함께하겠습니다.

지게차운전기능사 필기 가장 빠른 합격

개정1판1쇄 발행	2025년 02월 05일 (인쇄 2024년 12월 09일)
초 판 발 행	2023년 10월 05일 (인쇄 2023년 06월 29일)
발 행 인	박영일
책 임 편 집	이해욱
편 저	최진호
편 집 진 행	윤진영 · 김혜숙
표지디자인	권은경 · 길전홍선
편집디자인	정경일 · 심혜림
발 행 처	(주)시대고시기획
출 판 등 록	제10-1521호
주 소	서울시 마포구 큰우물로 75 [도화동 538 성지 B/D] 9F
전 화	1600-3600
팩 스	02-701-8823
홈 페 이 지	www.sdedu.co.kr
I S B N	979-11-383-8445-2 (13550)
정 가	14,000원

※ 저자와의 협의에 의해 인지를 생략합니다.
※ 이 책은 저작권법의 보호를 받는 저작물이므로 동영상 제작 및 무단전재와 배포를 금합니다.
※ 잘못된 책은 구입하신 서점에서 바꾸어 드립니다.

자동차 관련 업체로 취업 시 꼭 취득해야 할 필수 자격증!

자동차 관련 시리즈
R/O/A/D/M/A/P

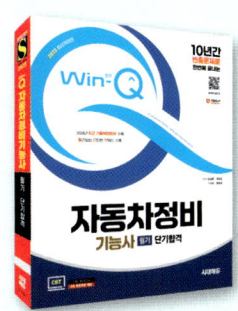

Win-Q 자동차정비 기능사 필기
- 한눈에 보는 핵심이론 + 빈출문제
- 최근 기출복원문제 및 해설 수록
- 시험장에서 보는 빨간키 수록
- 별판 / 628p / 23,000원

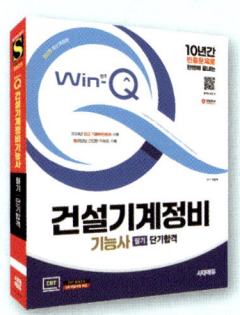

Win-Q 건설기계정비 기능사 필기
- 한눈에 보는 핵심이론 + 빈출문제
- 최근 기출복원문제 및 해설 수록
- 시험장에서 보는 빨간키 수록
- 별판 / 624p / 26,000원

도로교통사고감정사 한권으로 끝내기
- 학점은행제 10학점, 경찰공무원 가산점 인정
- 1·2차 최근 기출문제 수록
- 시험장에서 보는 빨간키 수록
- 4×6배판 / 1,048p / 35,000원

그린전동자동차기사 필기 한권으로 끝내기
- 최신 출제경향에 맞춘 핵심이론 정리
- 과목별 적중예상문제 수록
- 최근 기출복원문제 및 해설 수록
- 4×6배판 / 1,168p / 38,000원

※ 도서의 이미지와 가격은 변경될 수 있습니다.

60점만 맞으면 합격!

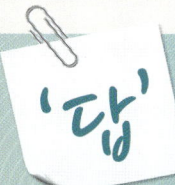만 외우고 한 번에 합격하는

시대에듀
'답'만 외우는 시리즈

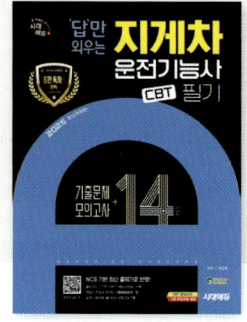

답만 외우는 지게차운전기능사

190×260 | 14,000원

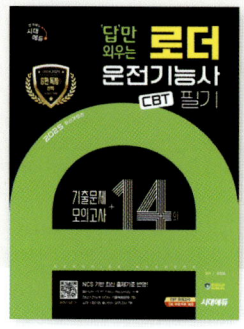

답만 외우는 로더운전기능사

190×260 | 14,000원

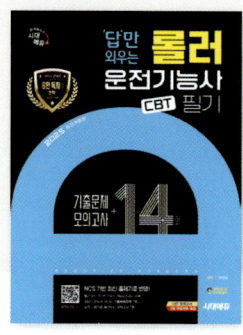

답만 외우는 롤러운전기능사

190×260 | 14,000원

답만 외우는 굴착기운전기능사

190×260 | 14,000원

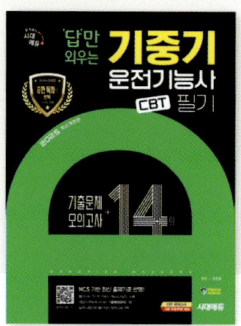

답만 외우는 기중기운전기능사

190×260 | 14,000원

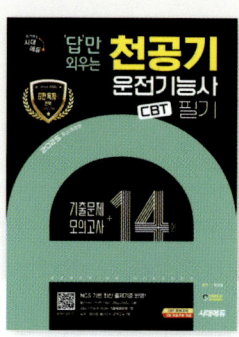

답만 외우는 천공기운전기능사

190×260 | 15,000원

기출문제 + 모의고사 14회

- **빨리보는 간단한 키워드** — 합격 키워드만 정리한 핵심요약집 빨간키
- **문제를 보면 답이 보이는 기출복원문제** — 문제 풀이와 이론 정리를 동시에
- **해설 없이 풀어보는 모의고사** — 공부한 내용을 한 번 더 확인
- **CBT 모의고사 무료 쿠폰** — 실제 시험처럼 풀어보는 CBT 모의고사

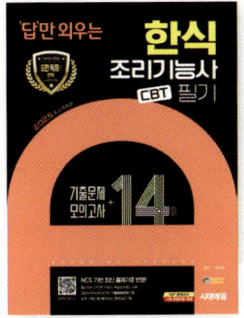
답만 외우는 한식조리기능사
190×260 | 17,000원

답만 외우는 양식조리기능사
190×260 | 17,000원

답만 외우는 제과기능사
190×260 | 17,000원

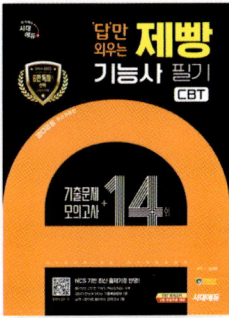
답만 외우는 제빵기능사
190×260 | 17,000원

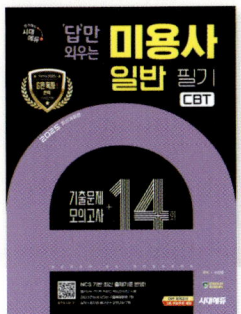
답만 외우는 미용사 일반
190×260 | 23,000원

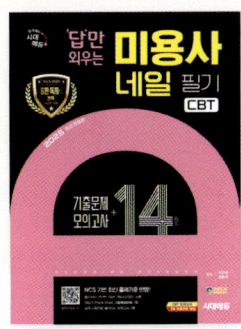
답만 외우는 미용사 네일
190×260 | 17,000원

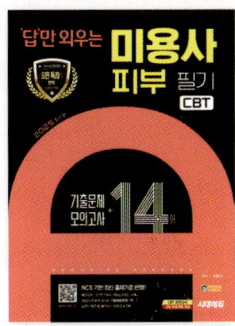
답만 외우는 미용사 피부
190×260 | 20,000원

※ 도서의 이미지와 가격은 변경될 수 있습니다.

R/O/A/D/M/A/P

더 이상의 자동차 관련 취업 수험서는 없다!

교통 / 건설기계 / 운전자격 시리즈

건설기계운전기능사

지게차운전기능사 필기 가장 빠른 합격	별판 / 14,000원
유튜브 무료 특강이 있는 Win-Q 지게차운전기능사 필기	별판 / 14,000원
답만 외우는 지게차운전기능사 필기 CBT기출문제+모의고사 14회	4×6배판 / 14,000원
답만 외우는 굴착기운전기능사 필기 CBT기출문제+모의고사 14회	4×6배판 / 14,000원
답만 외우는 기중기운전기능사 필기 CBT기출문제+모의고사 14회	4×6배판 / 14,000원
답만 외우는 로더운전기능사 필기 CBT기출문제+모의고사 14회	4×6배판 / 14,000원
답만 외우는 롤러운전기능사 필기 CBT기출문제+모의고사 14회	4×6배판 / 14,000원
답만 외우는 천공기운전기능사 필기 CBT기출문제+모의고사 14회	4×6배판 / 15,000원

도로자격 / 교통안전관리자

Final 총정리 기능강사·기능검정원 기출예상문제	8절 / 21,000원
버스운전자격시험 문제지	8절 / 13,000원
5일 완성 화물운송종사자격	8절 / 13,000원
도로교통사고감정사 한권으로 끝내기	4×6배판 / 35,000원
도로교통안전관리자 한권으로 끝내기	4×6배판 / 36,000원
철도교통안전관리자 한권으로 끝내기	4×6배판 / 35,000원

운전면허

| 답만 외우는 운전면허 필기시험 가장 빠른 합격 1종·2종 공통(8절) | 8절 / 10,000원 |
| 답만 외우는 운전면허 합격공식 1종·2종 공통 | 별판 / 12,000원 |

※ 도서의 이미지와 가격은 변동될 수 있습니다.